高等职业教育“十三五”规划教材

数控加工工艺编程与操作

主　编　王国永
副主编　倪红兵　邹克武　刘春哲
参　编　付鑫涛　韩　超　于建国

机 械 工 业 出 版 社

本书以培养学生的数控工艺分析、数控编程及实际操作能力为核心，以工作过程为导向，详细介绍了数控车削和数控铣削的工艺分析、编程指令、操作加工及上海宇龙数控加工仿真系统的操作等内容。

全书分为数控车削和数控铣削两大模块。数控车削模块以华中数控系统为主，FANUC 系统为辅；数控铣削模块以 SINMENS 公司的 SINUMERIK 802C 系统为主，FANUC 系统、华中数控系统为辅。每个模块都包含 6 个项目，每个项目都含有 3 个学习任务，共计 36 个学习任务。本书内容按照由简单到复杂的顺序层层递进，每个项目一般包括知识目标、技能目标、任务描述、任务分析、相关知识、任务实施、知识拓展、任务评价、误差分析、项目拓展训练、自测题等内容。

本书可作为高等职业院校与应用型本科院校机械制造与自动化、数控技术、机电一体化技术等制造大类专业的教材，也可作为成人高校有关课程的教材，同时也可供相关技术人员学习和参考。

本书配有电子课件和微课视频，读者可扫描书中二维码观看，或登录机械工业出版社教育服务网 www. cmpedu. com 注册后下载。咨询电话：010 – 88379375。

图书在版编目（CIP）数据

数控加工工艺编程与操作/王国永主编．—北京：机械工业出版社，2018.8（2025.1 重印）
高等职业教育“十三五”规划教材
ISBN 978-7-111-60397-9

Ⅰ.①数… Ⅱ.①王… Ⅲ.①数控机床 – 加工 – 高等职业教育 – 教材 ②数控机床 – 程序设计 – 高等职业教育 – 教材 Ⅳ.①TG659

中国版本图书馆 CIP 数据核字（2018）第 150198 号

机械工业出版社（北京市百万庄大街 22 号 邮政编码 100037）
策划编辑：薛 礼 责任编辑：薛 礼
责任校对：郑 婕 张 薇 封面设计：陈 沛
责任印制：郜 敏
北京富资园科技发展有限公司印刷
2025 年 1 月第 1 版第 4 次印刷
184mm × 260mm · 20.25 印张 · 491 千字
标准书号：ISBN 978-7-111-60397-9
定价：49.90 元

凡购本书，如有缺页、倒页、脱页，由本社发行部调换
电话服务 网络服务
服务咨询热线：010 – 88379833 机 工 官 网：www. cmpbook. com
读者购书热线：010 – 88379649 机 工 官 博：weibo. com/cmp1952
教育服务网：www. cmpedu. com
金 书 网：www. golden-book. com

前　言

本书根据教育部最新的职业教育教学改革精神，结合国家专业建设课程改革成果，采用项目式课程教学方法，按照企业用人岗位职业需求对课程内容进行组织和重构，以学生就业为导向，以企业案例为载体，将“数控车工国家职业资格标准”和“数控铣工国家职业资格标准”融入课程内容中，重新序化课程教学内容，具有鲜明的“工学结合”职业特色。

本书以工作过程为导向，以典型零件为载体，采用项目式的教学方式组织内容，详细介绍了数控车削和数控铣削的工艺分析、编程指令、操作加工及上海宇龙数控仿真软件4.9版本的操作等内容。全书分为数控车削和数控铣削两大模块。每个模块都包含6个项目，每个项目含有3个学习任务，共计36个学习任务。本书内容按照由简单到复杂的顺序层层递进，每个项目一般包括知识目标、技能目标、任务描述、任务分析、相关知识、任务实施、知识拓展、项目评价、误差分析、项目拓展训练、自测题等内容。本书按照项目引入→工艺分析→手工编程→仿真加工→实操加工等顺序组织项目教学。本书具有以下特色：

1）采用工作过程系统化的思路，以任务驱动的形式编写，内容紧密联系工程实际，通过典型的工作任务介绍数控加工中的工艺分析、手工编程、仿真加工及程序优化，以及实操加工零件的技能。

2）在内容安排上，以实用为主，以必须、够用为度，更加突出“实用性、技能性、应用性”，同时尽可能采用一些工程实际案例。

3）突出实践性。在每个教学项目中，都有详细的工艺分析、手工编程、仿真加工、实操加工的步骤，为学生自学创造了条件。同时，大部分项目后面都对应一个项目拓展训练的案例，以检验学生对知识和技能的掌握程度。

本书配有微课视频，读者可扫描书中二维码观看。

本书由承德石油高等专科学校组织编写，全书由王国永统稿并担任主编，倪红兵、邹克武、刘春哲担任副主编，付鑫涛、韩超、于建国参加了本书的编写。编写分工为：王国永编写项目2、项目3、项目4、项目8、项目10；倪红兵编写项目1和项目6；邹克武编写项目11；刘春哲编写项目9和项目12；付鑫涛编写绪论；韩超编写项目7；于建国编写项目5。

在本书编写过程中，编者参阅了有关院校、工厂、科研单位的教材、资料和文献，得到了企业界人士和学校同行、专家的大力支持，在此一并表示感谢。

由于编者水平有限，书中难免存在疏漏、缺点和不妥之处，敬请广大读者批评指正。

编　者

二维码清单

页码	名称	二维码	页码	名称	二维码
57	阶梯轴零件的数控仿真对刀操作		61	阶梯轴零件的数控仿真加工操作	
65	阶梯轴数控车削对刀操作		65	阶梯轴数控车削自动加工	
93	圆弧轴零件的数控仿真对刀操作		95	圆弧轴零件的数控仿真加工操作	
96	圆弧轴的数控车削对刀操作		96	圆弧轴的数控车削自动加工	
115	螺纹轴零件的数控仿真对刀操作		116	螺纹轴零件的数控仿真加工操作	
119	螺纹轴的数控车削对刀操作		119	螺纹轴的数控车削自动加工操作	
134	轴套零件的数控车削仿真对刀操作		136	轴套零件的数控车削仿真加工操作	
154	椭圆轴零件的数控车削仿真对刀操作		156	椭圆轴零件的数控车削仿真加工操作	
181	数控铣床的对刀操作		183	数控铣床程序编辑、管理与运行	
205	凸模板零件的数控仿真对刀操作		211	凸模板零件的数控仿真加工操作	

目　录

绪论　数控技术的基本知识

【知识目标】

1. 了解数控编程的种类及步骤。
2. 熟悉数控加工程序的结构。
3. 了解常用的编程指令。
4. 掌握数控机床坐标系的确定方法。

【技能目标】

掌握数控机床坐标系的确定方法和数控加工程序的结构。

【相关知识】

一、数控技术的发展

1. 数控技术及其基本概念

数控技术是20世纪40年代后期发展起来的一种自动化技术，它综合了计算机、自动控制、电机、电气传动、测量和机械制造等学科的内容。它是一种采用计算机对机械加工过程中各种控制信息进行数字化运算、处理，并通过高性能驱动单元对机械执行机构进行自动化控制的高新技术。目前已有大量机械加工设备采用数控技术，其中，最典型并且应用最广的是数控机床。下面给出几个相关概念的定义：

1）数字控制（Numerical Control，NC），是一种用数字化信号对控制对象（如机床的运动及其加工过程）进行自动控制的技术，简称为数控。

2）数控技术，是指用数字、字母和符号对某一工作过程进行可编程序自动控制的技术。

3）数控系统，是指实现数控技术相关功能的软硬件模块的有机集成系统，它是数控技术的载体。

4）计算机数控系统（Computer Numerical Control，CNC），是指以计算机为核心的数控系统。

5）数控机床（NC Machine），是指应用数控技术对加工过程进行控制的机床，或者装备了数控系统的机床。

国际信息化处理联盟（International Federation of Information Processing，IFIP）第五技术委员会对数控机床的定义为：数控机床是一种装有程序控制系统的机床。该控制系统能逻辑地处理具有特定代码或其他符号编码指令规定的程序。

数控机床是严格按照从外部输入的程序来自动地对被加工工件进行加工的。为了与数控系统的内部程序（系统软件）及自动编程用的零件源程序相区别，把从外部输入的直接用于加工的程序称为数控加工程序，简称为数控程序，它是机床数控系统的应用软件。

2. 数控机床的产生及发展历程

1952年，美国帕森斯公司与麻省理工学院伺服机构实验室合作，成功研制出一套三坐标联动、采用脉冲乘法器原理的试验性数字控制系统，并将它装在一台立式铣床上，这就是世界上第一台数控机床，也是第一代数控机床系统。

1959 年，由于晶体管的出现，电子计算机应用晶体管器件和印制电路板，使机床数控系统跨入了第二代。同年，克耐·杜列克公司（Keaney & Trecker Co.，K&T）在数控机床上设置刀库，并在刀库中装入丝锥、钻头、铰刀等工具。人们把这种带有自动换刀装置的数控机床称为加工中心（Machining Center，MC）。

20 世纪 60 年代，出现了集成电路，数控机床系统发展到第三代。

由计算机作为控制单元的数控系统（Computer Numerical Control，CNC），称为第四代。1970 年，在美国芝加哥国际展览会上，首次展出了这种系统。

1974 年，美、日等国家首先研制出以微处理器为核心的数控系统。几十年来，采用微处理器数控系统的数控机床得到了飞速发展和广泛应用，这就是第五代数控系统（MNC）。后来，人们将 MNC 也统称为 CNC。

20 世纪 80 年代末期，又出现了以提高综合效益为目的，以人为主体，以计算机技术为支柱，综合应用信息、材料、能源、环境等高新技术以及现代系统管理技术，研究并改造传统制造过程于产品整个生命周期的所有适用技术——先进制造技术。

3. 数控技术的发展趋势

当前，数控技术的发展呈现以下趋势：

（1）高速、高效、高精度、高可靠性

1）高速、高效。机床向高速化方向发展，可充分发挥现代刀具材料的性能，不但可以大幅度提高加工效率、降低加工成本，而且可提高零件的表面加工质量和精度。超高速加工技术对制造业实现高效、优质、低成本生产有广泛的适用性。

2）高精度。从精密加工发展到超精密加工，是世界各工业强国发展的方向。其精度从微米级到亚微米级，乃至纳米级，应用范围日趋广泛。

3）高可靠性。高可靠性是指数控系统的可靠性要高于被控设备的可靠性一个数量级以上，但也不是可靠性越高越好，仍然要求适度可靠，且受性能价格比的约束。

（2）模块化、专门化与个性化、智能化、柔性化和集成化

1）模块化、专门化与个性化。机床结构模块化，数控功能专门化，机床性能价格比显著提高并加快优化，以及个性化是近几年来特别明显的发展趋势。

2）智能化。智能化的内容包括在数控系统中的各个方面：一是为追求加工效率和加工质量方面的智能化；二是为提高驱动性能及使用连接方便方面的智能化；三是简化编程、简化操作方面的智能化；四是智能诊断、智能监控方面的内容，方便系统的诊断及维修等。

3）柔性化和集成化。柔性化是指加工系统适应加工对象变化的能力。集成化是指将多个加工过程集合到一起进行。

（3）开放性　为适应数控进线、联网、普及型个性化、多品种、小批量、柔性化及数控技术迅速发展的要求，NC 控制器正在向更公开、透明的方向发展，以使机床制造商和用户可以自由地实现自己的想法。

（4）出现新一代数控加工工艺与装备　为适应制造自动化的发展，向 FMC、FMS 和 CIMS 提供基础设备，要求数字控制制造系统不仅能完成通常的加工功能，而且还要具备自动测量、自动上下料、自动换刀、自动更换主轴头、自动误差补偿、自动诊断、进线和联网

等功能。

二、数控机床的特点及应用范围

1. 数控机床的特点

数控机床是实现柔性自动化的重要设备，与其他加工设备相比，数控机床具有如下特点：

（1）可以加工有复杂型面的工件　无论多么复杂的型面，只要能编制出加工程序就能加工出来。

（2）加工精度高　数控机床是按程序指令进行加工的，而且数控机床本身的精度都比较高，定位精度一般达到了±0.001mm，重复定位精度为±0.005mm。由于数控机床加工完全是自动进行的，故消除了操作者人为产生的误差，使同一批工件的尺寸一致性好，加工质量十分稳定。

（3）自动化程度高，劳动强度低　数控机床对工件的加工是按事先编好的程序自动完成的，工件加工过程中不需要人的干预，加工完毕后自动停车，使操作者的劳动强度与紧张程度大为减轻。加上数控机床一般都具有较好的安全防护、自动排屑、自动冷却和自动润滑装置，操作者的劳动条件也大为改善。

（4）生产率高　由于数控机床的结构刚性好，能进行大切削用量的强力切削，提高了数控机床的切削效率，节省了机动时间。数控机床的移动部件空行程运动速度快，工件装夹时间短，辅助时间比一般机床少。数控机床更换工件时，不需要调整机床。同一批工件加工质量稳定，不需要停机检验，使辅助时间大大缩短。在加工中心上加工时，一台机床实现了多道工序的连续加工，生产率的提高更加明显。

（5）良好的经济效益　数控机床虽然设备昂贵，分摊到每个工件上的设备费用较高，但使用数控机床加工工件可以节省许多其他费用，如用数控机床加工工件可以节省划线工时，减少调整、加工和检验时间，节省了直接生产的费用；数控机床加工精度稳定，废品率低，降低了生产成本。另外，数控机床可以一机多用，节省了厂房面积，减少了建厂投资。因此，使用数控机床加工工件可以获得良好的经济效益。

（6）有利于现代化生产管理　数控加工程序应用的是数字化信息，利用数控机床的通信接口与计算机联网，可以实现计算机辅助设计、制造和管理一体化。

2. 数控机床的应用范围

数控机床的性能特点决定了它的应用范围。

1）最适合于数控加工的零件，包括：①批量小而又多次生产的零件；②几何形状复杂的零件；③加工过程中必须进行多种加工的零件；④必须严格控制公差的零件。

2）比较适合数控加工的零件，包括：①价格昂贵、毛坯获得困难、不允许报废的零件；②切削余量大的零件；③在通用机床上加工生产效率低、劳动强度大、质量难控制的零件；④用于改型比较、供性能或功能测试的零件；⑤多品种、多规格、单件小批量生产的零件。

3）不适合于数控加工的零件，包括：①利用毛坯作为粗基准定位进行加工的零件；②定位完全需人工找正的零件；③必须用专用工艺装备，依据样板、样件加工的零件；④大批量生产的零件。

三、数控机床的性能指标

1. 数控机床的精度指标

（1）定位精度和重复定位精度　定位精度是指数控机床工作台等移动部件在确定的终点所达到的实际位置的精度。因此移动部件实际位置与理想位置之间的误差称为定位误差。定位误差将直接影响零件加工的位置精度。

重复定位精度是指在同一台数控机床上，应用相同的程序、代码加工一批零件，所得到的连续结果的一致程度。重复定位精度受伺服系统的特性、进给系统的间隙与刚性以及摩擦特性等因素的影响。

（2）分度精度　分度精度是指分度台在分度时，理论要求回转的角度值和实际回转的角度值的差值。分度精度既影响零件加工部位在空间的角度位置，也影响孔系加工的同轴度等。

（3）分辨率与脉冲当量　分辨率是指两个相邻分散细节之间可以分辨的最小间隔。对测量系统而言，分辨率是可以测量的最小增量；对控制系统而言，分辨率是可以控制的最小位移增量，即数控装置每发出一个脉冲信号，反映到机床移动部件上的位移量。每发出一个脉冲，电动机就转过一个特定的角度，通过传动系统或直接带动丝杠，从而驱动与螺母副连接的机床移动部件移动一个微小的距离。数控装置每发出一个脉冲信号，使机床移动部件产生的位移量就称为脉冲当量。脉冲当量的大小决定了数控机床的加工精度和表面质量。

2. 数控机床的可控制轴数与联动轴数

数控机床的可控制轴数是指机床数控系统可控制的、按加工要求运动的坐标轴的数目（其中包括移动坐标轴和回转坐标轴）。数控机床的联动轴数是指机床数控系统可同时控制的、按加工要求运动的坐标轴的数目。联动轴数越多，说明数控系统加工复杂空间曲面的能力越强。

3. 数控机床的运动性能指标

（1）主轴转速　数控机床的主轴一般均采用直流或交流调速主轴电动机驱动，选用高速精密轴承支承，保证主轴有较宽的调速范围和足够高的回转精度、刚度及抗振性。

（2）进给速度　数控机床的进给速度是影响零件加工质量、生产率以及刀具寿命的主要因素。它受数控装置的运算速度、机床动作特性以及工艺系统刚度等因素的限制。

（3）行程　数控机床坐标轴 X、Y、Z 的行程大小，构成数控机床的加工空间范围，即加工零件的大小。行程是直接体现数控机床加工能力的指标参数。

（4）摆角范围　具有主轴摆角坐标的数控机床，其转角大小也直接影响加工零件空间部位的能力。但转角太大又会造成机床的刚度下降，给机床设计带来许多困难。

（5）刀库容量和换刀时间　刀库容量和换刀时间对数控机床的生产率有直接影响。刀库容量是指刀库能存放加工所需要刀具的数量。

四、数控机床的组成及工作原理

1. 数控机床的组成

数控机床一般由输入/输出设备、数控装置、操作面板、进给伺服系统、主轴驱动系统、可编程序控制器（PLC）、位置检测反馈装置及其接口电路和机床本体等部分构成，如图

0-1所示。机床本体以外的部分统称为数控系统，数控装置是数控系统的核心。

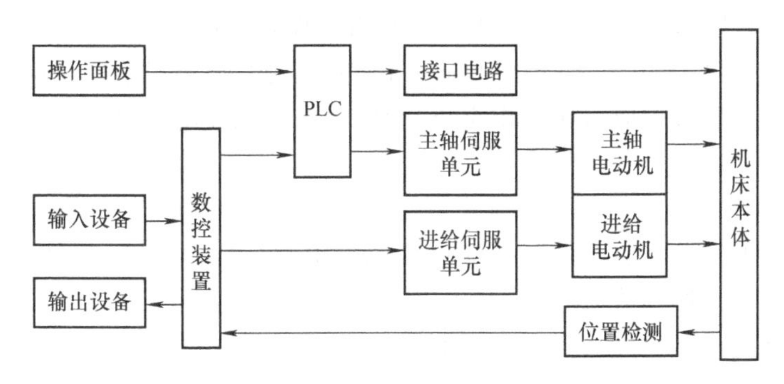

图0-1　数控机床的组成

(1) 输入/输出设备　CNC机床在进行加工前，必须接收由操作人员输入的零件加工程序，然后才能根据输入的加工程序进行加工控制，从而加工出所需的零件。常用的输入设备是键盘，操作人员可以用键盘输入简单的加工程序、编辑修改程序和发送操作命令，即进行手动数据输入（Manual Data Input，MDI）。常见的输入设备有串行输入输出接口，串行输入输出接口用来以串行通信的方式向上级计算机或其他数控机床传递加工程序。

常见的输出设备是显示器，数控系统通过显示器提供必要的信息。显示的信息一般包括正在编辑或运行的程序，当前的切削用量、刀具位置、各种故障信息和操作提示等。

(2) 数控装置　数控装置是数控系统的核心，它的主要功能是对输入装置传送的数控加工程序，经数控装置系统软件进行译码、插补运算和速度预处理，产生位置和速度指令以及辅助控制功能信息等。由数控装置发出的开关命令在系统程序的控制下，输出给机床控制器。在机床控制器中，开关命令和由机床反馈的回答信号一起被处理并转换为对机床开关设备的控制命令。数控装置控制机床的动作可概括为：

1）机床主运动，包括主轴的起/停、转向和速度选择。

2）机床的进给运动，如点位、直线、圆弧、循环进给的选择，坐标方向和进给速度的选择等。

3）刀具的选择和刀具的长度、半径补偿。

4）其他辅助运动，如各种辅助操作、工作台的锁紧和松开、工作台的旋转与分度、工件的夹紧与松开以及切削液的开/关等。

(3) 操作面板　数控机床的操作是通过操作面板实现的，操作面板是由数控面板和机床面板组成的。

数控面板是数控系统的操作面板，多数由显示器和手动数据输入（MDI）键盘组成，又称为MDI面板。显示器的下部常设有菜单选择键，用于选择菜单。键盘除各种符号键、数字键和功能键外，还可以设置用户定义键等。

机床面板（Operator Panel）主要用于手动方式下对机床的操作，以及自动方式下对运动的控制或干预。其上有各种按钮与选择开关，用于机床及辅助装置的起停、加工方式选择、速度倍率选择等；还有数码管及信号显示等。另外，数控系统的通信接口，如串行接口，常设置在操作面板上。

(4) 可编程序控制器（PLC）　PLC和数控装置配合共同完成数控机床的控制。数控装置主要完成与数字运算和管理等有关的功能，如零件程序的编辑、译码、插补运算、位置控制等。PLC也是一种以微处理器为基础的通用型自动控制装置，主要完成与逻辑运算有关的动作，将工件加工程序中的M代码、S代码、T代码等顺序动作信息，译码后转换成对应的控制信号，控制辅助装置完成机床的相应开关动作，如机床起停、工件装夹、刀具更换、切削液开关等一些辅助功能。

（5）进给伺服系统　进给伺服系统主要由进给伺服单元和进给伺服电动机组成。对于闭环和半闭环控制的进给伺服系统，还应包括位置检测装置。进给伺服单元接收来自CNC装置的运动指令，经变换和放大后，驱动伺服电动机运转，实现刀架或工作台的运动。

一般来说，数控机床功能的强弱主要取决于CNC装置；而数控机床性能的优劣，如运动速度与精度等，则取决于伺服驱动系统。

（6）主轴驱动系统　主轴驱动系统主要由主轴伺服单元和主轴电动机组成。现代数控机床对主轴驱动提出了更高的要求，要求主轴具有很高的转速和很宽的无级调速范围，进给电动机一般是恒转矩调速，而主轴电动机除了有较大范围的恒转矩调速外，还要有较大范围的恒功率调速。

对于数控车床，为了能加工螺纹和实现恒线速切削，要求主轴和进给驱动能实现同步控制。对于加工中心，为了保证每次自动换刀时刀柄上的键槽对准主轴上的端面键，以及精镗孔后退刀时不会划伤已加工表面，要求主轴具有高精度的准停和分度功能。在加工中心上，为了能自动换刀，还要求主轴能实现正反方向的转动和加、减速控制。

（7）机床本体　机床本体是数控机床实现切削加工的机械机构部分。它与普通机床相比，应具有更高的精度、刚度、热稳定性和耐磨性；普遍采用了伺服电动机无级调速技术；广泛采用滚珠丝杠、滚动导轨等高效、高精度传动部件；采用机电一体化设计与布局，机床布局主要考虑有利于提高生产率。此外，还采用自动换刀装置、自动更换工件机构和数控夹具等。

2. 数控机床的工作原理和过程

数控机床的工作过程如图0-2所示。在数控机床上加工零件通常经过以下几个步骤：

1）根据加工零件的图样与工艺方案，用规定代码和程序格式编写程序单，并把它记录在载体上。

2）把记录在载体上的程序通过输入装置输入到CNC单元中。

3）CNC单元对输入的程序经过处理之后，向机床各个坐标的伺服系统发出信号。

4）伺服系统根据CNC单元发出的信号，驱动机床的运动部件，并控制必要的辅助操作。

5）通过机床机械部分带动刀具与工件的相对运动，加工出合格的工件。

6）检测机床的运动，并通过反馈装置反馈给CNC单元，以减少加工误差。当然，对于开环数控机床来说，是不需要检测和反馈的。

五、数控机床的分类

目前，数控机床的种类、规格繁多，功能各异，常见的分类方法有以下四种：

1. 按工艺用途分类

（1）普通数控机床　这类数控机床和传统的通用机床一样，有车、铣、钻、镗、磨床

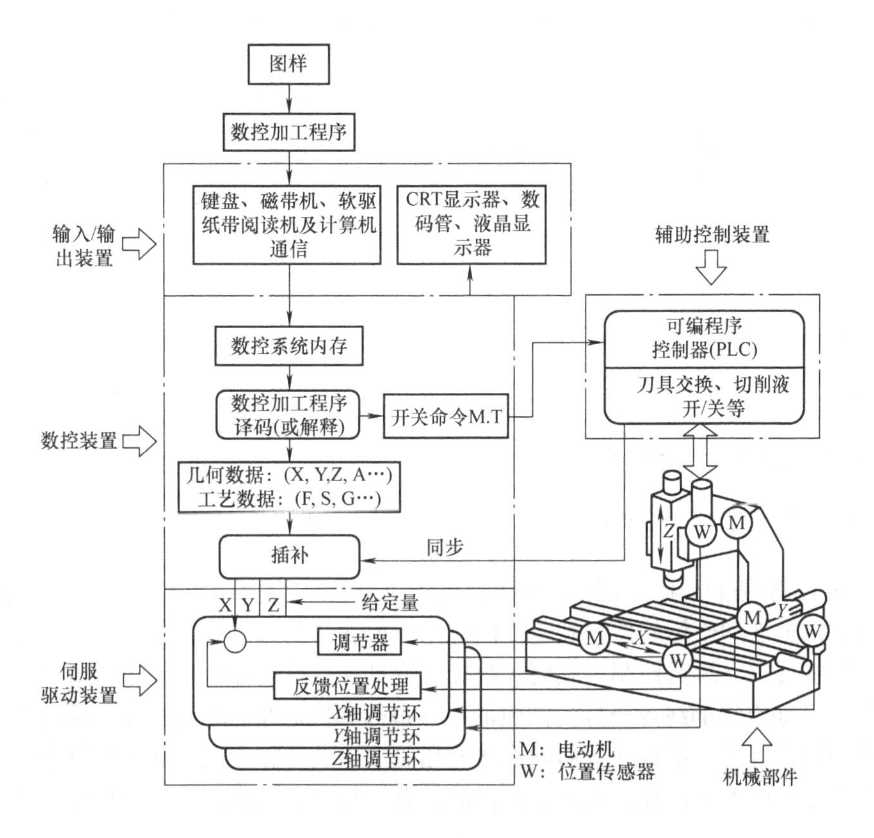

图 0-2　数控机床的工作过程

等，而且每一类里又有很多品种。这类机床的工艺性能和通用机床相似，所不同的是它能自动加工形状复杂的零件。

(2) 加工中心　这是一种在普通数控机床上加装刀库和自动换刀装置而构成的数控机床。加工中心的主要特点是具有刀库和自动换刀装置，工件一次装夹后可以进行多道工序的加工，如镗铣加工中心、钻削加工中心、车削加工中心等。在工件一次装夹后，可以对大部分加工面进行铣、钻、镗、铰、扩、攻螺纹等多个工序的加工，特别适合箱体类零件的加工。

(3) 多坐标数控机床　有些形状复杂的零件，用三坐标的数控机床无法加工，如螺旋桨、飞机机翼曲面及其他复杂零件的加工等，都需要三个以上坐标的数控机床同时运动才能加工出所需的形状，于是出现了多坐标数控机床。多坐标数控机床的特点是数控装置控制的轴数较多，机床结构也比较复杂，坐标轴数的多少通常取决于加工零件的复杂程度和工艺要求。

(4) 数控特种加工机床　这类机床主要是指数控线切割机床、数控电火花加工机床、数控激光切割机床等。

2. 按运动方式分类

(1) 点位控制数控机床　点位控制数控机床只控制刀具从一点到另一点的准确定位，只要求获得准确的加工坐标点的位置，在移动过程中不进行加工，对两点间的移动速度及运动轨迹没有严格的要求。这类数控机床主要有数控钻床（图 0-3）、数控坐标镗床、数控压力机等。

（2）直线控制数控机床　直线控制数控机床除了控制点与点之间的准确位置以外，还要保证两点之间移动的轨迹是一条直线，而且对移动的速度也要进行控制，以便适应随工艺因素变化的不同需要。这类数控机床主要有简易数控车床（图 0-4）、数控镗铣床等。

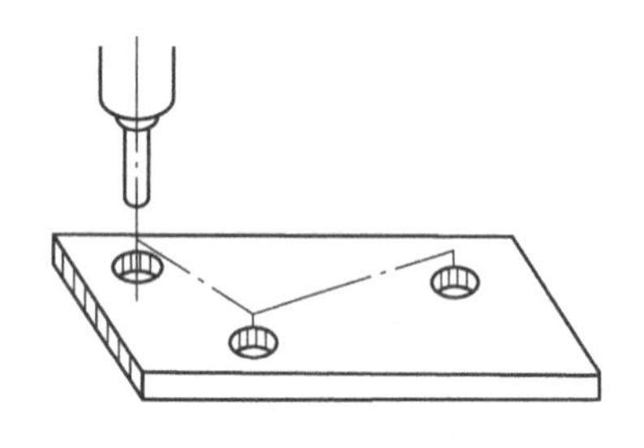
图 0-3　数控钻床的点位控制

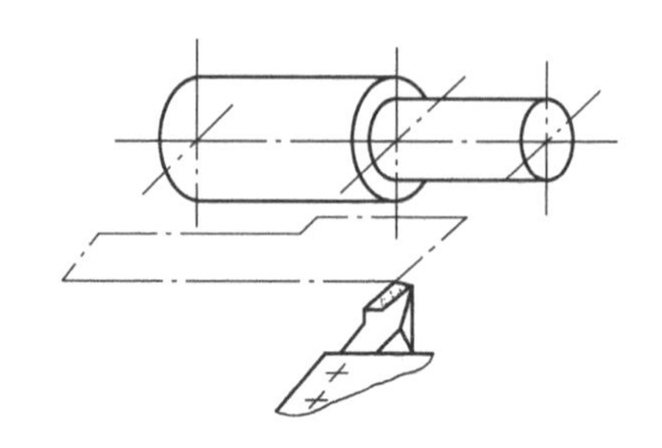
图 0-4　数控车床的直线控制

（3）轮廓控制数控机床　轮廓控制数控机床也称为连续控制数控机床。其特点是能够对两个或两个以上运动坐标的位移和速度同时进行控制，使刀具与工件间的相对运动符合工件加工表面轮廓要求。这类控制方式要求数控装置具有插补运算的功能，即根据加工程序输入的基本数据（如直线的终点坐标、圆弧的终点坐标和圆心坐标或半径），通过数控系统的插补运算器的数学处理，把直线或曲面形状的相关坐标点计算出来，并边计算边根据计算结果控制 2 个或 2 个以上坐标轴协调运动。目前，大多数金属切削机床的数控系统都是轮廓控制系统。

轮廓控制系统按所控制的联动轴数不同，可以分为以下几种形式：

1）两轴联动。主要用于数控车床加工曲线旋转面或数控铣床加工曲线柱面，如图 0-5 所示。

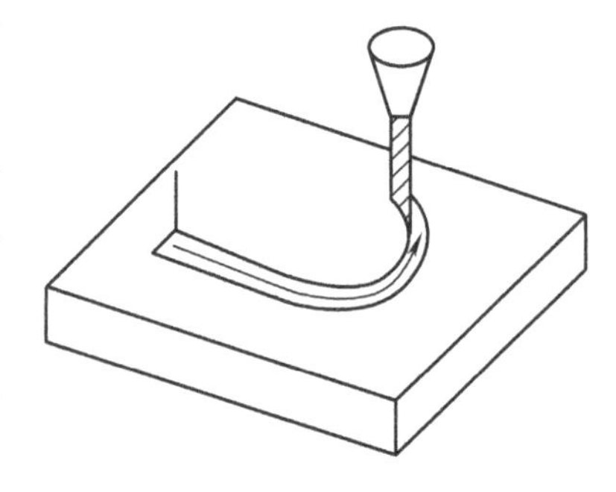
图 0-5　两轴联动的曲面加工

2）二轴半联动。主要用于控制三轴以上机床，其中二轴互为联动，而另一轴做周期进给，如在数控铣床上用球头铣刀采用行切法加工三维空间曲面，如图 0-6 所示。

3）三轴联动 。一般分为两类，一类就是 *X*、*Y*、*Z* 三个直线坐标轴联动，比较多地用于数控铣床、加工中心等，如用球头铣刀铣削三维空间曲面，如图 0-7 所示。另一类是除了同时控制围绕 *X*、*Y*、*Z* 其中两个直线坐标轴联动外，还同时控制围绕其中某一直线坐标轴旋转的旋转坐标轴。如车削加工中心，它除了纵向（*Z* 轴）、横向（*X* 轴）两个直线坐标轴联动外，还需要同时控制围绕 *Z* 轴旋转的主轴（*C* 轴）联动。

4）四轴联动。同时控制 *X*、*Y*、*Z* 三个直线坐标轴与某一旋转坐标轴联动。图 0-8 所示为同时控制 *X*、*Y*、*Z* 三个直线坐标轴与一个工作台回转轴联动的数控机床。

5）五轴联动。除了同时控制 *X*、*Y*、*Z* 三个直线坐标轴联动外，还同时控制围绕这些直线坐标轴旋转的 *A*、*B*、*C* 坐标轴中的两个坐标轴，即形成同时控制五个轴联动。这时刀具可以被定在空间的任意方向，如图 0-9 所示。

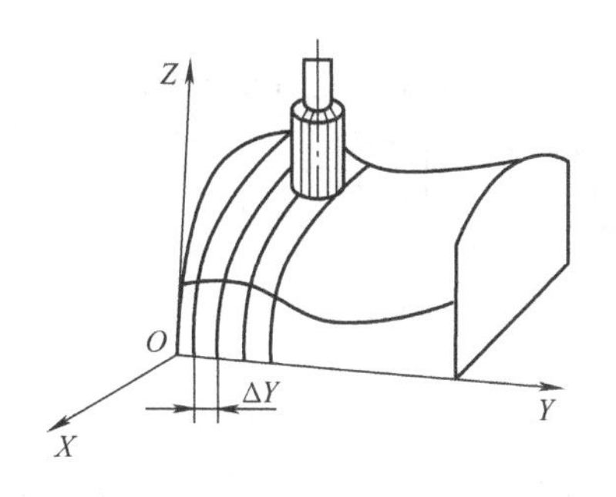

图 0-6　二轴半联动的曲面加工

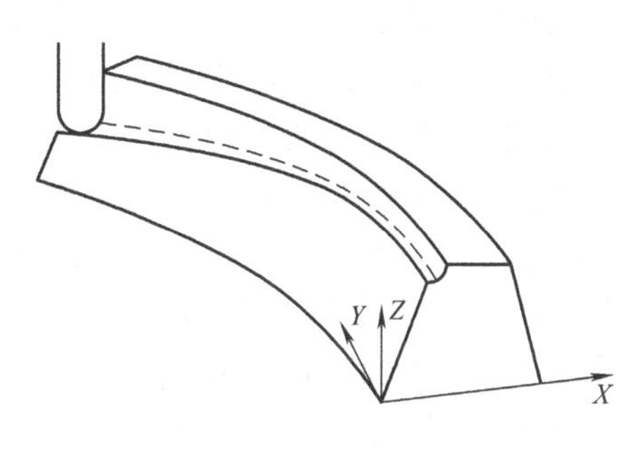

图 0-7　三轴联动的曲面加工

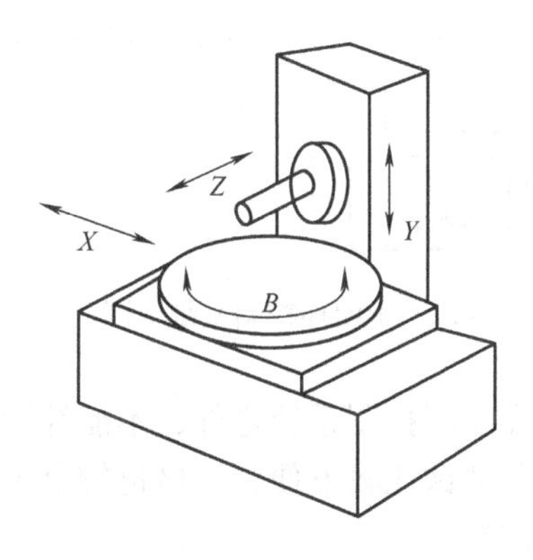

图 0-8　四轴联动的数控机床

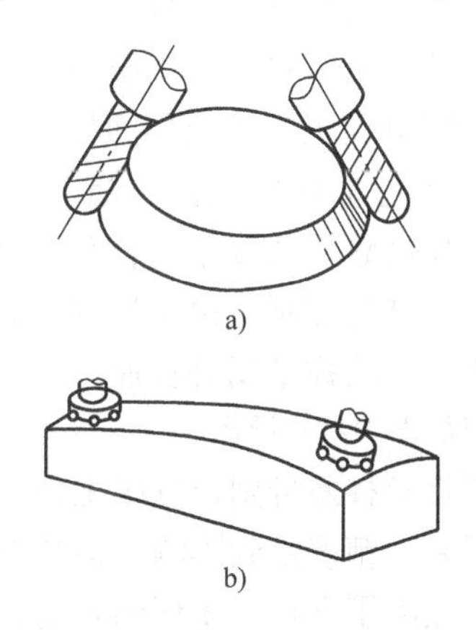

图 0-9　五轴联动的数控机床

3. 按进给伺服系统控制方式分类

由数控装置发出脉冲或电压信号，通过伺服系统控制机床各个运动部件运动。数控机床按进给伺服系统控制方式分类有三种形式：开环控制系统、闭环控制系统和半闭环控制系统。

（1）开环控制数控机床　这类机床没有检测反馈装置，数控装置发出的指令信号是单方向传送的。开环控制数控机床所用的电动机主要是步进电动机，数控机床的位移精度主要取决于步进电动机的步距角精度、齿轮箱中齿轮副和丝杠螺母副的精度与传动间隙等。图 0-10 所示为典型的开环控制系统。开环控制系统对移动部件的误差没有补偿和校正，所以位置控制精度低。

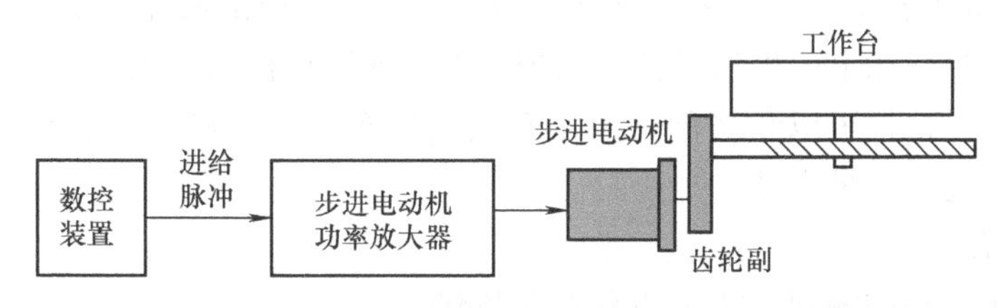

图 0-10　典型的开环控制系统

（2）闭环控制数控机床　这类机床在其移动部件上直接装有直线位置检测反馈装置，将测量的实际位移值反馈到数控装置中，与输入的位移值进行比较，用差值进行控制，使移动部件按照实际需要的位移量运动，实现移动部件的精确定位。闭环控制数控机床可以补偿机械传动部件的各种误差，减小加工过程中各种干扰的影响，从而使加工精度大大提高。但由于它将丝杠螺母副及机床工作台这些大惯量环节放在闭环之内，系统稳定性受到影响，调试困难，且结构复杂、价格昂贵。所以，闭环控制系统主要用于精度要求很高的数控镗铣床、数控超精车床和数控超精磨床等。闭环控制系统框图如图 0-11 所示。

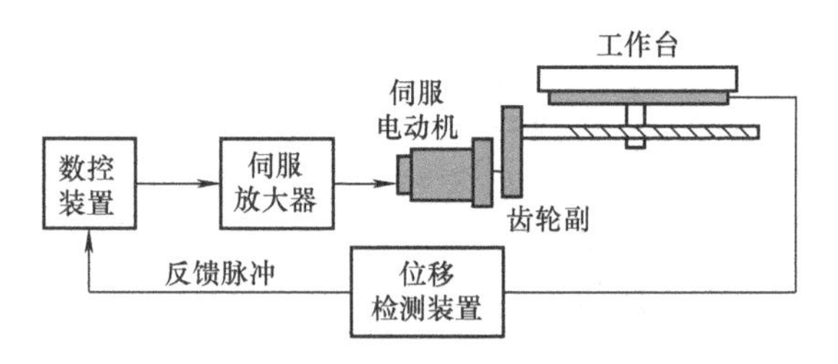

图 0-11 闭环控制系统框图

（3）半闭环控制数控机床　这类机床的位置检测反馈元件安装在伺服电动机上，通过测量伺服电动机的角位移间接计算出机床工作台等执行部件的实际位置（或位移），反馈到计算机数控装置中进行位置比较，用比较的差值进行控制。由于反馈系统内没有包含工作台，故称半闭环控制。半闭环控制系统框图如图 0-12 所示。

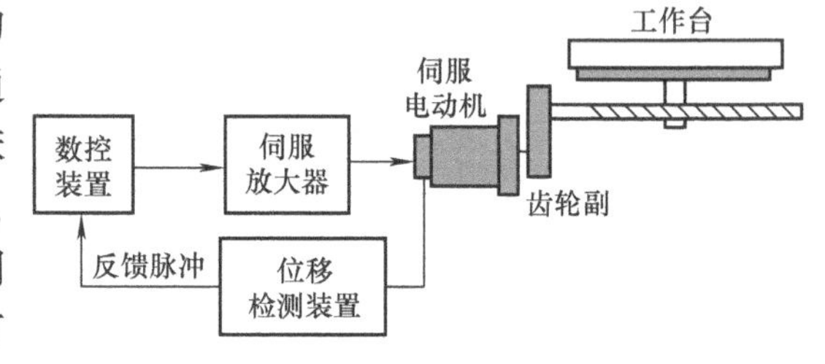

图 0-12 半闭环控制系统框图

由于将丝杠螺母副及机床工作台等大惯量环节排除在闭环控制系统之外，不能补偿它们的运动误差，精度受到影响，但是系统稳定性有所提高，调试比较方便，价格也较全闭环系统便宜，兼顾了开环和闭环两者的优点，因此应用比较广泛。

4. 按数控系统的功能水平分类

按数控系统的功能水平来分类有两种形式：一种是把数控机床分为高、中、低档（经济型）数控机床；另一种是将数控机床分为经济型（简易）、普及型（全功能）和高档型数控机床。

六、数控加工编程基础

1. 程序编制的基本概念

数控机床是一种自动化机床，但不同于过去的由凸轮控制的自动机床。在数控机床上加工零件时，首先要编制零件的加工程序。程序编制（以下简称编程）就是将被加工零件的全部工艺过程、工艺参数和位移数据等，按规定的格式以数字信息的形式记录在控制介质（如穿孔带、磁带和磁盘等）上，然后输入给数控装置，从而由数控系统控制机床对零件进行加工。在现代数控机床上，可通过控制面板、磁盘或计算机以直接通信的方式将零件加工程序送入数控系统，这样可以免去制备控制介质（如穿孔带和磁带等）的烦琐工作，提高了程序信息传递的速度及可靠性。

2. 编程的方法

目前零件加工程序的编制方法主要有以下两种。

（1）手工编程　利用一般的计算工具，通过各种数学方法，人工进行刀具轨迹的运算，并进行指令编制。这种编程方式比较简单，很容易掌握，适应性较好。手工编程适用于中等复杂程度加工程序、计算量不大的零件加工程序的编制，机床操作人员必须要掌握此法。

（2）自动编程

1）自动编程软件编程。利用通用的微型计算机及专用的自动编程软件，以人机对话方式确定加工对象和加工条件，自动进行运算并生成指令。对形状简单（轮廓由直线和圆弧组成）的零件，手工编程可以满足要求，但对于曲线轮廓、三维曲面等复杂型面，一般采用计算机自动编程。

2）CAD/CAM 集成数控编程系统自动编程。利用 CAD/CAM 系统进行零件的设计、分析及加工编程。该种方法适用于制造业中的 CAD/CAM 集成编程数控系统，目前正被广泛应用。

3. 数控编程的内容和步骤

一般来说，数控机床程序编制过程的主要内容包括：零件图的分析、数控加工工艺处理（包括确定加工方案、选择刀具和夹具、确定加工路线和切削用量等）、刀具的运动轨迹计算、编写加工程序清单、程序输入、程序校验和首件试切。从零件图的分析开始到零件加工完毕，整个过程如图 0-13 所示。

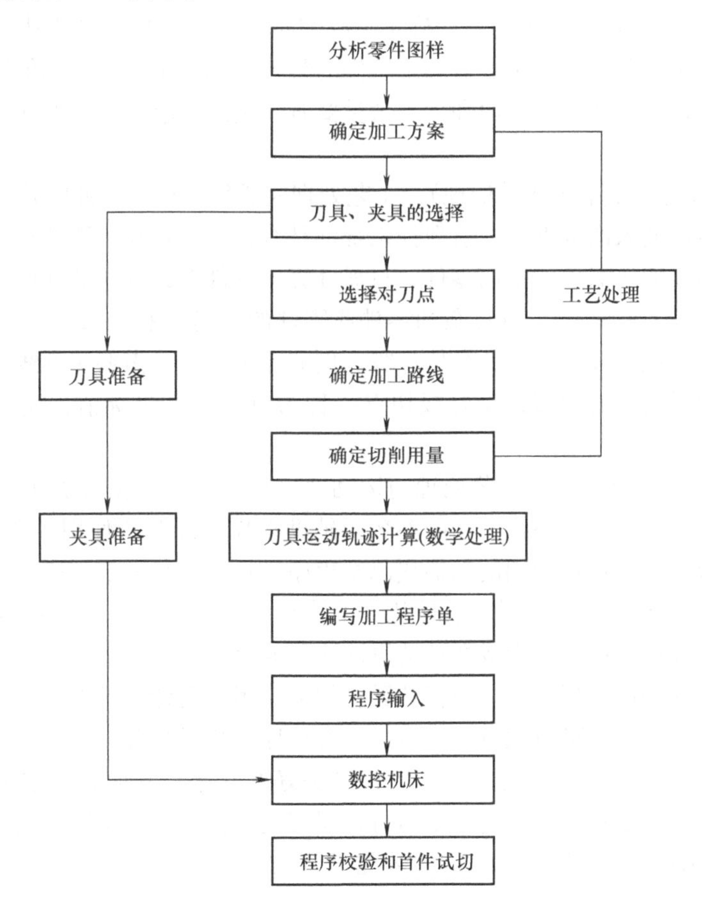

图 0-13　数控编程过程

（1）分析零件图样　首先能正确分析零件图，确定零件的加工部位，根据零件图的技术要求，分析零件的形状、基准面、尺寸公差和表面粗糙度要求及加工面的种类、零件的材料、热处理等其他技术要求。

（2）工艺处理　工艺处理涉及的问题较多，主要应考虑以下几点。

1）确定加工方案。应按照充分发挥数控机床功能的原则，使用合适的数控机床，确定合理的加工方法。

2）刀具、夹具的选择。数控加工用刀具由加工方法、切削用量及其他与加工有关的因素来确定。数控加工一般不需要专用的、复杂的夹具，在选择夹具时应特别注意要迅速完成工件的定位和夹紧过程，以减少辅助时间，所选夹具还应便于安装，以便于协调工件和机床坐标系的尺寸关系。

3）选择对刀点。对刀点是程序执行的起点，也称“程序原点”，编制程序时正确地选择对刀点是很重要的。对刀点的选择原则是：所选择的对刀点应使程序编制简单；对刀点应选在容易找正、加工过程中便于检查的位置；为提高零件的加工精度，对刀点应尽量设置在零件的设计基准或工艺基准上。

4）确定加工路线。要尽量缩短加工路线，减少进刀和换刀次数，保证加工安全可靠。

5）确定切削用量。确定切削用量即确定背吃刀量、主轴转速、进给速度等，具体数值应根据数控机床使用说明书的规定、被加工工件的材料、加工工序以及其他要求并结合实际经验来确定。同时，对毛坯的基准面和加工余量要有一定的要求，以便毛坯的装夹，使加工能顺利进行。

（3）刀具运动轨迹计算（数学处理）　工艺处理完成后，根据零件的几何尺寸、加工路线计算数控机床需要输入的数据。一般数控系统都具有直线插补和圆弧插补的功能，所以对于由直线和圆弧组成的较简单的平面零件，只需计算出零件轮廓的相邻几何元素的交点或切点（称为基点）的坐标值；对于较复杂的零件或零件的几何形状与数控系统的插补功能不一致的情况，就需要进行较为复杂的数值计算。例如非圆曲线，需要用直线段或圆弧段来逼近，计算出相邻逼近直线或圆弧的交点或切点（称为节点）的坐标值，编制程序时要输入这些数据。

（4）编写加工程序单　完成工艺处理与运动轨迹运算后，根据计算出的运动轨迹坐标值和已确定的加工顺序、加工路线、切削参数、辅助动作，以及所使用的数控系统的指令、程序段格式，按数控机床规定使用的功能代码及程序格式，编写加工程序单。

（5）程序输入　编好的程序可以通过几种方式输入数控装置：可以按规定的代码存入穿孔纸带、磁盘等程序介质中，变成数控装置能读取的信息，送入数控装置；可以用手动方式，通过操作面板的按键将程序输入数控装置；如果是用专用计算机编程或用通用微型计算机进行的计算机辅助编程，可以通过通信接口，直接导入数控装置。

（6）程序校验　在正式加工之前，需要检测编好的程序。一般采用空走刀检测，在不装夹工件的情况下起动数控机床，进行空运行，观察运动轨迹是否正确。也可采用空运转画图检测，在具有 CRT 屏幕图形显示功能的数控机床上，进行工件图形的模拟加工，检查工件图形的正确性。

（7）首件试切　程序校验只能检查运动是否正确，不能检查出由于刀具调整不当或编程计算不准而造成的误差，因此，必须用首件试切的方法进行实际切削检查，进一步考察程序的正确性，并检查加工精度是否满足要求。若实际切削不符合要求，可修改程序或采取补偿措施，试切一般采用铝件、塑料、石蜡等易切材料进行。

4. 加工程序的结构与格式

目前，各种加工程序的格式还没有统一，各种数控系统根据本身的特点及编程的需要，都有一定的格式。对于不同的机床，其程序的格式也不同，因此，编程时必须严格按照该机床编程说明书规定的格式进行编程。下面介绍目前常用加工程序的结构与格式。

（1）加工程序的结构　数控加工中，为使机床运行而送到 CNC 的一组指令称为程序。每一个程序都由程序号、程序内容和程序结束三部分组成，如图 0-14 所示。程序的内容则由若干程序段组成，程序段由若干程序字组成，每个程序字又由字母和数字组成，如图 0-15 所示。

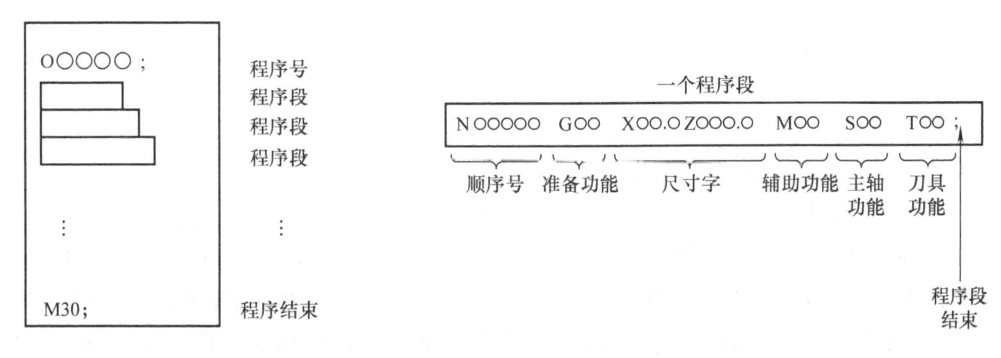

图 0-14　程序的结构　　图 0-15　程序段的构成

数控加工中，零件加工程序的组成形式随数控系统功能的强弱而略有不同。对功能较强的数控系统，加工程序可分为主程序和子程序，其结构如图 0-16 所示。

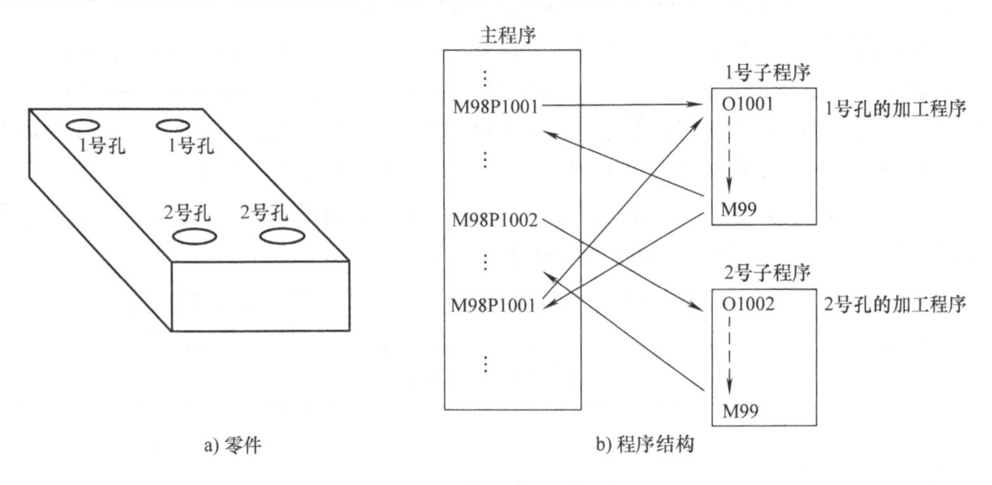

a) 零件　b) 程序结构

图 0-16　主程序和子程序

（2）加工程序的组成

1）程序号。程序号为程序的开始部分，为了区别存储器中的程序，每个程序都要有程序编号，在编号前采用程序编号地址码。如在 FANUC 系统中，采用英文字母“O”作为程序编号地址，华中数控系统采用“%”，而其他系统采用“P”“：”等。

2）程序内容。程序内容是整个程序的核心，由许多程序段组成，每个程序段由一个或多个指令组成，表示数控机床要完成的全部动作。

3）程序结束。以程序结束指令 M02 或 M30 作为整个程序结束的符号，来结束整个程序。

（3）程序段格式

1）字-地址程序段格式。字-地址程序段格式由语句顺序号字、数据字和程序段结束组成，各字的前面都有地址，各字的书写顺序要求并不严格，数据的位数不限，不需要的字以及与上一程序段相同的模态代码可以不写。用该格式编写的程序简短、直观，易检验和修改，故在目前广泛使用。例如：

N20 G01 X25 Y-36 F100 S300 T02 M03 ;
① ② ③ ④ ⑤ ⑥ ⑦ ⑧

程序段内各字的说明如下：

① 顺序号字。用于识别程序段的编号。用地址字符 N 和后面的若干位数字来表示。例如：N20 表示该语句的顺序号为 20。

② 准备功能字（G 功能）。它是使数控机床执行某种操作的指令，用地址字符 G 和两位数字来表示，从 G00 ~ G99 共 100 种。

③ 尺寸字。尺寸字由地址字符、代数符号（在要求代数符号时）及绝对（或增量）尺寸的数字数据构成。尺寸字的地址字符有 X、Y、Z、U、V、W、P、Q、R、A、B、C、I、J、K、D、H 等。例如：X20 Y-40，尺寸字的“+”可省略。地址字符的含义见表 0-1。

④ 进给功能字。它表示刀具中心运动时的进给速度。它由地址字符 F 和后面若干位数字组成。数字的单位取决于每个数控系统所采用的进给速度的单位。如 F150 表示进给速度为 150mm/min，编程时见所用的数控机床编程说明书。

⑤ 主轴转速功能字（即主轴速度功能字）。由地址字符 S 和在其后面的若干位数字组成，其单位为 r/min。例如：S600 表示主轴转速为 600r/min。

⑥ 刀具功能字。由地址字符 T 和若干位数字组成，刀具功能字的数字是指定的刀号，数字的位数由所用系统决定。T□□表示选择的刀具号。例如：如 T08 表示选择第 08 号刀。

T□□□□可表示刀号和刀具补偿号，前两位为刀号，后两位为刀补号。如 T0304 表示选 03 号刀，其刀补号为第 04 号；T0300 表示 03 号刀，00 表示刀补取消。

⑦ 辅助功能字（M 功能）。辅助功能字表示一些机床辅助动作的指令，用地址字符 M 和后面两位数字表示，从 M00 ~ M99 共 100 个。

⑧ 程序段结束。写在每一程序段之后，表示程序段结束。用 ISO 标准代码时为“NL”或“LF”，也可以用符号“;”或“*”表示，也可不用任何符号，使用时具体参见说明书。

表 0-1 地址字符的含义

地址码	意　义
O、%、P	程序号、子程序号
N	程序段号
X、Y、Z	*X*、*Y*、*Z* 方向的主运动
U、V、W	平行于 *X*、*Y*、*Z* 坐标轴的第二坐标
P、Q、R	平行于 *X*、*Y*、*Z* 坐标轴的第三坐标
A、B、C	绕 *X*、*Y*、*Z* 坐标轴的转动
I、J、K	圆弧中心坐标
D、H	补偿号指定

2）分隔符程序段格式。该种格式规定了程序段中可能出现的字的顺序，在每个字前都写一个分隔符“HT”，这样就可以不使用地址字符，只要按规定的顺序将相应的数字写在分隔符后面就可以。重复的字可以不写，但分隔符不能省略。

3）固定程序段格式。该种格式的程序段无地址字符和分隔符，各字的顺序及位数是固定的，重复的字不能省略，所以每个程序段的长度都是一样的。这种格式的程序段较长又不直观，目前很少使用。

（4）程序的文件名　CNC 装置可以装入许多程序文件，以文件的方式读写。华中数控文件名格式为：

O××××（地址 O 后面必须有四位数字或字母）

系统通过调用文件名来调用程序，进行加工或编辑。

5. 数控系统的功能

（1）准备功能代码（G 功能）　准备功能是使数控机床作某种操作准备的指令，由地址功能码 G 和数字组成，ISO 标准中规定准备功能有 G00 ~ G99 共 100 种。其代码详细介绍见后面单元所述。

（2）辅助功能代码（M 功能）　辅助功能字由地址功能码 M 和数字组成，从 M00 ~ M99 共 100 种。它是控制机床或系统开关功能的一种命令。其代码详细介绍见后面单元所述。

（3）刀具功能代码（T 功能）　刀具功能字由地址功能码 T 和数字组成。刀具功能的数字是指定的刀号，数字的位数由所用的系统决定。图 0-17 所示为刀具功能示例。

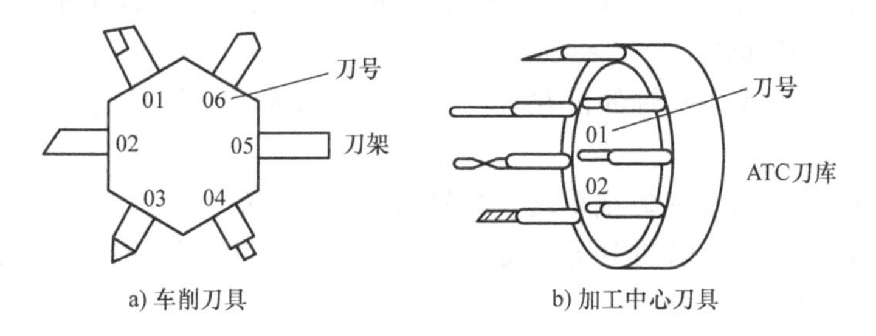

图 0-17　刀具功能示例

（4）主轴转速功能代码（S 功能）　主轴转速功能字由地址码 S 和数字组成。主轴转速功能示例如图 0-18 所示。

（5）进给功能代码（F 功能）　进给功能字表示刀具中心主运动时的进给速度，由地址码 F 和数字构成。进给功能示例如图 0-19 所示。

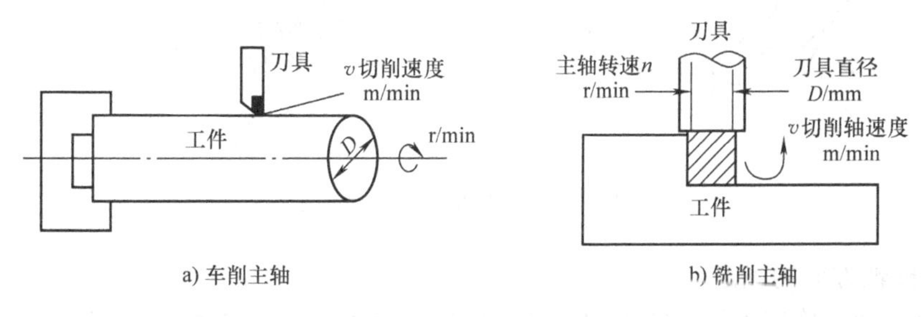

图 0-18　主轴转速功能示例

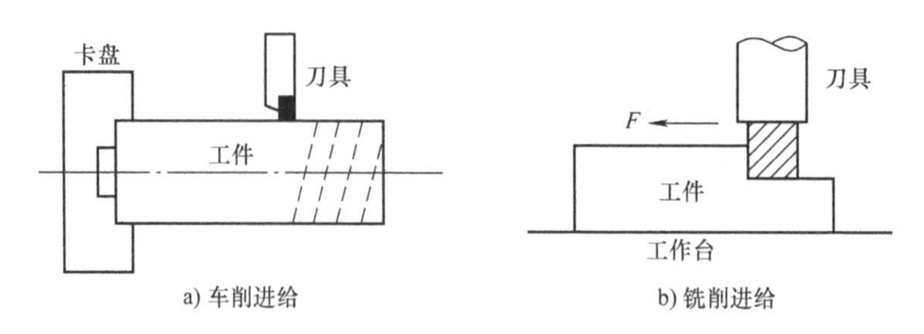

a) 车削进给　　b) 铣削进给

图 0-19　进给功能示例

6. 数控机床的坐标系

（1）坐标系及运动方向命名原则明确规定，机床坐标系遵循以下原则：

1）刀具相对于静止工件而运动的原则。在机床上，始终认为工件是静止的，刀具是运动的。这样编程人员在不考虑机床上工件与刀具具体运动的情况下，即可依据零件图样进行编程，从而简化了编程环境。

2）运动方向的确定。机床某一部件运动的正方向，就是增大工件和刀具之间距离的方向。

3）右手直角笛卡儿坐标系。机床坐标系中 *X*、*Y*、*Z* 三坐标轴的相互关系用笛卡儿直角坐标系确定。*X*、*Y*、*Z* 坐标轴和机床的三个主要导轨相平行。

① 伸出右手的大拇指、食指和中指，并互为 90°。则大拇指代表 *X* 坐标轴，食指代表 *Y* 坐标轴，中指代表 *Z* 坐标轴。

② 大拇指的指向为 *X* 坐标轴的正方向，食指的指向为 *Y* 坐标轴的正方向，中指的指向为 *Z* 坐标轴的正方向。

③ 围绕 *X*、*Y*、*Z* 坐标轴旋转的旋转坐标轴分别用 *A*、*B*、*C* 表示。根据右手螺旋定则，大拇指的指向为 *X*、*Y*、*Z* 坐标轴中任意轴的正向，则其余四指的旋转方向即为旋转坐标轴 *A*、*B*、*C* 的正向，如图 0-20 所示。

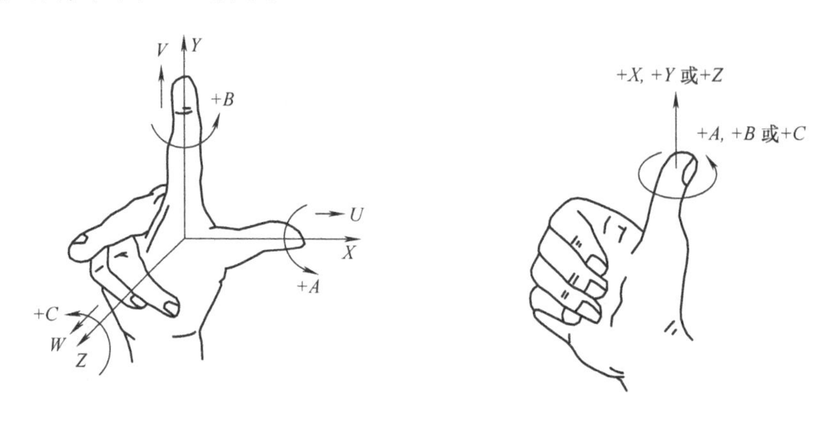

图 0-20　右手直角笛卡儿坐标系

（2）坐标轴方向的确定

1）*Z* 坐标轴。确定坐标轴的方向，首先确定 *Z* 坐标轴。*Z* 坐标轴的运动方向是由传递切削动力的主轴所决定的，即平行于主轴轴线的坐标轴即为 *Z* 坐标轴。*Z* 坐标轴的正向为刀具离开工件的方向。如在钻、镗加工中，钻入和镗入工件的方向为 Z 坐标轴的负方向，而退出方向为正方向。如果机床上有几个主轴，则选择一个垂直于工件装夹平面的主轴方向为 Z 坐标轴方向；如果主轴能够摆动，则选择垂直于工件装夹平面的方向为 Z 坐标轴方向；如果机床无主轴，则选择垂直于工件装夹平面的方向为 Z 坐标轴方向。

2）X 坐标轴。X 坐标轴平行于工件的装夹平面，一般在水平面内。确定 X 坐标轴的方向时，要考虑两种情况：

① 如果工件做旋转运动，则刀具离开工件的方向为 X 坐标轴的正方向。

② 如果刀具做旋转运动，则分为两种情况：Z 坐标轴垂直时，观察者面对刀具主轴向立柱看时，+X 运动方向指向右方；Z 坐标轴水平时，观察者沿刀具主轴向工件看时，+X 运动方向指向右方。

3）Y 坐标轴。在确定了 X、Z 坐标轴的正方向后，可以根据 X 和 Z 坐标轴的方向，按照右手直角坐标系来确定 Y 坐标轴的方向。

4）旋转运动。A、B、C 相应地表示其轴线平行于 X、Y、Z 坐标轴的旋转运动。A、B、C 的正方向，相应地表示在 X、Y、Z 坐标轴正方向按照右手螺旋前进的方向。

5）主轴旋转运动的方向。如果正对主轴端面看主轴旋向，逆时针方向为正向（正转），顺时针方向为负向（反转）。

（3）机床原点与机床参考点

1）机床原点。机床原点又称为机械原点，它是机床坐标系的原点。该点是机床上的一个固定点，其位置是由机床设计和制造单位来确定的，通常不允许用户改变。数控车床的机床原点大多数规定在其主轴旋转中心与卡盘后端面的交点上。

2）机床参考点。数控装置上电时并不知道机床原点，为了正确地在机床工作时建立机床坐标系，通常在每个坐标轴的移动范围内设置一个机床参考点（测量起点），机床起动时，通常要进行机动或手动回参考点，以建立机床坐标系。

机床参考点是采用增量式测量的数控机床所特有的，机床原点由机床参考点体现出来。一般数控车床的机床原点、机床参考点位置如图 0-21 所示。机床参考点是机床坐标系中一个固定不变的位置点，是用于对机床工作台、滑板与刀具相对运动的测量系统进行标定和控制的点。机床参考点通常设置在机床各轴靠近正向极限的位置，通过减速行程开关粗定位而由零位点脉冲精确定位。机床参考点对机床原点的坐标是一个已知定值。采用增量式测量的数控机床开机后，都必须进行回零操作，即利用 CRT/MDI 控制面板上的功能键和机床操作面板上的有关按钮，使刀具或工作台退回到机床参考点。回零操作又称为返回参考点操作。当返回参考点的工作完成后，显示器即显示机床参考点在机床坐标系中的坐标值，表明机床坐标系已自动建立。

在以下三种情况下必须设定机床参考点：①机床关机以后、重新接通电源开关时；②机床解除急停状态后；③机床超程报警信号解除之后。

在上述三种情况下，数控系统失去了对机床参考点的记忆，因此必须进行返回机床参考点的操作。

3）工件坐标系。工件坐标系是编程人员在编程时使用的。编程人员选择工件上的某一已知点为原点（也称程序原点），建立一个新的坐标系，称为工件坐标系。工件坐标系一旦建立便一直有效，直到被新的工件坐标系所取代。

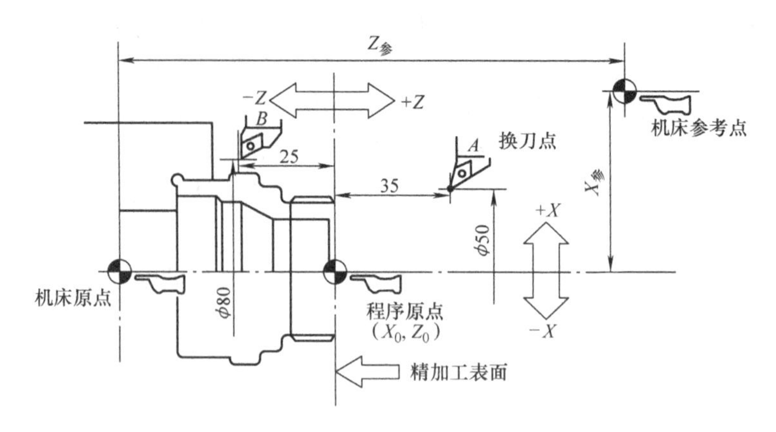

图 0-21 数控车床的坐标系

一般情况下，程序原点应选在尺寸标注的基准或定位基准上。对车床编程而言，工件坐标系原点一般选在工件轴线与工件的前端面、后端面、卡爪前端面的交点上。铣床坐标系原点一般选择在工件几何中心或某一角上。

如图 0-21 所示，数控车床的坐标系包括 X 轴和 Z 轴，其中 Z 轴平行于卡盘的中心线，其正方向为远离卡盘的方向。X 轴垂直于 Z 轴，其正方向为刀架远离主轴轴线的方向。编程原点一般设在工件端面与主轴中心线的交点处，设为（X_0，Z_0）。为使编程尺寸与零件图样尺寸一致，其中 X 轴的坐标值常采用直径尺寸。图 0-21 中 A、B 点的坐标分别为 A（50，35）、B（80，-25）。

4）换刀点。换刀点是为数控车床、数控钻镗床等自动换刀数控机床设定的换刀位置，因为这种机床在加工中途要更换刀具。换刀点的位置要保证换刀时刀具不碰撞工件、夹具或机床，又不能太远离加工零件，如图 0-21 中所示的 A 点。

自 测 题

1. 数控技术是如何产生及发展的？
2. 数控技术发展的趋势是什么？
3. 数控机床与普通机床相比较，在哪些方面是基本相同的？两者最根本的不同点是什么？
4. 数控机床由哪几个部分组成？各组成部分的功用是什么？
5. 数控机床的工作原理是什么？
6. 数控机床按运动方式分为几类？
7. 点位控制系统的特点是什么？
8. 直线控制数控机床是否可以加工直线轮廓？
9. 开环、闭环和半闭环系统在结构形式、精度、成本和影响系统稳定性方面，各有何特点？
10. 什么是点位控制、直线控制和轮廓控制？三者有何区别？
11. 什么是开环控制、闭环控制和半闭环控制？它们之间有什么区别？
12. 数控机床最适用于哪些类型零件的加工？
13. 机床坐标系是如何规定的？
14. 试述数控编程的内容和方法。

模块1　数控车削加工工艺、编程与操作

项目1　数控车床的基本操作

任务1　数控车床的面板操作

【知识目标】

1. 熟悉数控加工的生产环境、典型华中“世纪星”HNC－21T数控系统的操作面板及按钮的功能。

2. 掌握数控车床手轮、手动和速度倍率修调开关的使用方法。

【技能目标】

1. 能正确进行开、关机操作和手动控制的操作。

2. 培养学生独立工作的能力和安全文明生产的习惯。

【任务描述】

熟悉数控车床的操作面板及按钮功能，能正确开、关机，并手动运行机床各轴。

熟悉数控车床的操作面板是操作数控车床的基础。熟悉数控系统各界面后，才能熟练操作，所以应加强操作练习。

【相关知识】

华中“世纪星”HNC－21T数控系统采用国际标准G代码编程，与各种流行的CAD/CAM自动编程系统兼容。HNC－21T车床数控装置操作台为标准固定结构，如图1-1所示，主要包括四大区域：液晶显示区、功能键区、机床控制面板区、MDI键盘区和“急停”按钮。

1. 液晶显示区

液晶显示区主要显示数控机床工作相关信息，显示区域的内容由功能键F1～F10进行调节。

HNC－21T的液晶显示软件操作界面如图1-2所示，由如下几个部分组成：

（1）图形显示窗口　可以根据需要用功能键F9设置窗口的显示内容，主要有程序界面、坐标界面、刀偏界面、MDI运行界面和图形界面。

（2）菜单命令条　通过菜单命令条中的功能键F1～F10来完成系统功能的操作。

（3）运行程序索引　自动加工中的程序名和当前程序段行号。

（4）选定坐标系下的坐标值　坐标系可在机床坐标系、工件坐标系和相对坐标系之间切换；显示值可在指令坐标、实际坐标、剩余进给、跟踪误差、负载电流和补偿值之间切换。

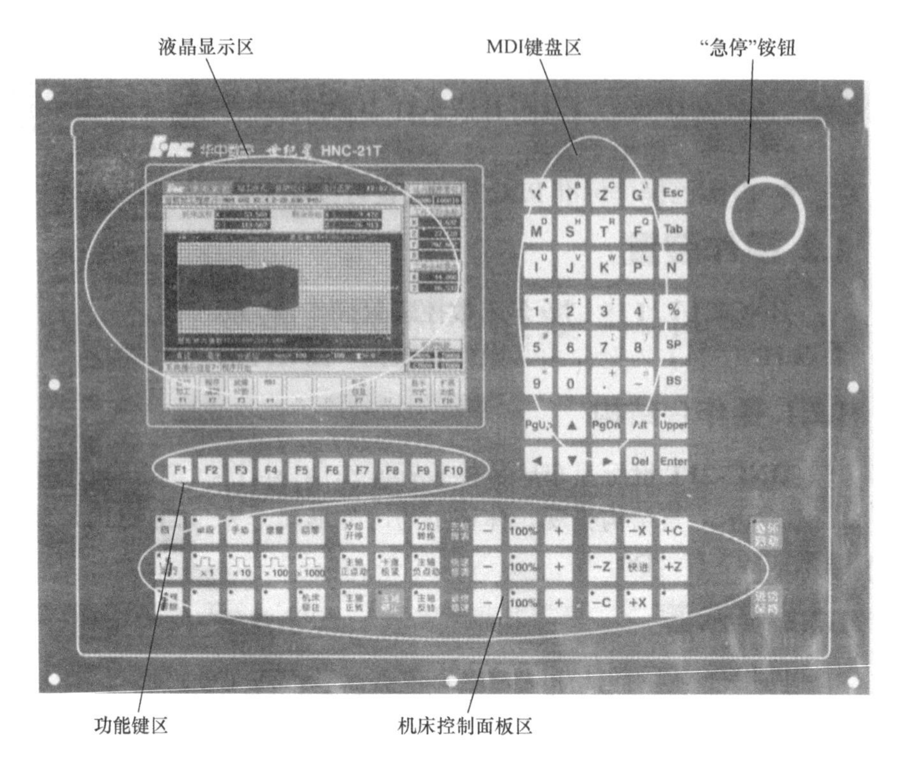

图1-1 华中“世纪星”HNC-21T数控系统面板

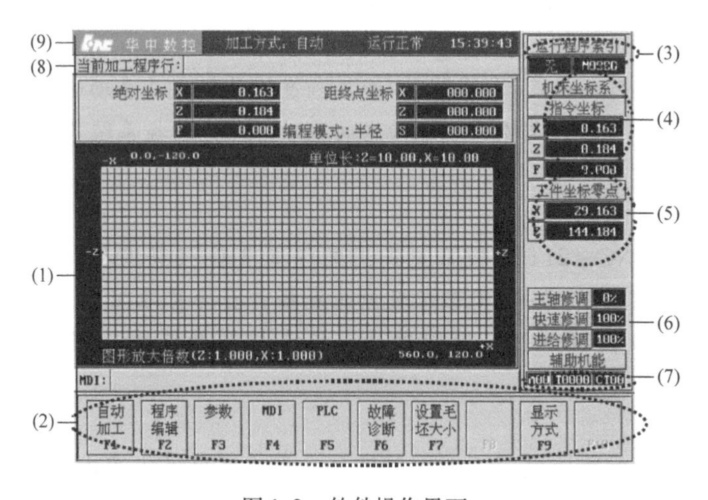

图1-2 软件操作界面

（5）工件坐标零点　显示工件坐标零点在机床坐标系下的坐标。

（6）倍率修调

1）主轴修调：当前主轴修调倍率。

2）进给修调：当前进给修调倍率。

3）快速修调：当前快速修调倍率。

（7）辅助机能　显示自动加工中的M、S、T代码。

（8）当前加工程序行　显示当前正在或将要加工的程序段。

（9）当前加工方式、系统运行状态及当前时间

1）加工方式：根据机床控制面板上相应按键的状态，可在自动（运行）、单段（运行）、手动（运行）、增量（运行）、回参考点、急停、复位等之间切换。

2）系统运行状态：在运行正常和运行出错之间切换。

3）当前时间：当前系统时间。

软件操作界面中最重要的一块是菜单命令条。系统功能的操作主要通过菜单命令条中的功能键 F1～F10 来完成。HNC－21T 的功能菜单结构如图 1-3 和图 1-4 所示。

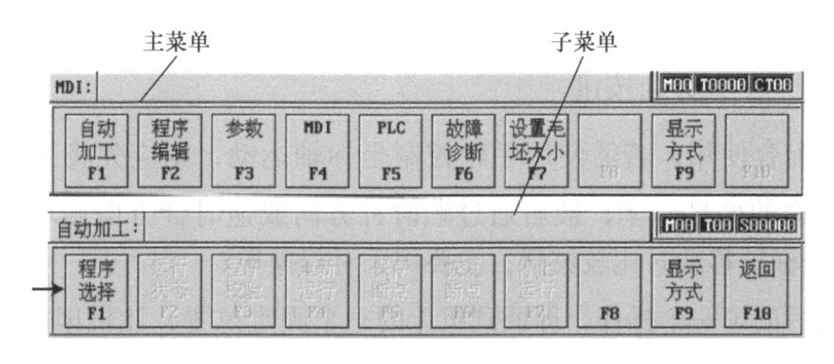

图 1-3　菜单层次

2. 功能键区

F1～F10 功能键区对应液晶显示区内的 F1～F10 软键，包括部分显示切换与功能切换。该 10 个功能菜单中设置有子选项，当处于不同的功能状态时，F1～F10 对应不同的功能。

3. 机床控制面板区

机床控制面板区主要用于直接控制机床的动作或加工过程，标准机床控制面板的大部分按键位于操作台的下部，如图 1-5 所示。

（1）工作方式选取区

：机床有 5 种工作方式。

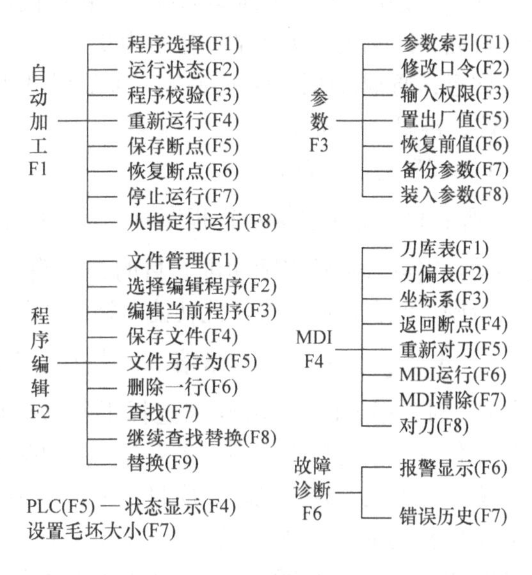

图 1-4　HNC－21T 的功能菜单结构

：此功能在自动运行程序时使用，即当编辑好加工程序，装夹好工件之后，按下此按钮，然后按下按钮，机床将进入自动运行状态，它将按照程序指定的路线进行刀具与工件的相对运动，完成对工件的自动加工。

：加工时程序的执行以单程序段为单位，即单程序段执行，通过按按钮执行后面的程序。该功能与“自动”方式互锁，即只能在两种加工方式中选择一种。

：手动进行坐标轴的移动，以及换刀、主轴旋转等操作。在移动坐标轴时，配合

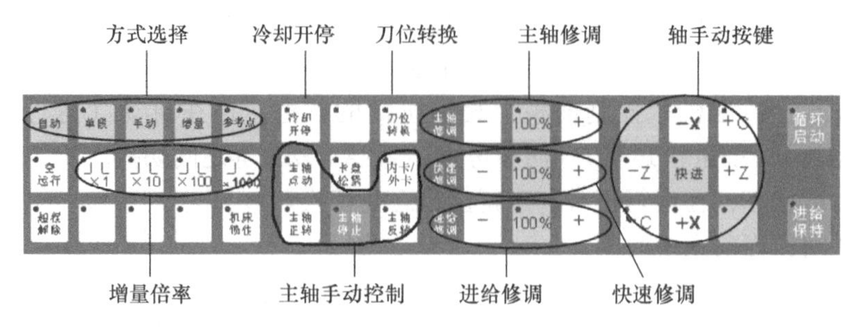

图 1-5　机床控制面板

-X、+X、-Z、+Z坐标方向按钮。

增量：与手轮配合使用，若需使用手轮控制坐标轴运动，则应先将工作方式选为“增量”，然后选择合适的增量倍率，最后通过顺时针方向或逆时针方向旋转手轮来移动坐标轴。用手轮控制坐标轴移动时比较灵活，主要用于对刀操作。

回参考点：开机之后的第一个操作，即回到机床的一个固定位置，让机床重新建立机床坐标系。将工作方式选择为“回参考点”，然后单击“+X”按钮，待刀架距离工件较远时，单击“+Z”按钮，使机床回参考点；当机床回参考点之后，“+X”与“+Z”按钮左上角的原点灯亮，同时机床实际坐标显示为0。

注意：通常机床回参考点时，为了保证刀架不与顶尖座、工件发生碰撞，必须先回“+X”，再回“+Z”。

（2）其他控制按钮

空运行：该状态下自动运行程序时，程序中编制的F值被忽略，坐标轴以最大快速移动速度移动。空运行不做实际切削，目的在于确认切削路径及程序，在实际切削时应关闭此功能，否则可能会造成危险。此功能对螺纹切削无效。

×1、×10、×100、×1000：增量倍率，当工作方式选择为“增量”（手轮）时，用×1～×1000来选择手轮移动倍率。当刀具将要靠近工件时，应选择小倍率；当刀具与工件距离较远时，应选择大倍率；当不用手轮功能时，应将倍率调节为×1，以确保安全。手轮单格移动时，分别表示：×1=0.001mm、×10=0.01mm、×100=0.1mm、×1000=1mm。车床手轮如图1-6所示。

图 1-6　车床手轮

超程解除：用于解除坐标轴超程。当在手动操作或自动加工过程中，由于操作失误或编程错误等因素，造成某一坐标轴超程时，则该按钮指示灯亮，同时，机床不再运动，处于急停状态，需要解除超程之后才可继续操作。解除超程的具体做法：按下“超程解除”按钮不松开（控制器会暂时忽略超程的紧急情况）→将工作方式选择为“增量”→旋转手轮使坐标向超程的反方向运动→观察机床坐标，待其离开超程区域时，松开“超程解除”按钮。

注意：若发生某一坐标轴超程，解除超程后必须将该坐标轴回零，然后再进行其他操作，否则容易造成事故。

程序跳段：与编程指令配合使用。当在程序中输入“/”（跳步）指令时，选中该按钮，跳步开关打开，则自动加工时“/”所在的程序段不执行，即跳过此段执行下一段。

选择停：与编程指令配合使用。当在程序中输入 M01 指令并选中该按钮时，自动加工过程中程序执行到 M01 时，机床进给运动停止，复选“循环启动”后，机床继续执行后面的程序。

机床锁住：此按钮生效时机床无论在何种工作方式下均不产生运动，通常用于程序校验。进行完操作后应使机床重新回零。

冷却开/停：复选此按钮打开或关闭切削液。

刀位选择：换刀前的预选。若需选 2 号刀，则按此键两次。

刀位转换：换刀过程的执行。预选刀具之后，按下“刀位转换”按钮执行换刀过程。

提示：在显示器中右下方的辅助机能区域有选刀与换刀提示。ST 后面的数字表示预选刀位号，CT 后面的数字表示当前刀位号。

主轴点动：单击此按钮时，主轴转动几圈停止，主要用于主轴的手动换档以及检查工件的装夹情况。

卡盘松/紧：按钮灯点亮时表示卡盘夹紧，反之表示卡盘未夹紧。该功能用于带有液压或气动卡盘的数控机床。

内卡/外卡：用于选择夹紧类型，有内卡或外卡。该功能用于带有液压或气动卡盘的数控系统。

主轴正转 主轴停止 主轴反转：主轴状态按钮，此三个按钮必须在“手动”方式下使用，否则无效。

快进：当用“手动”方式移动坐标轴时，按下该按钮后，再按“坐标轴”按钮，将会使坐标轴移动速度变快，可以提高操作效率。

主轴修调 − 100% +：主轴倍率修调按钮，用于调节主轴转速。修调结果与图 1-2 所示主轴修调相对应。

快速修调 − 100% +：快速倍率修调按钮，用于调节程序中的 G00 运动速度。修调结果与图 1-2 快速修调相对应。

进给修调 − 100% +：进给倍率修调按钮，用于调节手动进给运动速度及程序中 G01、G02、G03 的运动速度。修调结果与图 1-2 所示进给修调相对应。

：在“自动”状态下选择该按钮，机床开始进行自动加工；在“单段”状态下选择该按钮，只执行单个程序段的加工，需要不断复选该按钮进行后续程序段的加工。

：自动加工过程中的暂停。在自动加工过程中按下该按钮时，机床坐标移动被暂停，可以选择“循环启动”按钮继续进行加工。

：该按钮为机床出现紧急情况下的电源切断开关。当刚刚进入数控系统时，首先要旋开急停开关，然后再进行回零等其他操作。

4. MDI 键盘区

MDI 键盘用于输入参数及程序，其主要编辑键的功能如下：

Alt：替换键。用输入的数据替代光标所在处的数据。

Del：删除键。删除光标所在处的数据，或者删除一个或全部数控程序。

Esc：取消键。取消当前操作。

Tab：跳格键。

SP：空格键。空出一格。

BS：退格键。删除光标前的一个字符，光标向前移动一个字符位置，余下的字符左移一个字符位置。

Enter：确认键。确认当前操作；结束一行程序的输入并且换行。

Upper：上档键。输入上档字符时先选择此键，再选择字符对应的按键，则该字符被输入到相应的位置。

PgUp：向上翻页。使编辑程序向程序头滚动一屏，光标位置不变。如果到了程序头，则光标移到文件首行的第一个字符处。

PgDn：向下翻页。使编辑程序向程序尾滚动一屏，光标位置不变。如果到了程序尾，则光标移到文件末行的第一个字符处。

▲：向上移动光标。

▼：向下移动光标。

◀：向左移动光标。

▶：向右移动光标。

【任务实施】

1. 机床准备

（1）开机　首先检查 CNC 和机床外观是否正常；然后，打开机床电源（将开关置于“ON”位置），机床系统开始自检，自检完成后系统界面显示正常，工作方式处于“急停”状态，按顺时针方向旋开机床面板上的“急停”按钮。

（2）回参考点　数控车床在每次开机之前会执行回参考点的操作。操作步骤如下：

1）按“回参考点”按钮，进入回参考点模式。

2）将 *X* 轴回参考点，按“+X”按钮，*X* 轴先回参考点。

3）按“+Z”按钮，*Z* 轴回参考点。

注意：在回参考点之前，一定要检查机床导轨、刀架及顶尖座，确保回参考点过程中不会发生干涉或碰撞等事故。

2. 坐标轴的运动控制

（1）连续移动控制　连续移动方式用于较长距离的粗略移动。操作步骤如下：

1）按“手动”按钮进入手动连续移动模式。

2）判断当前刀架的位置，分别向“+Z”“-Z”“+X”“-X”方向移动，在对应 *X* 轴或 *Z* 轴移动时，要特别注意 *Z* 轴位移以防撞刀。如果需要快速移动，可以按下“快进”按钮。

（2）手轮移动方式　手轮移动用于较短距离的移动。操作步骤如下：

1）首先，按下“增量”按钮，判断需要移动的坐标轴，将移动轴换到 *X* 轴或 *Z* 轴，进入手轮移动方式。

2）通过手轮“倍率”按钮选择不同的脉冲步长。

3）旋转手轮，观察坐标直至移动到所需要的位置即可。在旋转手轮时，要注意移动的正反方向：顺时针方向旋转手轮，向移动轴的正方向移动；逆时针方向旋转手轮，向移动轴的负方向移动。

3. 主轴控制

在对刀和一些辅助操作中，往往需要主轴旋转起来，可以通过手动的方式直接控制主轴旋转。操作步骤为：首先，按下“手动”按钮，进入手动操作模式，按下“主轴正转”按钮，机床主轴开始转动，按下“主轴停止”按钮，主轴停止转动；按下“主轴反转”按钮，机床主轴开始反向转动，按下“主轴停止”按钮，主轴停止转动。

4. 换刀操作

在进行对刀操作和加工的过程中，经常需要换刀。换刀的操作步骤如下：

1）首先，将数控车床置于“手动”操作模式。

2）判断当前刀具是否为所需刀具，若不是，按下“刀位选择”按钮，选择到需要的刀具下，按下“刀位转换”按钮。

注意：在显示器右下方的辅助机能区域有选刀与换刀的提示。ST 后面的数字表示预选刀位号，CT 后面的数字表示当前的刀位号。

5. 关机

手动移动刀架至安全的位置；按下“急停”开关，关掉 NC 电源，关闭机床电源。

任务2　数控车床对刀及刀具参数设置

【知识目标】

1. 掌握数控车床的对刀方法。
2. 掌握数控车床刀具补偿参数的输入方法。

【技能目标】

1. 能正确进行对刀，会建立工件坐标系。
2. 能正确设定刀具补偿值。

【任务描述】

给定的毛坯尺寸为 ϕ60mm×120mm，材料为 45 钢，完成对刀操作，建立如图 1-7 所示的零件的工件坐标系，并完成刀具参数的设置。

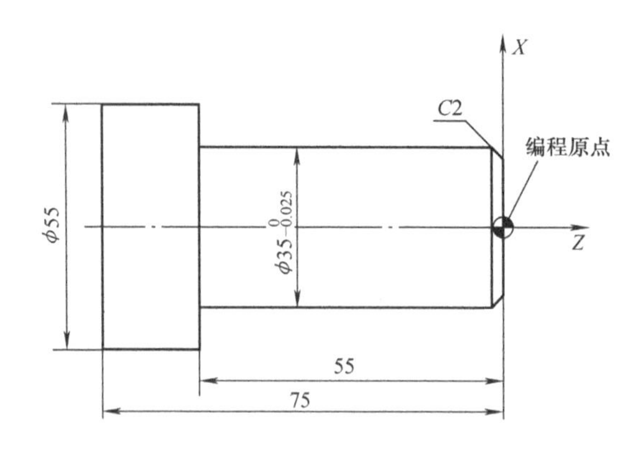

图 1-7 数控车床对刀操作的零件图

【任务分析】

对刀是数控车床操作中极为重要的步骤，也是考验数控车床操作人员技术水平的一项指标。对刀精度的高低将直接影响零件的加工精度。对刀是为了确定编程原点在数控车床坐标系中的位置。

【相关知识】

一、用 G92 设定工件坐标系原点

数控系统中工件坐标系的建立可以通过“G92 X__ Z__;”语句设定刀具当前所在位置的坐标值来确定。其指令格式为:

G92 X__ Z__;

说明：X、Z 为对刀点到工件坐标系原点的有向距离。

该指令是声明刀具起刀点（或换刀点）在工件坐标系中的坐标，通过声明这一参照点的坐标而创建工件坐标系。X、Z 后的数值即为当前刀位点（如刀尖）在工件坐标系中的坐标，在实际加工以前通过对刀操作即可获得这一数据。换言之，对刀操作即是测定某一位置处刀具刀位点相对于工件坐标系原点的距离。

二、用 G54 ~ G59 设置工件坐标系原点

具有参考点设定功能的机床还可用工件零点预置 G54 ~ G59 指令来代替 G92 建立工件坐标系。它是先测定出欲预置的工件坐标系原点相对于机床坐标系原点的偏置值，并把该偏置值通过参数设定的方式预置在机床参数数据库中，因而无论断电与否，该值都将一直被系统所记忆，直到重新设置为止。

当工件坐标系原点预置好以后，便可用“G54 G00 X__ Z__;”指令让刀具移动到该预置工件坐标系中的任意指定位置。用 G54 ~ G59 设置工件坐标系原点如图 1-8 所示。

三、用 T 指令设定工件坐标系原点

1. 对刀原理

采用刀具补偿参数 T 功能指令方式对刀时，可在 MDI 功能子菜单下打开图 1-4 所示的

MDI功能子菜单界面中的“刀偏表F1”选项进入刀偏表，图形显示主窗口如图1-9刀具偏置编辑表所示。

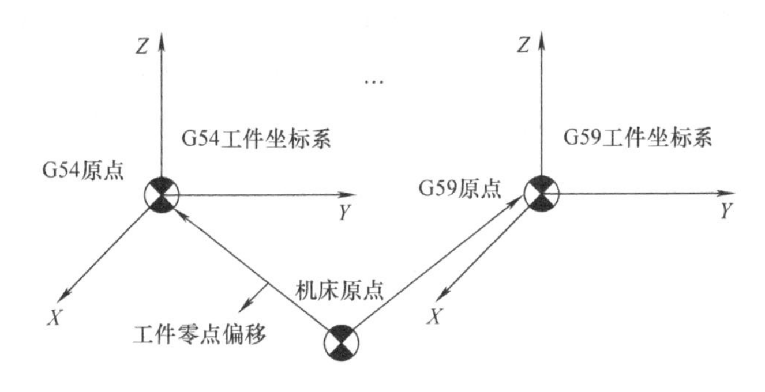

图1-8　用G54～G59设置工件坐标系原点

1）设置刀偏数据时可按“上下光标”键，移动蓝色亮条来选择要编辑的选项。

2）按“回车”键，蓝色亮条所指的刀具数据的背景发生变化，同时有一光标在闪，这时可以进行数据输入或编辑修改，修改完毕后再按“回车”键确认。

2. 对刀方法及过程

1）将工件坐标系原点设置在工件前端面与主轴中心线的交点上。

2）试切外径并测量。

① 测量并输入试切直径值。以“T0101”程序段为例，选用使用的刀具在手动方式下切削工件外圆一刀，沿*Z*轴的正方向退刀，用千分尺测量工件直径如为ϕ55.220mm，然后将此值输入到刀偏表中相对应于“#××01”一行中“试切直径”一栏中并确认。

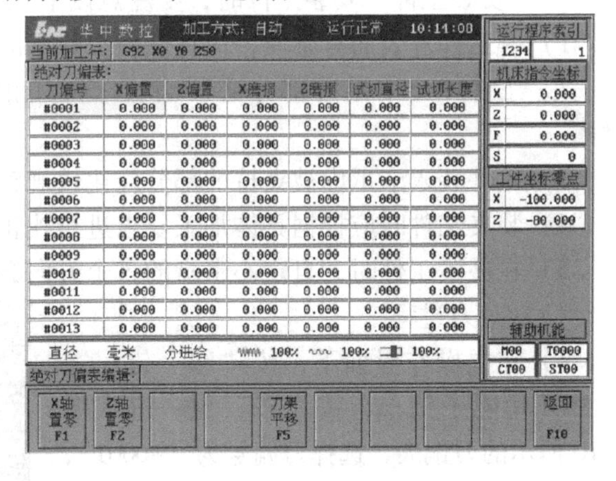

刀偏号	X偏置	Z偏置	X磨损	Z磨损	试切直径	试切长度
#0001	0.000	0.000	0.000	0.000	0.000	0.000
#0002	0.000	0.000	0.000	0.000	0.000	0.000
#0003	0.000	0.000	0.000	0.000	0.000	0.000
#0004	0.000	0.000	0.000	0.000	0.000	0.000
#0005	0.000	0.000	0.000	0.000	0.000	0.000
#0006	0.000	0.000	0.000	0.000	0.000	0.000
#0007	0.000	0.000	0.000	0.000	0.000	0.000
#0008	0.000	0.000	0.000	0.000	0.000	0.000
#0009	0.000	0.000	0.000	0.000	0.000	0.000
#0010	0.000	0.000	0.000	0.000	0.000	0.000
#0011	0.000	0.000	0.000	0.000	0.000	0.000
#0012	0.000	0.000	0.000	0.000	0.000	0.000
#0013	0.000	0.000	0.000	0.000	0.000	0.000

图1-9　刀具偏置编辑表

② 输入试切长度零值。在工件右端面试切一刀，沿*X*轴的正方向退刀，然后将“0.000”输入到刀偏表中相对应于“#××01”一行中“试切长度”一栏中并确认，用同样的方法可依次再对第二把刀“T0202”。

③ 退出界面。当所用的几把刀依次对完确认以后，数控系统便建立起新的工件坐标系以取代回参考点时所建立的机床坐标系，这时可按“F10”键退出界面。

四、刀具磨损量补偿参数的使用

1）如工件加工好以后，实测工件值大于图样尺寸0.1mm，则将相应刀具磨损量补偿在图1-9所示刀偏表中“X磨损”处输入“－0.1”即可，若长度出现偏差，用刀具磨损量补偿在图1-9所示刀偏表中“Z磨损”处输入相应值即可。此时若是复合循环，可以将复合循环程序段用分号“;”屏蔽后重新运行一次，自动加工后即可保证工件尺寸。

2）在用机夹刀具加工时，若刀尖圆弧半径未知，可不输入刀尖圆弧半径，按“0”处理，正常进行对刀加工即可。如果工件加工好以后，实测工件值大于图样尺寸某个值，则对这个值在相应刀具磨损量补偿中进行处理，方法同上。

例如在粗加工时，将“X 磨损”输入“0.5”（0.5mm 作为精加工的余量），工件粗加工后，实测工件值大于图样尺寸 0.48mm，则相应刀具磨损量为“0.5－0.48＝0.02”，在图 1-9 所示的刀偏表中，“X 磨损”处输入“0.02”，自动加工后即可保证工件尺寸。

若长度出现偏差，也可以用刀具磨损量补偿，在图 1-9 所示的刀偏表中“Z 磨损”处输入相应值即可。

【任务实施】

用 T 指令试切对刀建立工件坐标系的步骤如下：

（1）对刀前的准备

1）毛坯的准备：根据图样要求选择相应的毛坯。

2）刀具的准备：针对工件的加工要求，选择相关的刀具。在此以车床上常用的 4 种刀具为例：1 号刀为主偏角为 93°的外圆粗车刀；2 号刀为主偏角为 93°的外圆精车刀；3 号刀为切断刀；4 号刀为 60°外螺纹车刀。将 4 种刀具分别装在 1、2、3、4 号刀位上。

3）机床的准备：解除机床急停开关并回参考点，再将刀架移动到工件附近。

（2）安装工件　安装工件时，要注意以下几方面：

1）若工件外表面有杂质，应将杂质去除干净之后再装夹。

2）工件伸出卡爪外部分必须略长于加工的最大长度，以免加工时刀具与卡爪发生碰撞。

3）工件装入卡爪内被夹持的部分应比较规整，无较大缺陷。

4）装夹工件时应根据具体加工要求进行找正。

5）在夹紧工件时，自定心卡盘的 3 个方向必须全部旋紧。

（3）对刀过程

1）在主操作界面下，按“F4”键，进入 MDI 功能子菜单，按“F2”键，进入图 1-10 所示的刀偏表，选择刀偏号为“#0001”，移动蓝色亮条到试切长度栏。

2）主轴正转，手摇进给，试切工件端面，背吃刀量不能过大，要求小于 0.5mm，刀尖过了旋转中心后，沿 X 轴正向退刀，不得有 Z 向位移。

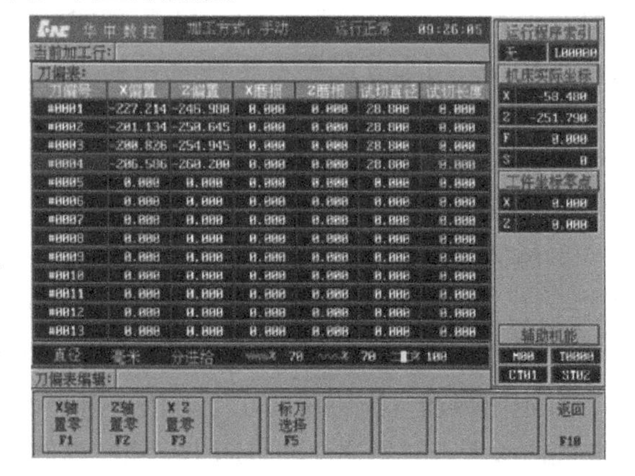

图 1-10　刀偏表

3）按“回车”键，输入切削端面到编程原点的长度（在此，编程原点选在工件的前端面上，显然长度就是 0，应输入“0”），然后按“回车”键；移动蓝色亮条到试切直径栏。

4）试切工件外圆 3～5mm，然后沿 Z 轴正向退刀，不得有 X 向位移，主轴停止，测量试切外圆的直径。

5）按“回车”键，输入测得的直径值，然后再按“回车”键；移动蓝色亮条到刀偏号为#0002 的试切长度栏。

6）按“刀位选择”“刀位转换”按钮，换 2 号刀，主轴正转，用主切削刃接触工件右端面，要合理选用手摇进给的增量倍率，切削痕迹越小越好，同时也要注意工作的效率。接触后，沿 X 轴正向退刀，不得有 Z 向位移。

7）按“回车”键，同样的道理，在试切长度栏输入“0”，然后再按“回车”键；移动蓝色亮条到试切直径栏。

8）试切工件外圆 3～5mm，然后沿 Z 轴正向退刀，不得有 X 向位移，主轴停止，测量试切外圆的直径。

9）按“回车”键，在试切直径栏输入测量的直径值，然后再按“回车”键；移动蓝色亮条到刀偏号为“#0003”的试切长度栏。

10）按“刀位选择”“刀位转换”按钮，换3号刀，测量刀宽，主轴正转，要合理选用手摇进给的增量倍率，用左刀尖接触工件右端面，同样要求切削痕迹越小越好。刀具接触工件后，沿 X 轴正向退刀，不得有 Z 向位移。

11）按“回车”键，此处不能直接输“0”（切断后的工件长度从右刀尖算起，即刀位点在右刀尖）。输入刀宽值后，按“回车”键；移动蓝色亮条到试切直径栏。

12）合理选用手摇进给的增量倍率，接触2号刀试切的工件外圆，沿 Z 轴正向退刀，不得有 X 向位移，主轴停止。

13）按“回车”键，输入2号刀试切的外圆直径值，然后按“回车”键；移动蓝色亮条到刀偏号为#0004的试切长度栏。

14）按“刀位选择”“刀位转换”按钮，换4号刀，手摇进给移动刀具，目测使刀尖与工件端面对齐（尽可能使刀尖接近工件，但不准接触工件）。

15）按“回车”键，在试切长度栏输入“0”，然后再按“回车”键；移动蓝色亮条到试切直径栏。

16）主轴正转，刀尖接触工件外圆，然后沿 Z 轴正向退刀，不得有 X 向位移，主轴停止。

17）按“回车”键，输入2号刀试切的外圆直径值，然后按“回车”键。

18）以上介绍了对刀操作的全过程。实训中除了要掌握对刀方法，还要注意精度控制。

（4）对刀时的注意事项

1）为了防止工件上的硬皮层损伤刀尖，在进行试切时，刀尖切入工件的厚度要略大于硬皮层的厚度。

2）试切对刀时，主轴转速不宜过高。

任务3　数控车床程序编辑、管理与运行

【知识目标】

1. 掌握数控车床程序录入、编辑和管理的方法。
2. 了解程序的运行方式，掌握数控车床程序自动运行的操作方法。

【技能目标】

1. 能正确、熟练地录入数控加工程序，并能进行程序的编辑、管理、校验和调试。
2. 能调用程序并使机床自动完成加工。

【任务描述】

录入已知程序%1001，检查无误后，对程序进行调试和试运行，显示运行轨迹。

加工程序如下：

```
%1001;
N10  T0101;
N20  M03  S600;
N30  G00  X46  Z3;
N40  G71  U1.5  R1  P70  Q150  E0.3  F0.3;
N50  G00  G42  X18;
N60  Z1;
N70  S1000  F0.1;
N80  G01  X24  Z-2;
N90  Z-20;
N100  X25;
N110  X30  Z-35;
N120  Z-40;
N130  G03  X42  Z-46  R6;
N140  G01  Z-56;
N150  G01  X46;
N160  G00  G40  X100  Z100;
N170  M05  M30;
```

【任务分析】

熟悉数控车床程序编辑、管理与运行是学习操作数控车床的基础，学生要加强操作练习。

【相关知识】

1. 新建程序

1）依次按下编辑按钮“程序”→“程序编辑”→“新建程序”→输入文件名“1001”→“回车”，此时将出现空白程序窗口，可以输入与修改程序。

2）选择编辑程序。依次选择“程序 F1”→“程序选择 F1”→▲▼选择程序→“回车”确认。此时整个程序内容将被显示，可对其进行编辑。若显示界面不是程序界面，可以复选“显示切换”到出现程序界面为止。

3）输入与修改程序。通过前面两步骤新建程序或选择将要编辑的程序文件，然后通过MDI键盘输入或修改程序，通过▲、▼、►、◄确定程序输入或修改的位置。程序编辑结束后，必须依次选择“保存程序 F4”→“回车”确认保存。

4）删除程序。单击“F10”键返回主功能菜单，依次选择“程序 F1”→“程序选择 F1”→选择将要删除的程序文件→“Del”→“Y”确认删除。

2. 程序校验

1）选择需要加工的程序，按“程序校验 F5”，通过“显示切换 F9”将显示调节为图形界面。

2）在手动状态下选中“空运行”与“机床锁住”功能。

3）依次选择“自动”→“循环启动”，图形界面出现模拟图形，观察刀具的运动路线及轮廓形状是否与被加工工件一致，根据情况进行程序的调整，直到校验正确为止。线框校验图形如图1-11所示。

4）程序校验无误后，解除“空运行”及“机床锁住”功能，重新回参考点。

3. 自动加工

（1）选择加工程序　依次选择“程序F1”→“程序选择F1”，通过光标键选择被加工的程序，按“回车”键确认。使用“显示切换”功能将显示调节为程序界面。当前被选程序的第一行出现蓝色光标，如图1-12所示。

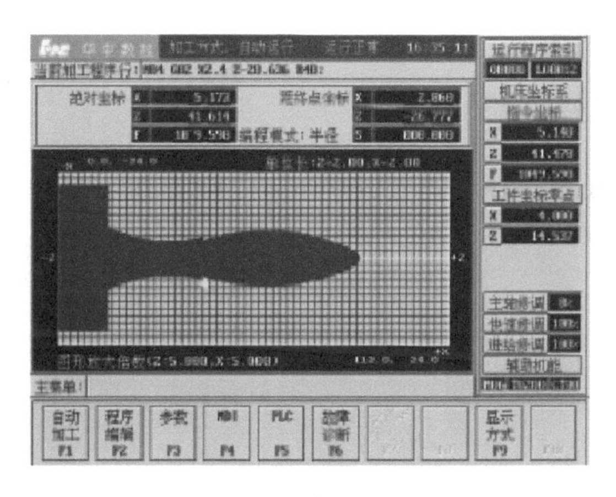

图1-11　线框校验图形

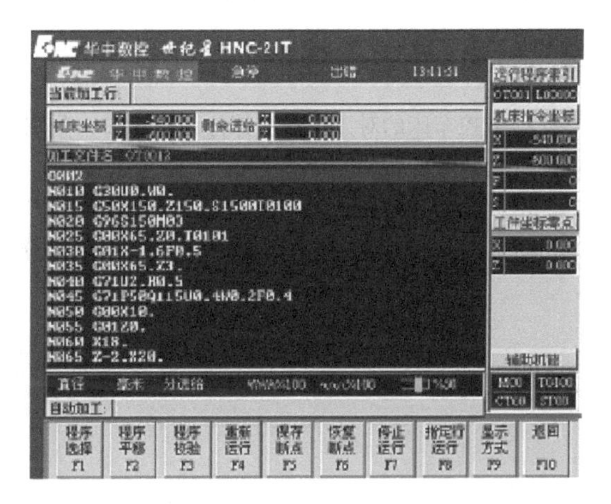

图1-12　自动加工界面

（2）运行程序　将工作方式调节为“自动”或“单段”状态，按“循环启动”按钮执行当前程序。

1）单段方式：依次选择“单段”→“循环启动”，程序开始执行，机床开始加工。由于程序执行在单段状态，所以程序在执行完当前程序段后停止，需要持续选择“循环启动”，继续执行后续程序加工。

2）自动方式：依次选择“自动”→“循环启动”，程序从头到尾依次执行，直到程序结束。

【任务实施】

1. 新建程序

1）依次按下编辑按钮“程序”→“程序编辑”→“新建程序”。

2）输入文件名“1001”，按“回车”键确认。

2. 输入程序

1）通过键盘输入程序号为“%1001”的程序，通过▲、▼、►、◄确定程序输入或修改位置。

2）编辑结束后，检查程序的正确性。

3）若程序无错误，依次选择“保存程序F4”→“回车”，确认保存。

3. 程序校验

1）按“程序校验F5”，通过“显示切换F9”将显示调节为图形界面。

2）在手动状态下选择“空运行”与“机床锁住”功能。

3）依次选择“自动”→“循环启动”，图形界面出现模拟图形，观察刀具的运动路线及轮廓形状是否与被加工工件一致。

4）程序校验无误后，解除“空运行”及“机床锁住”功能，重新回参考点。

4. 自动加工

当程序校验无误后，使数控机床回参考点，完成对刀操作后，进行自动加工。自动加工步骤如下：

1）按“自动”按钮，进入自动加工模式。

2）按“循环启动”按钮，程序开始执行。

自 测 题

1. 数控车床的对刀操作步骤分为哪几步？分别是什么？

2. 简述数控车床的对刀方法。

3. 简述用T指令试切对刀建立工件坐标系的步骤，其中：1号刀为主偏角为93°的外圆粗车刀；2号刀为切断刀；3号刀为60°外螺纹车刀。将3种刀具分别装在1、2、3号刀位。

项目2　阶梯轴的数控加工工艺、编程与操作

任务1　阶梯轴的数控加工工艺分析与编程

【知识目标】

1. 熟悉数控车削阶梯轴的加工工艺及各种工艺资料的填写方法。
2. 熟悉外圆车刀、端面车刀、车槽/切断刀的选用方法。
3. 掌握数控车床常用指令的编程格式及应用。
4. 掌握编制阶梯轴类零件数控加工程序的方法。

【技能目标】

1. 通过对阶梯轴的数控加工程序编制的学习，具备编制外圆柱面、锥面、台阶、沟槽的数控加工程序的能力。
2. 掌握编制阶梯轴零件加工程序的能力。
3. 培养学生独立工作的能力和安全文明生产的习惯。

【任务描述】

图2-1和图2-2所示的阶梯轴零件，给定的毛坯尺寸为ϕ30mm×125mm，材料为45钢，要求分析零件的加工工艺，填写工艺文件，编写零件的加工程序。

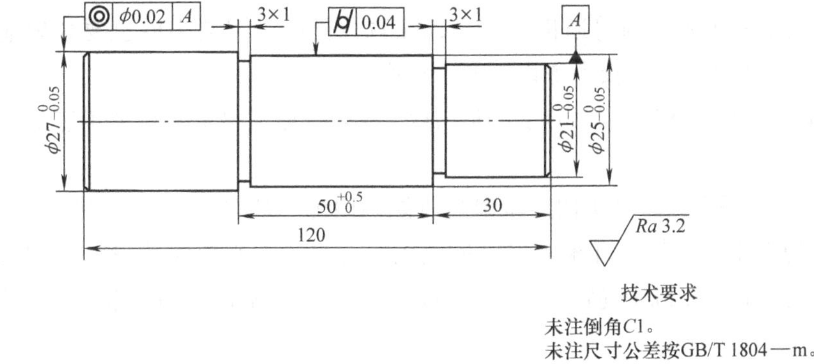

图2-1　阶梯轴零件图

图2-2　阶梯轴的模型图

【任务分析】

数控车削适合于加工精度和表面质量要求较高、轮廓形状复杂或难以控制尺寸、带特殊螺纹的回转体零件。数控车床加工受零件加工程序的控制，因此，在数控车床上加工零件时，首先要根据零件图制订合理的工艺方案，然后才能进行编程、实际加工及零件测量检验。

【相关知识】

一、零件数控车削加工工艺分析

加工工艺制订得是否合理，对程序编制、机床的加工效率和零件的加工精度都有影响，因此应在遵循一般工艺的原则下，结合数控车床的特点制订零件的数控车削加工工艺，具体包括以下方面内容：

1. 分析零件图样

1）对所加工零件图样进行结构性工艺分析。

2）对所加工零件图样进行轮廓几何要素分析。

3）对所加工零件图样进行精度及技术要求分析。

2. 确定零件加工工序和装夹方式

（1）确定零件加工工序

1）按零件加工表面划分工序和装夹方式。将位置精度要求较高的表面安排在一次装夹中完成，避免多次装夹所产生的安装误差影响位置精度。

2）按粗、精加工划分工序和装夹方式。对毛坯余量较大和加工精度要求较高的零件，将粗车和精车分开，划分成两道或更多道工序。

（2）零件的装夹方式　与普通机床一样，在数控机床上安装零件也要合理地选择定位基准和夹紧方式。安装工件时要考虑以下两个原则：

1）应尽量减少装夹次数，尽可能做到一次性装夹后加工出全部待加工表面，以充分发挥机床的效率。

2）当有些零件需要二次装夹时，也要尽可能利用统一基准，以减少安装误差。

（3）夹具的选用　在数控机床上应尽量使用组合夹具，必要时才设计专用夹具。选用和设计夹具时应考虑数控机床的特点，注意协调零件和机床坐标系的关系。一般应注意以下几点：

1）夹具结构力求简单（如选用标准夹具、组合夹具等），以缩短生产准备周期。

2）装卸迅速方便，以缩短辅助时间。

3）加工部位要敞开，夹紧机构等不能影响走刀，要注意夹紧力的作用点和方向。

4）夹具的安装要准确可靠，以保证正确加工零件。

5）夹具应具备足够的强度和刚度，尤其在切削用量较大时，应能保证零件的加工精度。有条件时应多采用动作快而平稳的气动或液压夹具，以使工件变形均匀。

3. 加工顺序的安排

在数控车床上加工零件时，应按工序集中的原则划分工序。零件车削加工顺序一般遵循下列原则：

（1）先粗后精　按照粗车→半精车→精车的顺序进行，逐步提高零件的加工精度。粗车将在较短的时间内将工件表面上的大部分加工余量切掉，这样既提高了金属切除率，又满足了精车的余量均匀性要求。如果粗车后所留余量的均匀性无法满足精加工的要求，则要安排半精车，以便使精加工的余量小而均匀。精车时，刀具沿着零件的轮廓一次走刀完成，以保证零件的加工精度。

（2）先近后远　这里所说的“远”与“近”，是按加工部位相对于换刀点的距离大小而言的。通常在粗加工时，离换刀点近的部位先加工，离换刀点远的部位后加工，以便缩短刀具移动距离，减少空行程时间，并且有利于保持坯件或半成品件的刚性，改善切削条件。

（3）先内后外　对既有内表面（内型、内腔）又有外表面的零件，安排加工顺序时，应先粗加工内、外表面，然后精加工内、外表面。加工内、外表面时，通常先加工内型和内腔，然后加工外表面。

（4）基面先行　用作精基准的表面应先加工，以减小后续工序的装夹误差。加工轴类零件时，应先加工出中心孔，再以中心孔定位加工外圆和端面。

（5）刀具集中　即用一把刀加工完相应各部位，再换另一把刀加工相应的其他部位，以减少空行程和换刀时间。

4. 确定走刀路线

走刀路线是指刀具从起刀点开始运动起，直至返回该点并结束加工程序所经过的路径，包括切削加工的路径及刀具引入、切出等非切削空行程。

1）刀具引入、切出。在数控车床上进行加工时，尤其是精车时，要妥当考虑刀具的引入、切出路线，尽量使刀具沿轮廓的切线方向引入、切出。一般采用完工轮廓连续切削进给路线。在精加工时，零件的完工轮廓由最后一刀连续加工而成，这样就可避免切入、切出或换刀及停顿时，因切削力突然变化而造成的轮廓表面划痕等缺陷。

2）确定最短的空行程路线。确定最短的走刀路线，除了依靠大量的实践经验外，还应善于分析，必要时可辅以一些简单的计算。

在手工编制较复杂轮廓的加工程序时，编程者有时让每一刀加工完后都返回到换刀点位置，然后再执行后续程序。这样会增加空走刀路线的距离，从而大大降低生产率。因此，在不换刀的前提下，执行退刀动作时，不用回到换刀点位置。安排走刀路线时，应尽量缩短前一刀终点与后一刀起点间的距离，满足走刀路线为最短的要求。

3）确定最短的切削进给路线。图2-3所示为粗车某零件时几种不同切削进给路线的安排示意图。其中，图2-3a表示利用数控系统具有的封闭

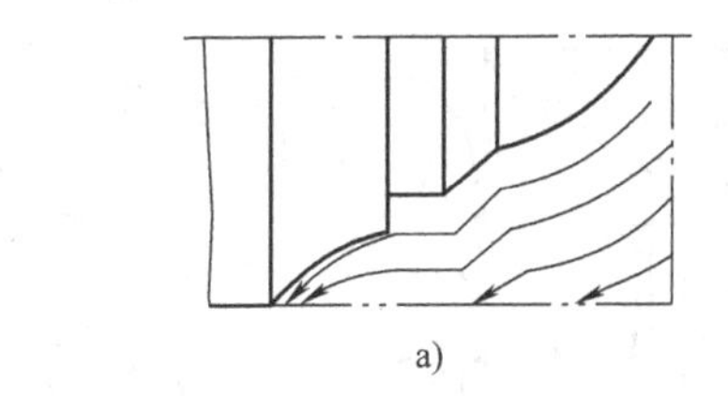

a)

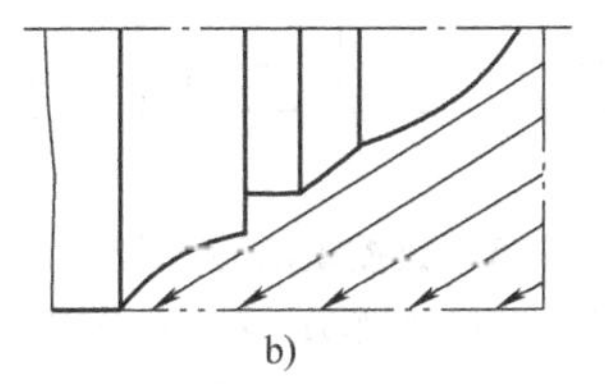

b)

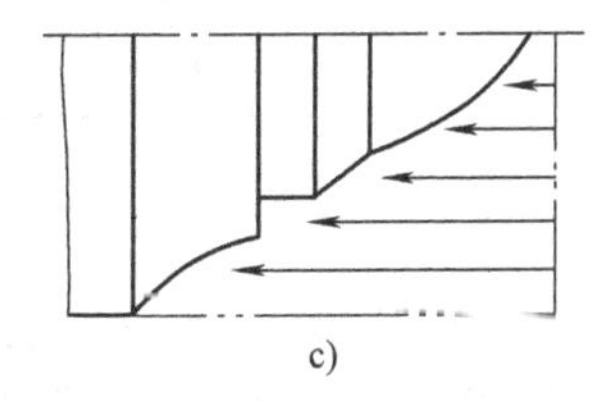

c)

图2-3　不同粗车切削进给路线

式复合循环功能而控制车刀沿着工件轮廓进行进给的路线；图2-3b所示为“三角形”进给路线；图2-3c所示为“矩形”进给路线。经分析和判断后，可知矩形循环进给路线的走刀长度总和为最短。

4）采用大余量毛坯的阶梯切削进给路线，并使每次切削余量相等；或者采用从轴向和径向进刀，沿工作毛坯轮廓进给。

二、数控车削刀具类型及选用

数控车削刀具按不同的分类方式可分成以下几类：

1）根据设备安装方式分为左偏刀具和右偏刀具，如图2-4所示。左偏刀具和右偏刀具的用法见表2-1。

a) 左偏刀具

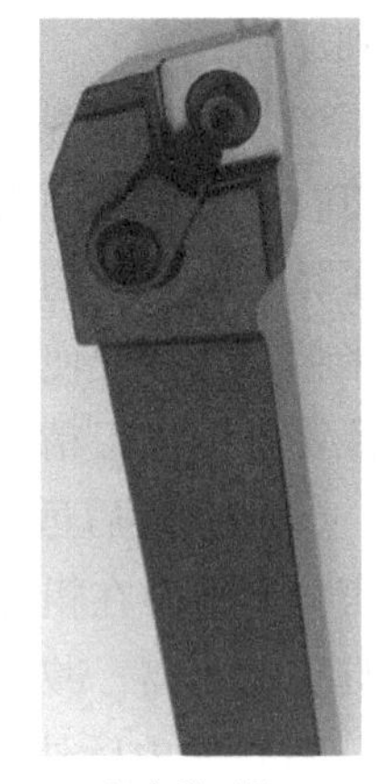

b)右偏刀具

图2-4　左偏刀具和右偏刀具

表2-1　左偏刀具和右偏刀具的用法

名称	说明
左偏刀具	在前置刀架数控车床上使用
右偏刀具	在后置刀架数控车床上使用

2）从结构上分为整体式、镶嵌式和减振式，各种刀具的特点见表2-2。

表2-2　各种刀具的特点

名称	说明
整体式	由整块材料磨制而成，使用时可根据不同用途将切削部分磨成所需要的形状
镶嵌式	分为焊接式和机夹式
减振式	当刀具的工作臂长度与直径比大于4时，为了减少刀具的振动，提高加工精度，所采用的一种结构刀具，主要用于镗孔

3）从功能上分为外圆车刀、内孔车刀、螺纹车刀、车槽刀、端面车刀等，如图2-5所示。

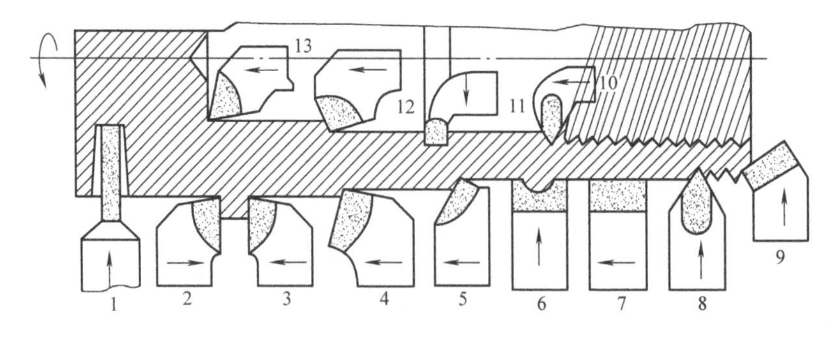

图2-5　数控车削刀具分类

1—切断刀　2—右偏外圆车刀　3—左偏外圆车刀　4—弯头车刀　5—直头车刀　6—成形车刀
7—宽刃精车刀　8—外螺纹车刀　9—端面车刀　10—内螺纹车刀　11—内槽车刀　12—通孔车刀　13—不通孔车刀

三、切削用量的选择和确定

（1）背吃刀量（a_p）的确定 在车床主体—夹具—刀具—零件这一系统刚性允许的条件下，尽可能选取较大的背吃刀量，以减少进给次数，提高生产率。当零件的精度要求较高时，则应考虑留出精车余量，常取0.1～0.5mm。

（2）主轴转速的确定

1）光车时，主轴转速的确定应根据零件上被加工部位的直径，并按零件和刀具的材料及加工性质等条件所允许的切削速度来确定。在实际生产中，主轴转速可用下式计算：

$$n=\frac{1000v_c}{\pi d}$$

式中，n 是主轴转速（r/min）；v_c 是切削速度（m/min）；d 是零件待加工表面的直径（mm）。

在确定主轴转速时，首先需要确定其切削速度，而切削速度又与背吃刀量和进给量有关。

① 进给量（f）。进给量是指工件每转一周，车刀沿进给方向移动的距离（mm/r），它与背吃刀量有着较密切的关系。粗车时一般取0.3～0.8mm/r，精车时常取0.1～0.3mm/r，车断时宜取0.05～0.2mm/r。

② 切削速度（v_c）：切削速度又称为线速度，是指车刀切削刃上某一点相对于待加工表面在主运动方向上的瞬时速度。切削速度通常根据已经选定的背吃刀量、进给量及刀具寿命确定。实际加工时，可用经验公式计算，也可根据车床说明书允许值或者参考有关切削量手册确定。

2）车削螺纹时，车床的主轴转速将受到螺纹的导程大小、驱动电动机的升降频特性及螺纹插补运算速度等多种因素影响，故对于不同的数控系统，推荐有不同的主轴转速选择范围。如大多数经济型车床数控系统推荐车螺纹时的主轴转速为

$$n\leqslant\frac{1200}{P_h-K}$$

式中，P_h 是工件螺纹的导程（mm），寸制螺纹为相应换算后的毫米值；K 是保险系数，一般取80。

3）进给速度的确定。进给速度是指在单位时间里，刀具沿进给方向移动的距离（mm/min）。有些数控车床规定可以选用以进给量（mm/r）表示的进给速度。

进给速度的大小直接影响表面粗糙度和车削效率，因此应在保证表面质量的前提下，选择较高的进给速度。一般应根据零件的表面粗糙度、刀具及工件材料等因素，查阅切削用量手册选取进给速度。需要说明的是，切削用量手册给出的是每转进给量，因此要根据 $v_f=fn$ 计算进给速度。

四、车床数控系统的功能

1. 准备功能（G功能）

准备功能由地址字G和其后的一位或两位数字组成，用来规定刀具和工件的相对运动

轨迹、机床坐标系、坐标平面、刀具补偿、坐标偏置等多种加工操作。

G 功能根据功能的不同分成若干组，其中 00 组的 G 功能称为非模态 G 功能，其余组的 G 功能称为模态 G 功能。

非模态 G 功能只在所规定的程序段中有效，程序段结束时被注销。

模态 G 功能是一组可相互注销的 G 功能，这些功能一旦被执行，则一直有效，直到被同一组的 G 功能注销为止。模态 G 功能组中包含一个默认 G 功能，上电时将被初始化为该功能。表 2-3 列出了华中世纪星 HNC －21/22T 数控车床系统的 G 代码指令。

表 2-3 华中世纪星 HNC－21/22T 数控车床系统的 G 代码指令

代码	组别	功能	代码	组别	功能
G00	01	快速定位	G57	11	坐标系选择 4
G01●		直线插补	G58		坐标系选择 5
G02		圆弧插补（顺时针）	G59		坐标系选择 6
G03		圆弧插补（逆时针）	G65	06	调用宏指令
G04	00	暂停	G71		外径/内径车削复合循环
G20	08	寸制输入	G72		端面车削复合循环
G21●		米制输入	G73		闭环车削复合循环
G28	00	参考点返回检查	G76		螺纹车削复合循环
G29		参考点返回	G80		外径/内径车削固定循环
G32	01	螺纹切削	G81		端面车削固定循环
G36●	17	直径编程	G82		螺纹车削固定循环
G37		半径编程	G90●	13	绝对编程
G40●	09	取消刀尖半径补偿	G91		相对编程
G41		刀尖半径左补偿	G92	00	工件坐标系设定
G42		刀尖半径右补偿	G94●	14	每分钟进给
G54●	11	坐标系选择 1	G95		每转进给
G55		坐标系选择 2	G96	16	恒线速度切削
G56		坐标系选择 3	G97●		恒转速切削

注：1. 表中 00 组的为非模态 G 代码，其他均为模态 G 代码。

2. 不同组的 G 代码在同一个程序段中可以指令多个，但如果在同一个程序段中指令了两个或两个以上属于同一组的 G 代码，则只有最后面那个 G 代码有效。

3. 带●标记者为默认值。

2. 辅助功能（M 功能）

辅助功能由地址字 M 和其后的一位或两位数字组成，主要用于控制零件程序的走向，以及机床各种辅助功能的开关动作。M 功能有非模态 M 功能和模态 M 功能两种形式。

非模态 M 功能（当段有效代码）只在书写了该代码的程序段中有效。

模态 M 功能（续效代码）是一组可相互注销的 M 功能，这些功能在被同一组的另一个功能注销前一直有效。

表 2-4 列出了常用华中世纪星辅助功能 M 代码、含义及用途。

表2-4 常用华中世纪星辅助功能M代码、含义及用途

功能	含义	用途
M00	程序停止	实际上是一个暂停指令。当执行有M00指令的程序段后，主轴的转动、进给、切削液都将停止。它与单程序段停止相同，模态信息全部被保存，以便进行某一手动操作，如换刀、测量工件的尺寸等。重新起动机床后，继续执行后面的程序
M01	选择停止	与M00的功能基本相似，只有在按下“选择停止”键后，M01才有效，否则机床继续执行后面的程序段；按“启动”键，继续执行后面的程序
M02	程序结束	该指令编在程序的最后一条，表示执行完程序内所有指令后，主轴停止、进给停止、切削液关闭，机床处于复位状态
M03	主轴正转	用于主轴顺时针方向转动
M04	主轴反转	用于主轴逆时针方向转动
M05	主轴停止转动	用于主轴停止转动
M07	切削液开	用于切削液开
M08	切削液开	用于切削液开
M09	切削液关	用于切削液关
M30	程序结束	使用M30时，除表示执行M02的内容之外，还返回到程序的第一条语句，准备下一个工件的加工
M98	子程序调用	用于调用子程序
M99	子程序返回	用于子程序结束及返回

表2-4中，M00、M01、M02、M30、M98、M99为非模态代码，用于控制零件程序的走向，是CNC内定的辅助功能。其余的M代码为模态代码，用于机床各种辅助功能开关动作，由PLC程序指定。

3. 主轴功能（S功能）

主轴转速功能表示机床主轴的转速大小，用地址S和其后的数字组成。数值表示主轴速度，单位为r/min。S是模态指令，S功能只有在主轴速度可调节时才有效。S所编程的主轴转速可以借助机床控制面板上的主轴倍率开关进行修调。

（1）恒线速度取消（G97）

编程格式：G97 S __；

G97是取消恒线速度控制的指令，其单位为r/min。采用此功能，可设定主轴转速并取消恒线速度控制，S后面的数字表示恒线速度控制取消后的主轴每分钟的转数。该指令用于车削螺纹或加工工件直径变化较小的零件。例如：G97 S800表示主轴转速为800 r/min，系统开机状态为G97状态。

（2）恒线速度控制（G96）

编程格式：G96 S __；

S后面的数字表示的是恒定的线速度，单位为m/min，G96是恒线速度控制的指令。采用此功能，可保证当工件直径变化时，主轴的线速度保持不变，从而保证切削速度不变，提高加工质量。控制系统执行G96指令后，S后面的数字表示以刀尖所在的X坐标值为直径计算的切削速度。例如：G96 S150表示切削点线速度控制在150m/min。

4. 进给功能（F功能）

进给功能表示加工工件时刀具相对于工件的合成进给速度，由F和其后的数字指定，

数字的单位取决于数控系统所采用的进给速度的指定方法。

(1) 每转进给量 (G95)

编程格式：G95 F __;

F后面的数字表示主轴每转刀具的进给量，单位为mm/r。如：G95 F0.2；表示进给量为0.2mm/r。

(2) 每分钟进给量 (G94)

编程格式：G94 F __;

F后面的数字表示刀具每分钟的进给量，单位为mm/min。如：G94 F200；表示进给量为200mm/min。

编程注意事项如下：

1) 编写程序时，第一次遇到直线 (G01) 或圆弧 (G02/G03) 插补指令时，必须编写F指令，如果没有编写F指令，CNC采用F0执行。在快速定位方式 (G00) 时，机床将以通过机床主轴参数设定的快速进给速度移动，与编写的F指令无关。

2) G94、G95均为模态指令，实际切削进给速度可由操作面板上的进给倍率来调节，但螺纹切削时无效。

5. 刀具功能T

编程格式：T __;

T功能指令用于指定加工所用刀具和刀具参数。T后面通常用两位数表示所选择的刀具号码。但也有T后面用四位数字的，前两位是刀具号，后两位为刀具补偿号。例如：T0303表示选用3号刀及3号刀具补偿号。T0300表示取消刀具补偿。

执行T指令，转动转塔刀架，选用指定的刀具，同时调入刀补寄存器中的补偿值（刀具的几何补偿值即偏置补偿与磨损补偿之和），该值不立即移动，而是当后面有移动指令时一并执行。当一个程序段同时包含T代码与刀具移动指令时，先执行T代码指令，然后执行刀具移动指令。如下面的程序：

```
%2101;
N010  T0101;                此时换刀，设立坐标系，刀具不移动
N020  M03  S460;
N030  G00  X45  Z0;         当有移动性指令时，加入刀偏
N040  G01  X10  F100;
N050  G00  X80  Z30;
N060  T0202;                此时换刀，设立坐标系，刀具不移动
N070  G00  X40  Z5;         当有移动性指令时，执行刀偏
N080  G01  Z-  20  F100;
N090  G00  X80  Z30;
N100  M30;
```

五、数控车床加工编程指令

1. 坐标系设定指令G92

编程格式：G92 X __ Z __;

该指令规定刀具起刀点至工件原点的距离。坐标值 *X*、*Z* 为起刀点刀尖（刀位点）相对于加工原点的位置。数控车床编程时，所有 *X* 坐标值均使用直径值，如图2-6所示。设置工件坐标系的程序段如下：

G92 X128.7 Z375.1；

执行该程序段后，系统内部即对（X128.7，Z375.1）进行记忆，并显示在显示器上，这相当于在系统内部建立了一个以工件原点为坐标系原点的工件坐标系。

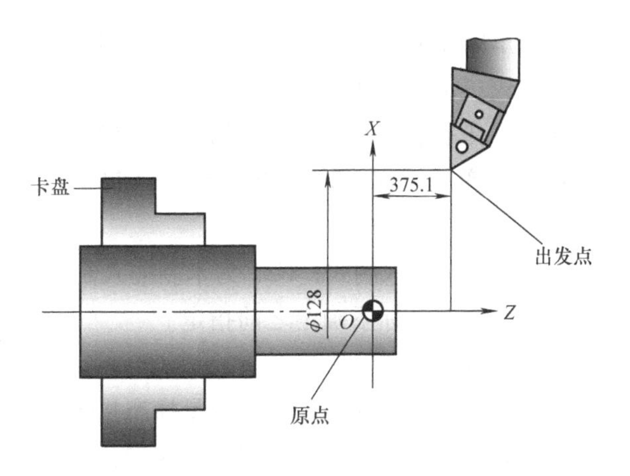

图2-6 坐标系设定指令G92

显然，当 *X*、*Z* 值不同或改变刀具的当前位置时，所设定的工件坐标系原点位置也不同。因此，在执行程序段 G92 X__ Z__前，必须先对刀，通过调整机床，将刀尖放在程序所要求的起刀点位置上。

2. 绝对值编程G90与增量值编程G91

编程格式：G90（G91）；

说明：G90表示绝对值编程，每个编程坐标轴上的编程值是相对于程序原点的；G91表示增量值编程，每个编程坐标轴上的编程值是相对于前一位置而言的，该值等于沿轴移动的位移。

绝对值编程时，用G90指令后面的X、Z表示 *X* 轴、*Z* 轴的坐标值；增量值编程时，用U、W或G91指令后面的X、Z表示 *X* 轴、*Z* 轴的增量值。

【例2-1】 如图2-7所示，使用G90、G91编程：要求刀具由原点按顺序移动到1、2、3点，然后回到原点。使用G90编程、G91编程和G90、G91混合编程的程序见表2-5。

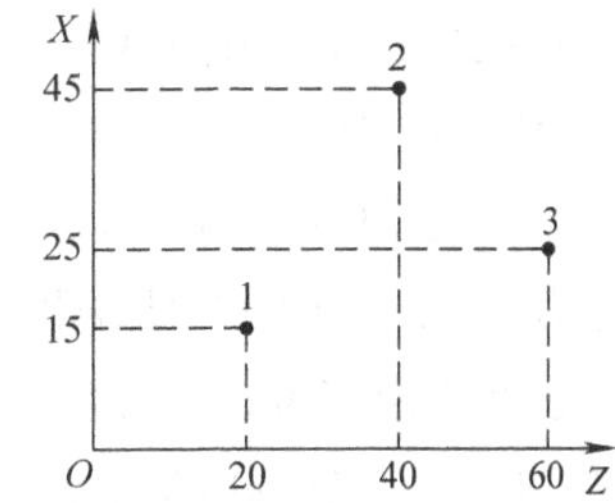

图2-7 G90/G91编程

表2-5 G90/G91编程

G90 编程	G91 编程	混合编程
%0201	%0201	%0201
N5 G92 X0 Z0	N5 G91	N5 G92 X0 Z0
N10 G01 X15 Z20	N10 G01 X15 Z20	N10 G01 X15 Z20
N15 X45 Z40	N15 X30 Z20	N15 U30 Z40
N20 X25 Z60	N20 X-20 Z20	N20 X25 W20
N25 X0 Z0	N25 X-25 Z-60	N25 X0 W-60
N30 M30	N30 M30	N30 M30

3. 直径方式编程G36和半径方式编程G37

编程格式：G36或G37；

说明：G36直径编程；G37半径编程。

数控车床加工的工件通常是旋转体，其 X 轴尺寸可以用两种方式加以指定：直径方式和半径方式。G36 为默认值，机床出厂一般设为直径编程。

注意：在本书中，未经说明均为直径编程。

4. 尺寸单位编程 G20 英制和 G21 米制

编程格式：G20 或 G21；

G20 为英制输入制式；G21 为米制输入制式。在一个程序内，不能同时使用 G20 与 G21 指令，且必须在坐标系确定之前指定。

5. 进给控制指令

（1）快速定位 G00　G00 指令是模态指令，它命令刀具以点定位控制方式从刀具所在点快速运动到下一目标位置。它只是快速定位，无运动轨迹要求，也无切削加工过程，其指令格式为：

G00　X(U) __ Z(W) __;

说明：X、Z 为绝对值编程时，快速定位终点在工件坐标系中的坐标；U、W 为增量值编程时，快速定位终点相对于起点的位移量。

G00 为模态功能，可由 G01、G02、G03 或 G32 功能注销。

注意：在执行 G00 指令时，由于各轴以各自的速度移动，不能保证各轴同时到达终点，因而联动直线轴的合成轨迹不一定是直线。操作者必须格外小心，以免刀具与工件发生碰撞。常见的做法是，将 X 轴移动到安全位置，再放心地执行 G00 指令。

（2）线性进给及倒角 G01

1）线性进给。

编程格式：G01　X(U) __　Z(W) __　F __ ;

说明：X、Z 为绝对值编程时终点在工件坐标系中的坐标；U、W 为增量值编程时终点相对于起点的位移量；F 为合成进给速度。

G01 指令刀具以联动的方式，按 F 规定的合成进给速度，从当前位置按线性路线（联动直线轴的合成轨迹为直线）移动到程序段指令的终点。

G01 是模态代码，可由 G00、G02、G03 或 G32 功能注销。

【例 2-2】 如图 2-8 所示，用直线插补指令编程。

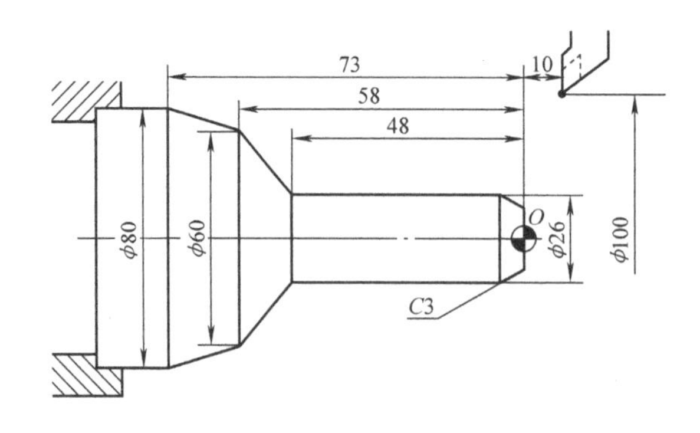

图 2-8　G01 编程实例

参考程序如下：

%0202

N5　G92　X100　Z10；	设立坐标系，定义对刀点的位置
N10　G00　X16　Z2　M04；	移到倒角延长线，Z 轴 2mm 处
N15　G01　U10　W－5　F300；	倒 C3 角
N20　Z－48；	加工 ϕ26mm 外圆
N25　U34　W－10；	切第一段锥
N30　U20　Z－73；	切第二段锥
N35　X90；	退刀
N40　G00　X100　Z10；	回对刀点
N45　M05；	主轴停
N50　M30；	主程序结束并复位

2）倒直角。

编程格式：G01　X（U）__　Z（W）__　C__；

说明：直线倒角 G01，指令刀具从 A 点到 B 点，然后到 C 点，如图 2-9a 所示。

X、Z 为绝对值编程时，未倒角前两相邻轨迹程序段的交点 G 的坐标值；U、W 为增量值编程时，G 点相对于起始直线轨迹的始点 A 的移动距离；C 是相邻两直线的交点 G 相对于倒角始点 B 的距离。

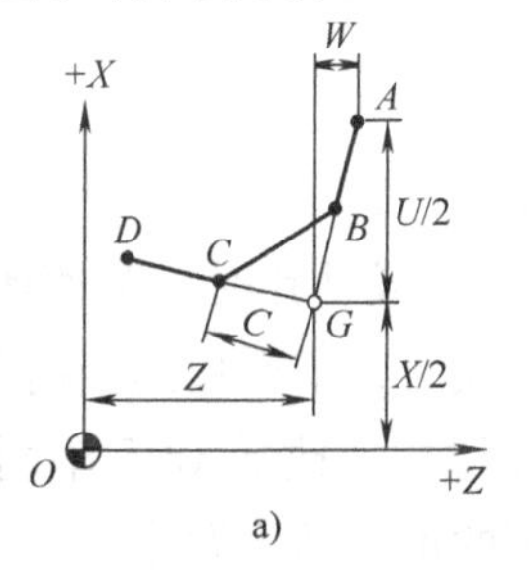

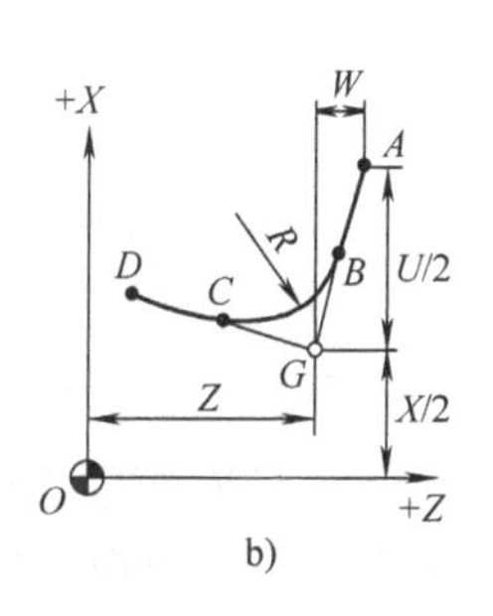

图 2-9　倒角参数说明

3）倒圆角。

编程格式：G01　X（U）__　Z（W）__　R__；

说明：直线倒角 G01，指令刀具从 A 点到 B 点，然后到 C 点，如图 2-9b 所示。

X、Z 为绝对值编程时，未倒角前两相邻轨迹程序段的交点 G 的坐标值；U、W 为增量值编程时，G 点相对于起始直线轨迹的始点 A 的移动距离；R 是倒角圆弧的半径值。

【例 2-3】　如图 2-10 所示，用倒角指令编程。

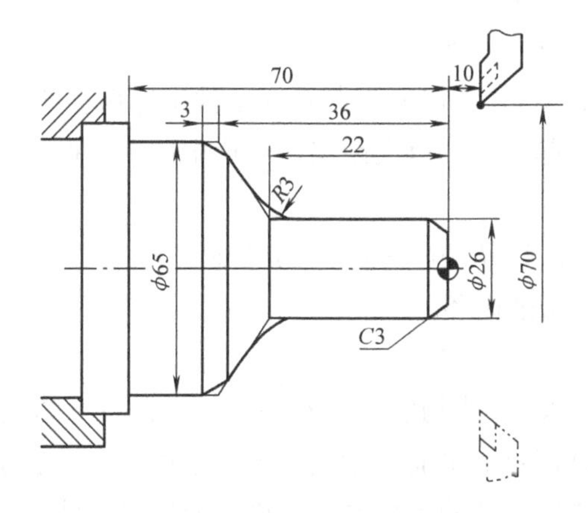

图 2-10　倒角编程实例

参考程序如下：

%0203；	
N5 G00 U-70 W-10；	从编程规划起点，移到工件前端面中心处
N10 G01 U26 C3 F100；	倒 *C*3 角
N15 W-22 R3；	倒 *R*3mm 圆角
N20 U39 W-14 C3；	倒边长为 3mm 等腰直角
N25 W-34；	加工 ϕ65mm 外圆
N30 G00 U5 W80；	回到编程规划起点
N35 M30；	主轴停、主程序结束并复位

6. 暂停指令（G04）

暂停指令可使刀具做短时间的停顿。

编程格式：G04 P；

指令说明：

1）P 指定时间，单位为 s；

2）应用场合：车削沟槽或钻孔时，为使槽底或孔底得到准确的尺寸精度及光滑的加工表面，在加工到槽底或孔底时，应暂停适当时间。

使用 G96 车削工件轮廓后，改成 G97 车削螺纹时，可暂停适当时间，使主轴转速稳定后再车螺纹，以保证螺距的加工精度要求。

如果暂停 1s，可写成：G04 P1.0；

7. 单一固定循环

单一固定循环可以将一系列连续加工的动作用一个循环指令完成。

说明：下述图形中 U、W 表示程序段中 X、Z 坐标的相对值；X、Z 表示绝对坐标值；R 表示快速移动；F 表示以指定速度 F 移动。

（1）内（外）径切削循环 G80 该指令适用于在零件的内、外圆柱面（圆锥面）上毛坯余量较大或直接由棒料车削零件时，进行精车前的粗车，以去除大部分毛坯余量。

1）圆柱面内（外）径切削循环。

编程格式：G80 X__ Z__ F__；

说明：绝对值编程时，X、Z 为切削终点 *C* 在工件坐标系下的坐标；增量值编程时，X、Z 为切削终点 *C* 相对于循环起点 *A* 的有向距离，图形中用 *U*、*W* 表示，其符号由轨迹 1R 和 2F 的方向确定。

该指令执行图 2-11 所示 *A*→*B*→*C*→*D*→*A* 的轨迹动作。

2）圆锥面内（外）径切削循环。

编程格式：G80 X__ Z__ I__ F__；

说明：绝对值编程时，X、Z 为切削终点 *C* 在工件坐标系下的坐标；增量值编程时，X、Z 为切削终点 *C* 相对于循环起点 *A* 的有向距离，图形中用 *U*、*W* 表示。

I 为切削起点 *B* 与切削终点 *C* 的半径差，其符号为差的符号（无论是绝对值编程还是增量值编程）。

该指令执行图2-12所示 $A \to B \to C \to D \to A$ 的轨迹动作。

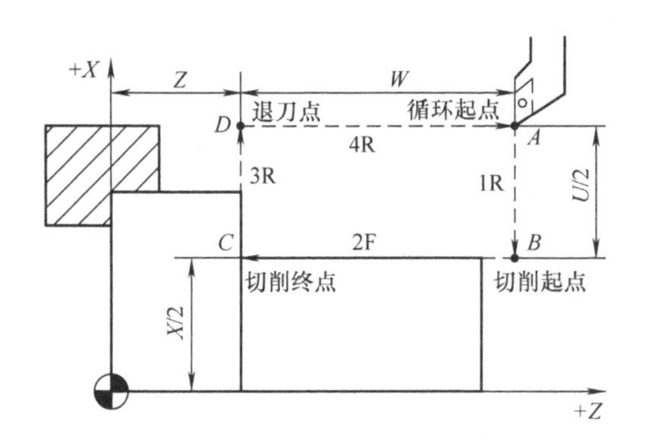

图2-11　圆柱面内（外）径切削循环

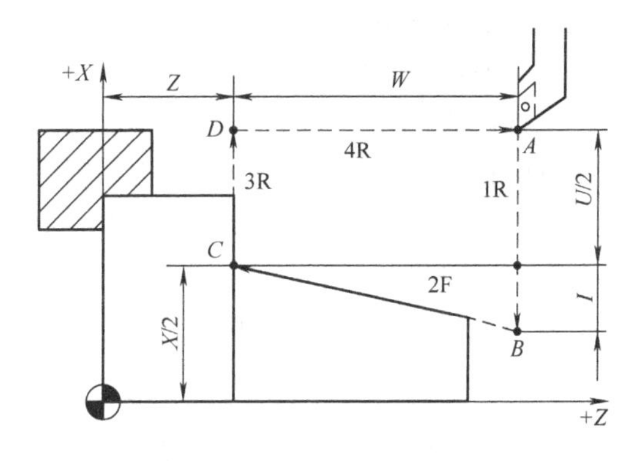

图2-12　圆锥面内（外）径切削循环

【例2-4】 加工如图2-13所示工件，用G80指令编程，双点画线代表毛坯。

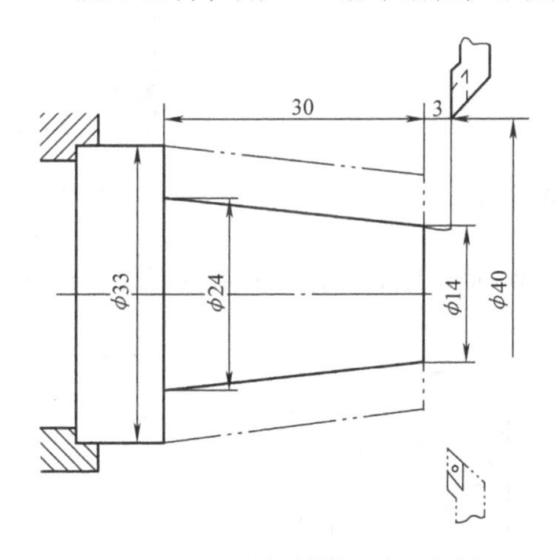

图2-13　G80切削循环编程实例

参考程序如下：

%0204;

M04　S400;　　主轴以400r/min旋转

G91　G80　X-10　Z-33　I-5.5　F100;　　加工第一次循环，背吃刀量为3mm

X-13　Z-33　I-5.5;　　加工第二次循环，背吃刀量为3mm

X-16　Z-33　I-5.5;　　加工第三次循环，背吃刀量为3mm

M30;　　主轴停、主程序结束并复位

（2）端面切削循环G81　该指令适用于零件的端面上毛坯余量较大时进行精车前的粗车，以去除大部分毛坯余量。

1）端平面切削循环。

编程格式：G81　X__　Z__　F__;

说明：绝对值编程时，X、Z为切削终点 *C* 在工件坐标系下的坐标；增量值编程时，X、Z为切削终点 *C* 相对于循环起点 *A* 的有向距离，图形中用 *U*、*W* 表示，其符号由轨迹1R和

2F 的方向确定。

该指令执行图 2-14 所示 $A \to B \to C \to D \to A$ 的轨迹动作。

2）圆锥端面切削循环。

编程格式：G81　X__　Z__　K__　F__；

说明：绝对值编程时，X、Z 为切削终点 C 在工件坐标系下的坐标；增量值编程时，X、Z 为切削终点 C 相对于循环起点 A 的有向距离，图形中用 U、W 表示。

K 为切削起点 B 相对于切削终点 C 的 Z 向有向距离。

该指令执行图 2-15 所示 $A \to B \to C \to D \to A$ 的轨迹动作。

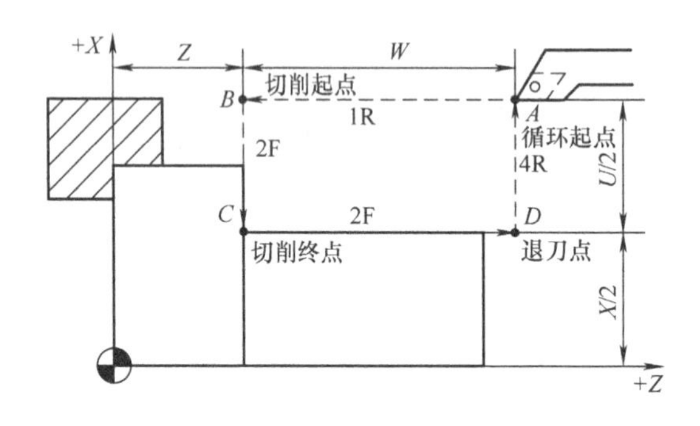

图 2-14　端平面切削循环

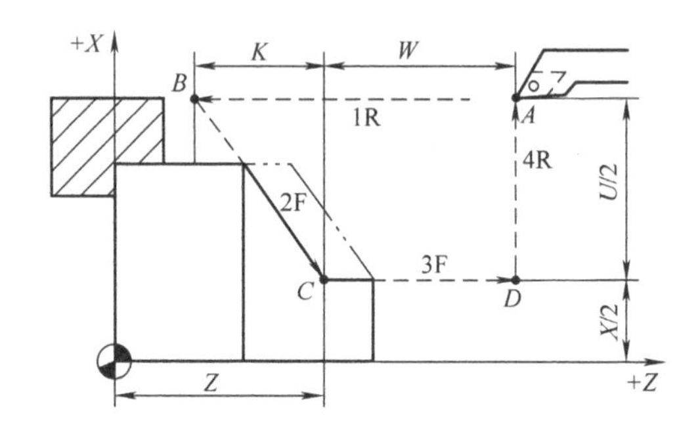

图 2-15　圆锥端面切削循环

【例 2-5】　加工如图 2-16 所示工件，用 G81 指令编程，双点画线代表毛坯。

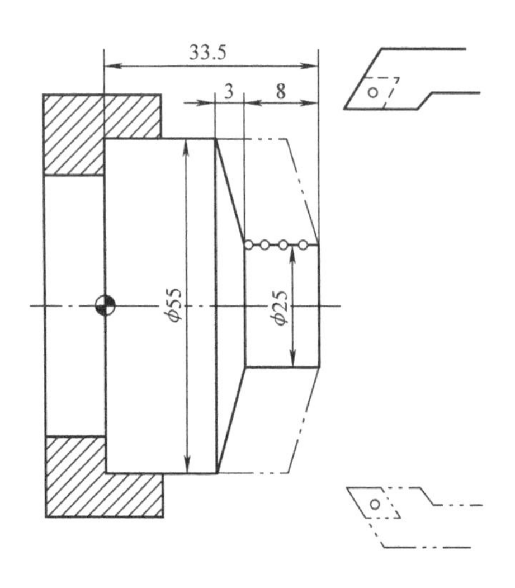

图 2-16　G81 切削循环编程实例

参考程序如下：

%0205；

N5　G54　G90　M04　S400　G00　X60　Z45；选定坐标系，主轴反转，到循环起点

N10　G81　X25　Z31.5　K－3.5　F100；　加工第一次循环，背吃刀量为 2mm

N15　X25　Z29.5　K－3.5；　每次背吃刀量为 2mm

N20　X25　Z27.5　K－3.5；	每次切削起点位，距工件外圆面5mm，故K值为－3.5
N25　X25　Z25.5　K－3.5；	加工第四次循环，背吃刀量为2mm
N30　M05；	主轴停
N35　M30；	主程序结束并复位

【例2-6】 毛坯为ϕ35mm的棒料，材料为45钢，用G80指令分粗、精加工进行加工，编写图2-17所示的圆锥零件的加工程序。

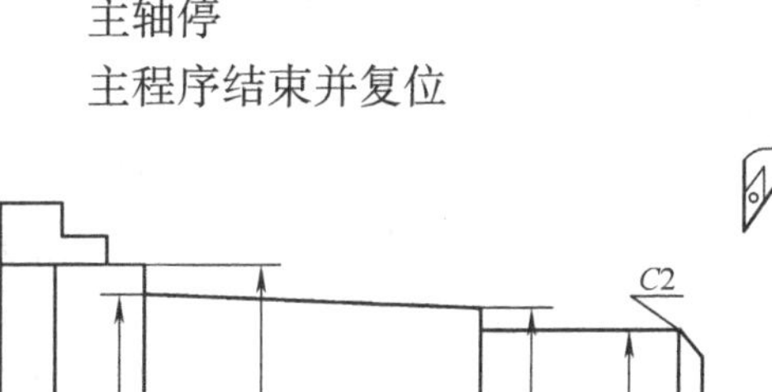

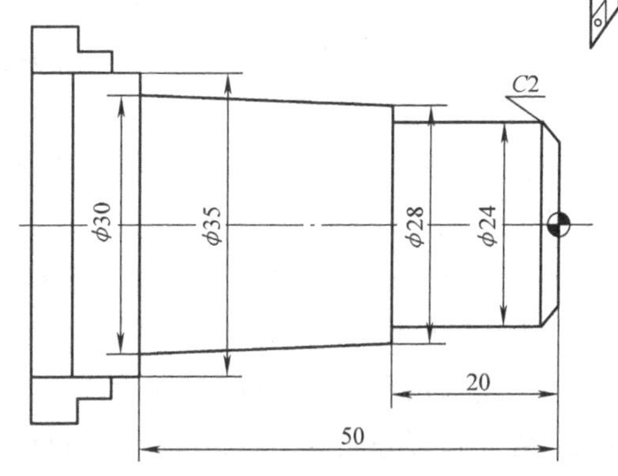

图2-17　圆锥零件编程实例

（1）确定编程原点　选择工件右端面中心处。

（2）刀具　选择93°外圆车刀T01。

（3）加工路线

1）粗加工ϕ30mm×50mm圆柱面（留精加工余量单边$X/2=0.5$mm）。

2）粗加工ϕ24mm×20mm圆柱面（留精加工余量单边$X/2=0.5$mm）。

3）粗加工小端ϕ28mm、大端ϕ30mm的锥面（留精加工余量单边$X/2=0.5$mm）。

4）精加工轮廓。

（4）编程　参考程序如下：

%　0206；	简要说明
N10　T0101；	设立工件坐标系，选01号刀
N20　M04　S500；	主轴以500r/min的速度旋转
N30　G00　X40　Z3；	刀具快速移动定位到起刀点（循环起点）（40，3）
N40　G80　X31　Z－50　F100；	粗加工ϕ30mm圆柱面（留精加工余量单边0.5mm）
N50　G80　X25　Z－20；	粗加工ϕ24mm×20mm圆柱（留精加工余量单边0.5mm）
N60　G00　X40　Z－20；	刀具快速移动定位到锥面的循环起点（40，－20）
N70　G80　X31　Z－50　I－1　F100；	粗加工小端ϕ28mm、大端ϕ30mm的锥面
N80　G00　X40　Z3；	返回到起刀点（40，3）
N90　X16；	移动定位到倒角C2的延长线上某一点（16，3）
Nl00　G01　X24　Z－2　F80；	精加工轮廓（加工倒角）
N110　Z－20；	精加工ϕ24mm×20mm圆柱面
N120　X28；	精加工到锥面小端起点
N130　X30　Z－50；	精加工锥面
N140　G00　X36；	退刀
N150　X80　Z100；	远离工件

N160　M05；　　主轴停
N170　M30；　　程序返回

六、槽加工工艺与编程

在工件表面上车沟槽的方法称为切槽，切槽加工是CNC车床加工的一个重要组成部分。常见沟槽加工位置有外槽、内槽和端面槽，如图2-18所示。切槽加工工艺的确定要服从整个零件的加工需要，同时还要考虑槽加工的特点。

1. 车槽刀的进刀方式

1）对于宽度、深度值不大，且精度要求不高的槽，可采用与槽等宽的刀具直接切入一次成形的方式加工，如图2-19所示。刀具切入到槽底后可利用延时指令使刀具作短暂停留，以修整槽底圆度，退出过程中可采用工进速度。

2）对于宽度不大，但深度较深的深槽零件，为了避免切槽过程中由于排屑不畅，使刀具前部压力过大出现扎刀或折断刀具的现象，应采用分次进刀的方式，刀具在切入工件一定深度后，停止进刀并回退一段距离，达到断屑和退屑的目的，如图2-20所示，同时注意尽量选择强度较高的刀具。

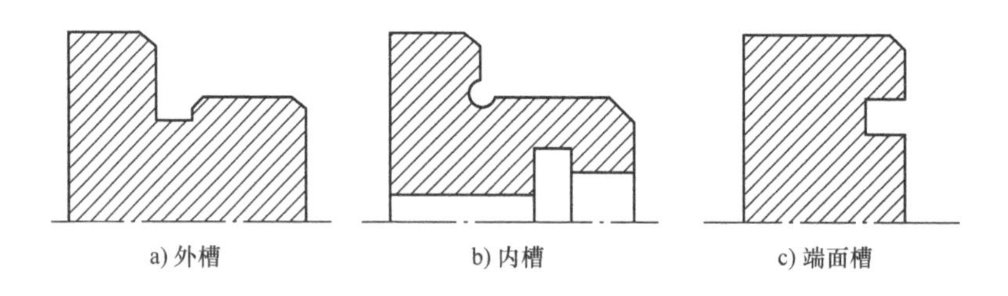

图2-18　各种槽的形状及位置

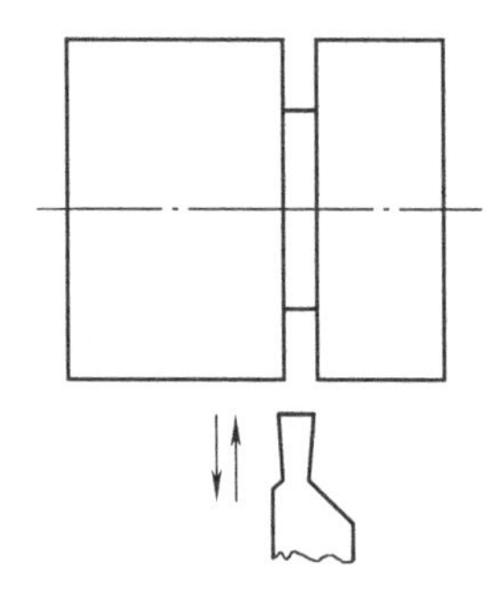

图2-19　简单槽类零件的加工方式

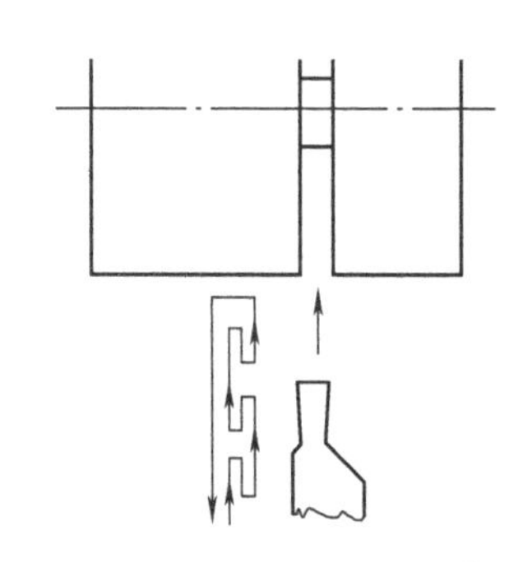

图2-20　深槽零件的加工方式

3）宽槽的切削。通常把大于一个车槽刀宽度的槽称为宽槽，对宽槽的宽度、深度的精度要求及表面质量要求相对较高。在切削宽槽时常采用排刀的方式进行粗车，然后用精车槽刀沿槽的一侧车至槽底，精加工槽底至槽的另一侧，沿侧面退出。宽槽的切削方式如图2-21所示。

2. 切削用量的选择

（1）背吃刀量 a_p　横向切削时，车槽刀的背吃刀量等于刀的主切削刃宽度（$a_p = a$），所以只需确定切削速度和进给量即可。

（2）进给量 f　由于刀具刚度、强度及散热条件较差，所以应适当地减少进给量。进给量太大时，容易使刀折断；进给量太小时，刀后面与工件产生强烈摩擦会引起振动。进给量的具体数值根据工件和刀具材料确定。一般用高速工具钢车刀车削钢料时，$f = 0.05 \sim 0.1$mm/r；车削铸铁时，$f = 0.1 \sim 0.2$mm/r。用硬质合金车刀加工钢料时，$f = 0.1 \sim 0.2$mm/r；加工铸铁料时，$f = 0.15 \sim 0.25$mm/r。

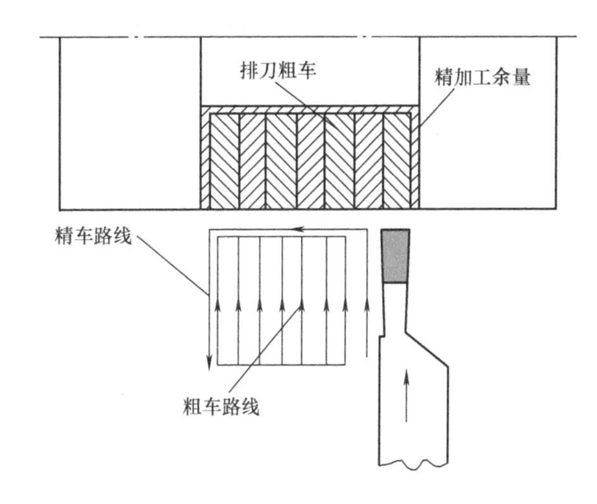

图2-21　宽槽的切削方式

（3）切削速度 v_c　车槽时的实际切削速度随着刀具的切入越来越低，因此车槽时的切削速度可选得高些。用高速工具钢车刀切削钢料时，$v_c = 30 \sim 40$m/min；加工铸铁时，$v_c = 15 \sim 25$m/min。用硬质合金车刀切削钢料时，$v_c = 80 \sim 120$m/min；加工铸铁时，$v_c = 60 \sim 100$m/min。

【例2-7】　加工图2-22所示的3mm×2mm的槽，选用与槽等宽的3mm车槽刀，工件坐标系原点选在工件右端面中心，车槽刀左刀尖为刀位点，加工程序见表2-6。

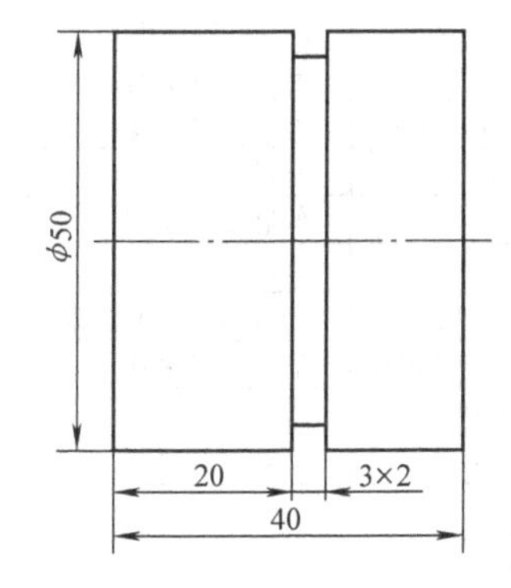

图2-22　窄槽零件图

表2-6　加工程序单

程　序	程序说明
…	
G00　X55；	定位 X
Z－20；	定位 Z
G01　X46　F80；	车至槽底
G04　P1；	延时修整槽底
G01　X55　F100；	退刀
…	

【例2-8】　如图2-23所示，加工一个较宽且有一定深度的槽，选用刀宽为4mm的车槽刀，可以采用合适的走刀路线，工件坐标系原点选在工件右端面中心，车槽刀左刀尖为刀位点，编制的加工程序见表2-7。

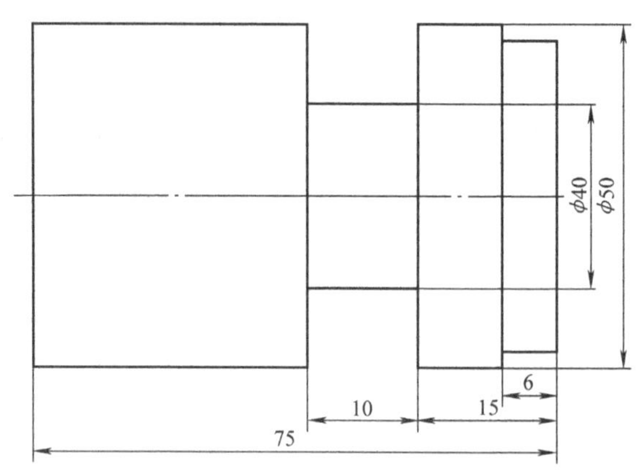

图 2-23 宽槽零件图

表 2-7 宽槽加工程序单

程序	程序说明	程序	程序说明
% 0208;	程序名	N13 G00 X55;	退刀
N1 T0101;	建立坐标系，选一号刀，一号刀补	N14 G00 Z-19.2;	定第三刀车槽位置
N2 M03 S600;	主轴以 600r/min 正转	N15 G01 X45 F100;	车第一刀深度
N3 G00 X55 Z20;	移到起始点的位置	N16 G01 X50;	退刀
N4 G00 Z-24.8;	定第一刀车槽位置	N17 G01 X40.2;	车第二刀深度
N5 G01 X45 F100;	车第一刀深度	N18 G00 X55;	退刀
N6 G01 X50;	退刀	N19 Z-19;	定第四刀车槽位置
N7 G01 X40.2;	车第二刀深度	N20 G01 X40 F100;	车至槽底
N8 G00 X55;	退刀	N21 G01 Z-25;	横向车至槽底
N9 G00 Z-21;	定第二刀车槽位置	N22 G01 X55;	*X* 方向退刀
N10 G01 X45 F100;	车第一刀深度	N23 G00 X100 Z100;	返回程序起点位置
N11 G01 X50;	退刀	N24 M05;	主轴停
N12 G01 X40.2;	车第二刀深度	N25 M30;	程序结束并复位

【任务实施】

1. 加工工艺分析

（1）零件图分析　如图 2-1 所示的台阶轴，有 3 个台阶面、两处直槽，前后两端台阶同轴度误差为 ϕ0.02mm，中段轴颈有圆柱度公差要求，其公差为 0.04mm。径向尺寸中 ϕ27mm、ϕ25mm、ϕ21mm 精度要求较高。轴向尺寸中 ϕ25mm 外圆段有长度公差要求，表面粗糙度值不大于 *Ra*3.2μm。

（2）确定装夹方案　在加工 ϕ27mm 圆柱面时，应先加工中心孔，采取两顶尖定位装夹和自定心卡盘辅助夹紧的方法来保证该圆柱面的轴线对基准 *A* 的同轴度公差要求。

（3）确定加工顺序及走刀路线

工序一：第一次安装，夹紧毛坯外圆，车削零件右端轮廓至尺寸要求。

工步 1：车右端面。

工步 2：钻中心孔，装顶尖。

工步 3：粗、精加工 ϕ21mm 和 ϕ25mm 圆柱面至尺寸要求，倒角。

工步 4：车宽 3mm 的沟槽。

工序二：第二次装夹，用软爪夹紧 ϕ25mm 圆柱面，车削零件左端轮廓至尺寸要求。

工步 1：车削左端面，保证工件长度；停车，测量工件的实际长度 *L*；*Z* 向对刀，输入刀具偏移量（零件长度 *L* 为 120mm）。

工步2：钻中心孔，装顶尖。

工步3：粗、精加工 ϕ27mm 轮廓至尺寸要求，倒角。

（4）刀具及切削用量的选择　首先根据零件加工表面的特征确定刀具类型：选择外圆车刀（刀具装在刀架上的1号刀位中）加工外圆面和端面，选用车槽刀（刀具装在刀架上的2号刀位中）车槽。刀具及切削参数见表2-8。

表2-8　刀具及切削参数

序号	刀具号	刀具类型	加工表面	切削用量	
				主轴转速 n/(r/min)	进给速度 F/(mm/min)
1	T01	93°菱形外圆车刀	粗车外轮廓	800	180
2	T01	93°菱形外圆车刀	精车外轮廓	1500	150
3	T02	3mm 车槽刀	车 3mm 槽	600	30
编制		审核		批准	

（5）填写工艺文件　阶梯轴加工工艺卡见表2-9、表2-10。

表2-9　阶梯轴加工工艺卡1

数控加工工艺卡					产品名称		零件名称		零件图号	
							阶梯轴		01	
工序号	程序编号	夹具名称			夹具编号		使用设备		车间	
001	%2002	自定心卡盘					CAK6150DJ		数控实训中心	
工步号	工步内容	切削用量				刀具			量具名称	备注
		主轴转速 n/(r/min)	进给速度 F/(mm/min)	背吃刀量 a_p/mm		编号	名称			
1	车右端面	800	180	1.5		T01	外圆车刀		游标卡尺	手动
2	钻中心孔	300					中心钻		游标卡尺	手动
3	粗车右外轮廓，留余量0.2mm	800	180	1.5		T01	外圆车刀		游标卡尺	自动
4	精车右外轮廓	1500	150	0.2		T01	外圆车刀		游标卡尺	自动
5	车宽3mm槽（两个）	600	30	3		T02	车槽刀		游标卡尺	自动
编制		审核		批准					共　页	第　页

表2-10　阶梯轴加工工艺卡2

数控加工工艺卡					产品名称		零件名称		零件图号	
							阶梯轴		01	
工序号	程序编号	夹具名称			夹具编号		使用设备		车间	
002	%2003	自定心卡盘					CAK6150DJ		数控实训中心	
工步号	工步内容	切削用量				刀具			量具名称	备注
		主轴转速 n/(r/min)	进给速度 F/(mm/min)	背吃刀量 a_p/mm		编号	名称			
1	车左端面	800	180	1.5		T01	外圆车刀		游标卡尺	手动
2	钻中心孔	300					中心钻		游标卡尺	手动
3	粗车左外轮廓，留0.2mm余量	800	180	1.5		T01	外圆车刀		游标卡尺	自动
4	精车左外轮廓	1500	150	0.2		T01	外圆车刀		游标卡尺	自动
编制		审核		批准					共　页	第　页

2. 编制加工程序

程序单1（第一次装夹，加工右端）。

参考程序如下：

程序	说明
%2002；	程序号
N10 T0101；	设立工件坐标系，选01号刀
N20 G95 G97 G36 M04 S800；	主轴以800r/min反转
N30 G00 X45.0 Z2.0；	刀具快速定位
N40 G80 X28 Z-80.0 F180；	
N50 G80 X25.2 Z-80.0 F180；	粗车 ϕ25mm外圆，进给量为180mm/min
N60 X21.2 Z-30.0；	粗车 ϕ21mm外圆
N70 S1500；	
N80 G00 X15.0 Z2.0；	快速定位，准备精车
N90 G01 X19.0 Z0 F150；	倒角延长线（15，2）
N100 X21.0 Z-1.0；	
N110 Z-30.0；	
N120 X25；	
N130 W-50.0；	
N140 X40；	
N150 G00 X100.0；	快速移到换刀点
N160 Z100.0；	
N170 T0202；	换车槽刀
N180 S600；	
N190 G00 X45.0 Z-30.0；	
N200 G01 X19.0 F30；	车槽
N210 G04 P1.0；	暂停1s光整槽底
N220 G01 X45.0 F180；	
N230 Z-80.0；	
N240 G01 X23.0 F30；	
N250 G04 P1.0；	
N260 X45.0 F180；	
N270 G00 X100.0；	退刀
N280 Z100.0；	
N290 M05；	
N300 M30；	

程序单2（第二次安装，加工左端）。

参考程序如下：

程序	说明
%2003；	
N10 T0101；	设立工件坐标系，选01号刀
N20 G97 G95 M04 S800；	主轴以800r/min反转

```
N30  G00  X45.0  Z0;                    刀具快速定位
N40  G01  X0  F180;                     车左端面
N50  X27.2;                             粗车φ27mm外圆
N60  Z-40.0;
N70  X45.0;
N80  S1500;
N90  G00  Z2;
N100  X21.0;                            倒角延长线
N110  G01  X27.0  Z-1.0  F80;           倒角
N120  Z-41.0;
N130  G00  X100.0;                      退刀
N140  Z100.0;
N150  M05;
N160  M30;                              程序结束
```

【知识拓展】

一、FANUC 0i-T 系统数控车床编程相关指令

1. 坐标系设定指令 G50

编程格式：G50　X__　Z__;

该指令同华中数控的 G92 指令，用于规定刀具起刀点至工件原点的距离。

2. 主轴转速功能设定 G96、G97

1）主轴速度以恒线速度设定。

编程格式：G96　S__;

2）主轴速度以转速设定。

编程格式：G97　S__;

3. 进给功能设定 G98、G99

1）每分钟进给量（G98）。

编程格式：G98;

2）每转进给量（G99）。

编程格式：G99;

编程说明：G98 定义的进给量单位为 mm/min，G99 定义的进给量单位为 mm/r。G99 为数控车床的初始状态。

4. 快速点位运动 G00

编程格式：G00　X(U)__　Z(W)__;

5. 直线插补 G01

编程格式；G01　X(U)__　Z(W)__　F__;

6. 暂停指令（G04）

编程格式：G04　X（U）__或 G04　P__;

说明：X、U 指定时间，允许有小数点；P 指定时间，不允许有小数点。

例如要暂停1s，可写成如下格式：

G04　X1.0；或 G04　P1000；

7. 单一固定循环

（1）内径、外径车削循环指令 G90

1）直线车削循环。

编程格式：G90　X(U)__　Z(W)__　F__；

2）锥体车削循环。

编程格式：G90　X(U)__　Z(W)__　R__　F__；

R 为锥体面切削起始点与切削终点的半径差，当加工圆柱面时为0，可省略此项。

（2）端面车削循环指令 G94

1）端面车削循环。

编程格式：G94　X(U)__　Z(W)__　F__；

2）带锥度的端面车削循环。

编程格式：G94　X(U)__　Z(W)__　R__　F__；

R 为锥体面切削起始点与切削终点在 *Z* 轴方向的差，当加工端平面时为0，可省略此项。

二、FANUC 0i－T 系统数控车台阶轴应用实例

【例2-9】 加工图2-24所示的零件，要求采用 G90、G94 指令编写数控车削加工程序。毛坯为 ϕ42mm 的圆棒料。

1. 编程前的工艺分析

（1）指定加工方案

1）车削端面及粗车 ϕ10mm 外圆，留余量0.5mm。

2）粗车 ϕ38mm、ϕ32mm 外圆，留余量0.5mm。

3）从右至左精加工各面。

4）切断。

（2）确定刀具

1）端面车刀 T01：车端面及粗车 ϕ10mm 外圆。

2）90°外圆车刀 T02：用于粗、精车外圆。

3）车槽刀（宽3mm）T03：用于切断。

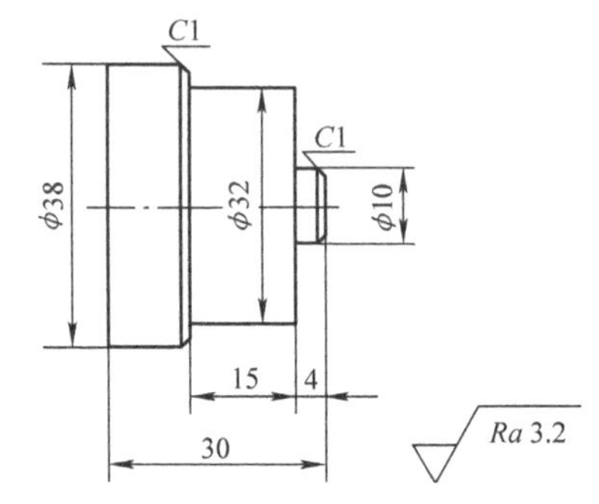

图2-24　数控车台阶轴应用实例

2. 参考程序

O0209；	程序号
N10　G97　G99；	设定主轴转速单位为 r/min，进给速度单位为 mm/r
N20　T0101；	换1号刀
N30　S500　M03；	主轴以500r/min 正转
N40　G00　X45.0　Z0；	刀具快速定位
N50　G01　X0　F0.2；	车端面
N60　G01　X45.0；	退刀
N70　G94　X10.5　Z－3.5；	粗车 ϕ10mm 外圆，留余量0.5mm

N80　G00　X100.0；	X方向退刀
N90　Z100.0；	Z方向退刀
N100　T0202；	换2号刀
N110　G00　X41.0　Z1；	刀具快速定位
N120　G90　X38.5　Z-33.0；	粗车外圆至ϕ38.5mm，长度为33mm
N130　X35.0　Z-18.5；	粗车外圆至ϕ35mm，长度为18.5mm
N140　X32.5；	粗车外圆至ϕ32.5mm，长度为18.5mm
N150　G00　X6.0　Z1.0；	刀具快速定位，准备进行精车
N160　M03　S1000；	主轴以1000r/min正转
N170　G01　X10.0　Z-1.0　F0.1；	车端面倒角
N180　Z-4.0；	精车ϕ10mm外圆
N190　X32.0；	车台阶面
N200　Z-19.0；	精车ϕ32mm外圆
N210　X36.0；	车阶台面
N220　X38.0　Z-16.0；	车倒角
N230　Z-33.0；	精车ϕ38mm外圆
N240　X45.0；	退刀
N250　G00　X100.0　Z100.0；	快速退刀
N260　M03　S400；	主轴以400r/min正转
N270　T0303；	换3号刀
N280　G00　X42.0　Z-33.0；	刀具快速定位
N290　G01　X-1.0　F0.1；	切断
N300　X45.0；	退刀
N310　G00　X100.0　Z100.0　M05；	快速退刀
N320　M30；	程序结束

任务2　阶梯轴的数控车削仿真加工

【知识目标】

1. 熟悉上海宇龙数控加工仿真系统。

2. 掌握阶梯轴的数控车削仿真加工方法。

【技能目标】

1. 能够正确使用数控加工仿真系统校验编写的阶梯轴零件数控加工程序，并仿真加工阶梯轴零件。

2. 培养学生独立工作的能力和安全文明生产的习惯。

【任务描述】

已知图2-1所示的阶梯轴零件，给定的毛坯为ϕ30mm×125mm的棒料，材料为45钢。已经通过任务1完成了阶梯轴的数控工艺分析、零件编程，要求通过仿真软件完成程序的调试和优化，完成阶梯轴的数控车削仿真加工。

【任务分析】

熟悉数控仿真系统仿真加工阶梯轴的工艺过程是使用数控车床操作加工阶梯轴的基础。熟悉数控系统各界面后，才能熟练操作，学生应加强操作练习。

【任务实施】

1. 进入仿真系统

打开“开始”菜单，选择“程序/数控加工仿真系统/”，运行仿真系统（上海宇龙数控加工仿真系统）。

2. 选择机床

在图2-25所示界面中单击菜单“机床/选择机床…”，在弹出的“选择机床”对话框中，控制系统选择“华中数控世纪星4代”，机床类型选择“车床”下面的“标准（斜床身后置刀架）”，单击“确定”按钮，此时界面如图2-26所示。

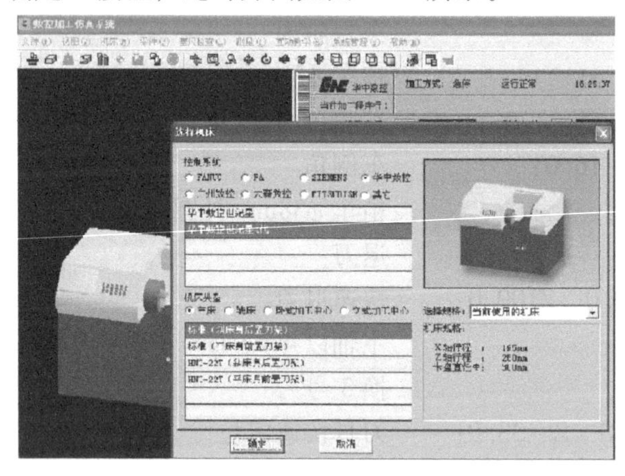

图2-25 选择机床

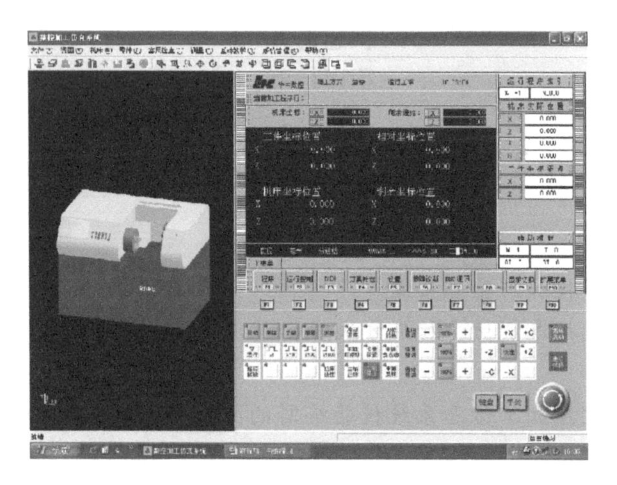

图2-26 数控加工仿真系统界面

3. 机床回零

检查急停按钮是否松开至状态，若未松开，单击急停按钮，将其松开。检查操作面板上回零指示灯 回零 是否亮，若指示灯亮，则已进入回零模式；若指示灯不亮，则单击 回零 按钮，使指示灯变亮，转入回零模式。

在回零模式下，单击控制面板上的 +X 按钮，此时 X 轴将回零，CRT 上的 X 坐标变为“0.000”。同样，再单击 +Z 按钮，Z 轴将回零。回零后的 CRT 界面如图 2-27 所示。

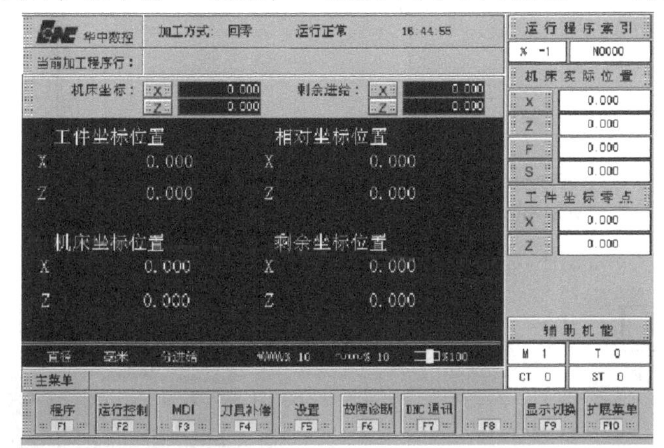

图 2-27　回零后的 CRT 界面

4. 安装零件

单击菜单“零件/定义毛坯…”，在“定义毛坯”对话框（图 2-28）的名称一栏输入“毛坯 1”，材料选择“45＃钢”，尺寸选择直径 30、长度 125，按“确定”按钮。

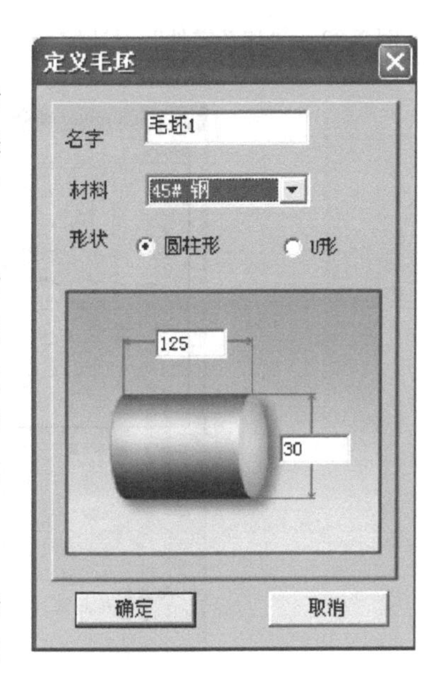

图 2-28　“定义毛坯”界面

单击菜单“零件/放置零件…”，在“选择零件”对话框（图 2-29）中，选取类型为“选择毛坯”，选取名称为“毛坯 1”的零件，并单击“确定”按钮，界面上出现控制零件移动的面板，可以用其移动零件，如图2-30所示。此时单击面板上的“退出”按钮，关闭该面板，机床如图 2-31 所示，零件已放置在机床工作台面上。

5. 选择、安装刀具

单击菜单“机床/选择刀具”，在“刀具选择”对话框中，根据加工方式先选刀位，再选择所需的刀片和刀柄，输入刀尖半径、刀具长度，待所有刀具选完后单击“确定”按钮退出，如图 2-32 所示。本任务选择两把刀，1 号刀位装 93°菱形外圆车刀，2 号刀位装 3mm 切槽刀。装好刀具后，结果如图 2-33 所示。

6. 对刀、建立工件坐标系

数控机床一般按照工件坐标系编程，对刀的目的就是建立工件坐标系与机床坐标系之间的关系。数控车床通常以零件右端面中心点为工件坐标系原点，下面将介绍通过 T 指令用试切法来建立工件坐标系的对刀方法。

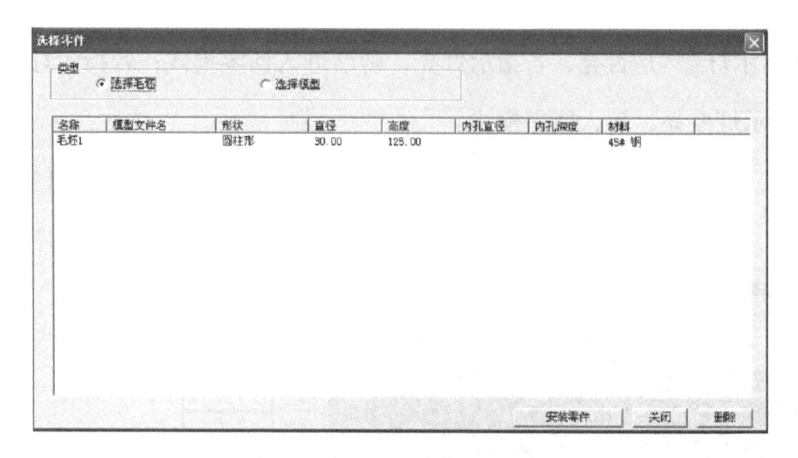

图 2-29　“选择零件”对话框

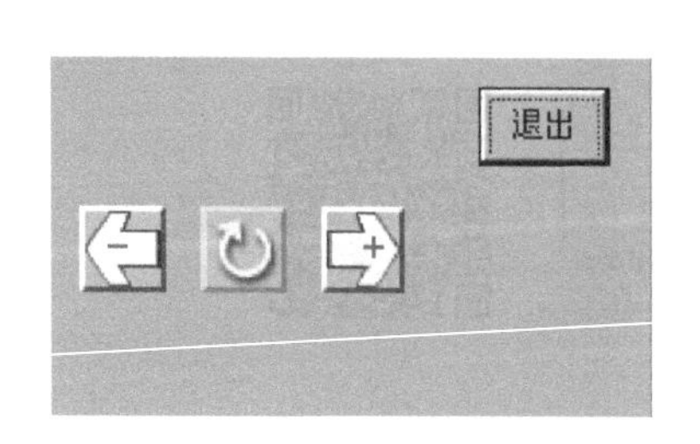

图 2-30　“移动零件”对话框

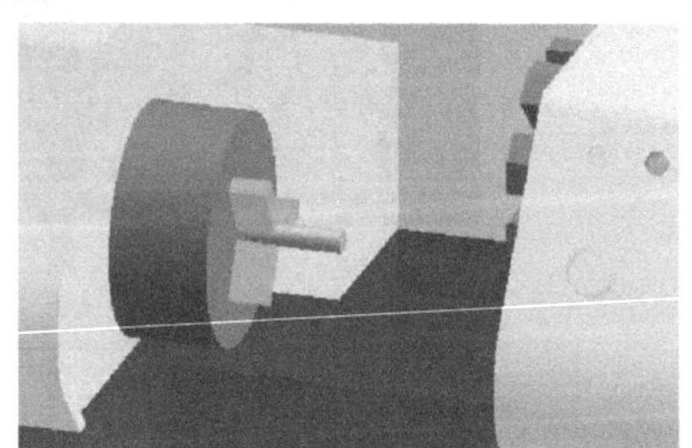

图 2-31　放置零件后的机床

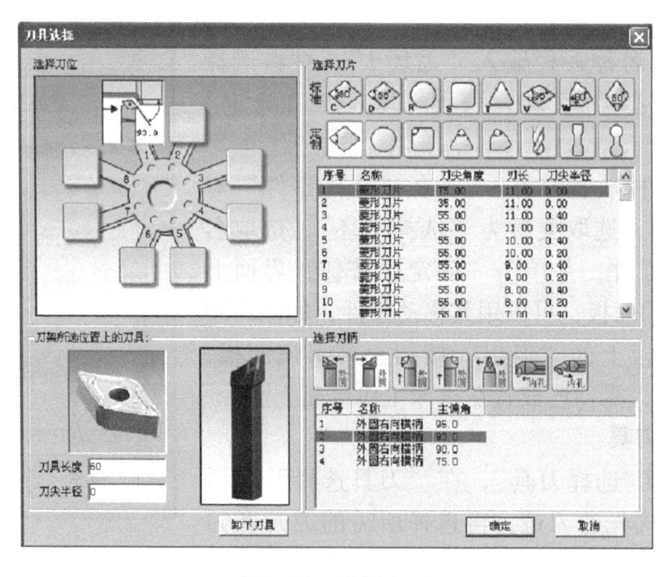

图 2-32　选择车刀

1）切削外径：单击操作面板上的手动按钮，切换到手动状态，单击 -X 、 -Z 按钮，使刀具大致移动到可切削零件的位置，单击操作面板上的主轴反转按钮，控制零件的转动，单击 -Z 按钮，使所选刀具试切工件外圆，如图 2-34 所示；再单击 +Z 按钮，刀具沿 *Z* 轴正方向退出，注意此时 *X* 方向保持不动。试切工件外圆如图 2-35 所示。

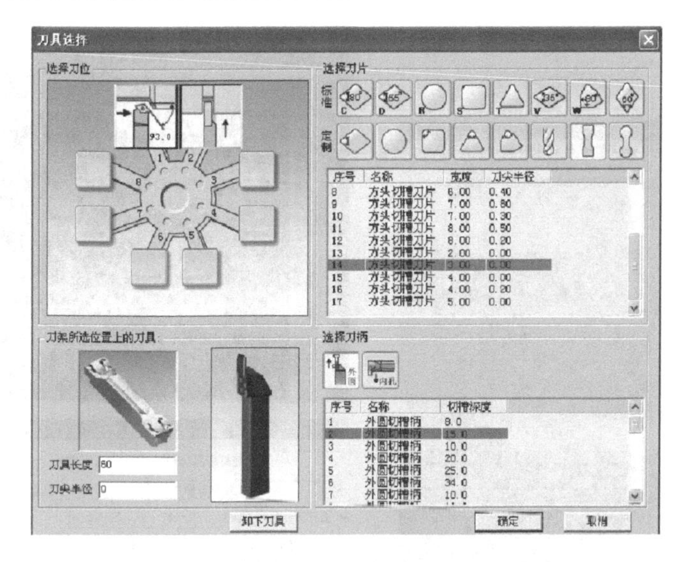

图 2-33　安装车刀

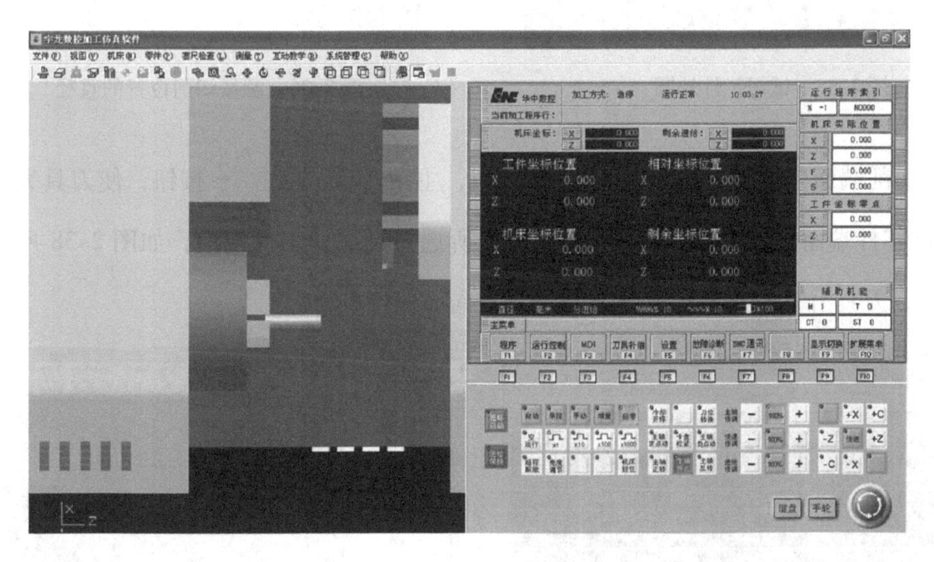

图 2-34　安装好车刀的界面

2）测量切削位置的直径：单击操作面板上的按钮，使主轴停止转动，单击菜单“测量/剖面测量”，如图 2-36 所示，单击试切外圆时所切线段，选中的线段由红色变为黄色，记住对话框中对应的 X 的值“α”。

3）设置 X 向刀偏参数：单击功能键区的刀具补偿“F4”键，在弹出的下级子菜单中单击刀偏表“F1”软键，进入刀偏数据设置界面，用方位键 ▲ ▼ 将亮条移动到要设置刀具的行，再用方位键 ◀ ▶ 将亮条移动到“试切直径”栏，单击“Enter”键后，此栏输入测量的直径值“α”，再单击“Enter”键，如图 2-37 所示。

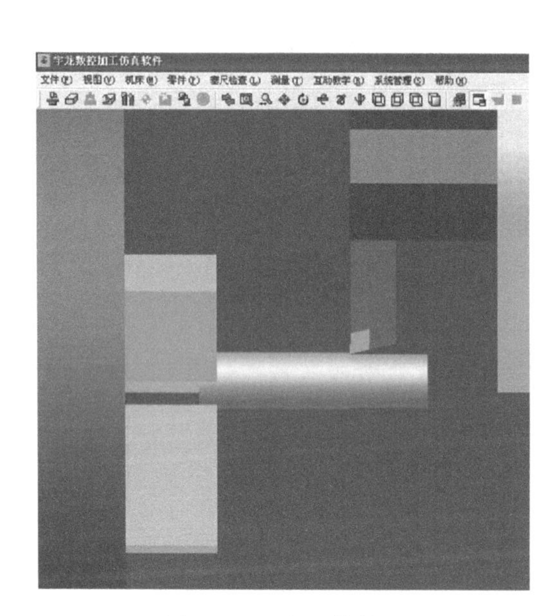

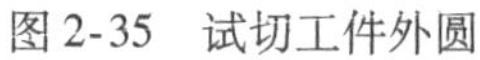
图 2-35　试切工件外圆

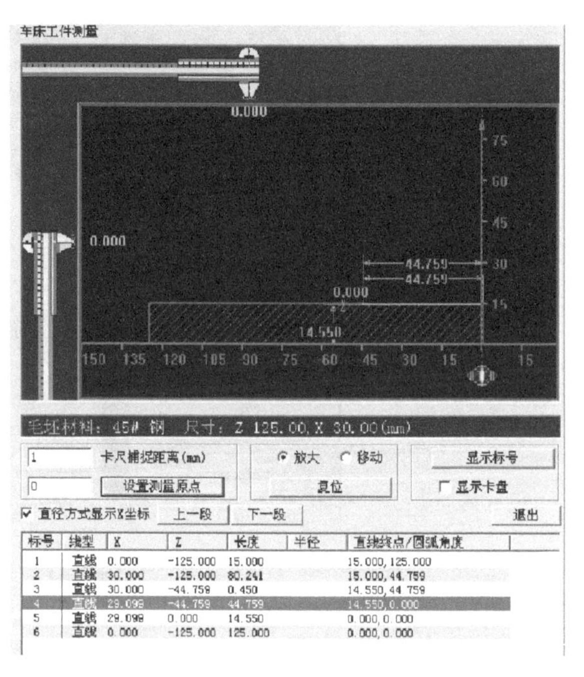

图 2-36　测量切削位置的直径

4）切削端面：单击操作面板上的主轴反转按钮，主轴转动，单击 -Z 按钮，使刀具大致移动到可切削零件端面的位置，单击 -X 按钮，使所选刀具试切工件端面，如图 2-38 所示；再单击 +X，刀具沿 *X* 轴正方向退出。此时 *Z* 方向应保持不动。

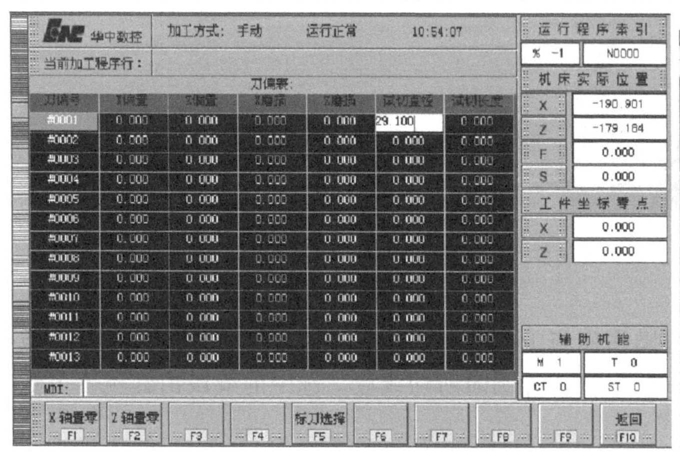

图 2-37　设置 *X* 向刀偏参数

图 2-38　切削端面

5）单击操作面板上的主轴停止按钮，使主轴停止转动。

6）设置 *Z* 向刀偏参数：再进入刀偏数据表，用方位键◀ ▶将亮条移动到要设置刀具的行，再用方位键◀ ▶将亮条移动到“试切长度”栏，单击“Enter”键后，此栏输入测量的长度值“0”，再单击“Enter”键。注意，即使原来该值为“0”，也要重新输入。T01 对刀后的界面如图 2-39 所示。

华中数控　加工方式：手动　运行正常　11:03:47

刀偏表：

刀偏号	X偏置	Z偏置	X磨损	Z磨损	试切直径	试切长度
#0001	-251.268	-135.050	0.000	0.000	29.100	0.000
#0002	0.000	0.000	0.000	0.000	0.000	0.000
#0003	0.000	0.000	0.000	0.000	0.000	0.000
#0004	0.000	0.000	0.000	0.000	0.000	0.000
#0005	0.000	0.000	0.000	0.000	0.000	0.000
#0006	0.000	0.000	0.000	0.000	0.000	0.000
#0007	0.000	0.000	0.000	0.000	0.000	0.000
#0008	0.000	0.000	0.000	0.000	0.000	0.000
#0009	0.000	0.000	0.000	0.000	0.000	0.000
#0010	0.000	0.000	0.000	0.000	0.000	0.000
#0011	0.000	0.000	0.000	0.000	0.000	0.000
#0012	0.000	0.000	0.000	0.000	0.000	0.000
#0013	0.000	0.000	0.000	0.000	0.000	0.000

运行程序索引：% -1　N0000
机床实际位置：X -222.168　Z -135.050　F 0.000　S 0.000
工件坐标零点：X 0.000　Z 0.000
辅助机能：M 1　T 0　CT 0　ST 0
X轴置零 F1　Z轴置零 F2　F3　F4　标刀选择 F5　F6　F7　F8　F9　返回 F10

图 2-39　T01 对刀后的界面

这是第一把刀的对刀方法，T02 刀可按同样的方法进行对刀。但应注意，编程每把刀的原点应保持一致，在用其他刀试切端面时，只能用刀尖碰第一次试切的端面，可在“增量”模式下用手轮操作，不允许再试切，然后输入的试切长度值为“0”。

7. 输入、编辑程序

（1）新建一个数控加工程序　若要创建一个新的程序，单击功能键区的“F10”键返回主菜单，依次单击程序键“F1”→程序编辑键“F2”→新建程序键“F3”，在文件名栏输入新程序名，如“O0001”（不能与已有程序名重复），单击“Enter”键，此时编辑区显示一个空文件，可通过 MDI 键盘输入所需程序。再单击“保存程序 F4”，该程序即保存到电子盘，如图 2-40 所示。

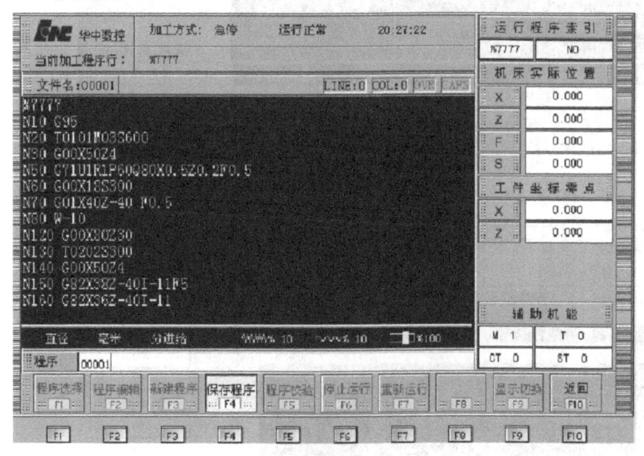

图 2-40　创建新程序

（2）导入其他数控程序　数控程序以一定格式（如“＊txt”、“＊cnc”）保存在其他磁盘中，通过下面方法导入。

单击功能键区的“F10”返回主菜单，再单击 DNC 通信键“F7”，出现图 2-41 所示的“串口通讯”对话框，然后单击“导入程序”按钮，出现图 2-42 所示的“打开”对话框，然后选中目标文件，单击“打开”按钮，再单击“结束 DNC 连接”按钮，该程序文件被导入电子盘。

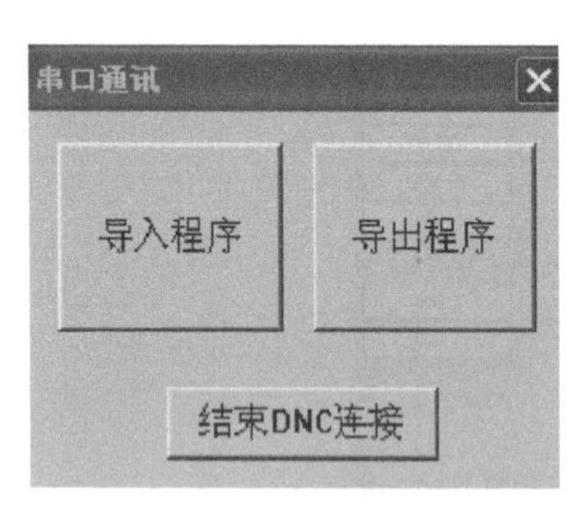

图 2-41 “串口通讯”对话框

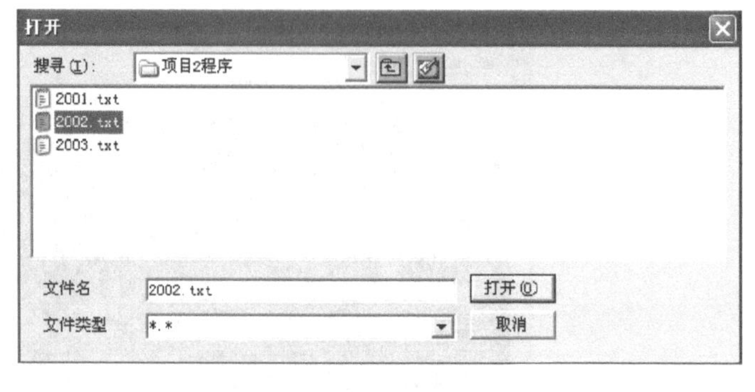

图 2-42 “打开”对话框

（3）选择当前加工的程序 若要运行一个程序，单击功能键区的“F10”返回主菜单，单击程序键“F1”，再单击程序选择键“F1”，此时 CRT 界面上显示已存盘的所有程序文件，如图 2-43 所示 ，用方位键将亮条移动到要选择的程序行上，单击“Enter”键即选出所要的程序，如图 2-44 所示。

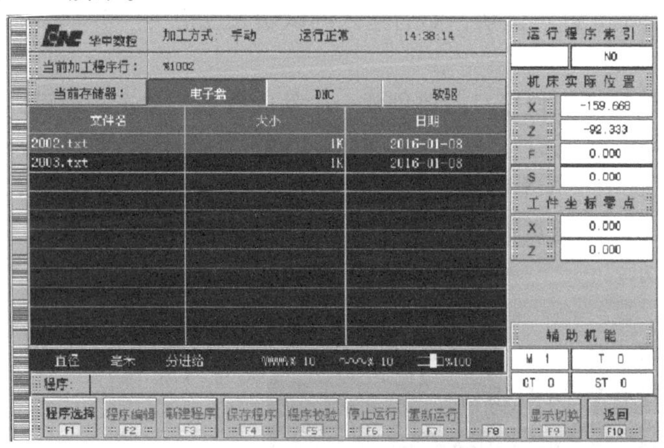

图 2-43 已存盘的所有程序文件

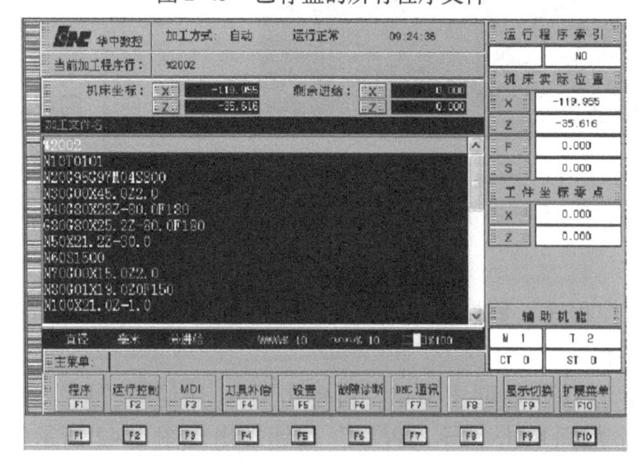

图 2-44 待加工程序

8. 程序校验

选出所要的程序，单击控制面板上的按钮，切换到自动状态，单击程序校验软键“F5”，转入程序校验状态，单击按钮，即可观察数控程序的运行轨迹。此时可通过“视图”菜单中的动态旋转、动态放缩、动态平移等方式对运行轨迹进行全方位的动态观察。刀具运行轨迹如图2-45所示。

9. 自动运行加工程序

当完成数控程序导入后，对刀，设置刀具补偿参数，检验运行轨迹正常后，可进行自动加工。先将机床回零，在控制面板上单击按钮，转入到自动加工状态，单击按钮，即开始自动加工。左端加工后的零件如图2-46所示。

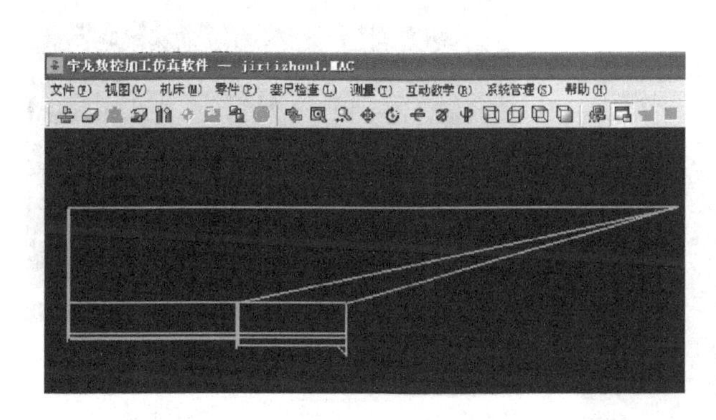

图2-45　刀具运行轨迹

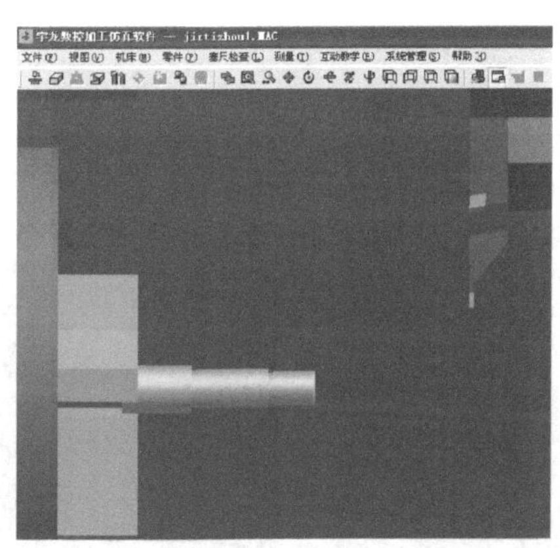

图2-46　左端加工后的零件

10. 零件调头加工

（1）零件调头　单击“零件”菜单，执行“移动零件”命令，单击按钮，将零件调头装夹，装夹的长度不需要移动。

（2）对刀　调头以后需要对使用的每一把刀重新对刀。由于调头后各刀并没有移动，所以理论上 X 方向每一把刀的刀偏值应是相等的，故只针对 Z 方向重新对刀。如调头后1号粗车刀再次对刀的过程如下：

1）工件试切：手动模式下试切端面，保持 Z 向不能移动，再沿 X 轴正方向退出。让主轴停止转动后，测量零件的总长度，减去零件的理论长度，得出 Z 向的移动量。本例试切后总长度为123.808mm，零件理论长度为120mm，得到 Z 向的移动量为3.808mm。

2）MDI移动刀具：单击“自动”按钮，将机床设置为自动运行模式；再单击“F3”键，进入MDI模式，在MDI局部窗口输入“T0101”，单击“Enter”键确认后，再单击即可。在MDI局部窗口输入“G91 G01 Z－3.808”，如图2-47所示。

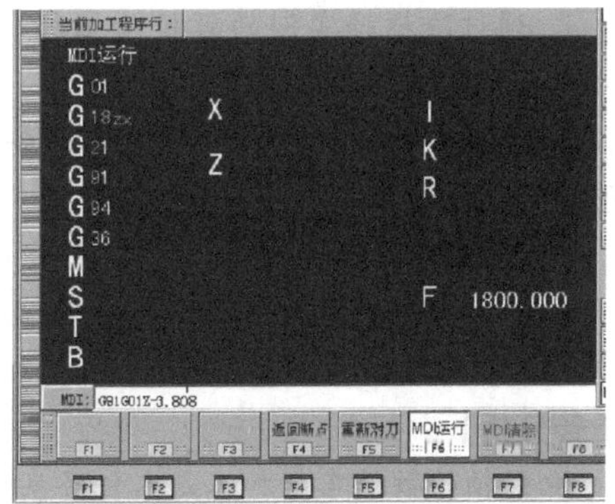

图2-47　MDI局部输入窗口

单击“Enter”键确认后，再单击按钮就可完成 Z 向移动。

3）设置刀偏：用手动操作切掉端面的余量，然后在刀偏表内“试切长度”栏输入0。

4）自动运行程序：加工后的零件如图2-48所示。

11. 测量工件

打开菜单“测量/剖面图测量”，出现如图2-49所示的“车床工件测量”界面，单击待测量部位或拉动游标卡尺，即可直接在下面的显示框内读出对应的数值，可检查其是否符合图样要求。

说明：需要两端加工的工件在仿真加工时，毛坯长度可直接取零件长，工件调头后可不再对刀，但应注意前面对刀时 Z 方向不能试切。

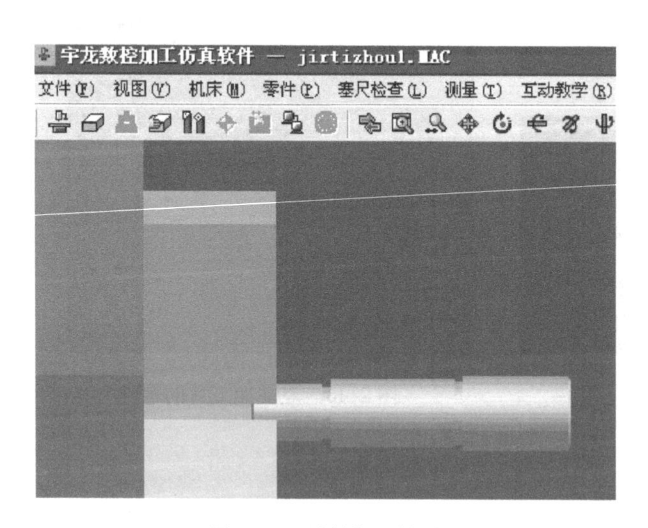

图2-48 零件加工结果

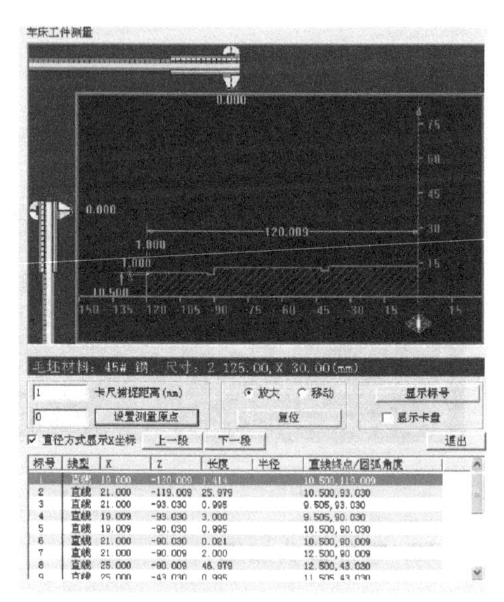

图2-49 “车床工件测量”界面

任务3 阶梯轴的数控车削加工操作

【技能目标】

1. 通过阶梯轴实例的数控加工操作，具备采用数控系统车削外圆柱面、锥面、台阶、沟槽等结构的能力。

2. 培养学生独立工作的能力和安全文明生产的习惯。

【任务描述】

如图2-1所示的阶梯轴零件，给定的毛坯为 ϕ30mm×125mm 的棒料，材料为45钢。通过对任务1和任务2的学习，要求利用华中 HNC-21T 数控机床加工出合格的零件，并进行零件检验和零件误差分析。

【任务分析】

阶梯轴的数控车削加工是本任务实施的重要环节和任务，能够利用数控机床加工出合格的零件是本任务的最终目的和要求，学生应加强操作练习，掌握数控机床操作的基本功。

【任务实施】

1. 工、量具准备清单

阶梯轴零件加工工、量具清单见表2-11。

表2-11　阶梯轴零件加工工、量具清单（参考）

序号	名称	规格	数量	备注
1	游标卡尺	0～150mm	1把	
2	钢直尺	0～125 mm	1把	
3	外径千分尺	25～50mm	1把	
4	铜皮	t=1mm	若干	

2. 加工操作

（1）程序的输入　在编辑操作方式下进行程序的输入，注意区别不同程序的程序号。

（2）程序的检测　输入程序后，检测程序是否有误。

（3）工件的安装　根据加工工艺要求装夹工件，注意毛坯伸出长度要适宜。调头后要注意装夹误差对位置误差的影响。

（4）车刀的安装　安装外圆车刀，应注意下列几点：

1）车刀安装在刀架上，伸出部分不宜太长，伸出量一般为刀杆高度的1～1.5倍。伸出太长会使刀杆的刚性变差，切削时易产生振动，影响表面粗糙度。

2）车刀垫铁要平整，数量要少，并与刀架对齐。

3）车刀至少要用两个螺钉压紧在刀架上，并逐个轮流拧紧。

4）车刀刀尖一般应与工件轴线等高，如图2-50a所示，否则会因基面和切削平面的位置发生变化而改变车刀工作时的前角和后角的数值。当刀尖高于工件轴线时，会使后角减小，增大车刀后刀面与工件的摩擦，如图2-50b所示；当刀尖低于工件轴线时会减小前角，切削不顺利，如图2-50c所示。

5）车刀刀杆中心应与进给方向垂直，否则会使主偏角和副偏角的数值发生变化，如图2-51所示。

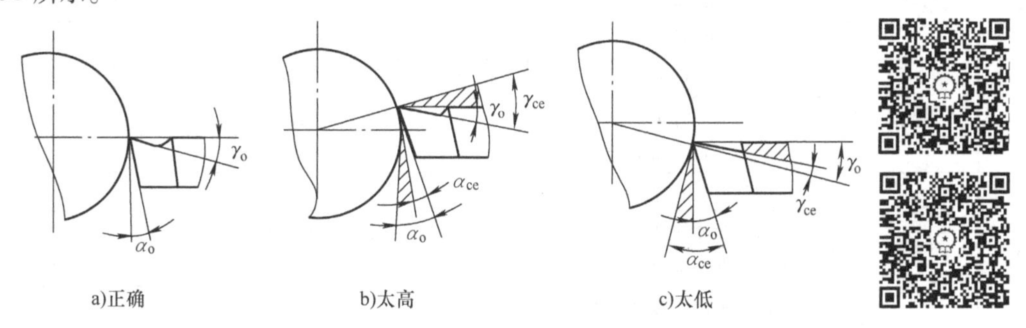

图2-50　装刀高低对前后角的影响

（5）对刀　选择工件坐标系原点，进行对刀操作。

（6）刀具参数设置的检查　对刀后进行刀具参数设置的检查，避免出现撞刀事故或产生废品。

（7）零件的加工　为了保证车削过程的可靠性，车削首件时，必须用单段操作方式进行，当确认程序无误时，再使用连续操作方式进行车削。

（8）零件尺寸的检测　选用合适的量具完成零件尺寸的检测。

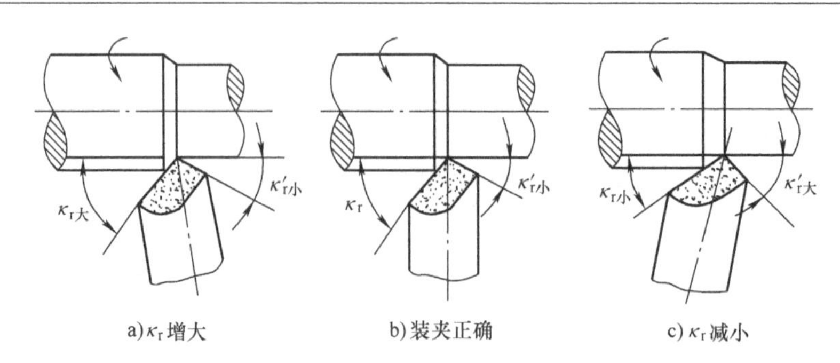

a) κ_r 增大　　b) 装夹正确　　c) κ_r 减小

图 2-51　车刀装偏对主、副偏角的影响

(9) 加工中的安全操作和注意事项

1) 严格遵守数控车床的安全操作规程，做到文明操作。

2) 程序输入完成后，必须对程序进行空运行检查。

3) 检查坐标设置和对刀是否正确。

4) 二次装夹时应避免夹伤加工表面。

5) 因各种刀具长度不同，故设置安全退刀点应避免碰撞。

【任务评价】

阶梯轴零件的数控车削加工操作评价表见表 2-12。

表 2-12　阶梯轴零件的数控车削加工操作评价表

项目	项目 2	图样名称	阶梯轴	任务	2-3	指导教师	
班级		学号		姓名		成绩	
序号	评价项目	考核要点		配分	评分标准	扣分	得分
1	外径尺寸	$\phi 27_{-0.05}^{0}$ mm		10	超差 0.02mm 扣 2 分		
		$\phi 25_{-0.05}^{0}$ mm		10	超差 0.02mm 扣 2 分		
		$\phi 21_{-0.05}^{0}$ mm		10	超差 0.02mm 扣 2 分		
2	长度尺寸	$50_{0}^{+0.5}$ mm		10	超差 0.02mm 扣 2 分		
		30mm		10	超差不得分		
		120mm		10	超差不得分		
3	其他	*C*1 两处		10	超差不得分		
		*Ra*3.2μm		10	每处降一级扣 1 分		
		退刀槽 3mm×1 mm，两处		10	超差不得分		
4	加工工艺与程序编制	加工工艺的合理性		3	不正确不得分		
		刀具选择的合理性		3	不正确不得分		
		工件装夹定位的合理性		2	不正确不得分		
		切削用量选择的合理性		2	不正确不得分		
5	安全文明生产	1. 安全、正确地操作设备 2. 工作场地整洁，工具、量具、夹具等摆放整齐规范 3. 做好事故防范措施，填写交接班记录，并将发生事故的原因、过程及处理结果记入运行档案 4. 做好环境保护		每违反一项从总分中扣 2 分，扣分不超过 10 分			
合计				100			

【误差分析】

1. 外圆加工误差分析

数控车床在外圆加工过程中会遇到各种各样的加工误差问题，在表2-13中，对外圆加工中较常出现的问题、产生的原因、预防和消除措施进行了分析。

表2-13　外圆加工误差分析

问题现象	产生原因	预防和消除措施
工件外圆尺寸超差	1. 刀具对刀不准确 2. 切削用量选择不当产生让刀 3. 程序错误 4. 工件尺寸计算误差	1. 调整或重新设定刀具数据 2. 合理选择切削用量 3. 检查、修改加工程序 4. 正确计算工件尺寸
外圆表面粗糙度值太高	1. 切削速度过低 2. 刀具中心过高 3. 切屑控制较差 4. 刀尖产生积屑瘤 5. 切削液选用不合理	1. 调高主轴转速 2. 调整刀具中心高度 3. 选择合理的进刀方式及背吃刀量 4. 选择合适的切削范围 5. 正确选择切削液，并充分喷注
台阶处不清根或呈圆角	1. 程序错误 2. 刀具选择错误 3. 刀具损坏	1. 检查、修改加工程序 2. 正确选择加工刀具 3. 更换刀片
加工过程中出现扎刀，引起工件报废	1. 进给量过大 2. 切屑阻塞 3. 工件安装不合理 4. 刀具角度选择不合理	1. 降低进给速度 2. 采用断、退屑方式切入 3. 检查工件安装，增加安装刚性 4. 正确选择刀具
台阶端面出现倾斜	1. 程序错误 2. 刀具安装不正确	1. 检查、修改加工程序 2. 正确安装刀具
工件圆度超差或产生锥度	1. 车床主轴间隙过大 2. 程序错误 3. 工件安装不合理	1. 调整车床主轴间隙 2. 检查、修改加工程序 3. 检查工件安装，增加安装刚性

2. 端面加工误差分析

端面加工是零件加工中必不可缺的工序，而且其直接或间接地影响工件的整体尺寸精度。因此，有必要对加工中出现的加工质量问题进行控制。在表2-14中，对端面加工中较常出现的问题、产生原因、预防和消除措施做了简要介绍。

表2-14　端面加工误差

问题现象	产生原因	预防和消除措施
端面加工时长度尺寸超差	1. 刀具数据不准确 2. 尺寸计算错误 3. 程序错误	1. 调整或重新设定刀具数据 2. 正确进行尺寸计算 3. 检查、修改加工程序

（续）

问题现象	产生原因	预防和消除措施
端面表面粗糙度值太大	1. 切削速度太低 2. 刀具中心过高 3. 切屑控制较差 4. 刀尖产生积屑瘤 5. 切削液选用不合理	1. 调高主轴转速 2. 调整刀具中心高度 3. 选择合理的进刀方式及背吃刀量 4. 选择合适的切削速度范围 5. 正确选择切削液，并充分喷注
端面中心处有凸台	1. 程序错误 2. 刀具中心过高 3. 刀具损坏	1. 检查、修改加工程序 2. 调整刀具中心高度 3. 更换刀片
加工过程中出现扎刀，引起工件报废	1. 进给量过大 2. 刀具角度选择不合理	1. 降低进给速度 2. 正确选择刀具
工件端面凹凸不平	1. 机床主轴径向间隙过大 2. 程序错误 3. 切削用量选择不当	1. 调整机床主轴间隙 2. 检查、修改加工程序 3. 合理选择切削用量

3. 槽加工误差分析

在数控车床上进行槽加工时经常会出现多种加工误差，其问题现象、产生原因、预防和消除措施见表2-15。

表2-15 槽加工误差分析

问题现象	产生原因	预防和消除措施
槽的一侧或两侧面出现小台阶	对刀不准确或程序错误	1. 调整或重新设定刀具数据 2. 检查、修改加工程序
槽底出现倾斜	刀具安装不正确	正确安装刀具
槽的侧面出现凹凸面	1. 刀具刃磨角度不对称 2. 刀具安装角度不对称 3. 切削两刀尖磨损不对称	1. 更换刀片 2. 重新刃磨刀具 3. 正确安装刀具
槽的两个侧面出现倾斜	刀具磨损	重新刃磨刀具或更换刀片
槽底出现振动现象，留有指纹	1. 工件装夹不正确 2. 刀具安装不正确 3. 切削参数不正确 4. 程序延时时间太长	1. 检查工件安装，增加安装刚性 2. 调整刀具安装位置 3. 提高或降低切削速度 4. 缩短程序延时时间

（续）

问题现象	产生原因	预防和消除措施
切槽过程中出现扎刀现象，造成刀具断裂	1. 进给量过大 2. 切屑阻塞	1. 降低进给速度 2. 采用断、退屑方式切入
切槽过程中出现较强的振动，表现为工件和刀具出现谐振现象，严重者车床也会一同产生谐振，切削不能继续	1. 工件装夹不正确 2. 刀具安装不正确 3. 进给速度过低	1. 检查工件安装，增加安装刚性 2. 调整刀具安装位置 3. 提高进给速度

【项目拓展训练】

一、实操训练零件

实操训练零件如图 2-52 所示。要求：按图编制加工工艺，填写加工工艺卡，编写程序，填写程序清单，加工出零件。

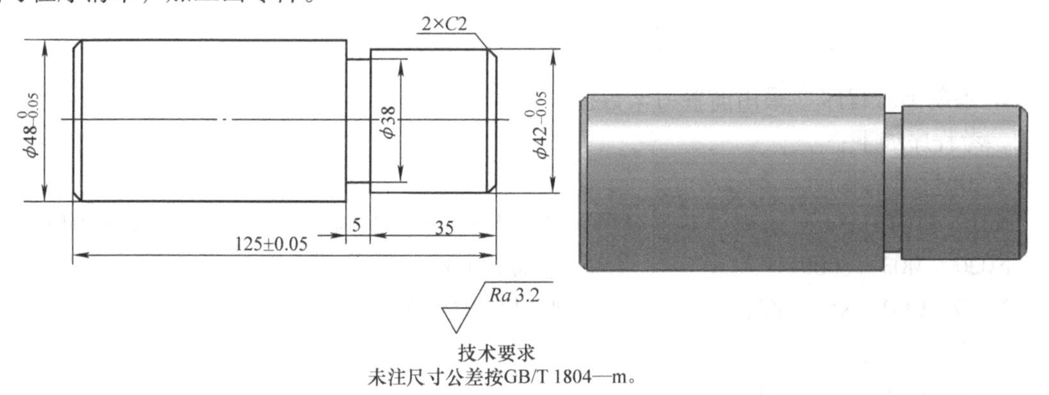

图 2-52　实操训练零件图

二、程序编制

1. 加工工艺分析

（1）零件图工艺分析　材料为 45 钢，毛坯尺寸为 ϕ50mm×130mm。

（2）装夹方案的确定　根据加工要求，该零件采用自定心卡盘夹紧。

（3）加工顺序和进给线路的确定

1）零件左端面：

① 自定心卡盘夹毛坯，外圆伸出约 90mm，车平端面。

② 粗车 ϕ48mm 外圆、倒角 *C*2，长度大于 90mm，留精车余量 0.6mm。

③ 精车 ϕ48mm 外圆、倒角 *C*2。

2）零件右端面：

① 工件调头，测量工件总长，用铜皮包 ϕ48mm 外圆，工件伸出约 60mm，用自定心卡盘夹持，用磁力百分表找正 ϕ48mm 外圆并夹紧工件，以保证圆跳动的精度要求。用试切方式对刀，输入试切长度。

② 编程控制总长 125±0.05mm，粗、精车 ϕ42mm 外圆，倒角 *C*2，切 5mm×ϕ38mm 槽。阶梯轴加工工艺卡见表 2-16。

表 2-16 阶梯轴加工工艺卡

数控加工工艺卡			产品名称		零件名称		零件图号	
					阶梯轴		01	
工序号	程序编号	夹具名称	夹具编号		使用设备		车间	
001	%2004	自定心卡盘			CAK6132		数控实训中心	
工步号	工步内容	切削用量			刀具		量具名称	备注
		主轴转速 n/(r/min)	进给速度 F/(mm/min)	背吃刀量 a_p/mm	编号	名称		
1	工件装夹找正					0~10mm	百分表	
2	粗车外轮廓	600	100	2	T01	外圆车刀	游标卡尺	手动
3	精车外轮廓	750	80	0.6	T02	外圆车刀	游标卡尺	自动
4	车宽5mm的槽	300	10		T03	车槽刀	游标卡尺	自动
编制		审核		批准			共 页	第 页

2. 编制加工程序（采用前置刀架数控车床）

参考程序如下：

```
%2004;（左端）
N010  T0101;              换1号外圆车刀，执行1号刀补（粗车外圆）
N020  M03  S600;          主轴以600r/min正转
N030  G00  X52  Z2;       快速定位到循环起点
N040  X44.6;
N050  G01  Z0  F100;
N060  X48.6  Z-1.4;       粗加工倒角
N070  Z-90;               粗加工φ48mm外圆（留余量0.6mm）
N080  G00  X100;          退刀
N090  Z150;
N100  M05;                主轴停
N110  M00;                程序暂停
N120  T0202;              换2号外圆车刀，执行2号刀补（精车外圆）
N130  M03  S750;          主轴以750r/min正转
N140  G00  X50;
N150  Z2;                 快速定位
N160  X44;                定位到倒角起点
N170  G01  Z0  F80;
N180  X48  Z-2;           倒角C2
N190  Z-90;               精车φ48mm外圆
N200  G00  X100;          快速退刀
N210  Z150;
N220  M05;                主轴停止
```

N230　M30；	程序结束

%2005；（加工右端）

参考程序如下：

N010　T0101；	换1号外圆车刀，执行1号刀补
N020　M03　S600；	主轴以600r/min正转
N030　G00　X52　Z3；	快速定位到循环起点
N040　G81　X0　Z2　F100；	端面切削循环（控制总长125mm）
N050　Z1；	
N060　Z0；	
N070　G00　X50　Z2；	快速定位到循环起点
N080　G80　X48　Z-40　F100；	粗加工外轮廓（留余量0.6mm）
N090　X46；	
N100　X44；	
N110　G00　X38.6；	
N120　G01　Z0　F100；	
N130　X42.6　Z-1.4；	
N140　Z-40；	
N150　X50；	
N160　G00　X100；	
N170　Z150；	
N180　M05；	主轴停止
N190　M00；	程序停止
N200　T0202；	换2号外圆车刀，执行2号刀补（精车外圆）
N210　M03　S750；	主轴以750/min正转
N220　G00　X38；	快速定位
N230　Z2；	
N240　G01Z0　F80；	
N250　X42　Z-2；	倒角 *C*2
N260　Z-40；	精加工ϕ42mm外轮廓
N270　X46；	
N280　X50　Z-2；	
N290　G00　X100；	快速退刀
N300　Z150；	
N310　M05；	程序停止
N320　M00；	快速退刀
N330　T0303；	换3号车槽刀，执行3号刀补
N340　M03　S300；	主轴以300r/min正转
N350　G00　X50　Z2；	快速定位
N360　Z-40；	

N370　G01　X38.2　F10；　　粗加工 5mm × ϕ38mm 退刀槽
N380　G00　X50；
N390　W2；
N400　G01　X38　F10；　　精加工 5mm × ϕ38mm 退刀槽
N410　Z－40；
N420　X50；
N430　G00　X100；　　快速退刀
N440　Z150；
N450　M05；　　主轴停止
N460　M30；　　程序结束

三、上机仿真校验程序并操作机床加工

仿真校验程序结果如图 2-53 和图 2-54 所示。

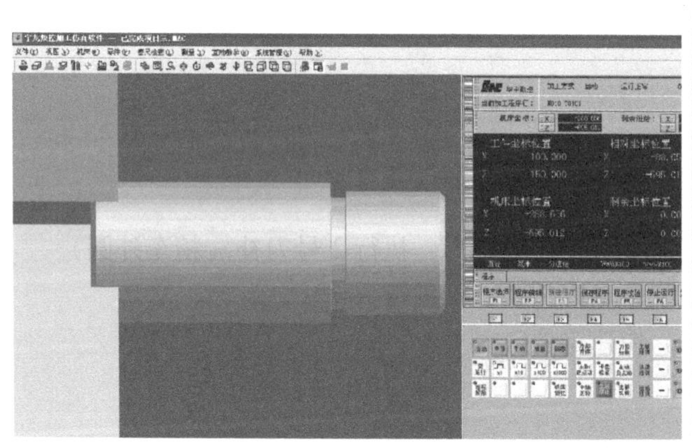

图 2-53　加工零件图

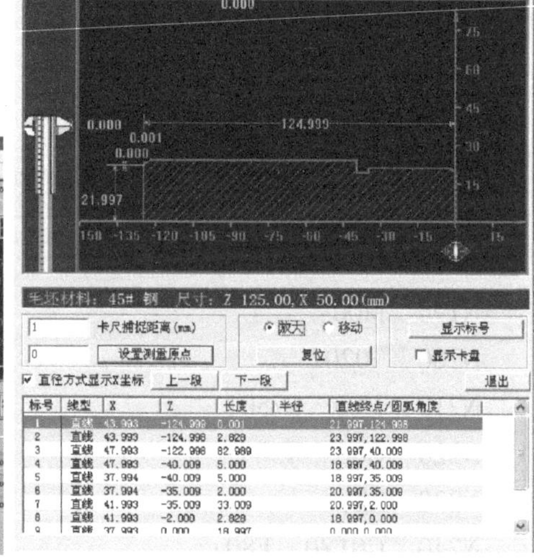

图 2-54　测量零件图

四、实操评价

阶梯轴零件的数控车削加工操作评价见表 2-17。

表 2-17　阶梯轴零件的数控车削加工操作评价表

项目	项目 2	图样名称		任务		指导教师	
班级		学号		姓名		成绩	
序号	评价项目	考核要点		配分	评分标准	扣分	得分
1	外径尺寸	$\phi 48_{-0.05}^{0}$ mm		15	超差 0.02mm 扣 2 分		
		$\phi 42_{-0.05}^{0}$ mm		15	超差 0.02mm 扣 2 分		
2	长度尺寸	125 ± 0.05mm		20	超差 0.02mm 扣 2 分		
		35mm		10	超差不得分		

（续）

<table>
<tr><td>项目</td><td>项目 2</td><td>图样名称</td><td></td><td>任务</td><td></td><td>指导教师</td><td colspan="2"></td></tr>
<tr><td>班级</td><td></td><td>学号</td><td></td><td>姓名</td><td></td><td>成绩</td><td colspan="2"></td></tr>
<tr><td>序号</td><td>评价项目</td><td colspan="2">考核要点</td><td>配分</td><td colspan="2">评分标准</td><td>扣分</td><td>得分</td></tr>
<tr><td rowspan="3">3</td><td rowspan="3">其他</td><td colspan="2">C2 两处</td><td>10</td><td colspan="2">超差不得分</td><td></td><td></td></tr>
<tr><td colspan="2">Ra3.2μm</td><td>10</td><td colspan="2">每处降一级扣 1 分</td><td></td><td></td></tr>
<tr><td colspan="2">退刀槽 5mm×φ38mm</td><td>10</td><td colspan="2">超差不得分</td><td></td><td></td></tr>
<tr><td rowspan="4">4</td><td rowspan="4">加工工艺与程序编制</td><td colspan="2">加工工艺的合理性</td><td>3</td><td colspan="2">不正确不得分</td><td></td><td></td></tr>
<tr><td colspan="2">刀具选择的合理性</td><td>3</td><td colspan="2">不正确不得分</td><td></td><td></td></tr>
<tr><td colspan="2">工件装夹定位的合理性</td><td>2</td><td colspan="2">不正确不得分</td><td></td><td></td></tr>
<tr><td colspan="2">切削用量选择的合理性</td><td>2</td><td colspan="2">不正确不得分</td><td></td><td></td></tr>
<tr><td>5</td><td>安全文明生产</td><td colspan="2">1. 安全、正确地操作设备
2. 工作场地整洁，工具、量具、夹具等摆放整齐规范
3. 做好事故防范措施，填写交接班记录，并将发生事故的原因、过程及处理结果记入运行档案
4. 做好环境保护</td><td colspan="3">每违反一项从总分中扣 2 分，扣分不超过 10 分</td><td></td><td></td></tr>
<tr><td colspan="4">合计</td><td colspan="3">100</td><td></td><td></td></tr>
</table>

自 测 题

1. 编制如图 2-55 所示零件的数控车削加工工艺及加工工序，对零件进行上机操作或数控仿真加工，毛坯尺寸为 φ45mm×92mm。

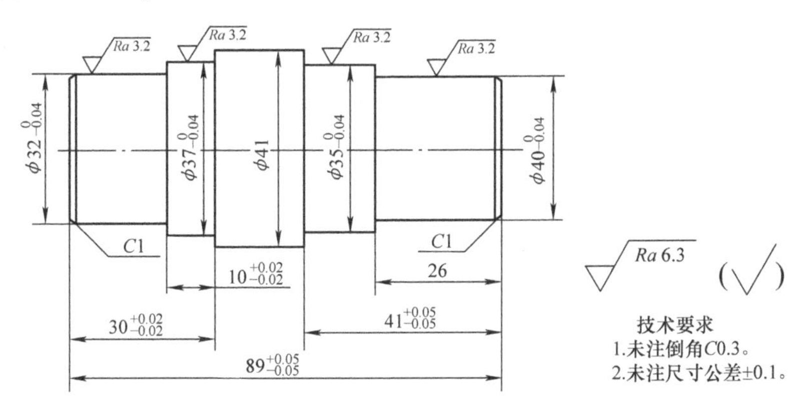

图 2-55　自测题 1 零件图

2. 编制如图 2-56 所示零件的数控车削加工工艺及加工工序，对零件进行上机操作或数控仿真加工，毛坯尺寸为 φ65mm×145mm。

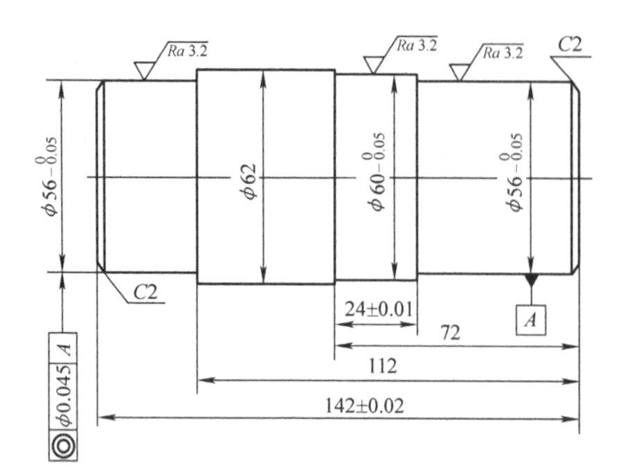

$\sqrt{Ra\ 6.3}$ ($\sqrt{}$)

技术要求
未注尺寸公差±0.10。

图 2-56 自测题 2 零件图

项目3　带圆弧轴的数控加工工艺、编程与操作

任务1　带圆弧轴的数控加工工艺分析与编程

【知识目标】

1. 理解和掌握圆弧插补指令G02、G03，刀具的几何补偿和刀尖圆弧半径补偿指令G41、G42、G40的应用。

2. 掌握复合循环指令G71、G72、G73的适用范围及编程规则。

【技能目标】

1. 通过对带圆弧轴的数控加工工艺、编程的学习，掌握圆弧指令的编程技巧。

2. 培养学生运用所学知识解决问题的能力，分别采用一般指令和复合循环指令来完成带圆弧轴零件的编程。

3. 初步掌握数控车床加工的主要步骤和合理的工艺路径，拓展数控车床的应用范围并能对工件加工质量进行正确分析、处理。

4. 能正确使用数控系统的复合循环指令G71编制外圆轮廓的粗、精加工程序。

【任务描述】

用数控车床完成图3-1、图3-2所示轴类零件的加工。材料为45钢，毛坯尺寸为ϕ32mm×140mm，按照图样要求完成节点、基点计算，设定工件坐标系，制订正确的工艺方案，选择合适的刀具和切削工艺参数，编制数控加工程序（以华中数控系统指令编程）。

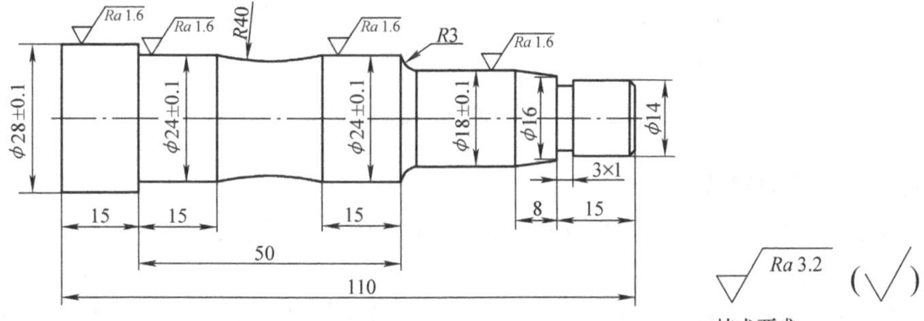

图3-1　带圆弧轴的零件图

【任务分析】

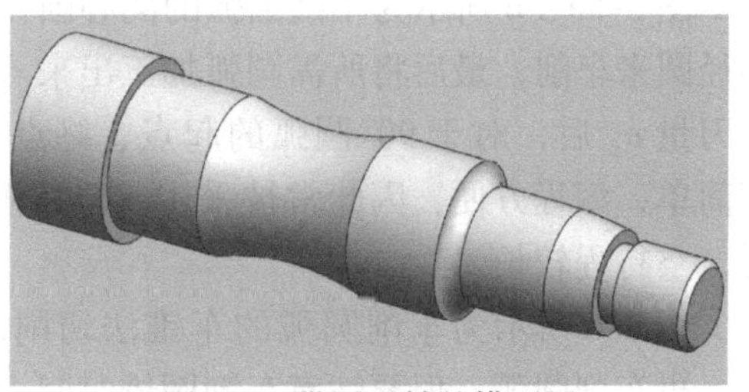

图3-2　带圆弧轴的模型图

本任务以含圆弧面典型零件为例，说明在数控车削加工中，如何制订含圆弧面零件的数控加工工艺，编制其数控加工程序。首先，学习与含圆弧面零件相关的数控车削加工指令；其次，分析零件图样、加工工艺性，设计加工工艺方案；最后，应用前面所学的G00、G01、

G80、G81、S、T、M 等指令和本节即将学到的 G02、G03、G41、G42、G40、G71、G72、G73 指令编写数控加工程序，完成带圆弧轴零件的加工工艺分析与编程。

【相关知识】

一、圆锥面与圆弧面加工走刀路线

在零件数控加工编程中，合理选择圆锥面与圆弧面加工走刀路线，能够提高加工效率、简化编程。

1. 圆锥面加工走刀路线

在数控车床上车削外圆锥，假设圆锥大径为 D、小径为 d、锥度为 L，圆锥的车削走刀路线如图 3-3 所示。

按图 3-3a 所示的阶梯切削路线，两刀粗车，最后一刀精车；此种加工路线，粗车时，刀具背吃刀量相同，但精车时，背吃刀量不同；同时刀具切削运动的路线最短。

按图 3-3b 所示的相似斜线切削路线，需计算粗车时的终刀距 S，由相似三角形可计算得出，按此种加工路线，刀具切削运动的距离较短。

按图 3-3c 所示的斜线加工路线时，只需确定每次的背吃刀量 a_p，而不需计算切削终点坐标，编程方便。但在每次切削中背吃刀量是变化的，且刀具切削运动的路线较长。

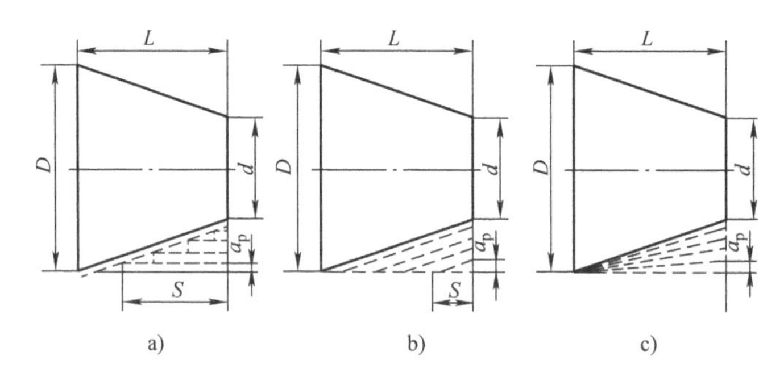

图 3-3　圆锥的车削走刀路线

2. 圆弧面加工走刀路线

图 3-4 所示为车削圆弧的阶梯形切削路线，即先粗车成阶梯，最后一刀精车出圆弧。

此方法在确定了每次背吃刀量 a_p 后，需精确计算出粗车的终刀距离，即求圆弧与直线的交点。此方法刀具切削运动距离较短，但数值计算较复杂。

图 3-5a、b 所示为车削圆弧的同心圆弧切削路线，即沿不同的半径圆来车削，最后将所需圆弧加工出来。此方法在确定了每次背吃刀量 a_p 后，对于 90°圆弧的起点、终点坐标较易确定，数值计算简单，编程方便，因此常被采用。但按图 3-5b 所示的路线加工时，空行程较长。

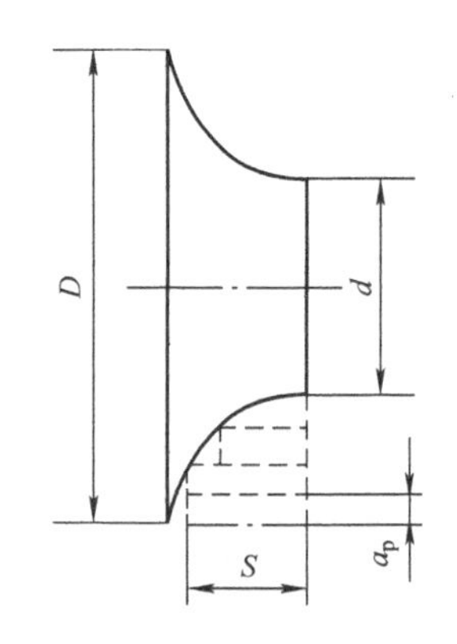

图 3-4　车削圆弧的阶梯形切削路线

图 3-6 所示为车削圆弧的车锥法切削路线，即先车削一个圆锥，再车削圆弧。但要注意车削圆锥时起点和终点的确定。如果起点和终点确定不好，可能

损坏圆锥表面，也可能将余量留得过大。车削圆锥的起点和终点按图3-6确定，连接OC交圆弧于D，过D点作圆弧的切线AB。

由几何关系可知：$CD = OC - OD = \sqrt{2}R - R = 0.414R$，此为车锥时的最大切削余量，即车锥时的加工路线不能超过AB线。

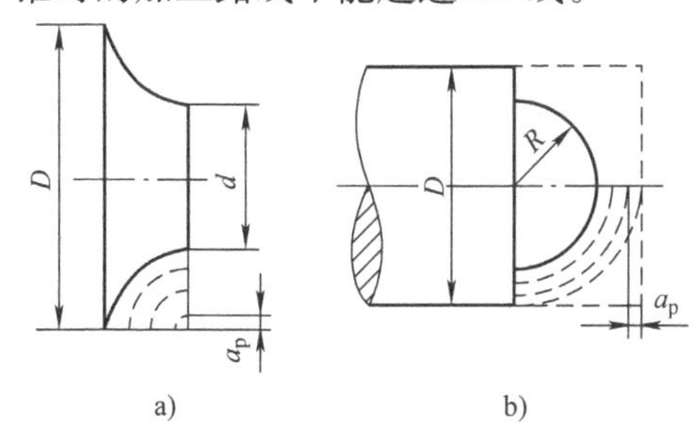

图3-5　车削圆弧的同心圆弧切削路线

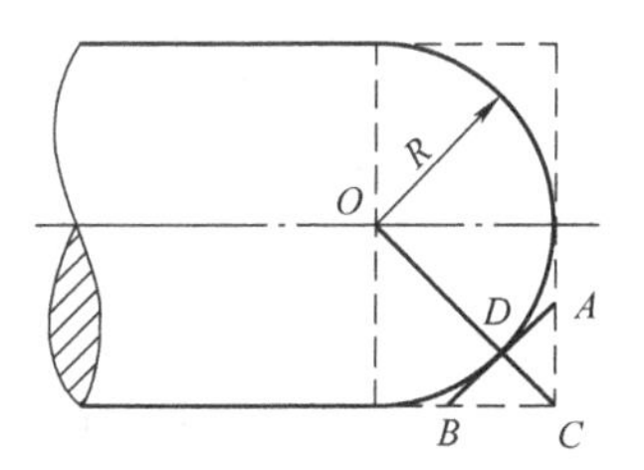

图3-6　车削圆弧的车锥法切削路线

二、圆弧插补指令G02/G03

1. 圆弧顺、逆方向的判断

圆弧插补指令G02/G03使刀具从圆弧起点沿圆弧移动到圆弧终点，其中，G02为顺时针圆弧插补指令，G03为逆时针圆弧插补指令。圆弧插补的顺、逆方向判别为：沿与圆弧所在平面（如XZ平面）垂直的坐标轴的负方向（$-Y$）看去，顺时针方向为G02，逆时针方向为G03，如图3-7所示。

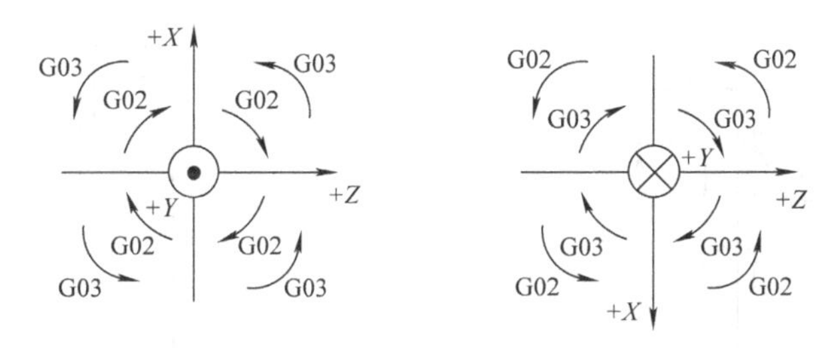

图3-7　圆弧顺、逆方向的判断

2. G02/G03指令的格式

G02/G03指令不仅要指定圆弧的终点坐标，还要指定圆弧的圆心位置。指定圆弧的圆心位置有以下两种方法：

1）用I、K指定圆心位置：G02/G03　X(U)__ Z(W)__　I__　K__　F__；

2）用圆弧半径R指定圆心位置：G02/G03　X(U)__　Z(W)__　R__　F__；

3. 注意事项

1）采用绝对值编程时，用X、Z表示圆弧终点在工件坐标系中的坐标值。采用增量值编程时，用U、W表示圆弧终点相对于圆弧起点的增量值。

2）圆心坐标I、K为从圆弧起点到圆弧中心所作矢量分别在X、Z轴方向上的分矢量（矢量方向指向圆心）。本系统的I/K为增量坐标，当分矢量方向与坐标轴的方向一致时为“+”号，反之为“-”号。

3）用半径 R 指定圆心位置时，由于在同一半径 R 的情况下，从圆弧的起点到终点有两个圆弧的可能性，因此在编程时规定：圆心角小于或等于 180°的圆弧 R 值为正，圆心角大于 180°的圆弧 R 值为负。

4）程序段中同时给出 I、K 和 R 值，以 R 值优先，I、K 无效。

5）G02、G03 用半径 R 指定圆心位置时，不能描述整圆，只能使用分矢量编程。

【例 3-1】 顺时针圆弧插补如图 3-8 所示，编制其加工程序。

（1）绝对坐标方式编程

G02　X64.5　Z－18.4　I15.7　K－2.5　F180；

或 G02　X64.5　Z－18.4　R15.9　F180；

（2）增量坐标方式编程

G02　U32.3　W－18.4　I15.7　K－2.5　F180；

或 G02　U32.3　W－18.4　R15.9　F180；

【例 3-2】 逆时针圆弧插补如图 3-9 所示，编制其加工程序。

（1）绝对坐标方式编程

G03　X64.6　Z－18.4　I0　K－18.4　F180；

或 G03　X64.6　Z－18.4　R18.4　F180；

（2）增量坐标方式编程

G03　U36.8　W－18.4　I0　K－18.4　F180；

或 G03　U36.8　W－18.4　R18.4　F180；

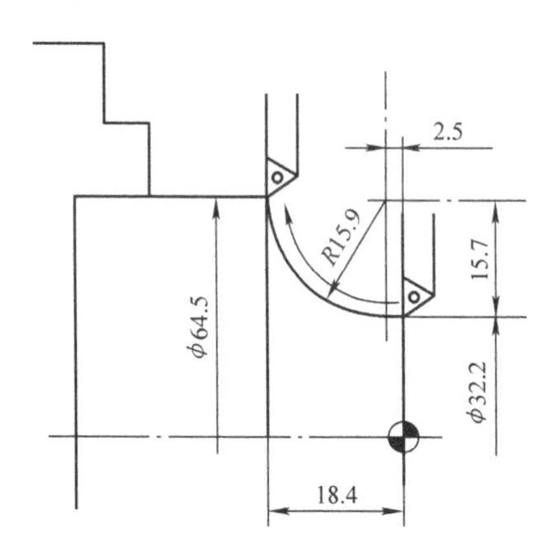

图 3-8　顺时针圆弧插补

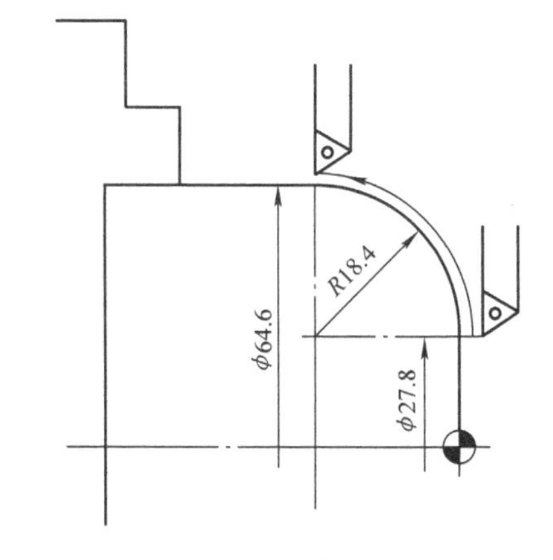

图 3-9　逆时针圆弧插补

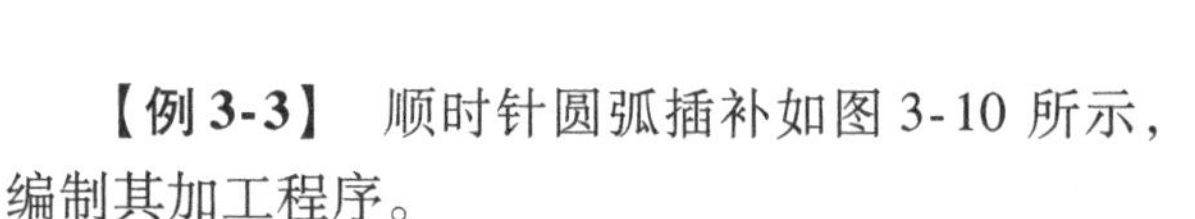

【例 3-3】 顺时针圆弧插补如图 3-10 所示，编制其加工程序。

（1）绝对值编程，用 I、K 指定圆心位置

N05　G00　X20　Z2；

N10　G01　Z－30　F300；

N15　G02　X40　Z－40　I10　K0　F150；

（2）增量值编程　用 I、K 指定圆心位置

N05　G00　U－80　W－98；

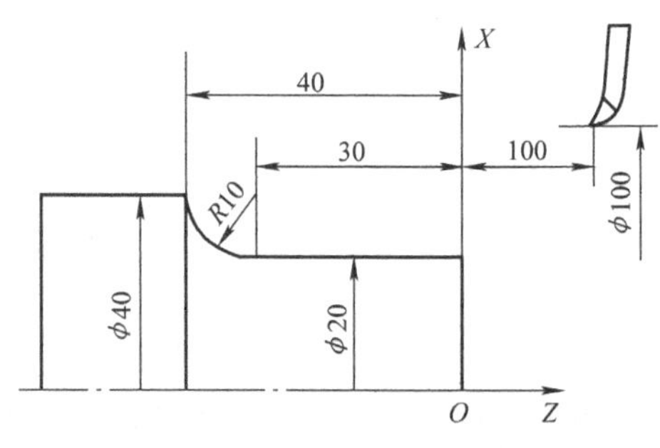

图 3-10　顺时针圆弧插补

N10　G01　W－32　F300；

N15　G02　U20　W－10　I10　K0　F150；

（3）绝对值编程，用圆弧半径 R 指定圆心位置

N05　G01　Z－30　F300；

N10　G02　X40　Z－40　R10　F150；

【例3-4】　逆时针圆弧插补如图3-11所示，编制其加工程序。

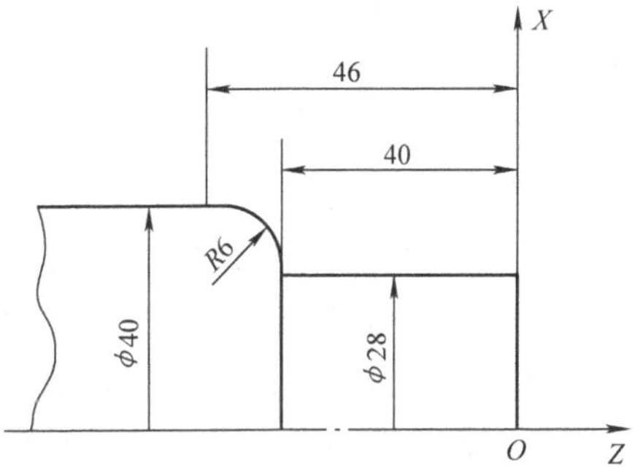

图3-11　逆时针圆弧插补

（1）绝对值编程，用 I、K 指定圆心位置

N05　G00　X28　Z2；

N10　G01　Z－40　F300；

N15　G03　X40　Z－46 I0　K－6　F150；

（2）增量值编程，用 I、K 指定圆心位置

N05　G00　X28　Z2；

N10　G01　Z－40　F300；

N15　G03　U12　W－6　I0　K－6　F150；

（3）绝对值编程，用圆弧半径 R 指定圆心位置

N05　G00　X28　Z2；

N10　G01　Z－40　F300；

N15　G03　X40　Z－46　R6　F150；

三、刀具补偿

刀具补偿主要包括刀具的几何补偿和刀尖圆弧半径补偿。

1. 刀具的几何补偿

刀具的几何补偿主要包括刀具的长度（或位置）补偿和磨损补偿，通过T指令来实现。

（1）功能　编程时，通常设定刀架上各刀在工作位时的刀尖位置是一致的。但由于刀具的几何形状、安装位置不同，其刀尖位置通常不一致，相对于工件原点的距离不相同。使用刀具长度补偿，可以使加工程序不随刀尖位置的不同而改变。

同时，刀具使用一段时间后会磨损，会使加工尺寸产生误差。测量磨损量后进行补偿，可以不修改加工程序。

（2）应用　刀具的位置补偿是用于补偿各刀具安装好后，其刀位点（如刀尖）与编程时理想刀具或基准刀具刀位点的位置偏移的。通常是在所用的多把车刀中选定一把车刀作为基准车刀，对刀编程主要是以该车刀为基准。

磨损补偿主要是针对某把车刀而言的，当用某把车刀批量加工一批零件后，因刀具自然磨损会导致刀尖位置尺寸发生改变，此即为该刀具的磨损补偿。批量加工零件后，各把车刀

都应考虑磨损补偿（包括基准车刀）。

刀具的位置补偿和磨损补偿如图 3-12 所示。刀具的位置补偿是通过引用程序中使用的 T ×× ××来实现的，即 T 后可跟 4 位数字，其中前两位数字表示刀具号，后两位数字表示刀具补偿号。当刀具补偿号为 0 或 00 时，表示不进行补偿或取消刀具补偿，即 T ×× 00 表示取消几何补偿。

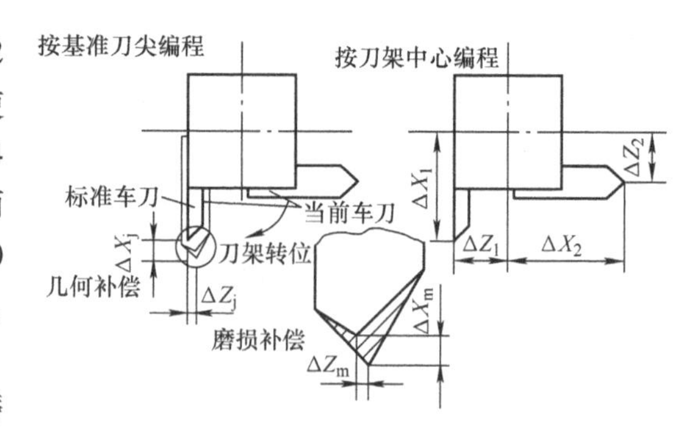

图 3-12 刀具的位置补偿和磨损补偿

在使用时，将某把车刀的位置偏置和磨损补偿值存入相应的刀补地址中。当程序执行到含 T×× ××的程序行内容时，即自动到刀补地址中提取刀偏及刀补数据。

当设定刀具位置补偿和磨损补偿同时有效时，刀补量是两者的矢量和。若使用基准刀具，则其位置补偿为零，刀补只有磨损补偿。在图 3-12 所示按基准刀尖编程的情况下，当还没有磨损补偿时，只有位置补偿，$\Delta X=\Delta X_j$、$\Delta Z=\Delta Z_j$；批量加工过程中出现刀具磨损后，则 $\Delta X=\Delta X_j+\Delta X_m$、$\Delta Z=\Delta Z_j+\Delta Z_m$；而当以刀架中心作为参照点编程时，每把刀具的位置补偿便是其刀尖相对于刀架中心的偏置量。因而，第一把车刀的 $\Delta X=\Delta X_1$、$\Delta Z=\Delta Z_1$；第二把车刀的 $\Delta X=\Delta X_2$、$\Delta Z=\Delta Z_2$。

2. 刀尖圆弧半径补偿（G41、G42、G40）

（1）刀尖圆弧半径补偿的概念　数控车床加工是按车刀理想刀尖为基准编写数控轨迹代码的，对刀时也希望能以理想刀尖来对刀。但实际加工中，为了降低被加工工件的表面粗糙度值，减缓刀具磨损，延长刀具寿命，一般车刀刀尖处磨成圆弧过渡刃，又称为假想刀尖，如图 3-13 所示。

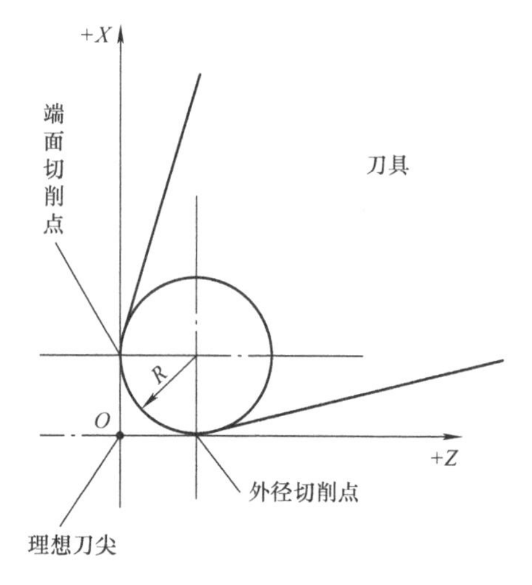

图 3-13 刀尖圆弧半径

理想刀尖并不是车刀与工件的接触点，实际起作用的切削刃是刀尖圆弧各切点。当车削内、外圆柱表面或端面时，刀尖圆弧半径大小并不会造成加工表面形状误差，但当车削倒角、锥面、圆弧及曲面时，则会产生欠切削或过切削现象，影响零件的加工精度，如图 3-14 所示。因此，编制数控车削程序时，必须予以考虑。

编程时若以刀尖圆弧中心编程，可避免过切削和欠切削现象，但刀位点计算比较麻烦，并且如果刀尖圆弧半径值发生变化，程序也需要改变。

一般数控系统都具有刀具圆弧半径自动补偿功能，编程时，只需按工件的实际轮廓尺寸编程即可，不必考虑刀尖圆弧半径的大小，加工时数控系统能根据刀尖圆弧半径自动计算出补偿量，避免欠切削或过切削现象的产生。

刀尖圆弧半径补偿的原理是当加工轨迹到达圆弧或圆锥部位时，并不马上执行所读入的程序段，而是再读入下一段程序，判断两段轨迹之间的转接情况，然后根据转接情况计算相应的运动轨迹。由于多读了一段程序进行预处理，故能进行精确的补偿，自动消除车刀存在

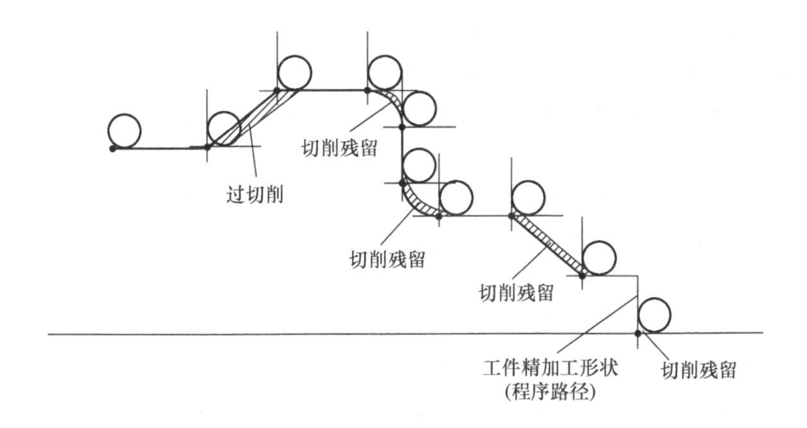

图3-14 过切削与欠切削现象

刀尖圆弧带来的加工误差，从而能实现精密加工，如图3-15所示。

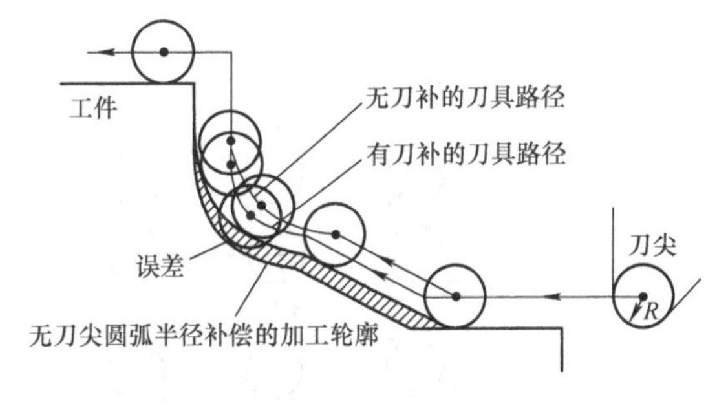

图3-15 刀尖圆弧半径补偿示意图

（2）刀尖圆弧半径补偿指令

1）功能：刀尖圆弧半径补偿是通过G41、G42、G40代码及T代码指定的刀尖圆弧半径补偿号来加入或取消刀尖圆弧半径补偿的。其中G41为刀尖圆弧半径左补偿，沿着刀具前进方向看，刀具位于工件左侧；G42为刀尖圆弧半径右补偿，沿着刀具前进方向看，刀具位于工件右侧；G40为取消刀尖圆弧半径补偿，用于取消刀尖圆弧半径补偿指令，如图3-16所示。

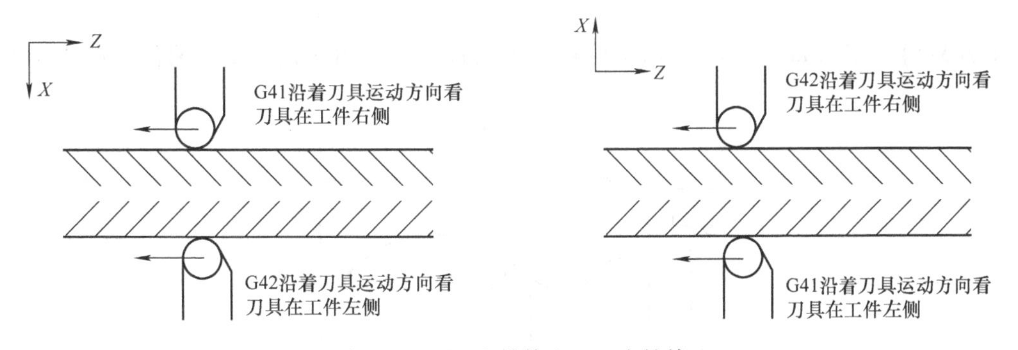

图3-16 G41左补偿和G42右补偿

2）编程格式：

$$\begin{Bmatrix} G41 \\ G42 \\ G40 \end{Bmatrix} \begin{Bmatrix} G00 \\ \\ G01 \end{Bmatrix} \quad X(U)\_\_ \ Z(W);$$

3）说明：

① X(U)、Z(W) 是 G01、G00 运动的目标点坐标。

② G40、G41、G42 都是模态代码，可相互注销。

③ G40、G41、G42 只能用 G00、G01 指令组合完成。不允许与 G02、G03 等其他指令结合编程，否则会产生报警。

④ 在调用新的刀具前，必须取消刀具补偿，否则会产生报警。

（3）刀具半径补偿量的设定　数控车床加工时，采用不同的刀具，其假想刀尖相对于圆弧中心的方位不同，直接影响圆弧车刀补偿的计算结果。图 3-17a 所示为刀架前置的数控车床假想刀尖位置的情况；图 3-17b 所示为刀架后置的数控车床假想刀尖位置的情况。如果以刀尖圆弧中心作为刀位点进行编程，则应选用 0 或 9 作为刀尖方位号，其他号码都是以假想刀尖编程时采用的。只有在刀具数据库内按刀具实际放置情况设置相应的刀尖位置序号，才能保证进行正确的刀补；否则，将会出现不合要求的过切削或欠切削现象。刀具圆弧半径补偿量可以通过数控系统的刀具补偿设定画面设定。T 指令要与刀具补偿编号相对应，并且要输入假想刀尖号。

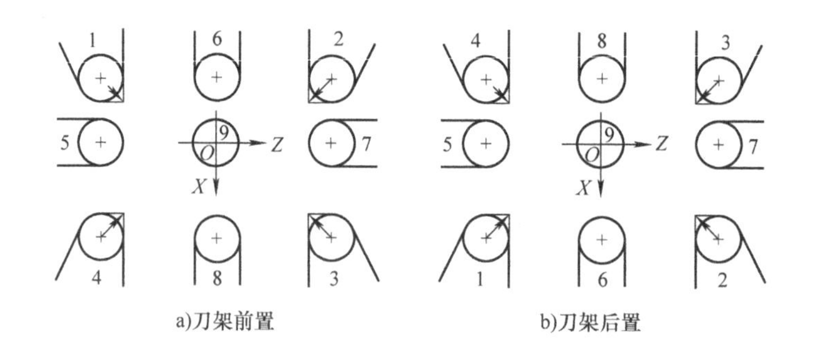

图 3-17　假想刀尖位置的情况

【例 3-5】 编写如图 3-18 所示零件精加工的程序，采用前置刀架，编程原点选在工件右端中心处。

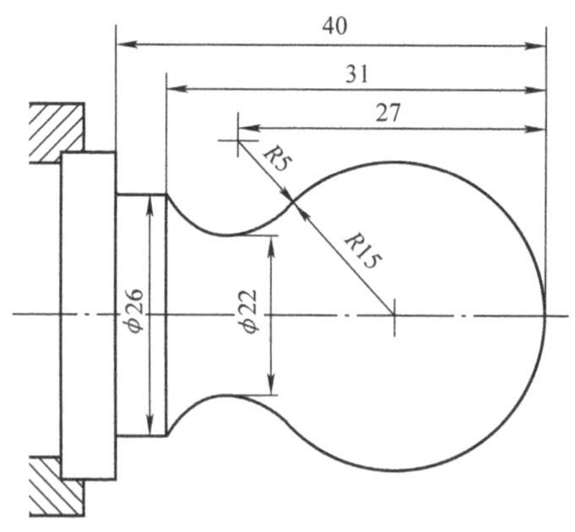

图 3-18　刀尖圆弧半径补偿零件

参考程序如下：

```
%0305;
N10  T0101;                     调用1号刀，确定其坐标系
N20  M03  S400;                 主轴以400r/min的速度正转
N30  G00  X40  Z5;              到程序起点位置
N40  G00  X0;                   刀具移到工件中心
N50  G42  G01  Z0  F60;         加入刀尖圆弧半径补偿，工进接触工件
N60  G03  U24  W-24  R15;       加工R15mm圆弧段
N70  G02  X26  Z-31  R5;        加工R5mm圆弧段
N80  G01  Z-40;                 加工φ26mm外圆
N90  G00  X30;                  退出已加工表面
N100  G40  X40  Z5;             取消刀尖圆弧半径补偿，返回程序起点位置
N110  M30;                      主轴停止、主程序结束并复位
```

【例3-6】 如图3-19所示零件，编程原点选择在工件右端面的中心处，在配置后置刀架的数控车床上加工，试编制其加工程序。

参考程序如下：

```
%0306;                          程序号
N5  T0101;                      调用1号外圆车刀
N10  M04  S1000;                主轴以1000r/min反转
N15  G00  X10  Z20;             刀具快速定位
N20  G00  X60  Z0;              快速定位，准备车端面
N25  G01  X0  F150;             车端面
N30  G00  X150  Z150;           刀具回换刀点
N35  T0202;                     调用2号刀（35°外圆车刀）
N40  G00  X65  Z10;             快速定位
N45  G42  G01  X60  Z0  F150;   加入刀尖圆弧半径补偿，工进接触工件
N50  X20;                       精车外圆
N55  G03  X40  Z-10  R10;
N60  G01  W-12;
N65  G02  X56  Z-30  R8;
N70  G01  Z-50;                 回刀具起点
N75  G40  G00  X60  Z-55;       退刀，取消刀补
N80  X150  Z150;                回刀具起点
N85  S300  M03  T0303;          调用3号刀（车断刀），主轴以300r/min正转
N90  G00  X58  Z-49;
N95  G01  X-1  F15;             切断
N100  G00  X150;                回刀具起点
N105  Z150;
N110  M05;                      主轴停转
N115  M30;                      程序结束
```

四、复合固定循环指令

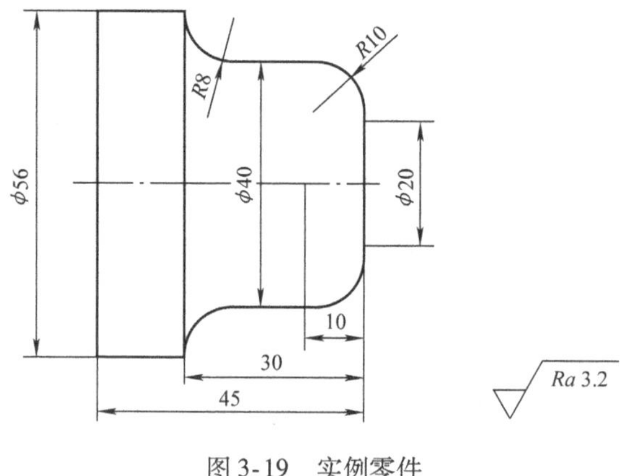

图 3-19　实例零件

在复合固定循环中，对零件的轮廓定义之后，即可完成从粗加工到精加工的全过程。复合固定循环应用于必须重复多次加工才能达到规定尺寸的场合，零件外径、内径或端面的加工余量较大时，采用车削固定循环功能可以缩短程序的长度，使程序简化。运用这组复合循环指令，只需指定精加工路线和粗加工的吃刀量，系统就会自动计算粗加工路线和走刀次数。

1. 外径、内径粗加工复合循环指令 G71

（1）无凹槽内（外）径粗加工复合循环

1）功能：该指令只需指定精加工路线，系统会自动给出粗加工路线，适于车削圆棒料毛坯。

2）编程格式：G71　U(Δd)　R(r)　P(ns)　Q(nf)　X(Δx)　Z(Δz)　F(f)　S(s)　T(t)；

3）说明：该指令执行如图 3-20 所示的粗加工和精加工，其中精加工路径为 $A\rightarrow A'\rightarrow B'\rightarrow B$。

Δd：切削深度（每次背吃刀量），指定时不加符号，方向由矢量 AA'决定。

r：每次的退刀量。

ns：精加工路径第一程序段（即图中的 AA'）的顺序号。

nf：精加工路径最后程序段（即图中的 $B'B$）的顺序号。

Δx：X 方向的精加工余量。

Δz：Z 方向的精加工余量。

f、s、t：粗加工时 G71 中编程的 F、S、T 有效，而精加工时处于 ns ~ nf 程序段之间的 F、S、T 有效。

G71 切削循环下，切削进给方向平行于 Z 轴。

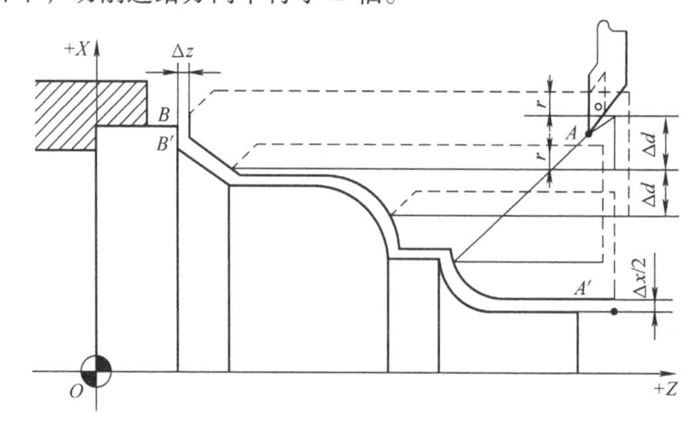

图 3-20　无凹槽内（外）径粗加工复合循环指令

【例3-7】 用外径粗加工复合循环指令编制图3-21所示零件的加工程序，要求循环起始点在$A(46, 3)$，背吃刀量为1.5mm（半径量）。退刀量为1mm，X方向的精加工余量为0.4mm，Z方向的精加工余量为0.1mm，其中双点画线部分为工件毛坯。

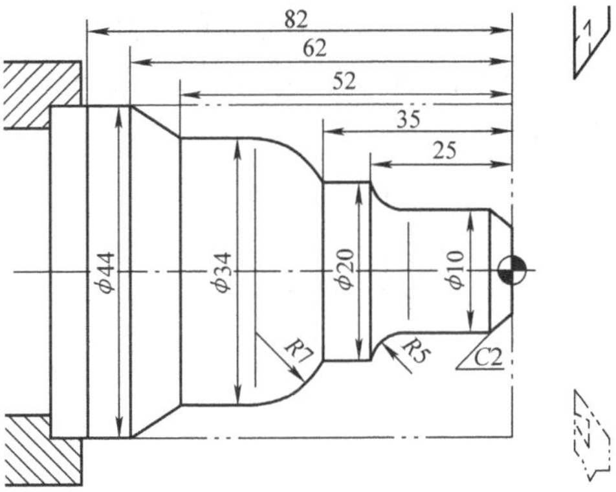

图3-21　用G71外径复合循环指令编程实例

参考程序如下：

```
%0307;
N5   G54  G00  X80  Z80;                    选定坐标系G54，到程序起点位置
N10  M04  S400;                             主轴以400r/min反转
N15  G01  X46  Z3  F100;                    刀具到循环起点位置
N20  G71  U1.5  R1  P25  Q65  X0.4  Z0.1;
                                            粗切量：1.5mm，精切量：X方向为0.4mm，
                                            Z方向为0.1mm
N25  G00  X0;                               精加工轮廓起始行，到倒角延长线
N30  G01  X10  Z-2;                         精加工C2倒角
N35  Z-20;                                  精加工φ10mm外圆
N40  G02  U10  W-5  R5;                     精加工R5mm圆弧
N45  G01  W-10;                             精加工φ20mm外圆
N50  G03  U14  W-7  R7;                     精加工R7mm圆弧
N55  G01  Z-52;                             精加工φ34mm外圆
N60  U10  W-10;                             精加工外圆锥
N65  W-20;                                  精加工φ44mm外圆，精加工轮廓结束行
N70  X50;                                   退出已加工面
N75  G00  X80  Z80;                         回对刀点
N80  M05;                                   主轴停
N85  M30;                                   主程序结束并复位
```

（2）有凹槽内（外）径粗车复合循环

1）编程格式：G71　U(Δd)　R(r)　P(ns)　Q(nf)　E(e)　F(f)　S(s)　T(t)；

2）说明：该指令执行如图3-22所示的粗加工和精加工，其中精加工路径为$A \rightarrow A' \rightarrow B' \rightarrow B$的轨迹。

Δd：切削深度（每次背吃刀量），指定时不加符号，方向由矢量AA'决定。

r：每次的退刀量。

ns：精加工路径第一程序段（即图中的AA'）的顺序号。

nf：精加工路径最后程序段（即图中的$B'B$）的顺序号。

e：精加工余量，其为 X 方向的等高距离，外径切削时为正，内径切削时为负。

f、s、t：粗加工时 G71 中编程的 F、S、T 有效，而精加工时处于 ns ~ nf 程序段之间的 F、S、T 有效。

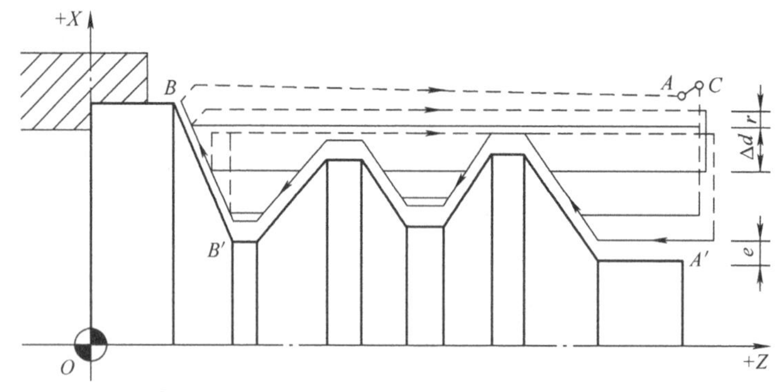

图 3-22 有凹槽内（外）径粗加工复合循环指令

注意：

1）G71 指令必须带有 P、Q 地址 ns、nf，且与精加工路径起、止顺序号对应，否则不能进行该循环加工。

2）ns 的程序段必须为 G00/G01 指令，即从 A 到 A' 的动作必须是直线或点定位运动。

3）在顺序号 ns ~ nf 的程序段中，不应包含子程序。

2. 端面粗加工循环指令 G72

1）编程格式：G72 W(Δd) R(r) P(ns) Q(nf) X(Δx) Z(Δz) F(f) S(s) T(t)；

2）说明：该循环指令用于圆柱棒料毛坯端面方向的粗加工。

该循环指令与 G71 的区别仅在于切削方向平行于 X 轴。该指令执行如图 3-23 所示的粗加工和精加工，其中精加工路径为 $A \to A' \to B' \to B$。

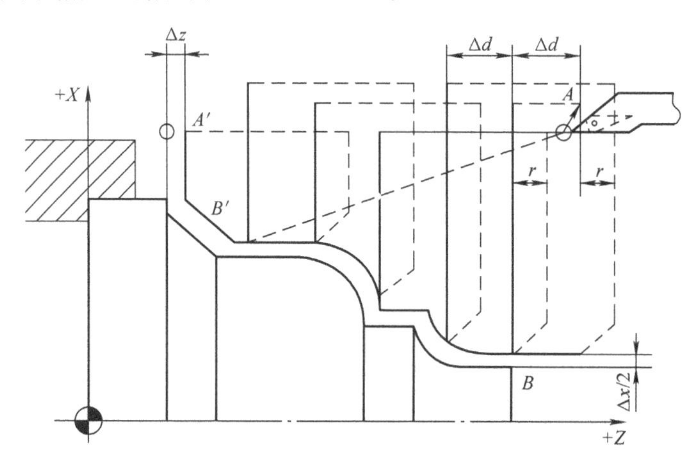

图 3-23 端面粗加工复合循环指令

Δd：切削深度（每次背吃刀量），指定时不加符号，方向由矢量 AA' 决定。

r：每次的退刀量。

ns：精加工路径第一程序段（即图中的 AA'）的顺序号。

nf：精加工路径最后程序段（即图中的 $B'B$）的顺序号。

Δx：X 方向的精加工余量。

Δz：Z 方向的精加工余量。

f、s、t：粗加工时 G71 中编程的 F、S、T 有效，而精加工时处于 ns ~ nf 程序段之间的 F、S、T 有效。

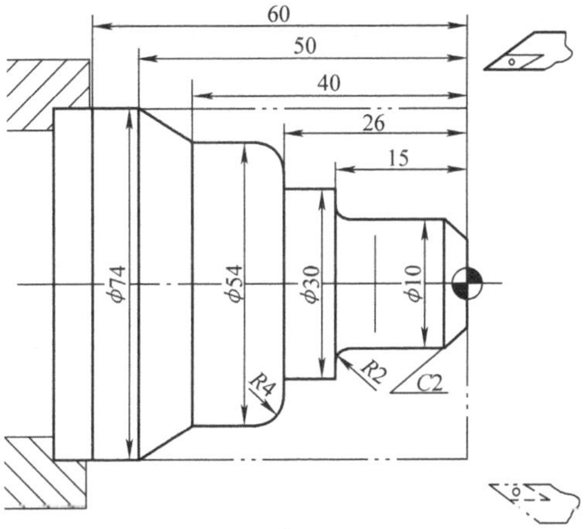

【例3-8】 编制图3-24所示零件的加工程序：要求循环起始点在 A（80，1），背吃刀量为1.2mm，退刀量为1mm，X 方向的精加工余量为0.2mm，Z 方向的精加工余量为0.5mm，其中双点画线部分为工件毛坯。

图3-24　用G72端面粗加工循环指令编程实例

参考程序如下：

```
%0308;
N10   T0101;                          调用1号刀，确定其坐标系
N20   G00   X100   Z80;               到程序起点或换刀点位置
N30   M04   S400;                     主轴以400r/min正转
N40   X80   Z1;                       到循环起始点位置
N50   G72   W1.2   R1   P80   Q170   X0.2   Z0.5   F100;
                                      外端面粗切循环加工
N60   G00   X100   Z80;               粗加工后，到换刀点位置
N70   G42   X80   Z1;                 加入刀尖圆弧半径补偿
N80   G00   Z-56;                     精加工轮廓开始，到锥面延长线处
N90   G01   X54   Z-40   F80;         精加工锥面
N100   Z-30;                          精加工φ54mm外圆
N110   G02   U-8   W4   R4;           精加工R4mm圆弧
N120   G01   X30;                     精加工Z方向26mm处端面
N130   Z-15;                          精加工φ30mm外圆
N140   U-16;                          精加工Z方向15mm处端面
N150   G03   U-4   W2   R2;           精加工R2mm圆弧
N160   Z-2;                           精加工φ10mm外圆
N170   U-6   W3;                      精加工倒角C2，精加工轮廓结束
N180   G00   X50;                     退出已加工表面
N190   G40   X100   Z80;              取消刀尖圆弧半径补偿，返回程序起
                                      点位置
N200   M30;                           主轴停、主程序结束并复位
```

3. 成形车削复合循环（封闭切削循环）**指令 G73**

1）编程格式：G73　U(ΔI)　W(Δk)　R(r)　P(ns)　Q(nf)　X(Δx)　Z(Δz)　F(f)　S(s)　T(t)；

2）说明：该功能在切削工件时刀具轨迹为图 3-25 所示的封闭回路，刀具逐渐进给，使封闭切削回路逐渐向工件最终形状靠近，最终切削成工件的形状，其精加工路径为 $A \to A' \to B' \to B$。这种指令能对铸造、锻造等粗加工中已初步成形的工件进行高效率切削。

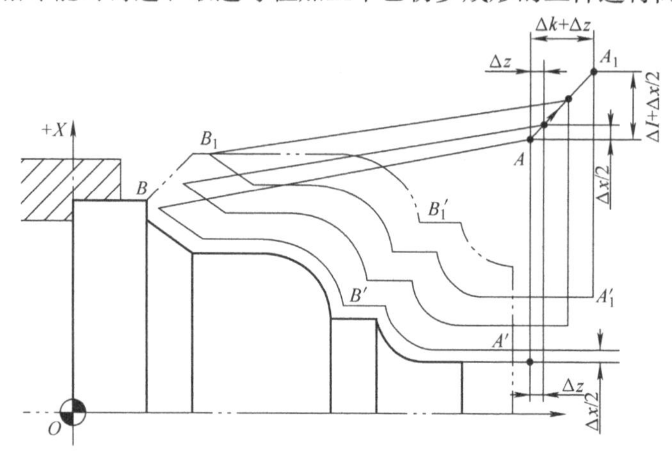

图 3-25　封闭切削循环

ΔI：X 方向的粗加工总余量。

Δk：Z 方向的粗加工总余量。

r：粗切削次数。

ns：精加工路径第一程序段（即图中的 AA'）的顺序号。

nf：精加工路径最后程序段（即图中的 $B'B$）的顺序号。

Δx：X 方向的精加工余量。

Δz：Z 方向的精加工余量。

f、s、t：粗加工时 G71 中编程的 F、S、T 有效，而精加工时处于 ns ~ nf 程序段之间的 F、S、T 有效。

注意：ΔI 和 Δk 表示粗加工时总的切削量，粗加工次数为 r，则每次 X、Z 方向的切削量为 $\Delta I/r$、$\Delta k/r$；按 G73 段中的 P 和 Q 指令值实现循环加工，要注意 Δx 和 Δz、ΔI 和 Δk 的正负号。

【例 3-9】 编制图 3-26 所示零件的加工程序：设切削起始点在 A（60，5）；X、Z 方向粗加工余量分别为 3mm、0.9mm；粗加工次数为 3；X、Z 方向精加工余量分别为 0.6mm、0.1mm，其中双点画线部分为工件毛坯。

参考程序如下：

%0309；

N5　G54　G00　X80　Z80；	选定坐标系，到程序起点位置
N10　M04　S400；	主轴以 400r/min 正转
N15　G00　X60　Z5；	到循环起始点位置
N20　G73　U3　W0.9　R3　P25　Q65　X0.6　Z0.1　F120；	闭环粗切循环加工
N25　G00　X0　Z3；	精加工轮廓开始，到倒角延长线处

N30　G01　U10　Z－2　F80；	精加工倒角 C2
N35　Z－20；	精加工 ϕ10mm 外圆
N40　G02　U10　W－5　R5；	精加工 R5mm 圆弧
N45　G01　Z－35；	精加工 ϕ20mm 外圆
N50　G03　U14　W－7　R7；	精加工 R7mm 圆弧
N55　G01　Z－52；	精加工 ϕ34mm 外圆
N60　U10　W－10；	精加工锥面
N65　U10；	退出已加工表面，精加工轮廓结束
N70　G00　X80　Z80；	返回程序起点位置
N75　M30；	主轴停、主程序结束并复位

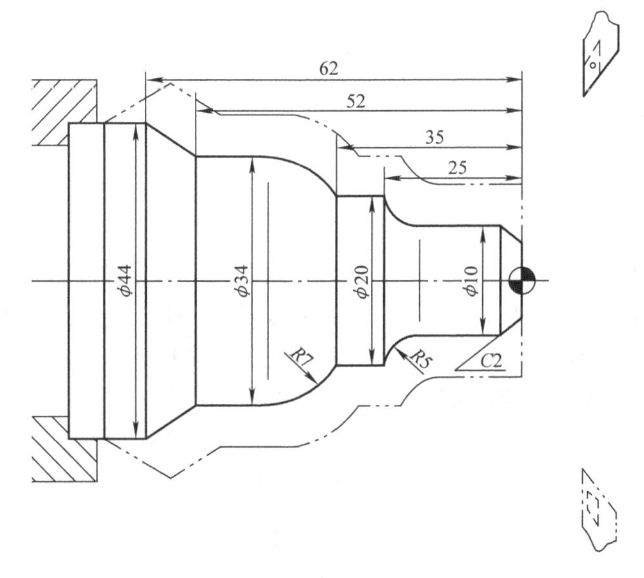

图 3-26　G73 编程实例

4. 复合循环指令注意事项

1）G71、G72、G73 复合循环指令中地址 P 指定的程序段，应有准备机能 01 组的 G00 或 G01 指令，否则会产生报警。

2）在 MDI 方式下，不能运行 G71、G72、G73 指令。

3）在复合循环 G71、G72、G73 中，由 P、Q 指定顺序号的程序段之间，不应包含 M98 子程序调用及 M99 子程序返回指令。

【任务实施】

一、工艺分析

1. 工艺路线

1）图 3-1 所示工件的外形有 R40mm 凹圆弧，故可用有凹槽的外径粗加工复合循环 G71 指令进行粗加工。

2）车槽 ϕ12mm × 3mm。

3）切断，留 1mm 长度余量。

4）调头车端面保总长。

2. 切削参数的选择

带圆弧轴类零件各工序刀具的切削参数见表3-1。

表3-1 带圆弧轴类零件各工序刀具的切削参数

机床：数控车床（HNC-21/22T）			加工数据			
工序	加工内容	刀具	刀具类型	主轴转速/（r/min）	进给量/（mm/min）	刀尖圆弧半径补偿
1	粗车轮廓	T01	93°外圆车刀	600	150	R0.4mm
2	精车轮廓	T02	93°外圆车刀		80	R0.2mm
3	车槽	T03	刀宽为3mm的车断刀	400	25	无
4	切断	T03	刀宽为3mm的车断刀	400	25	无

二、编制程序

参考程序如下：

```
%3001;
N010  G90  G94;                               绝对值编程，每分钟进给
N020  T0101  S600  M04;                       换1号刀，1号刀补，主轴以600r/min正转
N030  G00  X40  Z2;                           快速定位于循环起点
N040  G71  U2  R1  P100  Q220  X0.3  Z0.3  F150;
                                              外径粗车循环（仿真操作将E0.3改成X0.3Z0.3）
N050  G00  X80  Z50;                          退刀至换刀点
N060  M05;                                    主轴停转
N070  T0202;                                  换2号刀，2号刀补
N080  G96  S120  M04  F80;                    限定恒线速为120m/min，进给量为80mm/min
N090  G00  X40  Z2;                           快速定位于循环起点，刀尖圆弧半径补偿
N100  G00  X12;                               精加工程序段N100~N220
N110  G42  G01  Z0  F80;
N120  G01  X14  Z-1;
N130  Z-15;
N140  X16;
N150  X18  Z-23;
N160  Z-42;
N170  G02  X24  Z-45  R3;
N180  G01  Z-60;
N190  G02  X24  Z-80  R40;
N200  G01  Z-95;
N210  X28;
```

N220　Z-118;	
N230　G40　X40;	退刀，取消刀补
N240　G97　S600;	取消恒线速
N250　G00　X80　Z50;	退刀至换刀点
N260　M05;	主轴停转
N270　S400　M04　T0303;	换 3 号刀，主轴以 400r/min 正转
N280　G00　X18　Z-15;	快速定位车槽起点
N290　G01　X12　F25;	车槽，进给量为 25mm/min
N300　G04　P2;	暂停，光整槽底
N310　G00　X40;	退刀
N320　Z-113;	快速定位车槽起点
N330　G01　X10　F25;	切断
N340　M00;	暂停测量
N350　G01　X-1;	切断（若仿真操作不可切断，需调头切断）
N360　G00　X80　Z50;	退刀至换刀点
N370　M05;	主轴停转
N380　M30;	程序结束

【知识拓展】

一、FANUC 0i-T 系统的相关指令

1. 圆弧插补指令（G02、G03）

编程格式：

$$\begin{Bmatrix} G02 \\ G03 \end{Bmatrix} X(U)\_Z(W)\_ \begin{cases} I\_\quad K\_\quad F\_(圆心坐标); \\ R\_\quad F\_(圆弧半径); \end{cases}$$

2. 刀具半径补偿指令（G41、G42、G40）

编程格式：

$$\begin{Bmatrix} G41 \\ G42 \\ G40 \end{Bmatrix} \begin{Bmatrix} G00 \\ \\ G01 \end{Bmatrix} X\ (U)\ \_\quad Z\ (W)\ \_;$$

3. 外径、内径粗车循环指令（G71）

编程格式：

G71　U(Δd)　R(e);

G71　P(ns)　Q(nf)　U(Δu)　W(Δw)　F(f)　S(s)　T(t);

说明：复合循环指令中的各地址参数与华中数控系统相同，不同之处在于 FANUC 系统的地址分两行书写，且 X、Z 轴的精加工余量分别用 U、W 地址描述（下同）。

4. 端面粗加工循环指令（G72）

编程格式：

G72　W(Δd)　R(e);

G72　P(ns)　Q(nf)　U(Δu)　W(Δw)　F(f)　S(s)　T(t);

5. 成形车削循环指令（G73）

编程格式：

G73 U(ΔI) W(Δk) R(d);

G73 P(ns) Q(nf) U(Δu) W(Δw) F(f) S(s) T(t);

6. 精车循环指令（G70）

用 G71、G72、G73 粗车完毕后，可用 G70 指令进行精加工。

编程格式：

G70 P(ns) Q(nf);

注意换到精加工时程序段的写法。

二、FANUC 0i－T 系统编程应用实例

【例 3-10】 试按图 3-27 所示尺寸，用 G71 指令编写粗车循环加工程序。粗车刀具 T01，精车刀具 T02，采用前置刀架，编程原点设定在工件右端面的中心处。

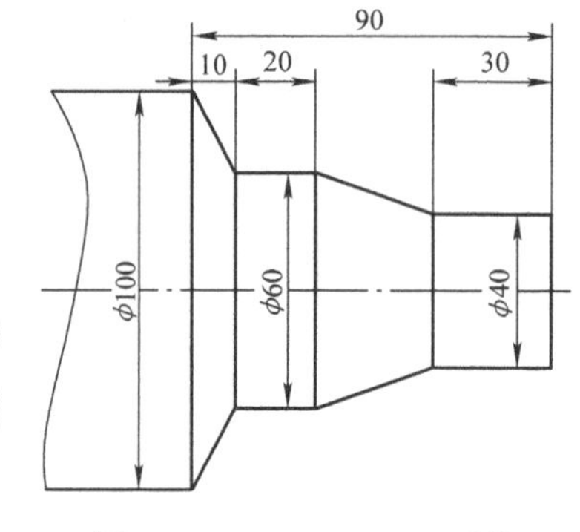

图 3-27 FANUC 0i－T 系统 G71 指令编程实例

参考程序如下：

程序	说明
O0310;	
N010 G21 G97 G99 G40;	初始化程序
N020 M03 S600 T0101;	主轴以 600r/min 的速度正转，换 01 号刀
N030 G00 X102.0 Z2.0;	快移循环起点
N040 M08;	开切削液
N050 G71 U3.0 R1.0;	每次背吃刀量 3mm（半径），退刀量为 1mm
N060 G71 U0.5 W0.2 F0.3;	粗车加工，X 方向的余量为 0.5mm，Z 方向的余量为 0.2mm
N070 G00 X40.0 S1000;	粗车加工 N070～N110
N080 G01 Z－30.0 F0.15;	
N090 X60.0 W－30.0;	
N100 W－20.0;	
N110 X100.0 W－10.0;	
N120 G00 X150.0 Z50.0;	快退至换刀点
N130 T0202;	换 02 号刀
N140 G00 X102.0 Z2.0;	快移循环起点
N150 G70 P70 Q110;	精车加工 N070～N110
N160 G00 X150.0 Z50.0;	快退至换刀点
N170 M05;	主轴停转
N180 M30;	程序结束

任务2　带圆弧轴的数控车削仿真加工

【知识目标】

1. 充分熟悉上海宇龙数控加工仿真系统。

2. 掌握带圆弧轴的数控车削仿真加工方法。

【技能目标】

1. 能够正确使用数控加工仿真系统校验编写的带圆弧轴零件数控加工程序，并仿真加工带圆弧轴零件。

2. 培养学生独立工作的能力和安全文明生产的习惯。

【任务描述】

已知图3-1所示的带圆弧轴零件，给定的毛坯尺寸为ϕ32mm×140mm，材料为45钢，已经通过任务1完成了带圆弧轴的数控工艺分析、零件编程，要求通过仿真软件完成程序的调试和优化，完成带圆弧轴的数控车削仿真加工。

【任务分析】

用数控仿真系统仿真加工圆弧轴是使用数控车床加工带圆弧轴的关键基础。熟悉数控系统各界面后，才能熟练操作，学生应加强操作练习。

【任务实施】

1. 进入仿真系统

与项目2操作方式相同。

2. 选择机床

与项目2操作方式相同。

3. 机床回零

与项目2操作方式相同。

4. 安装零件

单击菜单“零件/定义毛坯…”，在“定义毛坯”对话框的名称一栏输入“项目3”，材料选择“45#钢”，尺寸选择直径32、长度140，按“确定”按钮，安装零件的方法与项目2的任务2相同。

5. 选择、安装刀具

与项目2操作方式相同。本任务选择三把刀：1号刀位装93°菱形外圆粗车刀，刀尖圆弧半径为*R*0.4mm；2号刀位装93°菱形外圆精车刀，刀尖圆弧半径为*R*0.2mm；3号刀位装3mm切槽刀。装好刀具后，结果如图3-28所示。

6. 设定刀具补偿和刀尖方位

与项目2操作方式相同。本任务中，在轮廓加工时，粗车刀T01的刀尖圆弧半径为*R*0.4mm，精车刀T02的刀尖圆弧半径为*R*0.2mm，刀尖方位都为3。设置刀尖圆弧半径和方位结果如图3-29所示。

7. 对刀、建立工件坐标系

本例中数控车床以零件右端面中心点作为工件坐标系原点。粗车刀T01的对刀方法与项目2操作方式相同，对刀结果如图3-30所示。

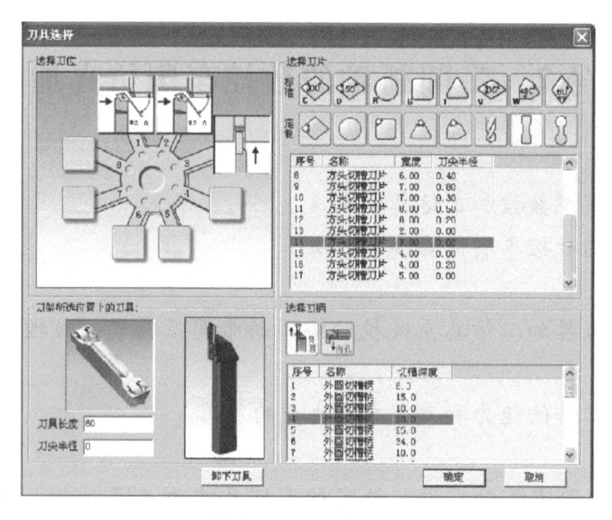

图 3-28　选择刀具

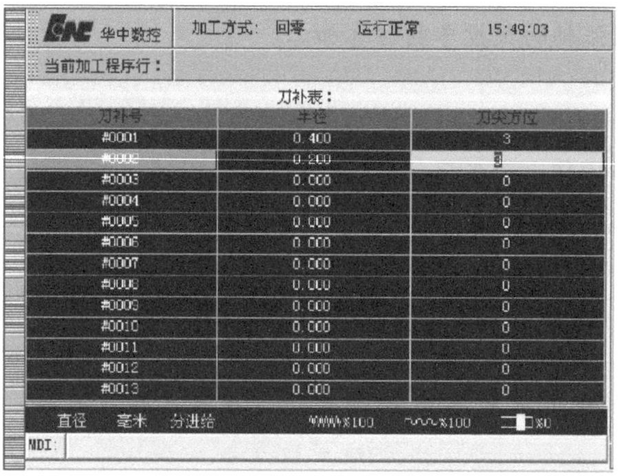

华中数控　加工方式：回零　运行正常　15:49:03

当前加工程序行：

刀补表：

刀补号	半径	刀尖方位
#0001	0.400	3
#0002	0.200	3
#0003	0.000	0
#0004	0.000	0
#0005	0.000	0
#0006	0.000	0
#0007	0.000	0
#0008	0.000	0
#0009	0.000	0
#0010	0.000	0
#0011	0.000	0
#0012	0.000	0
#0013	0.000	0

直径　毫米　分进给　%100　%100　%0

MDI:

图 3-29　设置刀尖圆弧半径和方位

华中数控　加工方式：手动　运行正常　16:08:27

当前加工程序行：

刀偏表：

刀偏号	X偏置	Z偏置	X磨损	Z磨损	试切直径	试切长度
#0001	-221.693	-119.767	0.000	0.000	31.126	0.000
#0002	0.000	0.000	0.000	0.000	0.000	0.000
#0003	0.000	0.000	0.000	0.000	0.000	0.000
#0004	0.000	0.000	0.000	0.000	0.000	0.000
#0005	0.000	0.000	0.000	0.000	0.000	0.000
#0006	0.000	0.000	0.000	0.000	0.000	0.000
#0007	0.000	0.000	0.000	0.000	0.000	0.000
#0008	0.000	0.000	0.000	0.000	0.000	0.000
#0009	0.000	0.000	0.000	0.000	0.000	0.000
#0010	0.000	0.000	0.000	0.000	0.000	0.000
#0011	0.000	0.000	0.000	0.000	0.000	0.000
#0012	0.000	0.000	0.000	0.000	0.000	0.000
#0013	0.000	0.000	0.000	0.000	0.000	0.000

运行程序索引：% -1　N0000

机床实际位置：X -244.733　Z -119.767　F 0.000　S -120.000

工件坐标零点：X 0.000　Z 0.000

辅助机能：M 1　T 0　CT 0　ST 0

MDI:

X轴置零 F1　Z轴置零 F2　F3　F4　标刀选择 F5　F6　F7　F8　F9　返回 F10

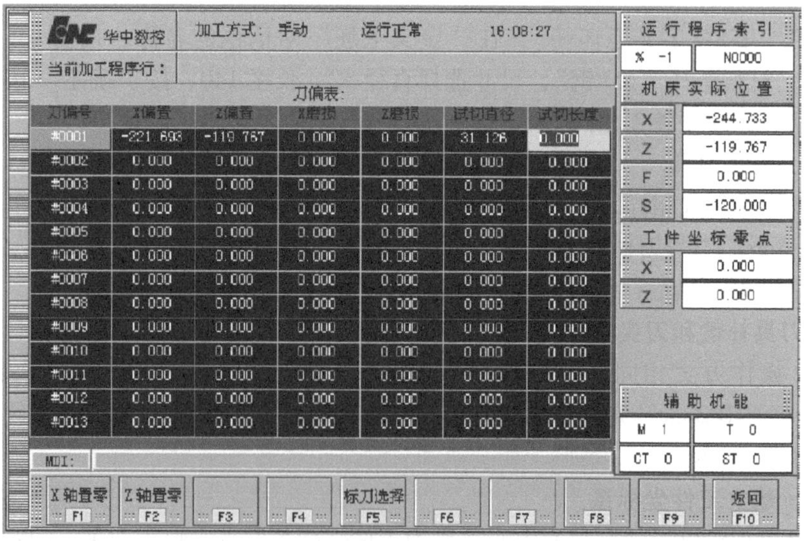

图 3-30　粗车刀 T01 的对刀

其他刀可按同样的方法进行对刀。对刀后的刀偏表如图 3-31 所示。

8. 导入、编辑程序

与项目 2 操作方式相同。

9. 程序校验

与项目 2 操作方式相同。

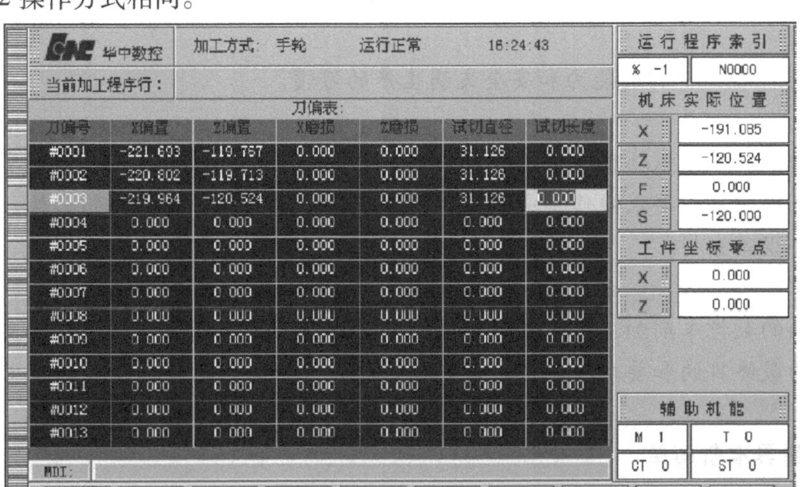

图 3-31　对刀后的刀偏表

10. 自动运行加工程序

自动运行方式与项目 2 相同。加工后的零件如图 3-32 所示。

11. 测量工件

工件测量方式与项目 2 相同。测量结果如图 3-32 所示。

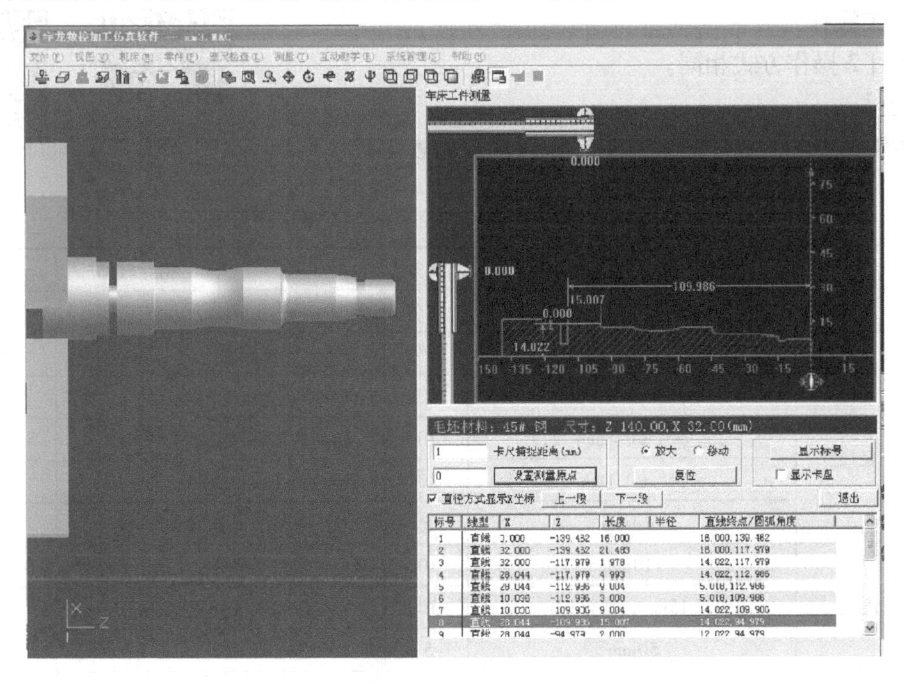

图 3-32　加工结果和工件测量

任务3 带圆弧轴的数控车削加工操作

【技能目标】

1. 通过带圆弧轴的数控加工操作，具备利用数控系统车削加工圆弧面、锥面等结构的能力。

2. 培养学生独立工作的能力和安全文明生产的习惯。

【任务描述】

图3-1所示的带圆弧轴零件给定的毛坯尺寸为ϕ32mm×140mm，材料为45钢，通过任务1和任务2的学习，要求操作华中HNC－21T数控机床，加工出合格的零件，并进行零件的检验和零件误差分析。

【任务分析】

带圆弧轴的数控车削加工是本任务实施的重要环节，能够利用数控机床加工出合格的零件是本任务的最终目的和要求，学生应加强操作练习，掌握数控机床操作的基本功。

【任务实施】

1. 工、量具准备清单

带圆弧轴零件加工工、量具清单见表3-2。

表3-2 带圆弧轴零件加工工、量具清单（参考）

序号	名称	规格	数量	备注
1	游标卡尺	0～150mm	1把	
2	钢直尺	0～125mm	1把	
3	外径千分尺	25～50mm/10～25mm	各1把	
4	铜皮	t＝1mm	若干	

2. 加工操作

与项目2操作方式相同。

【任务评价】

带圆弧轴零件的数控车削加工操作评价表见表3-3。

表3-3 带圆弧轴零件的数控车削加工操作评价表

项目	项目3	图样名称	带圆弧轴	任务	3－3	指导教师	
班级		学号		姓名		成绩	
序号	评价项目	考核要点		配分	评分标准	扣分	得分
1	外径尺寸	ϕ28±0.1mm		10	超差0.02mm扣2分		
		ϕ24±0.1mm		10	超差0.02mm扣2分		
		ϕ18±0.1mm		10	超差0.02mm扣2分		
		ϕ14mm		5	超差不得分		
2	长度尺寸	110mm		10	超差不得分		
		15mm，四处		10	超差不得分		
		50mm		5	超差不得分		

（续）

项目	项目3	图样名称	带圆弧轴	任务	3－3	指导教师	
班级		学号		姓名		成绩	
序号	评价项目	考核要点		配分	评分标准	扣分	得分
3	圆弧尺寸	$R40$mm		10	超差不得分		
		$R3$mm		5	超差不得分		
4	其他	$C1$ 一处		5	超差不得分		
		$Ra3.2\mu m$、$Ra1.6\mu m$		5	每处降一级扣1分		
		退刀槽3mm×1mm		5	超差不得分		
5	加工工艺与程序编制	加工工艺的合理性		3	不正确不得分		
		刀具选择的合理性		3	不正确不得分		
		工件装夹定位的合理性		2	不正确不得分		
		切削用量选择的合理性		2	不正确不得分		
6	安全文明生产	1. 安全、正确地操作设备 2. 工作场地整洁，工具、量具、夹具等摆放整齐规范 3. 做好事故防范措施，填写交接班记录，并将发生事故的原因、过程及处理结果记入运行档案 4. 做好环境保护		每违反一项从总分中扣2分，扣分不超过10分			
合计				100			

【误差分析】

利用数控车床加工锥面和圆弧经常遇到的加工质量问题有多种，其问题现象、产生原因以及预防和消除方法见表3-4和表3-5。

表3-4　锥面加工误差分析

问题现象	产生原因	预防和消除方法
锥度不符合要求	1. 程序错误 2. 工件装夹不正确	1. 检查、修改加工程序 2. 检查工件安装，增加安装刚度
切削过程中出现振动	1. 工件装夹不正确 2. 刀具安装不正确 3. 切削参数不正确	1. 正确安装工件 2. 正确安装刀具 3. 编程时合理选择切削参数
锥面径向尺寸不符合要求	1. 程序错误 2. 刀具磨损 3. 未考虑刀尖圆弧半径补偿	1. 保证程序正确 2. 及时更换磨损量过大的刀具 3. 编程时考虑刀尖圆弧半径补偿
切削过程中出现干涉现象	工件斜度大于刀具后角	1. 选择正确的刀具 2. 改变切削方式

表 3-5　圆弧加工误差分析

问题现象	产生原因	预防和消除方法
切削过程中出现干涉现象	1. 刀具参数不正确 2. 刀具安装不正确	1. 正确编制程序 2. 正确安装刀具
圆弧凹凸方向不对	程序不正确	正确编制程序
圆弧尺寸不符合要求	1. 程序不正确 2. 刀具磨损 3. 未考虑刀尖圆弧半径补偿	1. 正确编制程序 2. 及时更换刀具 3. 考虑刀尖圆弧半径补偿

【项目拓展训练】

一、实操训练零件

实操训练零件如图 3-33 所示。要求：按图编制加工工艺，填写加工工艺卡，编写程序，填写程序清单，加工出零件。

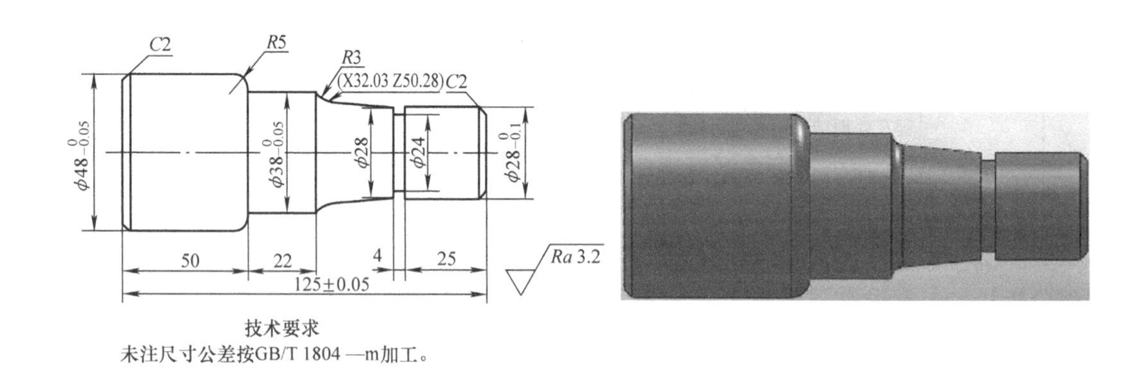

图 3-33　实操训练零件图

二、程序编制

1. 加工工艺分析

（1）零件图工艺分析　在项目二实操训练的基础上继续加工外轮廓。

（2）装夹方案的确定　根据加工要求，该零件采用自定心卡盘夹紧。

（3）加工顺序和进给线路的确定

1）零件右端面：用铜皮包 ϕ48mm 外圆，工件伸出约 85mm，用自定心卡盘夹持，用磁力百分表找正 ϕ48mm 外圆并夹紧工件，以保证圆跳动公差的要求。

2）零件左端面：粗、精车 ϕ38mm 外圆，锥面，*R*5mm，*R*3mm，倒角 *C*2，车 4mm × 24mm 槽。

（4）刀具及切削用量的选择　带圆弧轴加工工艺卡见表 3-6。

表 3-6　带圆弧轴加工工艺卡

数控加工工艺卡			产品名称		零件名称		零件图号	
					带圆弧轴		01	
工序号	程序编号	夹具名称	夹具编号		使用设备		车间	
001	%3003	自定心卡盘			CAK6132		数控实训中心	
工步号	工步内容	切削用量			刀具		量具名称	备注
		主轴转速 n/(r/min)	进给速度 F/(mm/min)	背吃刀量 a_p/mm	编号	名称		
1	工件装夹找正					0～10mm	百分表	
2	粗车外轮廓	600	100	2	T01	90°外圆车刀	游标卡尺	手动
3	精车外轮廓	750	80	0.6	T02	90°外圆车刀	游标卡尺	自动
4	车宽 4mm 的槽	300	10		T03	车槽刀	游标卡尺	自动
编制		审核		批准			共　页	第　页

2. 编制加工程序（采用前置刀架数控车床）

参考程序如下：

```
%3003；(右端)
N010  T0101；                        换 1 号外圆车刀，执行 1 号刀补（粗车外圆）
N020  M03  S600；                    主轴以 600r/min 正转
N030  G00  X52  Z5；                 快速定位到循环起点
N40  G71  U1.2  R0.5  P40  Q180  X0.6  Z0.05  F100；
                                     用 G71 粗加工外轮廓
N50  G00  X100；                     粗加工后返回换刀点
N60  Z100；
N70  T0202；                         换 2 号外圆车刀，执行 2 号刀补
N80  M03  S750；                     主轴以 750r/min 正转
N90  G00  G42  Z2；                  精车轮廓开始，加入刀尖圆弧半径补偿
N100  G00  X24；
N110  G01  Z0  F80；
N120  X28  Z-2；                     到倒圆角位置
N130  Z-29；                         加工 φ28mm 外圆
N140  X32.03  Z-50.28；              加工锥面
N150  G02  X38  Z-53  R3；           加工 R3mm 圆弧
N160  G01  W-22；                    加工 φ38mm 外圆
N170  G03  X48  W-5  R5；            加工 R5mm 圆弧
N180  N20  G01  U1；
N190  G40  G00X100；                 取消刀具补偿，快速退刀
N200  Z100；
```

```
N210  M05;                主轴停止
N220  M00;                程序暂停
N230  T0303;              换3号车槽刀，执行3号刀补
N240  M03  S300;          主轴以300r/min正转
N250  G00  X30  Z2;       快速定位
N260  Z-29;
N270  G01  X24.2  F10;    粗加工4mm×24mm退刀槽
N280  X30;                退刀
N290  W1;
N300  X24;
N310  Z-29;               精加工退刀槽
N320  X30;
N330  G00  X100;          快速退刀
N340  Z100;
N350  M05;                主轴停止
N360  M30;                程序结束
```

三、上机仿真校验程序并操作机床加工

实操训练仿真校验结果如图3-34所示。

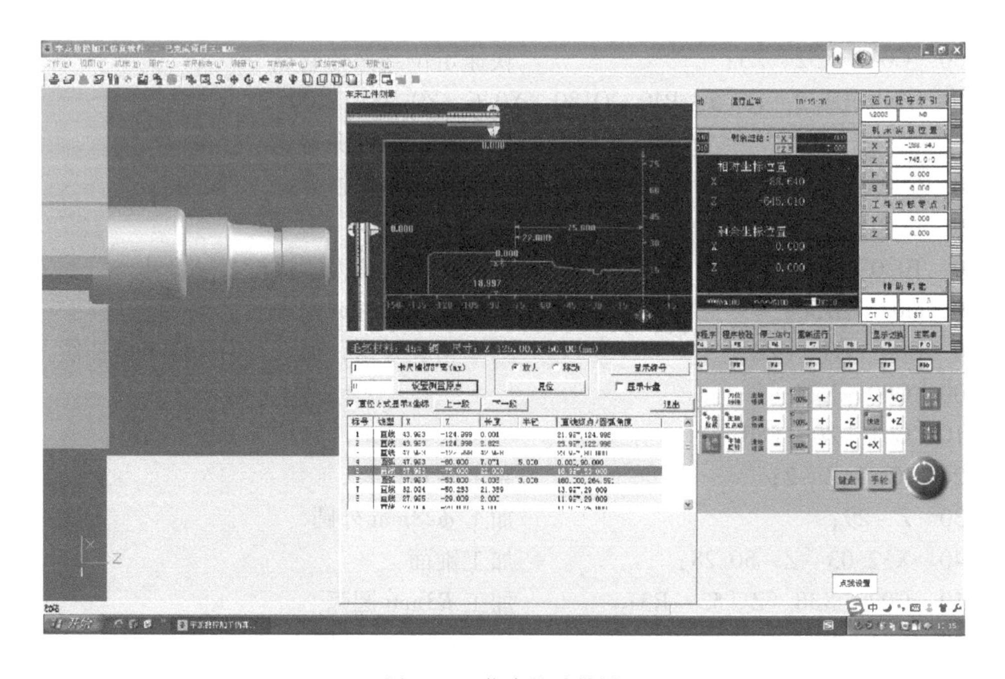

图3-34　仿真校验结果

四、实操评价

带圆弧轴零件的数控车削加工操作评价表见表3-7。

表3-7　带圆弧轴零件的数控车削加工操作评价表

项目	项目3	图样名称	带圆弧轴	任务		指导教师	
班级		学号		姓名		成绩	
序号	评价项目	考核要点		配分	评分标准	扣分	得分
1	外径尺寸	$\phi 38_{-0.05}^{0}$mm		15	超差0.02mm扣2分		
		$\phi 28_{-0.1}^{0}$mm		15	超差0.02mm扣2分		
		ϕ28mm锥面		10	超差0.05mm扣2分		
2	长度尺寸	22mm		10	超差0.02mm扣2分		
		25mm		10	超差不得分		
3	倒圆角	R5mm		10	超差0.02mm扣2分		
		R3mm		10	超差0.02mm扣2分		
4	其他	Ra3.2μm		5	每处降一级扣1分		
		退刀槽4mm×24mm		5	超差不得分		
5	加工工艺与程序编制	加工工艺的合理性		3	不正确不得分		
		刀具选择的合理性		3	不正确不得分		
		工件装夹定位的合理性		2	不正确不得分		
		切削用量选择的合理性		2	不正确不得分		
6	安全文明生产	1. 安全、正确地操作设备 2. 工作场地整洁，工具、量具、夹具等摆放整齐规范 3. 做好事故防范措施，填写交接班记录，并将发生事故的原因、过程及处理结果记入运行档案 4. 做好环境保护		每违反一项从总分中扣2分，扣分不超过10分			
合计				100			

自测题

1. 编制图3-35所示零件的数控车削加工工艺及加工工序，对零件进行上机操作或数控仿真加工，毛坯尺寸为ϕ50mm×105mm。

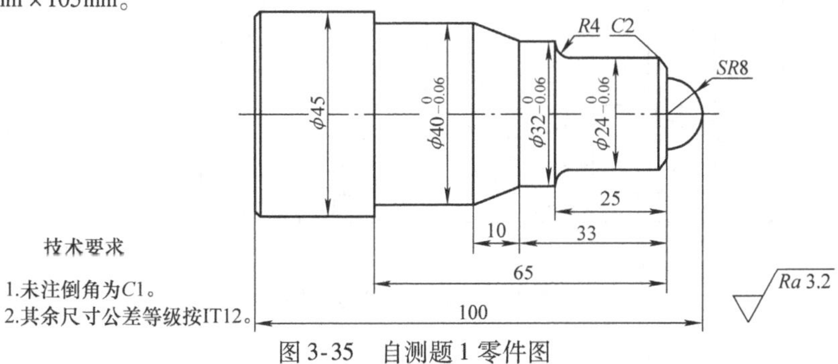

图3-35　自测题1零件图

2. 编制图 3-36 所示零件的数控车削加工工艺及加工工序，对零件进行上机操作或数控仿真加工，毛坯尺寸为 ϕ50mm × 105mm。

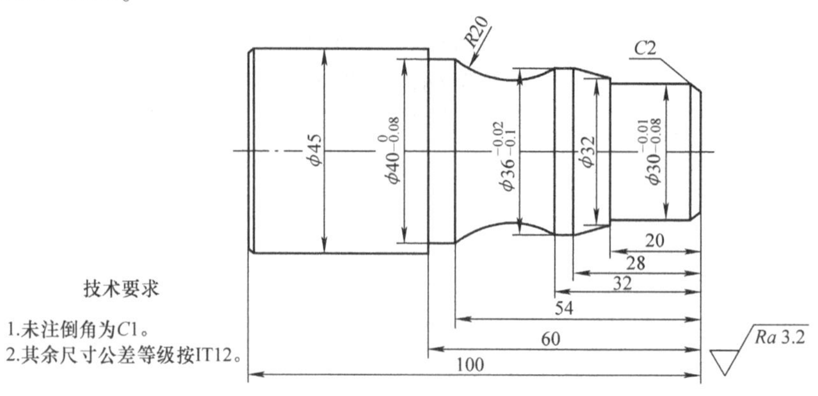

图 3-36 自测题 2 零件图

3. 编制图 3-37 所示零件的数控车削加工工艺及加工工序，对零件进行上机操作或数控仿真加工，毛坯尺寸为 ϕ45mm × 90mm。

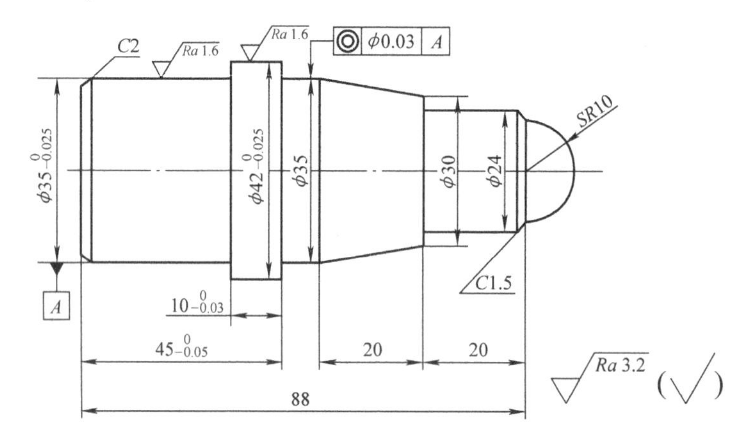

图 3-37 自测题 3 零件图

4. 编制图 3-38 所示零件的数控车削加工工艺及加工工序，对零件进行上机操作或数控仿真加工，毛坯尺寸为 ϕ30mm × 100mm。

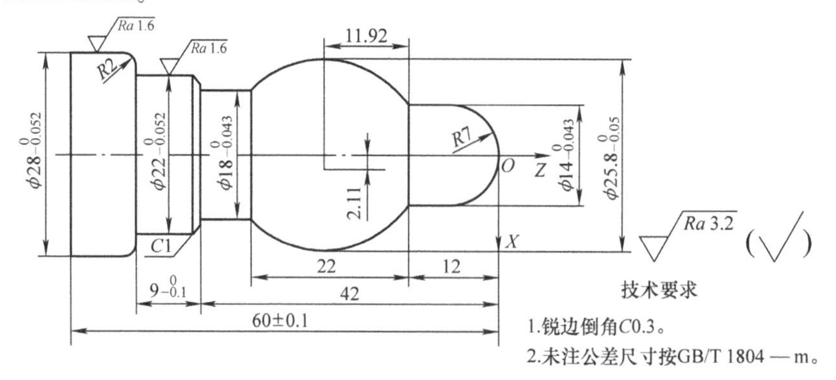

图 3-38 自测题 4 零件图

项目4　螺纹轴的数控加工工艺、编程与操作

任务1　螺纹轴的数控加工工艺分析与编程

【知识目标】

1. 掌握含圆柱面、圆锥面、沟槽和螺纹要素的复杂轴类零件的结构特点和工艺特点，正确分析此类零件的加工工艺。

2. 通过对螺纹轴的数控加工工艺、编程及操作部分的学习，巩固数控车削一般指令的使用方法。

3. 掌握数控车削加工螺纹的工艺知识和编程指令。

【技能目标】

1. 会分析螺纹轴零件的工艺，能正确选择设备、刀具、夹具与切削用量，能编制数控加工工艺卡。

2. 能正确使用数控系统的螺纹加工指令编制含螺纹结构零件的数控加工程序，并完成螺纹轴零件的加工。

【任务描述】

用数控车床加工图4-1和图4-2所示的螺纹轴，已知毛坯尺寸为ϕ32mm×105mm，材料为45钢，要求制订正确的工艺方案，选择合理的刀具和切削工艺参数，编制数控加工程序。

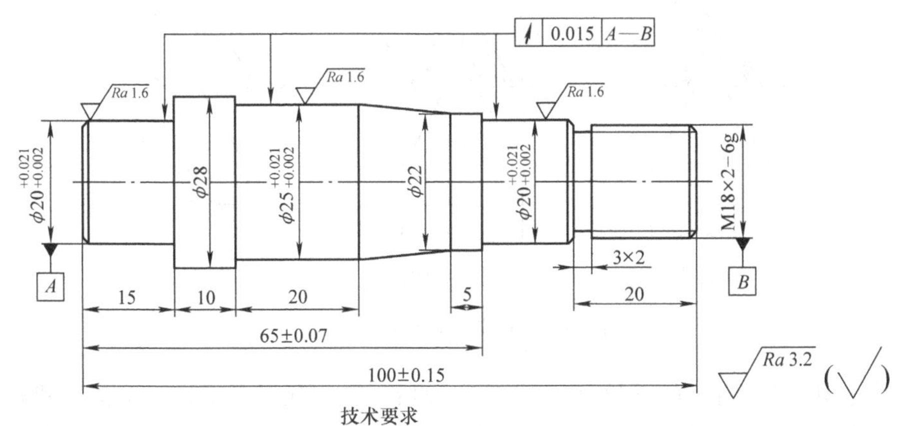

图4-1　螺纹轴的零件图

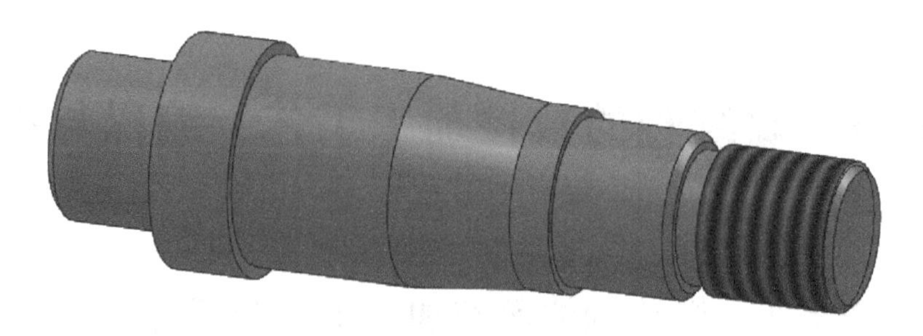

图 4-2　螺纹轴的模型图

【任务分析】

螺纹是轴套类零件上常见的结构，本任务以典型零件为载体，分析螺纹结构的数控加工工艺与程序编制方法，使学生具备使用螺纹加工指令、编制零件的数控车削程序的能力。

【相关知识】

一、螺纹数控车削加工工艺

1. 螺纹车削的加工方法

螺纹通常采用成形螺纹车刀加工，常用的加工方法有三种。

（1）直进法　在每次螺纹切削往复行程后，车刀沿横向（X 向）进给，这样反复多次进行切削行程，完成螺纹加工，这种方法称为直进法，如图 4-3a 所示。直进法车削螺纹可以得到比较准确的牙型，但是车刀刀尖全部参加切削，切削力较大，而且排屑困难，因此在切削时，两侧切削刃容易磨损，螺纹不易车光，并且容易产生“扎刀”现象。在切削螺距较大的螺纹时，由于背吃刀量较大，切削刃磨损较快，从而产生螺纹中径误差，因此直进法一般多用于小螺距螺纹的加工。

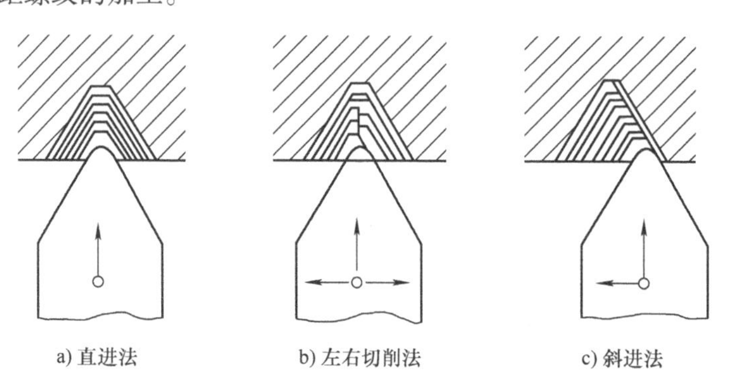

图 4-3　螺纹车削的加工方法

（2）左右切削法　在每次螺纹切削往复行程后，车刀除了沿横向（X 向）进给外，还要在纵向（Z 向）沿左、右两个方向做微量进给（借刀），这样反复多次进行切削行程，完成螺纹加工，这种方法称为左右切削法，如图 4-3b 所示。左右切削法精车螺纹可以使螺纹的两侧都获得较小的表面粗糙度值。采用左右切削法时，车刀左、右进给量不能过大。

（3）斜进法　在粗车螺纹时，为了操作方便，在每次进行切削往复行程后，车刀除了沿横向（X 向）进给外，还要在纵向（Z 向）只沿一个方向做微量进给，这种方法称为斜进法，如图 4-3c 所示。由于斜进法为单侧刃加工，切削刃容易损伤和磨损，使加工的螺纹面不直，刀尖角发生变化，从而造成牙型精度较差。但由于其为单侧刃切削，刀具负载较小，排屑容易，并且背吃刀量为递减式，故此加工方法一般适用于大螺距螺纹的加工。斜进法粗车螺纹后，必须用左右切削法精车螺纹才能使螺纹的两侧都获得较小的表面粗糙度值。

2. 走刀次数及背吃刀量的计算

螺纹车削加工需分粗、精加工工序，经多次重复切削完成，可以减小切削力，保证螺纹精度。螺纹加工中的走刀次数和背吃刀量会直接影响螺纹的加工质量，每次切削量的分配应依次递减。一般精加工余量为 0.05 ~0.1mm。常用螺纹切削的走刀次数和背吃刀量可参考表 4-1。

表 4-1　常用螺纹切削的走刀次数和背吃刀量　（单位：mm）

米制螺纹								
螺距		1.0	1.5	2.0	2.5	3.0	3.5	4.0
牙深（半径值）		0.649	0.974	1.299	1.624	1.949	2.273	2.598
（直径值）背吃刀量及进刀次数	1 次	0.7	0.8	0.9	1.0	1.2	1.5	1.5
	2 次	0.4	0.6	0.6	0.7	0.7	0.7	0.8
	3 次	0.2	0.4	0.6	0.6	0.6	0.6	0.6
	4 次		0.16	0.4	0.4	0.4	0.6	0.6
	5 次			0.1	0.4	0.4	0.4	0.4
	6 次				0.15	0.4	0.4	0.4
	7 次					0.2	0.2	0.4
	8 次						0.15	0.3
	9 次							0.2

3. 刀具引入距离 δ_1 和刀具引出距离 δ_2

如图 4-4 所示，车削螺纹时刀具沿螺纹方向的进给应与工件主轴旋转保持严格的速比关系。刀具从停止状态到达指定的进给速度或从指定的进给速度降为零，驱动系统必须有一个过渡过程，因此沿轴向进给的加工路线长度除保证加工螺纹长度外，还应该增加刀具引入距离 δ_1 和刀具引出距离 δ_2，即升速段和减速段，这样在切削螺纹时，才能保证在升速完成后刀具接触工件，刀具离开工件后再降速，避免在加减速过程中进行螺纹切削而影响螺距的稳定。

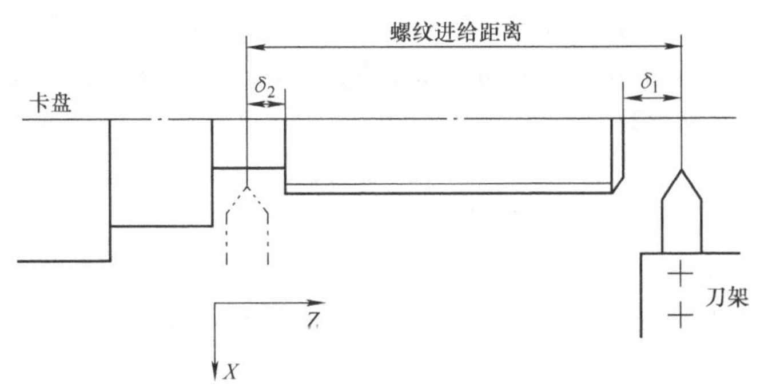

图 4-4　螺纹切削时刀具的引入距离和引出距离

δ_1、δ_2 的数值与螺距和转速有关，均由各系统设定。一般 $\delta_1 = nP_h/180$，$\delta_2 = nP_h/400$（n 为主轴转速，P_h 为螺纹导程）。实际加工中，一般 δ_2 取 2 ~ 5 mm，δ_2 取 δ_1 的 1/2 左右。

二、螺纹加工基本指令

1. 单一螺纹指令（G32）

（1）功能　该指令用于车削等螺距的直螺纹、锥螺纹，如图 4-5 所示。

（2）格式　G32　X（U）__　Z（W）__　R__　E__　P__　F__；

（3）说明

1）X、Z 是有效螺纹终点 B 的坐标；U、W 是螺纹终点 B 对切削起点 A 的增量坐标。

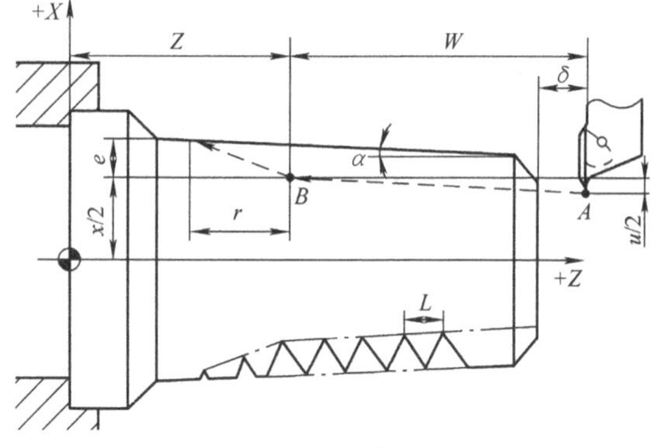

图 4-5　车削等螺距螺纹

2）F 是螺纹导程。

3）R、E：螺纹切削的退尾量，R 表示 Z 向退尾量；E 表示 X 向退尾量，R、E 在绝对值或增量值编程时都是以增量方式指定，其为正表示沿 Z、X 正向回退，为负表示沿 Z、X 负向回退。使用 R、E 可免去退刀槽。R、E 可以省略，表示不用回退功能；根据螺纹标准，R 一般取 2 倍的螺距，E 取螺纹的牙型高度。

4）P：主轴基准脉冲处距离螺纹切削起始点的主轴转角。

（4）注意事项

1）在车削螺纹期间进给速度倍率、主轴速度倍率无效（固定 100%）。

2）车削螺纹期间不要使用恒表面切削速度控制，而要使用 G97 指令。

3）车削螺纹时，必须设置升速段 δ_1、降速段 δ_2，这样可避免因车刀升降速而影响螺距的稳定。

4）因受机床结构及数控系统的影响，车削螺纹时主轴的转速有一定的限制。

5）螺纹加工中的走刀次数和背吃刀量会直接影响螺纹的加工质量，车削螺纹时的走刀次数和背吃刀量可参考表 4-1。

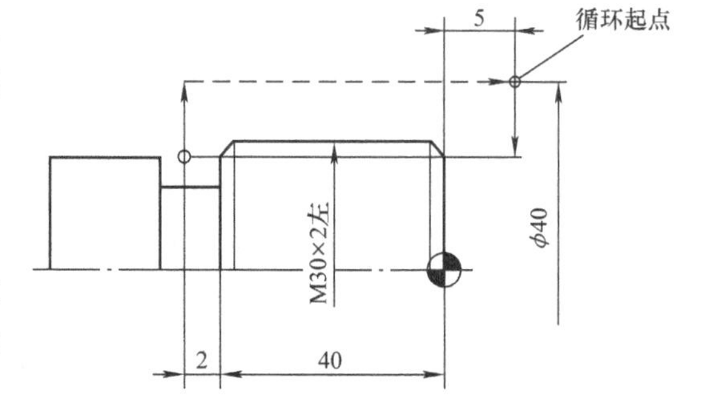

图 4-6　圆柱螺纹切削

【例 4-1】　如图 4-6 所示，用 G32 指令进行圆柱螺纹切削。设定升速段为 5mm，降速段为 3mm。螺纹牙底直径 = 大径 - 2 × 牙深 = 30mm - 2 × 0.6495 × 2mm ≈ 27.4mm。

参考程序如下：

```
…
G00  X29.1  Z5;
G32  Z-42  F2;          第一次车螺纹，背吃刀量为0.9mm
G00  X32;
Z5;
```

```
X28.5;                 第二次车螺纹，背吃刀量为0.6mm
G32  Z-42  F2;
G00  X32;
Z5;
X27.9;
G32  Z-42  F2;         第三次车螺纹，背吃刀量为0.6mm
G00  X32;
Z5;
X27.5;
G32  Z-42  F2;         第四次车螺纹，背吃刀量为0.4mm
G00  X32;
Z5;
X27.4;
G32  Z-42  F2;         最后一次车螺纹，背吃刀量为0.1mm
G00  X32;
Z5;
…
```

【例4-2】 为图4-7所示的圆柱螺纹编程。螺纹导程为1.5mm，$\delta_1=1.5$mm，$\delta_2=1$mm，每次背吃刀量（直径值）分别为0.8mm、0.6 mm、0.4mm、0.16mm。

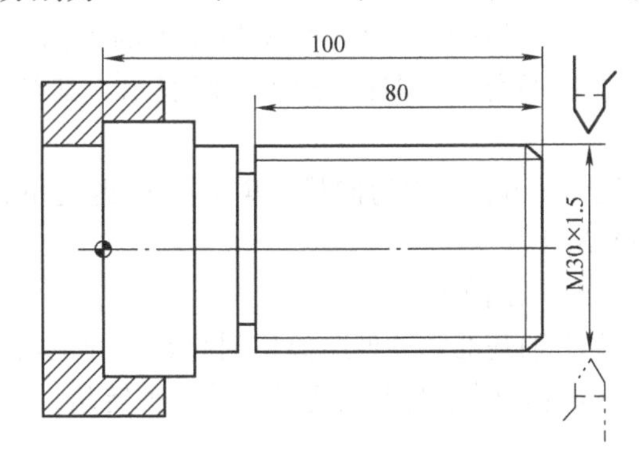

图4-7　圆柱螺纹编程实例

参考程序如下：

```
%0402;
N5   G92  X50  Z120;          设立坐标系，定义对刀点的位置
N10  M04  S300;               主轴以300r/min正转
N15  G00  X29.2  Z101.5;      到螺纹起点，升速段1.5mm，背吃刀量为0.8mm
N20  G32  Z19  F1.5;          切削螺纹到螺纹切削终点，降速段1mm
N25  G00  X40;                X轴方向快退
N30  Z101.5;                  Z轴方向快退到螺纹起点处
N35  X28.6;                   X轴方向快进到螺纹起点处，背吃刀量为0.6mm
```

N40　G32　Z19　F1.5；	切削螺纹到螺纹切削终点
N45　G00　X40；	*X* 轴方向快退
N50　Z101.5；	*Z* 轴方向快退到螺纹起点处
N55　X28.2；	*X* 轴方向快进到螺纹起点处，背吃刀量为 0.4mm
N60　G32　Z19　F1.5；	切削螺纹到螺纹切削终点
N65　G00　X40；	*X* 轴方向快退
N70　Z101.5；	*Z* 轴方向快退到螺纹起点处
N75　U-11.96；	*X* 轴方向快进到螺纹起点处，背吃刀量为 0.16mm
N80　G32　W-82.5　F1.5；	切削螺纹到螺纹切削终点
N85　G00　X40；	*X* 轴方向快退
N90　X50　Z120；	回对刀点
N95　M05；	主轴停
N100　M30；	主程序结束并复位

2. 螺纹切削单一循环指令（G82）

此指令适用于对直螺纹和锥螺纹进行循环切削，每指定一次，螺纹切削自动进行一次循环。

（1）直螺纹切削循环

1）格式：G82　X（U）__　Z(W)__　R__　E__　C__　P__　F__；

2）说明：

X、Z：绝对值编程时，为螺纹终点 *C* 在工件坐标系下的坐标；增量值编程时，为螺纹终点 *C* 相对于循环起点 *A* 的有向距离，图形中用 *U*、*W* 表示，其符号由轨迹 1R 和 2F 的方向确定。

R、E：螺纹切削的退尾量，R、E 均为向量，R 为 *Z* 向退尾量，E 为 *X* 向退尾量，R、E 可以省略，表示不用回退功能。

C：螺纹线数，为 0 或 1 时切削单线螺纹。

P：切削单线螺纹时，为主轴基准脉冲处距离切削起始点的主轴转角（默认值为 0）；切削多线螺纹时，为相邻螺纹线的切削起始点之间对应的主轴转角。

F：螺纹导程。

该指令执行图 4-8 所示的 *A*→*B*→*C*→*D*→*A* 的轨迹动作。

注意：直螺纹切削循环指令同 G32 螺纹切削指令一样，在进给保持状态下，该循环在完成全部动作之后才停止运动。

（2）锥螺纹切削循环

1）格式：G82　X(U)__　Z(W)__　I__　R__　E__　C__　P__　F__；

2）说明：

X、Z：绝对值编程时，为螺纹终点 *C* 在工件坐标系下的坐标；增量值编程时，为螺纹终点 *C* 相对于循环起点 *A* 的有向距离，图形中用 *U*、*W* 表示。

I：螺纹起点 *B* 与螺纹终点 *C* 的半径差，其符号为差的符号（无论是绝对值编程还是增量值编程）。

R、E：螺纹切削的退尾量，R、E 均为向量，R 为 *Z* 向退尾量，E 为 *X* 向退尾量，R、

E 可以省略，表示不用回退功能。

C：螺纹线数，为 0 或 1 时切削单线螺纹。

P：切削单线螺纹时，为主轴基准脉冲处距离切削起始点的主轴转角（默认值为 0）；切削多线螺纹时，为相邻螺纹线的切削起始点之间对应的主轴转角。

F：螺纹导程。

该指令执行图 4-9 所示的 $A \to B \to C \to D \to A$ 的轨迹动作。

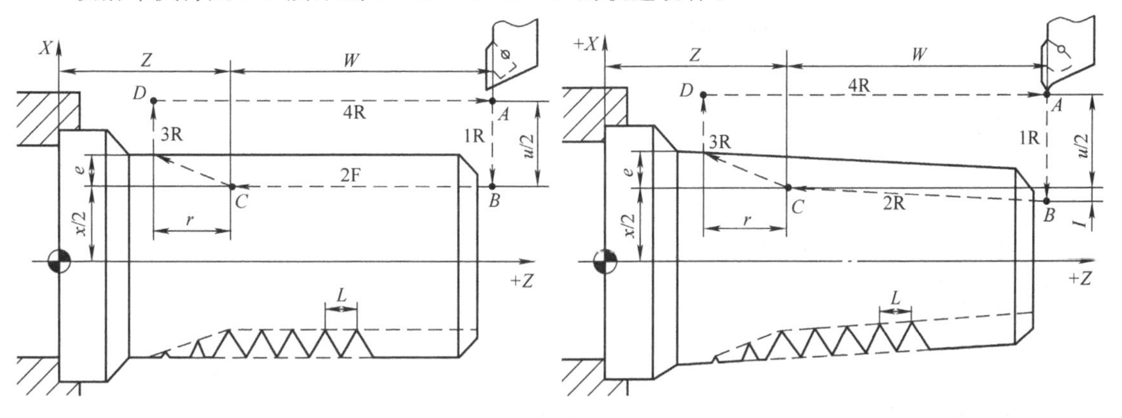

图 4-8　用 G82 指令车削直螺纹示意图　　　图 4-9　用 G82 指令车削锥螺纹示意图

【例 4-3】 如图 4-7 所示零件，毛坯外形已加工完成，用 G82 指令编程，原点在右端面中心。

参考程序如下：

%0403；

程序	说明
N10　T0101；	建立坐标系，选 1 号车刀
N20　G00　X35　Z4；	移动到循环起点
N30　M04　S300；	主轴以 300r/min 的速度正转
N40　G82　X29.2　Z－81.5　C2　P180　F3；	第一次循环切螺纹，背吃刀量为 0.8mm
N50　X28.6　Z－81.5　C2　P180　F3；	第二次循环切螺纹，背吃刀量为 0.6mm
N60　X28.2　Z－81.5　C2　P180　F3；	第三次循环切螺纹，背吃刀量为 0.4mm
N70　X28.04　Z－81.5　C2　P180　F3；	第四次循环切螺纹，背吃刀量为 0.16mm
N80　M30；	主轴停、主程序结束并复位

3. 螺纹切削复合循环指令（G76）

功能：该指令用于多次自动循环车削螺纹，数控加工程序中只需指定一次，并在指令中定义好有关参数，则能自动进行加工，车削过程中，除第一次车削深度外，其余各次车削深度自动计算。

1）格式：G76C(c)　R(r)　E(e)　A(a)　X(x)　Z(z)　I(i)　K(k)　U(d)　V(Δd_{min})　Q(Δd)　P(p)　F(L)；

2）说明：螺纹切削固定循环指令 G76 执行图 4-10 所示的加工轨迹。其单边切削及参数如图 4-11 所示。其中：

c：精整次数（1～99），为模态值。

r：螺纹 Z 向退尾量（00～99），为模态值。

e：螺纹 X 向退尾量（00～99），为模态值。

a：刀尖角度（两位数字），为模态值；在 80°、60°、55°、30°、29°和 0°六个角度中选一个。

x、z：绝对值编程时，为有效螺纹终点 C 的坐标；增量值编程时，为有效螺纹终点 C 相对于循环起点 A 的有向距离（用 G91 指令定义为增量值编程，用 G90 定义为绝对值编程）。

i：螺纹两端的半径差；如 $i=0$，为直螺纹（圆柱螺纹）切削方式。

k：螺纹高度，该值由 X 轴方向上的半径值指定。

Δd_{min}：最小背吃刀量（半径值）；当第 n 次背吃刀量（$\Delta d\sqrt{n}-\Delta d\sqrt{n-1}$）小于 Δd_{min} 时，则背吃刀量设定为 Δd_{min}。

d：精加工余量（半径值）。

Δd：第一次背吃刀量（半径值）。

p：主轴基准脉冲处距离切削起始点的主轴转角。

L：螺纹导程（同 G32 指令）。

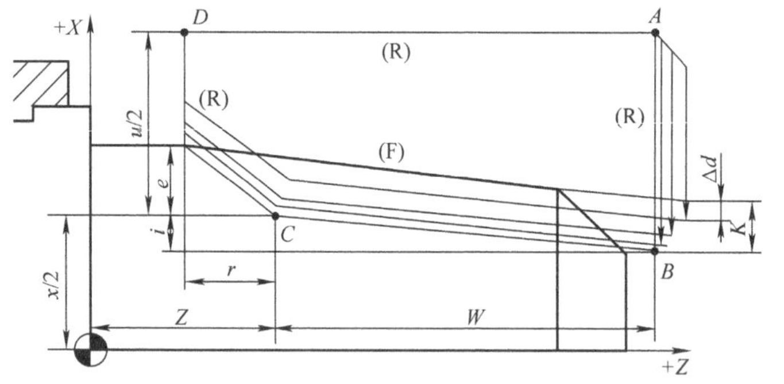

图 4-10 螺纹切削循环指令 G76

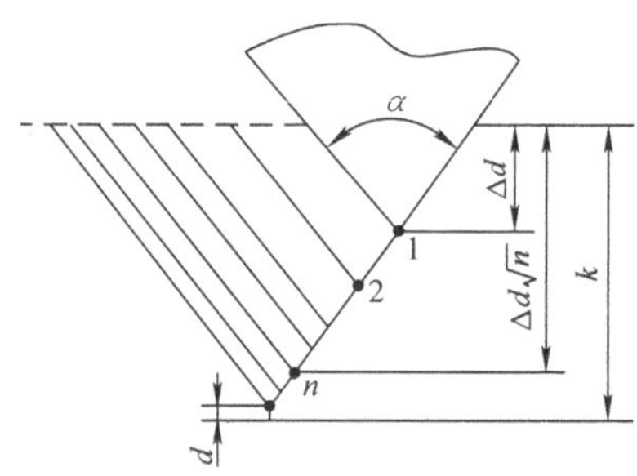

图 4-11 G76 指令循环单边切削及其参数

注意：

1）按 G76 程序段中的 X（x）和 Z（z）指令实现循环加工，增量值编程时，要注意 U 和 W 前的正负号（正负由刀具轨迹 AC 和 CD 段的方向决定）。

2）用 G76 指令循环进行单边切削，减小了刀尖所受的力。第一次切削的背吃刀量为 Δd，第 n 次切削的总背吃刀量为 $\Delta d\sqrt{n}$，每次循环的背吃刀量为 Δd（$\sqrt{n}-\sqrt{n-1}$）。

图 4-11 中，C 到 D 点的切削速度由 F 代码指定，而其他轨迹均为快速进给。

4. 螺纹加工指令之间的区别

G32 指令只有车螺纹的刀路，没有进刀、退刀过程；G82 指令是一个螺纹车削循环指令，包括进刀、退刀过程，但是每条指令车削一层，要设置每层背吃刀量；G76 指令是螺纹复合车削循环指令，可以一次车出整个螺纹。G76 指令一般用于大螺距低精度螺纹的加工，在螺纹精度要求不高的情况下，此加工方法更简洁方便。G32、G82 指令采用直进式进刀方式，一般多用于小螺距高精度螺纹的加工。

【任务实施】

1. 加工工艺分析

（1）零件图的工艺分析　图 4-1 所示的螺纹轴由外圆柱面、外圆锥面、沟槽、普通螺纹构成。工件两端 ϕ20mm 和中间 ϕ25mm 等外圆尺寸精度要求较高，表面粗糙度值 $Ra \leqslant$ 1.6μm。同时为保证螺纹轴的传动平稳性，圆跳动误差需控制在公差范围内。

（2）装夹方案的确定　为了保证位置公差要求，螺纹轴加工需两次装夹，分别采用自定心卡盘和一顶一夹的定位安装方式。采用设计基准作为定位基准，符合基准重合原则。

（3）加工顺序和进给路线的确定

1）工序一。

① 自定心卡盘夹毛坯，外圆伸出约40mm，车平端面，钻中心孔。

② 粗车 ϕ20mm、ϕ28mm 外圆，留精车余量0.2mm。

③ 精车 ϕ20mm、ϕ28mm 外圆。

2）工序二。

① 工件调头，用铜皮包 ϕ20mm 外圆，并用自定心卡盘夹持，工件伸出约80mm，找正 ϕ20mm 外圆并夹紧工件，以保证圆跳动的精度要求。车平端面取总长，以工件右端面中心作为工件坐标系原点，重新设置 Z 坐标。

② 钻右端面中心孔。

③ 采用一顶一夹的方式进行装夹安装，粗车 ϕ25mm、ϕ22mm、ϕ20mm 圆柱面、圆锥面、M18×2 螺纹大径等，各留精车余量0.2mm。

④ 切螺纹退刀槽至尺寸要求。

⑤ 精车各外圆、圆锥面至尺寸要求。

⑥ 车螺纹 M18×2 至尺寸要求。

（4）刀具及切削用量的选择

1）确定刀具。

T01——外圆机夹粗车刀，粗车端面，粗车、半精车圆柱面、倒角。

T02——外圆机夹精车刀，精车端面，精车圆柱面、倒角。

T03——车槽刀（设定刀头宽度为3mm），车槽。

T04——60°机夹螺纹车刀，车螺纹。

2）确定切削用量。

主轴转速：粗车外圆时，确定主轴转速为800r/min；精车外圆时，确定主轴转速为1200r/min；车螺纹时，确定主轴转速为500r/min；车槽时，确定主轴转速为500r/min。

背吃刀量：粗车时，确定背吃刀量为2mm；精车时，确定背吃刀量为0.2mm。

进给量：粗车外圆时，确定进给量为0.2mm/r；精车外圆时，确定进给量为0.08mm/r；车槽时，确定进给量为0.05mm/r。

2. 编制加工程序

（1）螺纹轴数控加工程序单1（第一次装夹，加工左端，采用后置刀架）

参考程序如下：

```
%4001;
N010  T0101;                 换1号刀，执行1号刀补
N020  G95  G00  X100  Z100;  快速定位到换刀点，每转进给
N030  M04  S800;             主轴以800r/min正转
N040  X40  Z2;               快速定位到循环起点（X40，Z2）
```

```
N050  G71  U2  R2  P90  Q140  X0.2  Z0  F0.2;
                               用 G71 粗加工外轮廓
N060  G00  X150  Z150;         粗加工后返回换刀点
N070  T0202  S1200;            换 2 号刀，执行 2 号刀补，主轴转速为 1200r/min
N080  G00  G42  X35  Z2;       快速定位到循环起点（X35，Z2），加入刀尖圆弧
                               半径补偿
N090  G01  X16  F0.08;         精加工轮廓程序段 N090 ~ N140
N100  X20  Z-1;
N110  Z-15;
N120  X28;
N130  W-15;
N140  X40;
N150  G00  G40  X100  Z100;    返回换刀点并取消刀尖圆弧半径补偿
N160  M05;                     主轴停
N170  M30;                     程序结束
```

（2）螺纹轴数控加工程序单 2（第二次安装，加工右端）

参考程序如下：

```
%4002;
N010  T0101;                        换 1 号车刀，执行 1 号刀补
N020  G95  G00  X100  Z100;         快速定位到换刀点，每转进给
N030  M04  S800;                    主轴以 800r/min 正转
N040  X40  Z2;                      快速定位到循环起点
N050  G71  U2  R1.5  P160  Q250  X0.2  Z0  F0.2;
                                    用 G71 粗加工外轮廓
N060  G00  X100  Z100;              返回换刀点
N070  T0303  S500;                  换 3 号车槽刀，主轴转速为 500r/min
N080  X25  Z-20;                    定位到车槽起刀点
N090  G01  X14  F0.05;              车 3mm×2mm 槽
N100  G04  P2;                      底部光整
N110  G01  X25  F0.1;
N120  G00  X40;
N130  G00  X100  Z100;              返回换刀点
N140  T0202  S1200;                 换 2 号车刀，主轴转速为 1200r/min
N150  G00  G42  X40  Z2;            快速定位到循环起点，加入刀尖圆弧半径补偿
N160  G01  X12  F0.08;              精加工轮廓程序段 N160 ~ N250
N170  X18  Z-1;
N180  Z-20;
N190  X20  W-1;
N200  Z-35;
```

```
N210  X22;
N220  W-5;
N230  X25  W-15;
N240  Z-75;
N250  X40;
N260  G00  G40  X100  Z100;       返回换刀点并取消刀尖圆弧半径补偿
N270  T0404  S800;                换4号刀，主轴转速为800r/min
N280  G00  X20  Z2;               定位到循环起点
N290  G82  X17.1  Z-18  F2;       用G82循环加工螺纹
N300  X16.5;
N310  X15.9;
N320  X15.5;
N330  X15.4;
N340  G00  X100  Z100;            返回到换刀点
N350  M05;                        主轴停
N360  M30;                        程序结束
```

【知识拓展】

一、FANUC 0i-T 系统螺纹车削编程指令

1. 单一螺纹指令（G32）

编程格式：G32　X(U)__　Z(W)__　F__;

2. 螺纹切削单一循环指令（G92）

（1）直螺纹切削　编程格式：G92　X(U)__　Z(W)__　F__;

（2）锥螺纹切削

1）编程格式：G92　X(U)__　Z(W)__　R__　F__;

2）说明：R表示螺纹锥度，其值为锥螺纹切削起点与切削终点的半径之差。

3. 螺纹车削复合循环指令（G76）

G76指令编程需要同时用两条指令定义，其格式为

G76　P(m)(r)(a)　Q(Δd_{min})　R(d);

G76　X(U)__　Z(W)__　R(i)　P(k)　Q(d)　F(L);

说明：

1）m是精车重复次数，为1~99，模态量。

2）r是螺纹尾端倒角值，该值的大小可设置为（0.0~9.9）L，系数应为0.1的整数倍，用00~99的两位整数来表示，其中L为螺距。该参数为模态量。

3）a是刀具角度，可从80°、60°、55°、30°、29°、0°六个角度中选择，用两位整数表示，为模态量。

m、r、a用地址P同时指定，例如，$m=2$，$r=1.2$，$a=60°$，表示为P021260。

4）Δd_{min}是最小车削深度，用半径值编程。车削过程中每次的车削深度为Δd（$\sqrt{n}-\sqrt{n-1}$），当计算深度小于这个极限值时，车削深度锁定在这个值。该参数为模态量。

5）d 是精车余量，用半径值编程，为模态量。

6）X(U)、Z(W) 是螺纹终点坐标值。

7）i 是螺纹锥度值，用半径值编程。若 $R=0$，则为直螺纹。

8）k 是牙型高度，用半径值编程。

9）Δd 是第一次车削深度，用半径值编程；i、k、Δd 的数值应以无小数点形式表示。

10）L 是螺距。

二、FANUC 0i－T 系统螺纹车削编程实例

【例 4-4】 如图 4-7 所示，工件外圆、倒角及螺纹退刀槽（宽 6mm）均已加工，用 G92 指令编制加工 M30×1.5 的螺纹的加工程序（采用前置刀架）。

参考程序如下：

```
O0405;
N10  G21  G97  G99  G40;             初始化程序
N20  M03  S400  T0303;               主轴以 400r/min 正转，换 3 号车刀
N30  G00  X35.0  Z5.0;               快移至螺纹加工循环起始点
N40  G92  X29.2  Z-82.0  F1.5;       螺纹加工第 1 次走刀循环
N50  X28.7;                          螺纹加工第 2 次走刀
N60  X28.4;                          螺纹加工第 3 次走刀
N70  X28.2;                          螺纹加工第 4 次走刀
N80  X28.05;                         螺纹加工第 5 次走刀（螺纹底径）
N90  G00  X100.0  Z100.0;            快移至起始点
N100  M05;                           主轴停转
N110  M30;                           程序结束
```

在螺纹加工编程中，为了保证螺纹的加工精度，加工走刀次数不应少于 3 次，通常情况下取 4～6 次。当螺距较大、加工精度要求较高时，可取 6～8 次。

任务 2　螺纹轴的数控车削仿真加工

【知识目标】

1. 充分熟悉上海宇龙数控加工仿真系统。
2. 掌握螺纹轴的数控车削仿真加工方法。

【技能目标】

1. 能够正确使用数控加工仿真系统校验编写的螺纹轴零件数控加工程序，并仿真加工螺纹轴零件，同时进行质量检验。
2. 培养学生独立工作的能力和安全文明生产的习惯。

【任务描述】

已知图 4-1 所示的螺纹轴零件，给定的毛坯尺寸为 ϕ32mm×105mm，材料为 45 钢，已经通过任务 1 完成了螺纹轴的数控工艺分析、零件编程，要求通过仿真软件完成程序的调试和优化，完成螺纹轴的数控车削仿真加工。

【任务分析】

利用数控仿真系统仿真加工螺纹轴是使用数控车床操作加工螺纹轴的关键基础。熟悉数控系统各界面后，才能熟练操作，学生应加强仿真系统操作练习。

【任务实施】

1. 进入仿真系统

与项目2操作方式相同。

2. 选择机床

与项目2操作方式相同。

3. 机床回零

与项目2操作方式相同。

4. 安装零件

单击菜单“零件/定义毛坯…”，在“定义毛坯”对话框的名称一栏输入“项目4”，材料选择“45#钢”，尺寸选择直径32，长度105，按“确定”按钮，安装零件的操作与项目2相同。

5. 选择、安装刀具

与项目2操作方式相同。本任务选择四把车刀，1号刀位装93°菱形外圆粗车刀，刀尖圆弧半径为*R*0.4mm；2号刀位装93°菱形外圆精车刀，刀尖圆弧半径为*R*0.2mm；3号刀位装3mm车断刀；4号刀位装60°机夹螺纹车刀，装好刀具后的界面如图4-12所示。

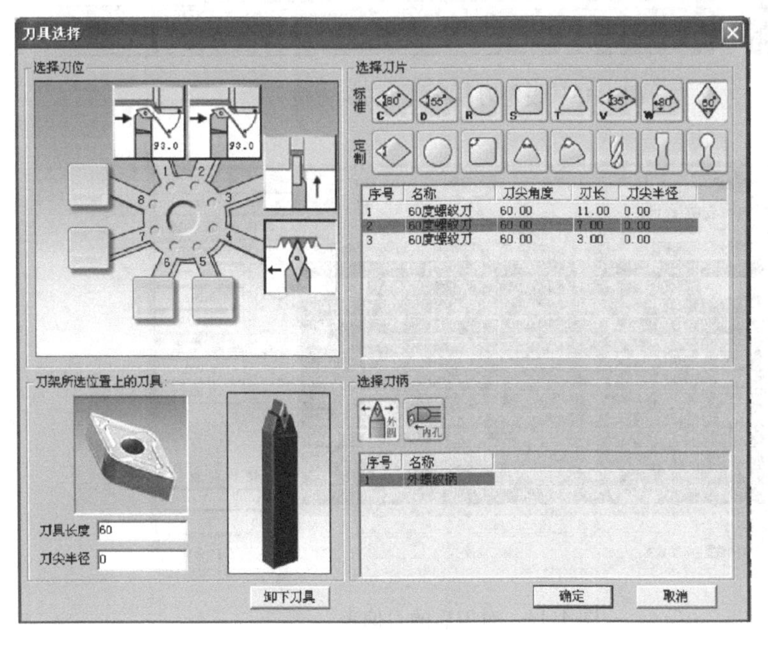

图4-12　选择、安装刀具

6. 设定刀尖圆弧半径补偿和刀尖方位

与项目2操作方式相同。本任务中，在轮廓加工时，粗车刀T01的刀尖圆弧半径为*R*0.4mm，精车刀T02的刀尖圆弧半径为*R*0.2mm，刀尖方位都为3，设置结果如图4-13所示。

7. 对刀、建立工件坐标系

在本任务中数控车床以零件右端面中心点作为工件坐标系原点。T01 粗车刀、T02 精车刀的对刀方法与项目 2 相同。对刀后的刀偏表如图 4-14 所示。

8. 导入、编辑程序

与项目 2 操作方式相同。

9. 程序校验

与项目 2 操作方式相同。

10. 自动运行加工程序

与项目 2 操作方式相同。加工后的零件如图 4-15 所示。

刀补号	半径	刀尖方位
#0001	0.400	3
#0002	0.200	3
#0003	0.000	0
#0004	0.000	0
#0005	0.000	0
#0006	0.000	0
#0007	0.000	0
#0008	0.000	0
#0009	0.000	0
#0010	0.000	0
#0011	0.000	0
#0012	0.000	0
#0013	0.000	0

图 4-13　设定刀具补偿和刀尖方位

刀偏号	X偏置	Z偏置	X磨损	Z磨损	试切直径	试切长度
#0001	-221.682	-184.792	0.000	0.000	30.884	0.000
#0002	-220.808	-184.765	0.000	0.000	30.884	0.000
#0003	0.000	0.000	0.000	0.000	0.000	0.000
#0004	0.000	0.000	0.000	0.000	0.000	0.000
#0005	0.000	0.000	0.000	0.000	0.000	0.000
#0006	0.000	0.000	0.000	0.000	0.000	0.000
#0007	0.000	0.000	0.000	0.000	0.000	0.000
#0008	0.000	0.000	0.000	0.000	0.000	0.000
#0009	0.000	0.000	0.000	0.000	0.000	0.000
#0010	0.000	0.000	0.000	0.000	0.000	0.000
#0011	0.000	0.000	0.000	0.000	0.000	0.000
#0012	0.000	0.000	0.000	0.000	0.000	0.000
#0013	0.000	0.000	0.000	0.000	0.000	0.000

图 4-14　对刀后的刀偏表

11. 零件调头加工

（1）调头对刀　调头后加工右端轮廓时，粗车刀 T01、精车刀 T02、车槽刀 T03 和 60°机夹螺纹车刀 T04 都要重新对刀。对刀方法与项目 2 相同。对刀后的刀偏表如图 4-16 所示。

（2）自动运行程序　当对刀操作完成后，导入程序“%4002. txt”，完成程序校验，进行自动加工，零件加工结果如图 4-17 所示。

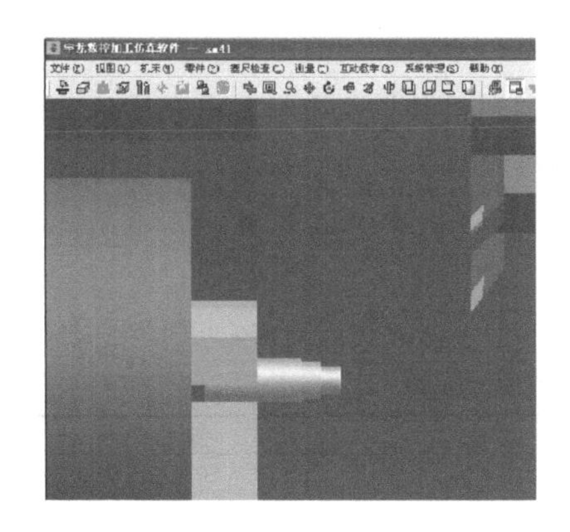

图 4-15　左端加工结果

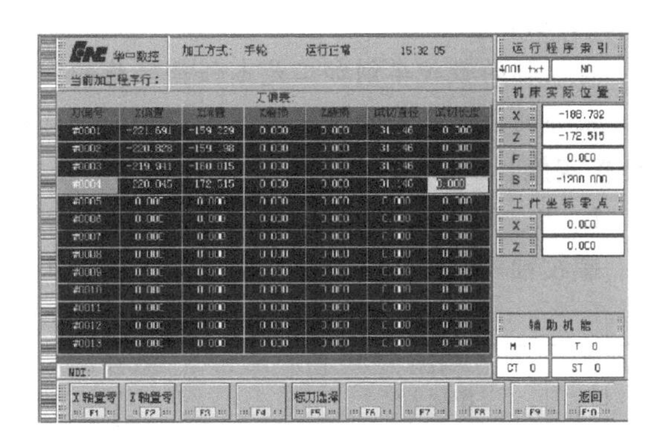

图 4-16　对刀后的刀偏表

12. 测量工件

与项目 2 操作方式相同。工件测量结果如图 4-18 所示。

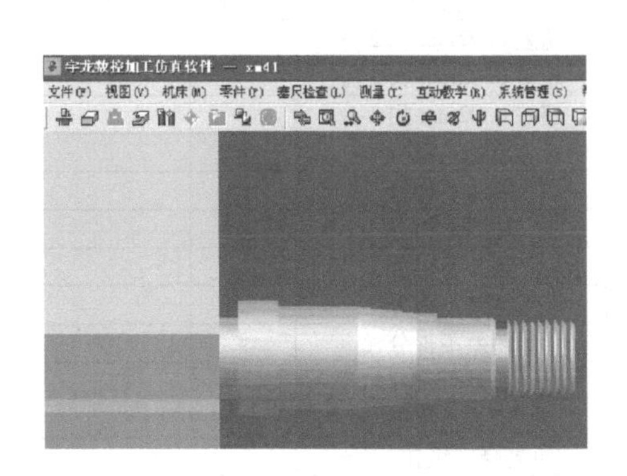

图 4-17　零件加工结果

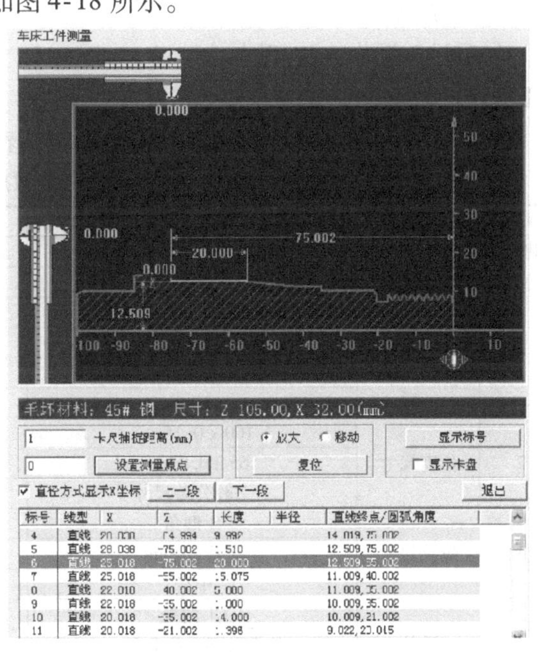

图 4-18　工件测量结果

任务 3　螺纹轴的数控车削加工操作

【技能目标】

1. 通过螺纹轴的数控加工操作，具备利用数控系统车削加工外圆面、锥面、螺纹等结构的能力。

2. 培养学生独立工作的能力和安全文明生产的习惯。

【任务描述】

图 4-1 所示的螺纹轴零件给定的毛坯尺寸为 ϕ32mm×105mm，材料为 45 钢，通过任务 1 和任务 2 的学习，要求操作华中 HNC－21T 数控机床，加工出合格的零件，并进行零件的检验和零件误差分析。

【任务分析】

螺纹轴的数控车削加工是本任务实施的重要环节，能够利用数控机床加工出合格的零件是本任务的最终目的和要求，学生应加强操作练习，掌握数控机床操作的基本功。

【任务实施】

1. 工、量具准备清单

螺纹轴零件加工工、量具准备清单见表4-2。

表4-2 螺纹轴零件加工工、量具准备清单（参考）

序号	名称	规格	数量	备注
1	游标卡尺	0～150mm	1把	
2	钢直尺	0～125mm	1把	
3	外径千分尺	25～50mm	1把	
4	螺纹环规	M18×2－6g	1套	
5	铜皮	t＝1mm	若干	

2. 加工操作

与项目2操作方法相同。

【任务评价】

螺纹轴零件的数控车削加工操作评价表见表4-3。

表4-3 螺纹轴零件的数控车削加工操作评价表

<table>
<tr><td>项目</td><td>项目4</td><td>图样名称</td><td>螺纹轴</td><td>任务</td><td>4－3</td><td colspan="2">指导教师</td><td></td></tr>
<tr><td>班级</td><td></td><td>学号</td><td></td><td>姓名</td><td></td><td colspan="2">成绩</td><td></td></tr>
<tr><td>序号</td><td>评价项目</td><td colspan="2">考核要点</td><td>配分</td><td colspan="2">评分标准</td><td>扣分</td><td>得分</td></tr>
<tr><td rowspan="4">1</td><td rowspan="4">外径尺寸</td><td colspan="2">$\phi 20^{+0.021}_{+0.002}$mm 共两处</td><td>10</td><td colspan="2">超差0.02mm扣2分</td><td></td><td></td></tr>
<tr><td colspan="2">ϕ28mm</td><td>5</td><td colspan="2">超差0.02mm扣2分</td><td></td><td></td></tr>
<tr><td colspan="2">$\phi 25^{+0.021}_{+0.002}$mm</td><td>5</td><td colspan="2">超差0.02mm扣2分</td><td></td><td></td></tr>
<tr><td colspan="2">ϕ22mm</td><td>5</td><td colspan="2">超差不得分</td><td></td><td></td></tr>
<tr><td rowspan="3">2</td><td rowspan="3">长度尺寸</td><td colspan="2">100±0.15mm</td><td>10</td><td colspan="2">超差不得分</td><td></td><td></td></tr>
<tr><td colspan="2">65±0.07mm</td><td>10</td><td colspan="2">超差不得分</td><td></td><td></td></tr>
<tr><td colspan="2">一般公差尺寸</td><td>10</td><td colspan="2">超差不得分</td><td></td><td></td></tr>
<tr><td rowspan="3">3</td><td rowspan="3">螺纹尺寸</td><td colspan="2">牙型角</td><td>5</td><td colspan="2">超差不得分</td><td></td><td></td></tr>
<tr><td colspan="2">大径ϕ18mm</td><td>10</td><td colspan="2">超差不得分</td><td></td><td></td></tr>
<tr><td colspan="2">中径</td><td>5</td><td colspan="2">超差不得分</td><td></td><td></td></tr>
<tr><td rowspan="3">4</td><td rowspan="3">其他</td><td colspan="2">$C1$ 两处</td><td>5</td><td colspan="2">超差不得分</td><td></td><td></td></tr>
<tr><td colspan="2">$Ra3.2\mu m$、$Ra1.6\mu m$</td><td>5</td><td colspan="2">每处降一级扣1分</td><td></td><td></td></tr>
<tr><td colspan="2">退刀槽3mm×2mm</td><td>5</td><td colspan="2">超差不得分</td><td></td><td></td></tr>
<tr><td rowspan="4">5</td><td rowspan="4">加工工艺与程序编制</td><td colspan="2">加工工艺的合理性</td><td>3</td><td colspan="2">不正确不得分</td><td></td><td></td></tr>
<tr><td colspan="2">刀具选择的合理性</td><td>3</td><td colspan="2">不正确不得分</td><td></td><td></td></tr>
<tr><td colspan="2">工件装夹定位的合理性</td><td>2</td><td colspan="2">不正确不得分</td><td></td><td></td></tr>
<tr><td colspan="2">切削用量选择的合理性</td><td>2</td><td colspan="2">不正确不得分</td><td></td><td></td></tr>
<tr><td>6</td><td>安全文明生产</td><td colspan="2">1. 安全、正确地操作设备
2. 工作场地整洁，工具、量具、夹具等摆放整齐规范
3. 做好事故防范措施，填写交接班记录，并将发生事故的原因、过程及处理结果记入运行档案
4. 做好环境保护</td><td colspan="3">每违反一项从总分中扣2分，扣分不超过10分</td><td></td><td></td></tr>
<tr><td colspan="4">合计</td><td colspan="3">100</td><td></td><td></td></tr>
</table>

【误差分析】

螺纹加工误差分析见表 4-4。

表 4-4　螺纹加工误差分析

问题现象	产生原因	预防和消除方法
切削过程中出现振动	1. 工件装夹不正确 2. 刀具安装不正确 3. 切削参数不正确	1. 检查工件安装，增加安装刚性 2. 调整刀具安装位置 3. 调整切削深度
螺纹牙顶呈刀口状	1. 刀具角度选择错误 2. 螺纹大径尺寸过大 3. 螺纹切削过深	1. 选择正确的刀具 2. 检查并选择合适的工件外径尺寸 3. 减小螺纹切削深度
螺纹牙型过平	1. 刀具中心错误 2. 螺纹切削深度不够 3. 刀具牙型角过小 4. 螺纹大径尺寸过小	1. 选择合适的刀具并调整刀具中心的高度 2. 计算并增加切削深度 3. 适当增大刀具牙型角 4. 检查并选择合适的工件外径尺寸
螺纹牙型底部圆弧过大	1. 刀具选择错误 2. 刀具磨损严重	1. 选择正确的刀具 2. 重新刃磨或更换刀片
螺纹牙型底部过宽	1. 刀具选择错误 2. 刀具磨损严重 3. 螺纹有乱牙现象	1. 选择正确的刀具 2. 重新刃磨或更换刀片 3. 检查加工程序中有无导致乱牙的原因 4. 检查主轴脉冲编码器是否松动损坏 5. 检查 Z 轴丝杠是否有窜动现象
螺纹表面质量差	1. 切削速度过低 2. 刀具中心过高 3. 切削控制较差 4. 刀尖产生积屑瘤 5. 切削液选用不合理	1. 调高主轴转速 2. 调整刀具中心高度 3. 选择合理的进刀方式及背吃刀量 4. 合理选择切削速度 5. 选择合适的切削液并充分喷注
螺纹误差	1. 伺服系统有滞后效应 2. 加工程序不正确	1. 增加螺纹切削升速段、降速段的长度 2. 检查、修改加工程序

【项目拓展训练】

一、实操训练零件

实操训练零件如图 4-19 所示。要求：按图编制加工工艺，填写加工工艺卡，编写程序，填写程序清单，加工出零件。

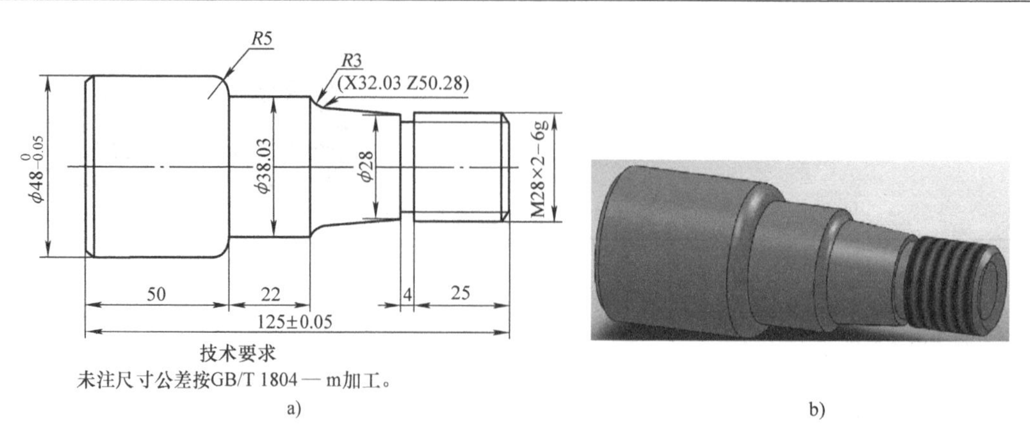

图 4-19　实操训练零件图

二、程序编制

1. 加工工艺分析

（1）加工顺序和进给线路的确定　在项目 3 实操训练的基础上继续加工，车 M28 ×2 −6g 外螺纹，并用螺纹环规检查。

（2）刀具及切削用量的选择　螺纹轴加工工艺卡见表 4-5。

表 4-5　螺纹轴加工工艺卡

数控加工工艺卡			产品名称		零件名称		零件图号	
					螺纹轴		01	
工序号	程序编号	夹具名称	夹具编号		使用设备		车间	
001	%4003	自定心卡盘			CAK6132		数控实训中心	
工步号	工步内容	切削用量			刀具		量具名称	备注
		主轴转速 n/(r/min)	进给速度 F/(mm/min)	背吃刀量 a_p/mm	编号	名称		
1	工件装夹找正					0 ~ 10mm	百分表	
2	粗车外轮廓	600	100	2	T01	90°外圆车刀	游标卡尺	手动
3	精车外轮廓	750	80	0.6	T02	90°外圆车刀	游标卡尺	自动
4	车宽 4mm 的槽	300	10		T03	车槽刀	游标卡尺	自动
5	车外螺纹	300	2		T04	60°外螺纹车刀	螺纹环规	
编制		审核		批准			共　页	第　页

2. 编制加工程序（采用前置刀架数控车床）

参考程序如下：

```
%4003;（右端）
N010  T0101;                          换 1 号外圆车刀，执行 1 号刀补（粗车外圆）
N020  M03  S600;                      主轴以 600r/min 的速度正转
N030  G00  X52  Z5;                   快速定位到循环起点
N040  G71  U1.2  R0.5  P90  Q180  X0.6  Z0.05  F100;
```

```
                                        用 G71 粗加工外轮廓
N050  G00  X100;                        粗加工后返回换刀点
N060  Z100;
N070  T0202;                            换 2 号外圆车刀，执行 2 号刀补
N080  M03  S750;                        主轴以 750r/min 的速度正转
N090  G00  G42  Z2;                     精车轮廓开始，加入刀尖圆弧半径补偿
N100  G00  X24;
N110  G01  Z0  F80;
N120  X28  Z-2;                         到倒圆角位置
N130  Z-29;                             加工 φ28mm 外圆
N140  X32.03  Z-50.28;                  加工锥面
N150  G02  X38  Z-53  R3;               加工 R3mm 圆弧
N160  G01  W-22;                        加工 φ38.03mm 外圆
N170  G03  X48  W-5  R5;                加工 R5mm 圆弧
N180  N20  G01  U1;
N190  G40  G00  X100;                   取消刀具补偿，快速退刀
N200  Z100;
N210  M05;                              主轴停止
N220  M00;                              程序暂停
N230  T0303;                            换 3 号车槽刀，执行 3 号刀补
N240  M03  S300;                        主轴以 300r/min 的速度正转
N250  G00  X30  Z2;                     快速定位
N260  Z-29;
N270  G01  X24.2  F10;                  粗加工 4mm×24mm 退刀槽
N280  X30;                              退刀
N290  W1;
N300  X24;
N310  Z-29;                             精加工退刀槽
N320  X30;
N330  G00  X100;                        快速退刀
N340  Z100;
N350  T0404;                            换 4 号外螺纹车刀，执行 4 号刀补
N360  M03  S300;                        主轴以 300r/min 的速度正转
N370  G00  X32  Z2;                     快速定位
N380  G82  X27.7  Z-27  F2;             螺纹切削固定循环
N390  X27.4;
N400  X27.1;
N410  X26.8;
N420  X26.5;
```

N430　X26.2；

N440　X26.1；

N450　X25.9；

N460　G00　X100；　　　　　　快速退刀

N470　Z150；

N480　M05；　　　　　　　　　主轴停止

N490　M30；　　　　　　　　　程序结束

三、上机仿真校验程序并操作机床加工

仿真校验程序结果如图4-20和图4-21所示。

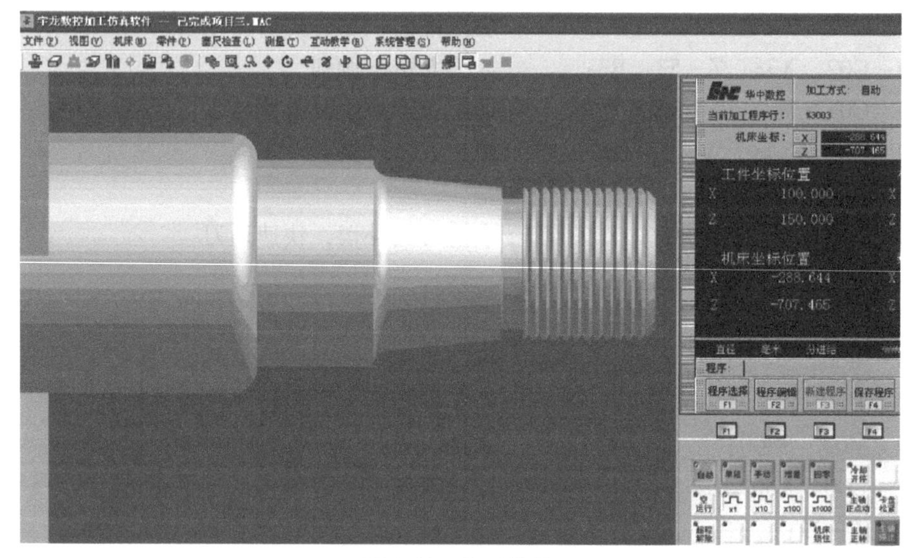

图4-20　加工结果

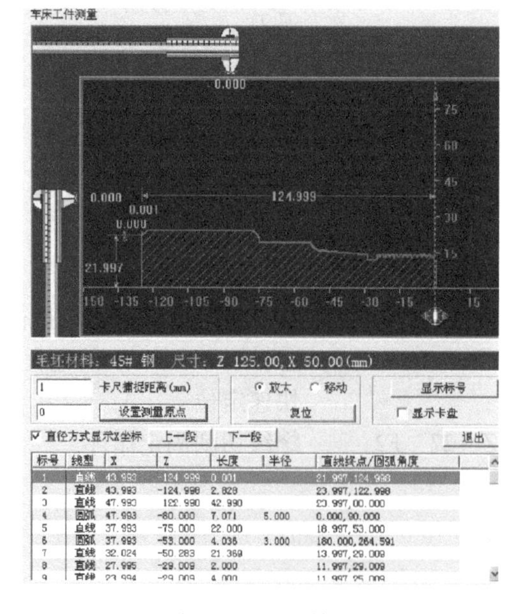

图4-21　测量结果

四、实操评价

螺纹轴零件的数控车削加工操作评价表见表4-6。

表4-6　螺纹轴零件的数控车削加工操作评价表

<table>
<tr><td>项目</td><td>项目4</td><td>图样名称</td><td>螺纹轴</td><td>任务</td><td></td><td colspan="2">指导教师</td><td></td></tr>
<tr><td>班级</td><td></td><td>学号</td><td></td><td>姓名</td><td></td><td colspan="2">成绩</td><td></td></tr>
<tr><td>序号</td><td>评价项目</td><td colspan="2">考核要点</td><td>配分</td><td colspan="2">评分标准</td><td>扣分</td><td>得分</td></tr>
<tr><td rowspan="3">1</td><td rowspan="3">外径尺寸</td><td colspan="2">ϕ38.03mm</td><td>10</td><td colspan="2">超差0.05mm扣2分</td><td></td><td></td></tr>
<tr><td colspan="2">$\phi 48_{-0.05}^{0}$mm</td><td>10</td><td colspan="2">超差0.02mm扣2分</td><td></td><td></td></tr>
<tr><td colspan="2">ϕ28mm锥面</td><td>5</td><td colspan="2">超差0.05mm扣2分</td><td></td><td></td></tr>
<tr><td rowspan="4">2</td><td rowspan="4">长度尺寸</td><td colspan="2">125±0.05mm</td><td>15</td><td colspan="2">超差0.02mm扣2分</td><td></td><td></td></tr>
<tr><td colspan="2">50mm</td><td>5</td><td colspan="2">超差不得分</td><td></td><td></td></tr>
<tr><td colspan="2">22mm</td><td>5</td><td colspan="2">超差不得分</td><td></td><td></td></tr>
<tr><td colspan="2">25mm</td><td>5</td><td colspan="2">超差不得分</td><td></td><td></td></tr>
<tr><td>3</td><td>外螺纹</td><td colspan="2">M28×2－6g</td><td>15</td><td colspan="2">超差不得分</td><td></td><td></td></tr>
<tr><td rowspan="2">4</td><td rowspan="2">倒圆角</td><td colspan="2">R5mm</td><td>5</td><td colspan="2">超差不得分</td><td></td><td></td></tr>
<tr><td colspan="2">R3mm</td><td>5</td><td colspan="2">超差不得分</td><td></td><td></td></tr>
<tr><td rowspan="2">5</td><td rowspan="2">其他</td><td colspan="2">Ra3.2μm</td><td>5</td><td colspan="2">每处降一级扣1分</td><td></td><td></td></tr>
<tr><td colspan="2">退刀槽4mm×24mm</td><td>5</td><td colspan="2">超差不得分</td><td></td><td></td></tr>
<tr><td rowspan="4">6</td><td rowspan="4">加工工艺与程序编制</td><td colspan="2">加工工艺的合理性</td><td>3</td><td colspan="2">不正确不得分</td><td></td><td></td></tr>
<tr><td colspan="2">刀具选择的合理性</td><td>3</td><td colspan="2">不正确不得分</td><td></td><td></td></tr>
<tr><td colspan="2">工件装夹定位的合理性</td><td>2</td><td colspan="2">不正确不得分</td><td></td><td></td></tr>
<tr><td colspan="2">切削用量选择的合理性</td><td>2</td><td colspan="2">不正确不得分</td><td></td><td></td></tr>
<tr><td>7</td><td>安全文明生产</td><td colspan="2">1. 安全、正确地操作设备
2. 工作场地整洁，工具、量具、夹具等摆放整齐规范
3. 做好事故防范措施，填写交接班记录，并将发生事故的原因、过程及处理结果记入运行档案
4. 做好环境保护</td><td colspan="3">每违反一项从总分中扣2分，扣分不超过10分</td><td></td><td></td></tr>
<tr><td colspan="4">合计</td><td colspan="3">100</td><td></td><td></td></tr>
</table>

自　测　题

1. 编制图4-22所示零件的数控车削加工工艺及加工工序，对零件进行上机操作或数控仿真加工，毛坯尺寸为ϕ20mm×80mm。

2. 编制图4-23所示零件的数控车削加工工艺及加工工序，对零件进行上机操作或数控仿真加工，毛坯尺寸为ϕ30mm×80mm。

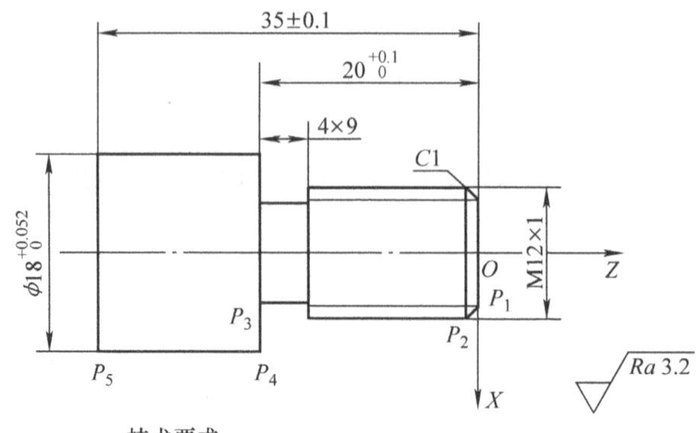

图 4-22　自测题 1 零件图

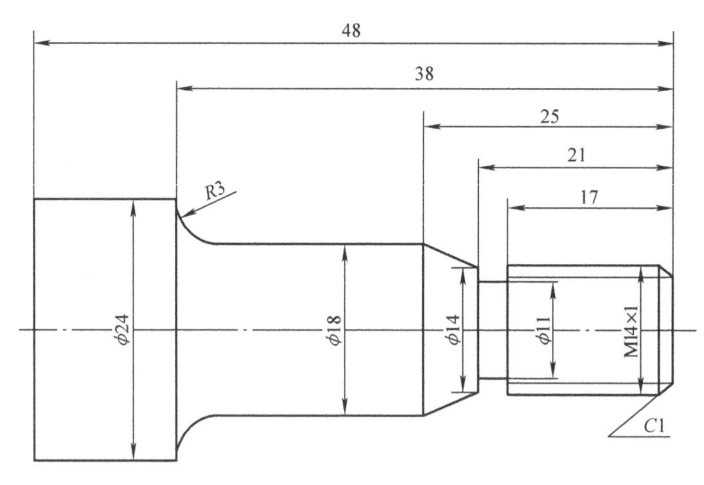

图 4-23　自测题 2 零件图

3. 编制图 4-24 所示零件的数控车削加工工艺及加工工序，对零件进行上机操作或数控仿真加工，毛坯尺寸为 ϕ45mm × 80mm。

4. 编制图 4-25 所示零件的数控车削加工工艺及加工工序，对零件进行上机操作或数控仿真加工，毛坯尺寸为 ϕ32mm × 120mm。

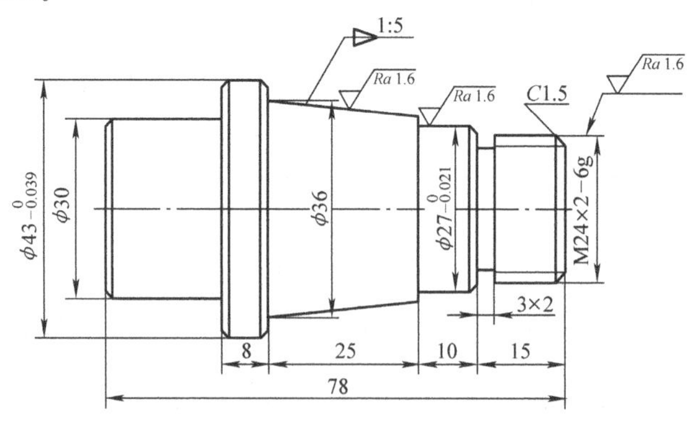

图 4-24　自测题 3 零件图

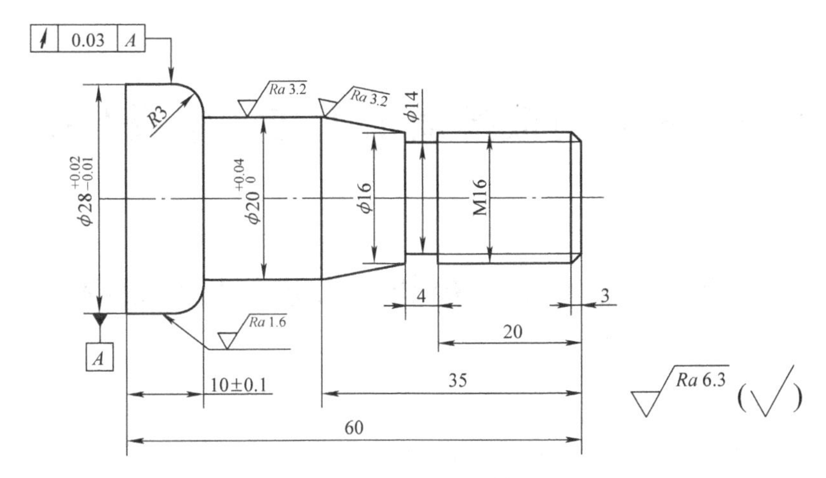

图4-25　自测题4零件图

5. 编制图4-26所示零件的数控车削加工工艺及加工工序，对零件进行上机操作或数控仿真加工，毛坯尺寸为ϕ32mm×110mm。

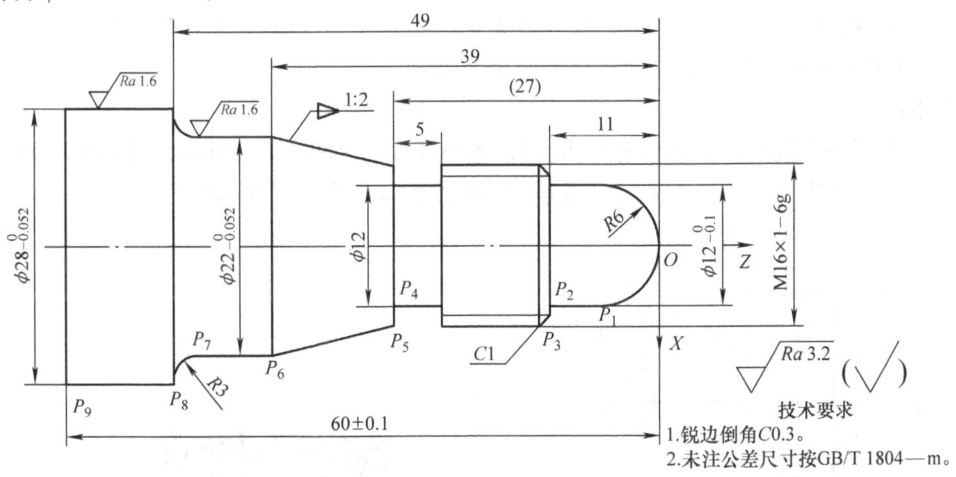

图4-26　自测题5零件图

项目5　轴套的数控加工工艺、编程与操作

任务1　轴套的数控加工工艺分析与编程

【知识目标】

1. 熟悉数控车削轴套的加工工艺及各种工艺资料的填写方法。
2. 进一步掌握和熟悉数控车床常用指令的编程格式及应用方法。
3. 掌握编制轴套类零件的数控加工程序的方法。

【技能目标】

1. 巩固数控车床一般指令的使用方法。
2. 通过编制轴套类零件的加工程序，具备编制轴套类零件数控加工程序的能力。
3. 培养学生独立工作的能力和安全文明生产的习惯。

【任务描述】

图5-1和图5-2所示轴套的材料为45钢，毛坯尺寸为ϕ50mm×60mm，已钻好ϕ20mm的通孔。要求：制订零件的加工工艺，编写零件的数控加工程序，完成零件内孔的车削加工。

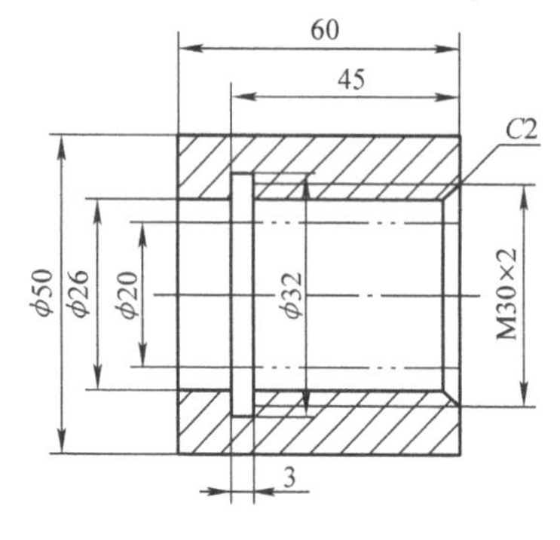

技术要求
未注尺寸公差按GB/T 1804—m加工。

图5-1　轴套的零件图

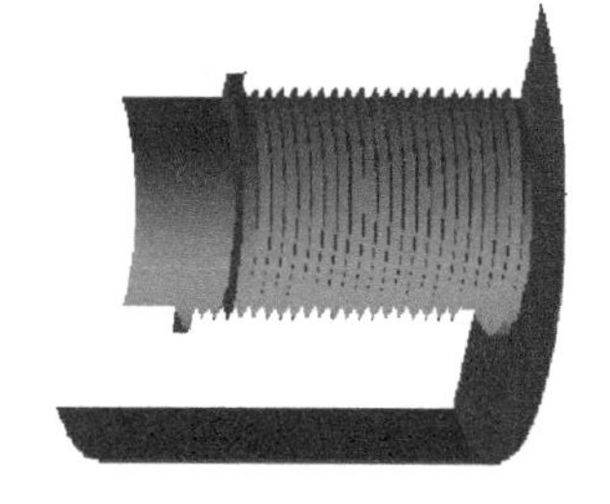

图5-2　轴套的模型图

【任务分析】

该零件需要加工内圆表面，同时还有内槽和螺纹。因此，一般情况下，先加工内孔，然后精车内槽，最后加工内孔螺纹等。

【相关知识】

一、孔加工的工艺知识

1. 孔的加工方法

根据孔的工艺要求，加工孔的方法较多，在数控车床上常用的方法有钻孔、扩孔、铰

孔、镗孔等。

（1）钻孔　如图5-3所示，用钻头在工件实体部位加工孔称为钻孔。钻孔属于粗加工，可达到的尺寸公差等级为IT13～IT11，表面粗糙度值为Ra25～6.3μm。

（2）扩孔　如图5-4所示，扩孔是用扩孔钻对已钻出的孔做进一步加工，以扩大孔径并提高精度和降低表面粗糙度值。由于扩孔时的加工余量较小和扩孔钻上导向块的作用，扩孔后的锥形误差较小，孔径圆柱度和直线性都比较好。扩孔可达到的尺寸公差等级为IT11～IT10，表面粗糙度值为Ra12.5～6.3μm，属于孔的半精加工方法，常作为铰削前的预加工，也可作为精度不高的孔的终加工。

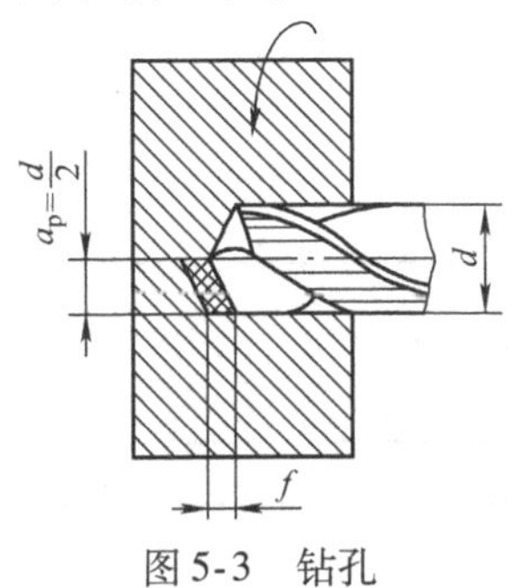

图5-3　钻孔

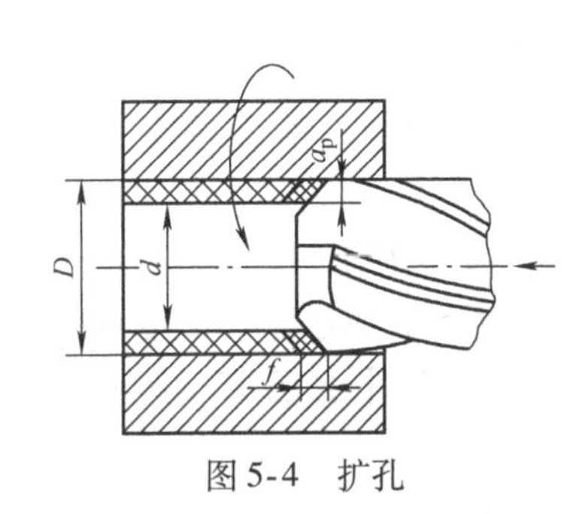

图5-4　扩孔

（3）铰孔　如图5-5所示，铰孔是在半精加工（扩孔或半精镗）的基础上对孔进行的一种精加工方法。铰孔的尺寸公差等级可达IT9～IT6，表面粗糙度值可达Ra3.2～0.2μm。

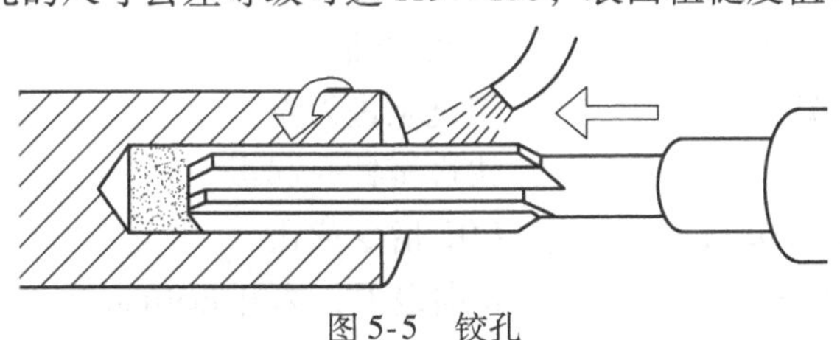
图5-5　铰孔

（4）镗孔　如图5-6所示，镗孔用来扩孔及用于孔的粗、精加工。镗孔能修正钻孔、扩孔等加工方法造成的孔轴线歪斜等缺陷，是在半精加工（扩孔或半精镗）的基础上对孔进行的一种精加工方法。镗孔的尺寸公差等级一般可达IT8～IT6，表面粗糙度值可达Ra6.3～0.8μm。

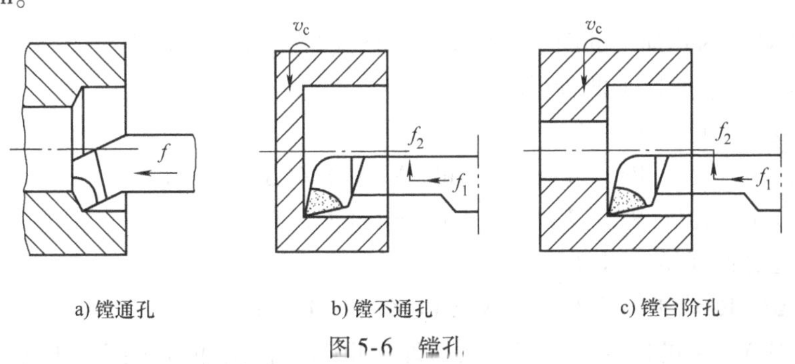

a) 镗通孔　b) 镗不通孔　c) 镗台阶孔

图5-6　镗孔

2. 内孔刀具的选择

常用内孔车刀类型如图5-7所示。在选用、安装刀具时，注意内孔车刀与外圆车刀的不同。

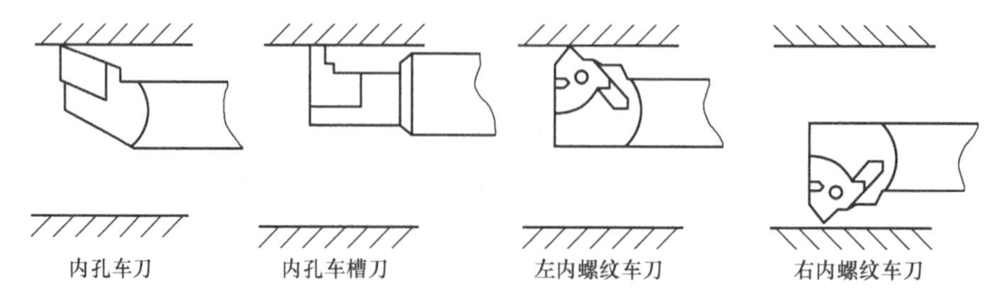

图 5-7 常用内孔车刀类型

二、内孔加工指令

内孔加工的基本指令、格式与外圆车削相同。

(1) G01 指令加工内孔

【例 5-1】 如图 5-8 所示零件，用 G01 指令加工 ϕ30mm 的孔（零件上已有 ϕ29mm 的底孔）。

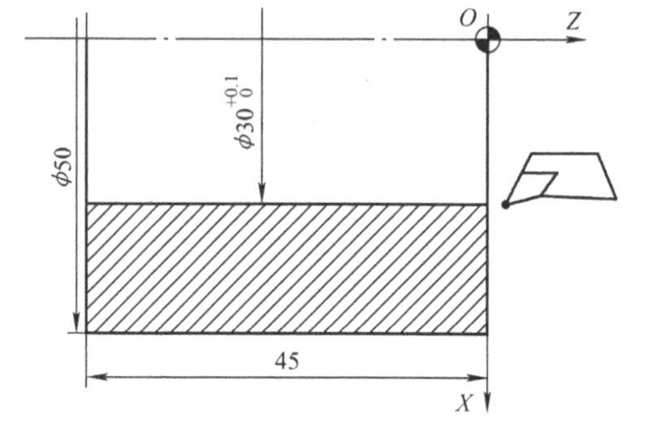

图 5-8 用 G01 指令加工孔练习

参考程序如下：

%0501;	
N10 T0101;	选择 1 号刀，建立刀补
N20 M03 S700;	起动主轴
N30 G00 X55 Z5;	快进至进刀点
N40 X30 Z2;	快进至镗孔起点
N50 G01 Z-46 F0.1;	G01 指令镗孔
N60 G01 X28 F1;	*X* 向退刀，离开 ϕ30mm 孔
N70 G00 Z100;	*Z* 向退刀
N80 X100 M05;	*X* 向退刀，停主轴
N90 T0100;	取消 1 号刀的刀补
N100 M30;	程序结束

(2) 固定循环

1) 简单循环。内孔加工的简单循环指令、格式与外圆车削相同。

2) 复合循环，包括以下两种循环：

内径粗车复合循环指令 G71：

无凹槽 G71 U (Δd) R(r) P(ns) Q(nf) X(Δx) Z(Δz) F S T;

有凹槽 G71 U (Δd) R(r) P(ns) Q(nf) E(e) F S T;

端面粗车复合循环指令 G72：

G72 W (Δd) R(r) P(ns) Q(nf) X(Δx) Z(Δz) F S T;

说明：其中 Δx、e 的值为负，其余项与外径粗车复合循环 G71 指令中相应项的含义相同。

【例 5-2】 如图 5-9 所示零件，用 G71 指令加工阶梯孔（零件上已有 ϕ28mm 的底孔）。

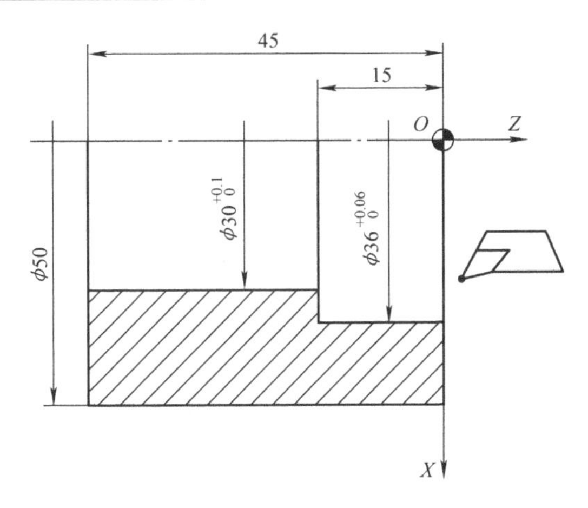

图5-9　用G71指令加工孔练习

参考程序如下：

%0502；

N10　T0101；	选择1号刀，建立刀补
N20　M03　S600；	起动主轴
N30　G00　X55　Z5；	快进至进刀点
N40　X27　Z1；	快进至G71循环起点
N50　G71　U1　R1；	
N60　G71　P70　Q110　U－0.6　W0.1　F0.2；	G71循环指令粗加工内表面
N70　G00　X36　Z1；	
N80　G01　Z－15；	
N90　X30；	
N100　Z－46；	
N110　G01　X27　F1；	
N120　G70　P70　Q110　F0.1；	G70循环指令精加工内表面
N130　G00　Z100；	*Z*向退刀
N140　X100　M05；	*X*向退刀，停主轴
N150　T0100；	取消1号刀的刀补
N160　M30；	程序结束

注意：用G71指令加工内孔的指令格式与外圆车削相同，但应注意精加工余量U地址后的数值为负值。

（3）端面深孔钻加工循环指令G74

编程格式：G74　Z（W）R（e）Q（Δk）F；

端面深孔钻加工循环线路如图5-10所示。

说明：

Z：绝对值编程时，为孔底终点在工件坐标系下的坐标。

W：增量值编程时，为孔底终点相对于循环起点的有向距离。

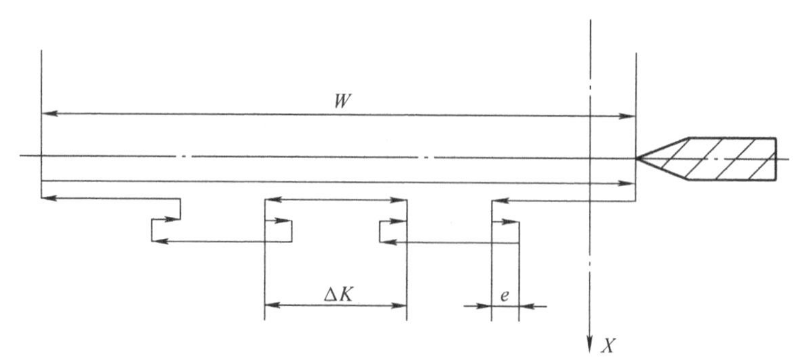

图 5-10 端面深孔钻加工循环线路

e：钻孔每进一刀的退刀量，只能为正值。

Δk：每次进刀深度，只能为正值。

注：有些系统不具备 G74 指令。

【例 5-3】 如图 5-11 所示，编制端面深孔钻加工程序。

参考程序如下（以工件右端面中心为工件坐标系原点）：

```
%0503;
N10  T0101;
N20  S600  M03;
N30  G00  X0  Z3;
N40  G74  Z-60  R1  Q5  F100;
N50  G00  X80  Z100;
N60  M30;
```

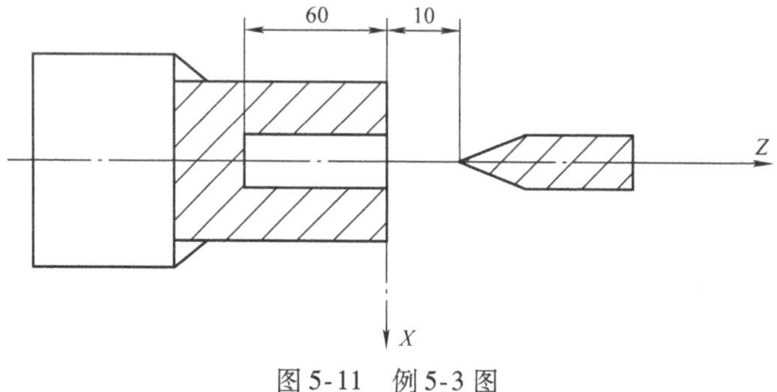

图 5-11 例 5-3 图

【任务实施】

1. 加工工艺分析

（1）零件图的工艺分析 材料为 45 钢，毛坯尺寸为 ϕ50mm×60mm，外圆与端面无需加工，ϕ20mm 内孔已钻好，只需加工内孔、内槽、螺纹。用 G71 指令加工内孔，G82 指令加工螺纹。

（2）装夹方案的确定 根据加工要求，该零件采用自定心卡盘夹紧。

（3）加工顺序和进给路线的确定

加工顺序：粗、精镗 ϕ26mm 内孔→精车内槽→车内螺纹。

内孔粗、精镗进刀线路：1 点→2 点→3 点，如图 5-12 所示。

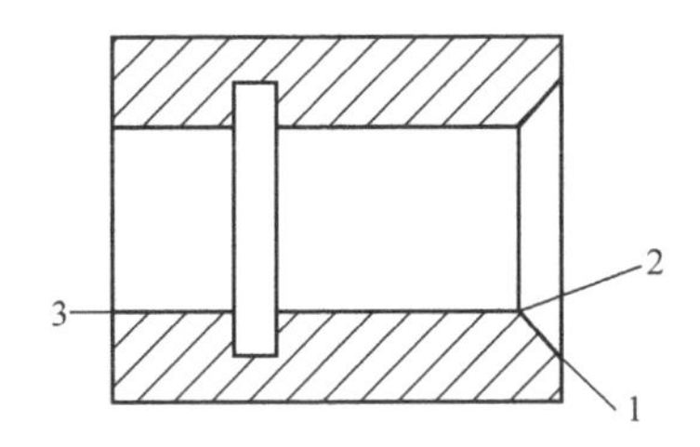

图5-12　内孔粗、精镗进刀线路

（4）工艺文件的编制　轴套零件的工艺文件见表5-1。

表5-1　轴套零件的工艺文件

数控车床			加工数据			
工序	加工内容	刀具	刀具类型	主轴转速/（r/min）	进给量/（mm/min）	刀尖圆弧半径/mm
1	粗镗 φ26mm 内孔	T01	95°内孔镗刀	500	120	0.4
2	精镗 φ26mm 内孔	T02	93°内孔镗刀	1000	80	0.2
3	车内槽	T03	宽3mm的内槽车刀	500	30	
4	车内螺纹	T04	60°内螺纹车刀	300	2mm/r	

2. 编制加工程序

（1）数值计算

1）设定程序原点：以工件右端面中心点作为程序原点建立工件坐标系。

2）计算各节点的坐标值（略）。

（2）工件加工参考程序　工件加工的参考程序如下（程序文件名为%5001）：

```
%5001;
N10  T0101;                                    换1号刀
N20  S500  M04;
N30  G00  X23  Z2  M08;                        到循环起点（23，2）
N40  G71  U1  R1  P90  Q120  X-0.2  Z0.1  F120;
                                               内孔粗车固定循环
N50  G00  X80  Z100;                           粗加工后，到换刀点
N60  T0202;                                    换2号刀
N70  S1000  M04;
N80  G00  G41  X40  Z2;                        加刀尖圆弧半径补偿
N90  G00  X34  Z2;                             精车轮廓开始，到倒角延长线1点
N100  G01  X26  Z-2  F80;                      倒角到2点
N110  Z-62;                                    到3点
N120  X22;                                     退出已加工表面，精车最后一段
N130  G00  G40  Z100  M09;
N140  X80;                                     快退至换刀点
N150  T0303;                                   换3号刀
N160  S500  M04;
```

```
N170  G00  X24  Z2  M08;
N180  Z-45;                               到车内槽的起点
N190  G01  X32  F30;                      车内槽
N200  G04  P2;                            暂停2s
N210  G01  X24;                           退刀
N220  G00  Z2;
N230  X80  Z100  M09;                     至换刀点
N240  T0404;                              换4号刀
N250  S300  M04;
N260  G00  X24  Z5  M08;                  到内螺纹循环起点
N270  G82  X26.9  Z-43.5  F2;             螺纹加工第1次循环
N280  G82  X27.5  Z-43.5  F2;             螺纹加工第2次循环
N290  G82  X28.1  Z-43.5  F2;             螺纹加工第3次循环
N300  G82  X28.5  Z-43.5  F2;             螺纹加工第4次循环
N310  G82  X28.6  Z-43.5  F2;             螺纹加工第5次循环
N320  G00  X80  Z100  M09;                快退到程序起点
N330  M30;                                程序结束
```

【知识拓展】

一、FANUC 0i-T 系统内孔加工相关知识

1. 基本指令

内孔零件加工的基本指令、格式与 FANUC 0i-T 系统外圆车削相同。

2. 固定循环

（1）简单循环　内孔零件加工的简单循环指令、格式与 FANUC 0i-T 系统外圆车削相同。

（2）复合循环

内孔粗车复合循环指令 G71：

G71　U(Δd)　R(e)；

G71　P(ns)　Q(nf)　U(Δu)　W(Δw)　F　S　T;

端面粗车复合循环指令 G72：

G72　U(Δd)　R(e)；

G72　P(ns)　Q(nf)　U(Δu)　W(Δw)　F　S　T;

说明：其中 Δu 的值为负，其余项与 FANUC 系统外径粗车复合循环指令 G71 中相应项的含义相同。

（3）端面车槽、深孔加工循环指令 G74

格式：

G74　R(e)；

G74　X(U)　Z(W)　P(Δi)　Q(Δk)　R(Δd)　F;

e：每次沿 Z 向的退刀量。

X（U）Z（W）：绝对值编程时，为孔底终点在工件坐标系下的坐标；增量值编程时，

为孔底终点相对于循环起点的有向距离。

Δi：X 方向每次循环进刀量。

Δk：Z 方向每次切削进刀量。

Δd：切削到轴向切削终点后，沿 X 向的退刀量。

注：若省略 X（U）、P、R 的指令，则可为端面中心钻孔加工。

二、FAUNC 0i－T 系统车削内孔应用实例

【例 5-4】 如图 5-13 所示，编制零件加工程序（ϕ8mm×72mm 的内孔已钻好）。

参考程序如下（以工件右端面中心作为工件坐标系原点）：

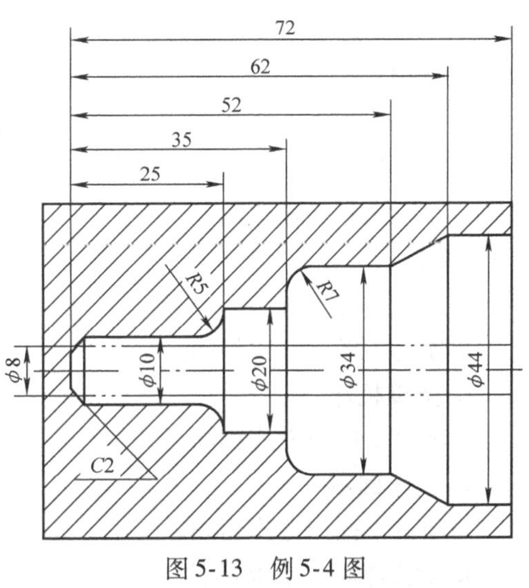

图 5-13　例 5-4 图

```
O0504;
N10  G21  G97  G99  G40;
N20  M03  S600  T0101  M08;
N30  G00  X7.0  Z2.0;
N40  G71  U2.0  R1.0;
N50  G71  P60  Q140  U-0.4  W0.2  F0.3;
N60  G00  X44.0  S800;
N70  G01  Z-10.0  F0.15;
N80  X34.0  Z-20.0;
N90  Z-30.0;
N100  G03  X20.0  Z-37.0  R7.0;
N110  G01  Z-47.0;
N120  G02  X10.0  Z-52.0  R5.0;
N130  G01  Z-70.0;
N140  X8  Z-72.0;
N150  G00  X100.0  Z100.0;
N160  T0202;
N170  G00  X7.0  Z2.0;
N180  G70  P60  Q140;
N190  G00  X100.0  Z100.0  M09;
N200  M05;
N210  M30;
```

任务 2　轴套的数控车削仿真加工

【知识目标】

1. 充分熟悉上海宇龙数控加工仿真系统。
2. 掌握轴套零件的数控车削仿真加工方法。

【技能目标】

1. 能够正确使用数控加工仿真系统校验轴套零件的数控加工程序，能够利用仿真加工软件系统仿真加工轴套零件，并进行质量检验。

2. 培养学生独立工作的能力和安全文明生产的习惯。

【任务描述】

已知图5-1所示的轴套零件，给定的毛坯尺寸为ϕ50mm×60mm，材料为45钢，已经通过任务1完成了轴套零件的数控工艺分析、零件编程，要求通过仿真软件完成程序的调试和优化，完成轴套零件的数控车削仿真加工。

【任务分析】

利用数控仿真系统仿真加工轴套零件是使用数控车床加工轴套零件的基础。熟悉数控系统各界面后，才能熟练操作，学生应加强操作练习。

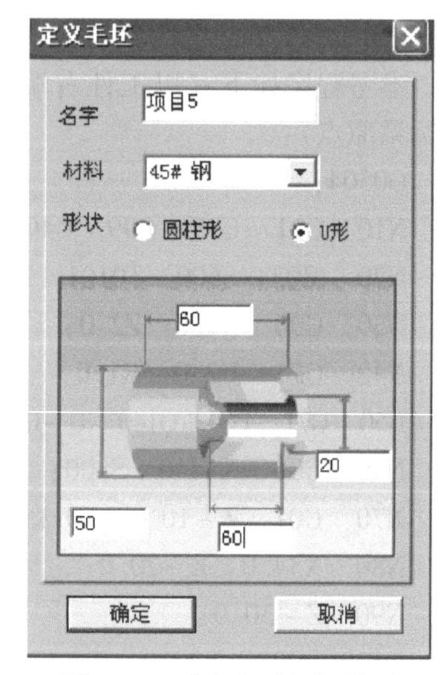

图5-14　“定义毛坯”界面

【任务实施】

1. 进入仿真系统

与项目2操作方式相同。

2. 选择机床

与项目2操作方式相同。

3. 机床回零

与项目2操作方式相同。

4. 定义毛坯、安装零件

定义毛坯：打开“零件/定义毛坯”菜单，系统打开“定义毛坯”界面，定义完成后的结果如图5-14所示。按“确定”按钮，保存定义的毛坯并退出本操作。

安装零件：与项目2操作方式相同。

5. 选择、安装刀具并对刀

本任务首先定义以下刀具：

T01：95°内孔镗刀。

T02；93°内孔镗刀。

T03：内槽车刀。

T04：60°内螺纹车刀。

（1）选择、安装刀具的操作过程

1）打开“机床/选择刀具”菜单或者在工具条中选择图标”，系统弹出“刀具选择”对话框。

2）1号刀的选择按图5-15所示操作；单击“选择刀位”的2号刀位，2号刀的选择按图5-16所示操作。

3）3号、4号刀的选择与2号刀的选择相似。刀具选择完成后，单击“完成”按

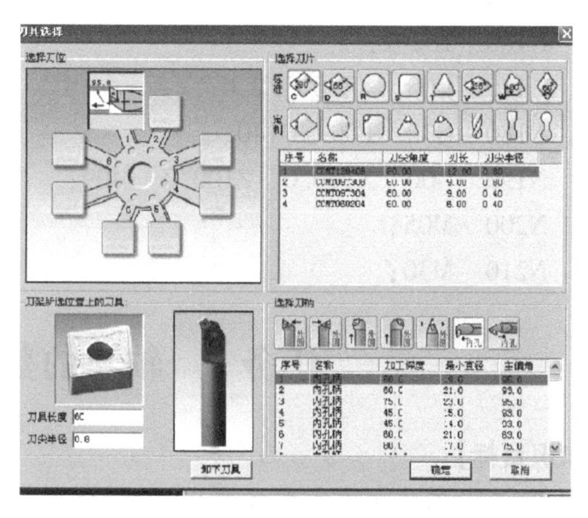
图5-15　1号刀选择界面

钮。刀具选择结果如图 5-17 所示，刀具安装结果如图 5-18 所示。

(2) 对刀操作过程　试切端面与项目 2 操作方式相同。

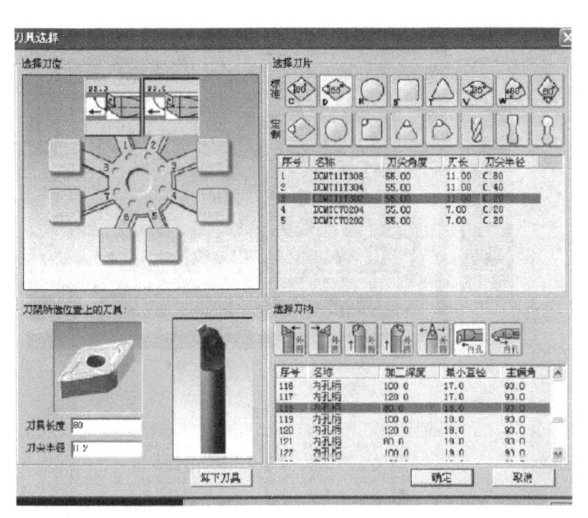

图 5-16　2 号刀选择界面

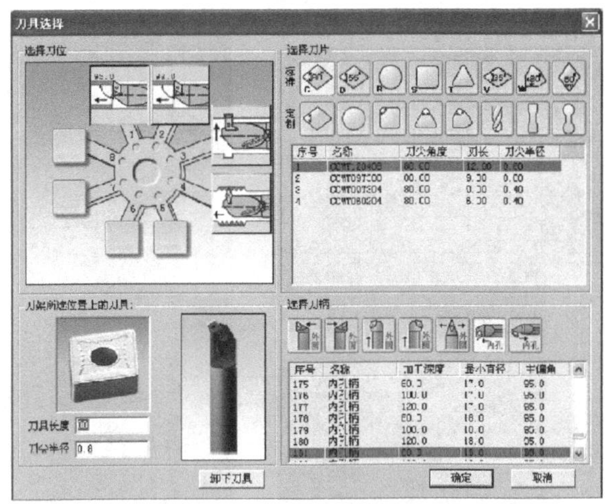

图 5-17　刀具选择结果

试切直径：单击工具条，出现图 5-19 所示的“视图选项”界面，单击“剖面（车床）”→“确定”按钮，则工件呈剖面状。用 1 号刀试切内孔，如图 5-20 所示。测量内孔直径界面如图 5-21 所示，将测量结果输入“刀偏表”的相应位置（与项目 2 操作方式相同）。

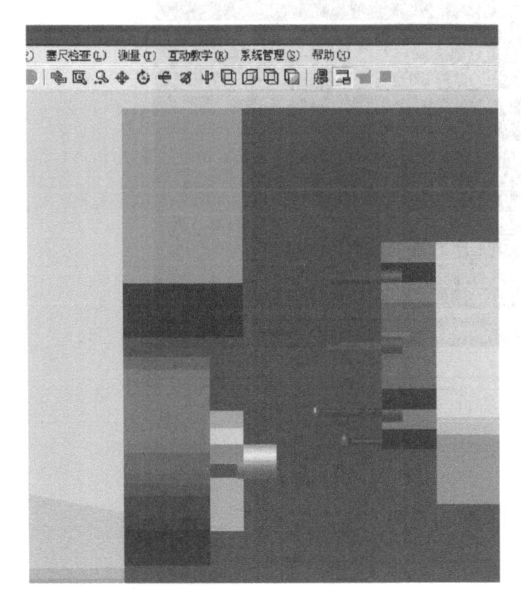

图 5-18　刀具安装结果

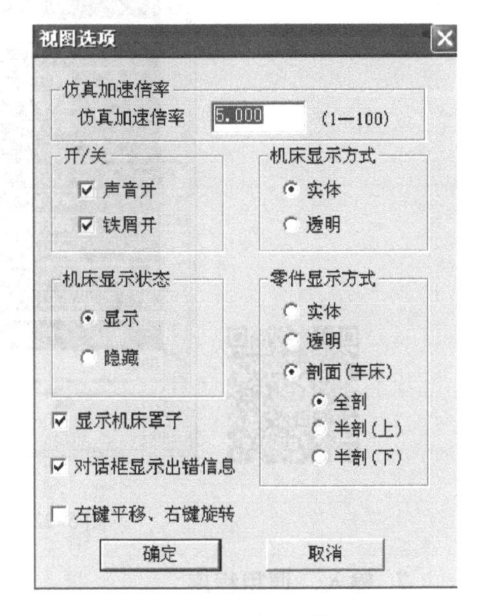

图 5-19　“视图选项”界面

6. 刀尖圆弧半径补偿输入

在机床面板上单击“F4”按钮，然后单击“F2”按钮，进入刀尖圆弧半径补偿设置界面，在对应刀补号的位置输入刀尖圆弧半径补偿值（在#0002 号刀的半径位置输入前面确定的补偿量 0.2mm，对应的刀尖方位输入 2，如图 5-22 所示）。

图 5-20　试切内孔界面

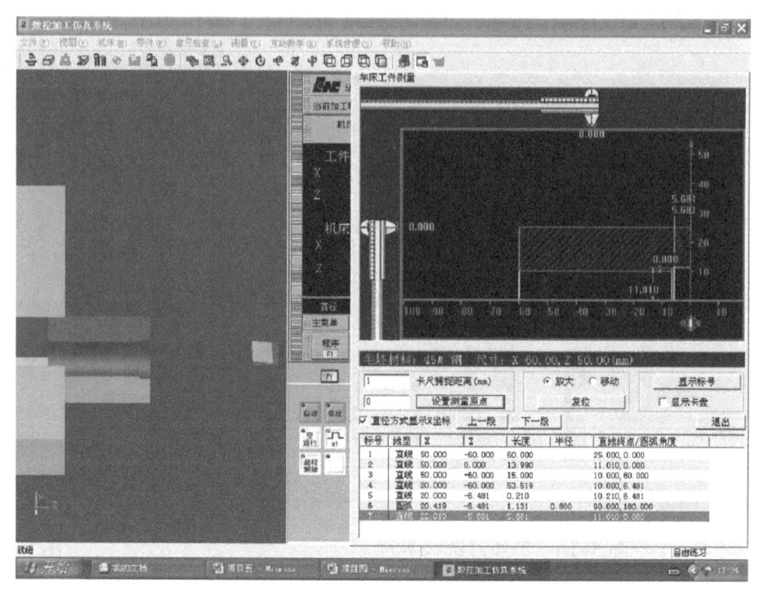

图 5-21　测量内孔直径界面

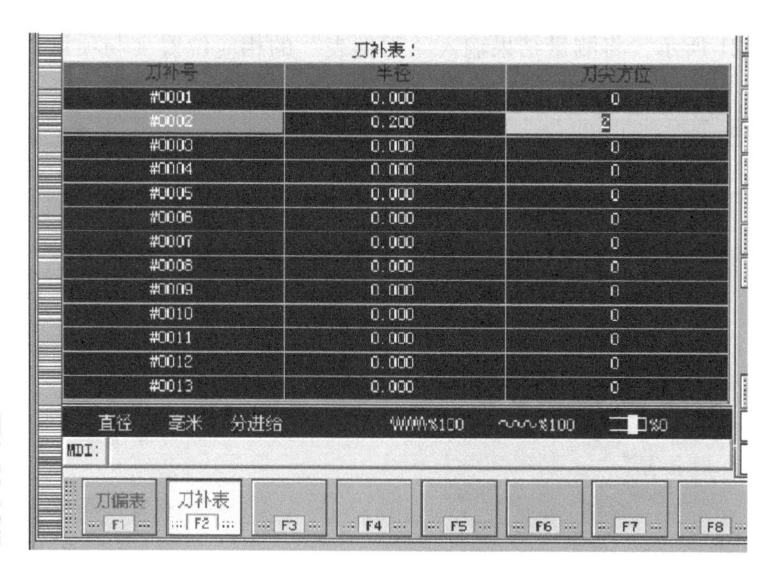

图 5-22　刀尖圆弧半径补偿输入界面

7. 输入、调用程序

与项目 2 操作方式相同。

8. 自动加工

与项目 2 操作方式相同。轴套零件仿真加工结果如图 5-23 所示。

9. 工件测量

工件加工完成后，测量工件与图样要求是否相符，如图 5-24 所示。

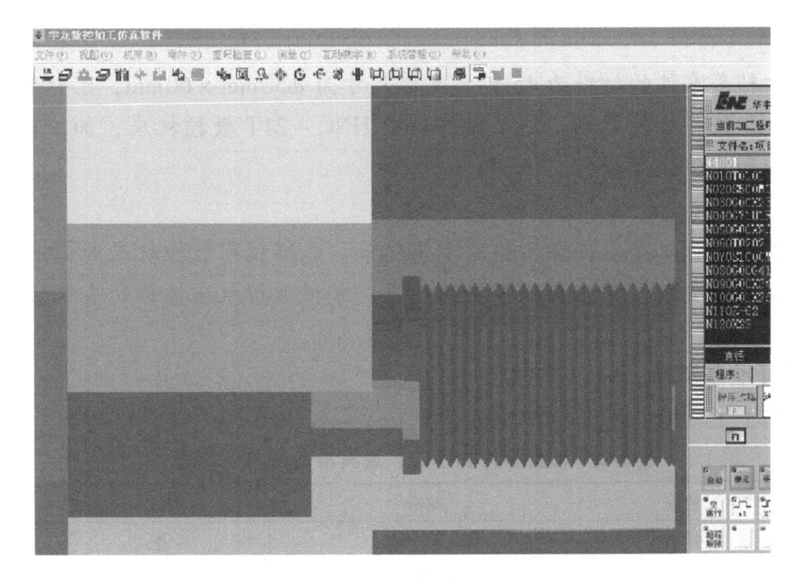

图5-23　轴套零件仿真加工结果

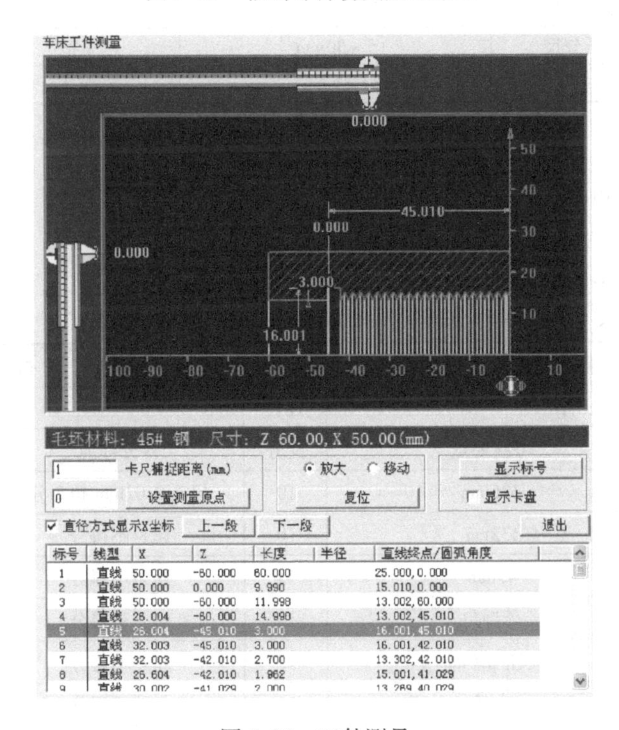

图5-24　工件测量

任务3　轴套的数控车削加工操作

【技能目标】

1. 通过轴套的数控加工操作，具备利用数控系统车削加工内孔和内槽等结构的能力。
2. 培养学生独立工作的能力和安全文明生产的习惯。

【任务描述】

图5-1所示轴套零件的材料为45钢，毛坯尺寸为ϕ50mm×60mm，已钻好ϕ20mm的通孔。通过任务1和任务2的学习，要求操作华中HNC-21T数控机床，加工出合格的零件，并进行零件检验和零件误差分析。

【任务分析】

轴套的数控车削加工是本任务实施的重要环节，能够利用数控机床加工出合格的零件是本任务的最终目的和要求，学生应加强操作练习，掌握数控机床操作的基本功。

【任务实施】

1. 工、量具准备清单

轴套零件加工工、量具准备清单见表5-2。

表5-2 轴套零件加工工、量具准备清单（参考）

序号	名称	规格	数量	备注
1	游标卡尺	0~150mm	1把	
2	钢直尺	0~125mm	1把	
3	外径千分尺	50~75mm	1把	
4	内径千分尺	5~30mm	1把	
5	铜皮	t=1mm	若干	

2. 加工操作

与项目2方式相同。

【任务评价】

轴套零件的数控车削加工操作评价表见表5-3。

表5-3 轴套零件的数控车削加工操作评价表

<table>
<tr><td>项目</td><td>项目5</td><td>图样名称</td><td>轴套</td><td>任务</td><td>5-3</td><td>指导教师</td><td></td></tr>
<tr><td>班级</td><td></td><td>学号</td><td></td><td>姓名</td><td></td><td>成绩</td><td></td></tr>
<tr><td>序号</td><td>评价项目</td><td colspan="2">考核要点</td><td>配分</td><td>评分标准</td><td>扣分</td><td>得分</td></tr>
<tr><td rowspan="2">1</td><td rowspan="2">内径尺寸</td><td colspan="2">ϕ26mm</td><td>10</td><td>超差0.02mm扣2分</td><td></td><td></td></tr>
<tr><td colspan="2">ϕ32mm</td><td>10</td><td>超差不得分</td><td></td><td></td></tr>
<tr><td>2</td><td>长度尺寸</td><td colspan="2">45mm</td><td>15</td><td>超差不得分</td><td></td><td></td></tr>
<tr><td rowspan="3">3</td><td rowspan="3">螺纹尺寸</td><td colspan="2">牙型角</td><td>10</td><td>超差不得分</td><td></td><td></td></tr>
<tr><td colspan="2">大径ϕ30mm</td><td>15</td><td>超差不得分</td><td></td><td></td></tr>
<tr><td colspan="2">中径</td><td>10</td><td>超差不得分</td><td></td><td></td></tr>
<tr><td rowspan="3">4</td><td rowspan="3">其他</td><td colspan="2">$C2$</td><td>5</td><td>超差不得分</td><td></td><td></td></tr>
<tr><td colspan="2">一般尺寸技术要求</td><td>10</td><td>每处降一级扣1分</td><td></td><td></td></tr>
<tr><td colspan="2">退刀槽</td><td>5</td><td>超差不得分</td><td></td><td></td></tr>
<tr><td rowspan="4">5</td><td rowspan="4">加工工艺与程序编制</td><td colspan="2">加工工艺的合理性</td><td>3</td><td>不正确不得分</td><td></td><td></td></tr>
<tr><td colspan="2">刀具选择的合理性</td><td>3</td><td>不正确不得分</td><td></td><td></td></tr>
<tr><td colspan="2">工件装夹定位的合理性</td><td>2</td><td>不正确不得分</td><td></td><td></td></tr>
<tr><td colspan="2">切削用量选择的合理性</td><td>2</td><td>不正确不得分</td><td></td><td></td></tr>
</table>

（续）

项目	项目5	图样名称	轴套	任务	5-3	指导教师		
班级		学号		姓名		成绩		
序号	评价项目	考核要点		配分	评分标准		扣分	得分
6	安全文明生产	1. 安全、正确地操作设备 2. 工作场地整洁，工具、量具、夹具等摆放整齐规范 3. 做好事故防范措施，填写交接班记录，并将发生事故的原因、过程及处理结果记入运行档案 4. 做好环境保护		每违反一项从总分中扣2分，扣分不超过10分				
合计				100				

【误差分析】

孔加工误差分析见表5-4。

表5-4　孔加工误差分析

问题现象	产生原因	预防和消除方法
尺寸不正确	1. 测量不正确 2. 车刀安装不正确，刀柄与孔壁相碰 3. 产生积屑瘤，增加刀尖长度，使孔车大 4. 工件的热胀冷缩	1. 要仔细测量。用游标卡尺测量时，要调整好卡尺的松紧，控制好摆动位置并进行试切 2. 选择合理的刀杆直径，最好在未开车前，先使车刀在孔内走一遍，检查是否会相碰 3. 研磨前，使用切削液，增大前角，选择合理的切削速度 4. 最好使工件冷却后再精车，切削时加切削液
内孔有锥度	1. 刀具磨损 2. 刀杆刚性差，产生“让刀”现象 3. 刀杆与孔壁相碰 4. 车头轴线歪斜 5. 床身不水平，床身导轨与主轴轴线不平行 6. 床身导轨磨损。由于磨损不均匀，使走刀轨迹与工件轴线不平行	1. 提高刀具的寿命，采用耐磨的硬质合金 2. 尽量采用大尺寸的刀杆，减小切削用量 3. 正确安装车刀 4. 检测机床精度，校正主轴轴线与床身导轨的平行度误差 5. 校正机床水平 6. 大修机床
内孔不圆	1. 孔壁薄，装夹时产生变形 2. 轴承间隙太大，主轴颈呈椭圆形 3. 工件加工余量和材料组织不均匀	1. 选择合理的装夹方法 2. 大修机床，并检查主轴的圆柱度误差 3. 增加半精镗，把不均匀的余量车去，使精车余量尽量减小和均匀。对工件毛坯进行回火处理
内孔不光	1. 车刀磨损 2. 车刀刃磨不良，表面粗糙度值大 3. 车刀几何角度不合理，装刀低于工件中心 4. 切削用量选择不当 5. 刀杆细长，产生振动	1. 重新磨车刀 2. 保证切削刃锋利，研磨车刀前、后面 3. 合理选择刀具角度，精车装刀时可略高于工件中心 4. 适当降低切削速度，减小进给量 5. 加粗刀杆，降低切削速度

【项目拓展训练】

一、实操训练零件

实操训练零件如图5-25所示。要求：按图编制加工工艺，填写加工工艺卡，编写程序，填写程序清单，加工出零件。

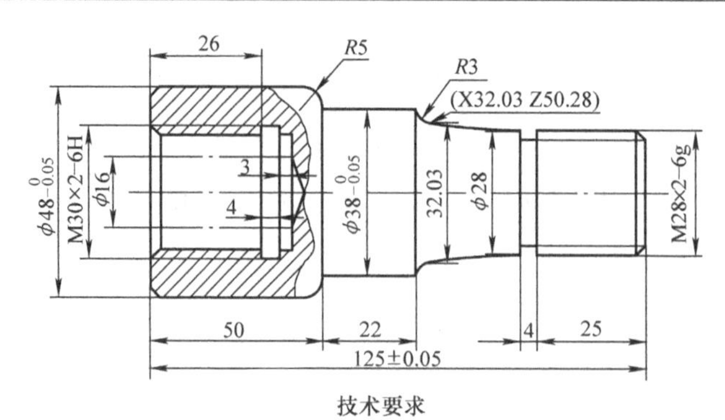

技术要求

未注尺寸公差按GB/T 1804—m加工；未注倒角C2。

图 5-25　实操训练零件

二、程序编制

1. 加工工艺分析

（1）零件图工艺分析　在项目 4 实操训练的基础上继续加工。

（2）装夹方案的确定　根据加工要求，该零件采用自定心卡盘夹紧。

（3）加工顺序和进给线路的确定　加工左端的顺序如下：

1）用自定心卡盘夹 ϕ48mm 外圆，并用磁力百分表找正。

2）用 ϕ23mm 的钻头钻深 33mm 的孔。

3）粗、精车内螺纹底径，倒角 $C2$，车螺纹退刀槽。

4）车 M30 ×2 内螺纹，用螺纹环规检查。

（4）刀具及切削用量的选择　加工工艺卡见表 5-5。

表 5-5　加工工艺卡

数控加工工艺卡			产品名称		零件名称		零件图号	
					轴套		01	
工序号	程序编号	夹具名称	夹具编号		使用设备		车间	
001	%5002	自定心卡盘			CAK6132		数控实训中心	
工步号	工步内容	切削用量			刀具		量具名称	备注
		主轴转速 n/(r/min)	进给速度 F/(mm/min)	背吃刀量 a_p/mm	编号	名称		
1	工件装夹找正					0 ~ 10mm	百分表	
2	钻孔	400				ϕ23mm 钻头		
3	粗、精镗内孔	500	50	1.2	T01	93°内孔镗刀	游标卡尺	手动
4	车内槽	300	10		T02	内槽车刀	游标卡尺	自动
5	车内螺纹	280	2		T03	60°内螺纹车刀	螺纹环规	
编制		审核		批准			共　页	第　页

2. 编制加工程序（采用前置刀架数控车床）

参考程序如下：

```
%5002;(左端)
N010  T0101;                              换1号内孔镗刀，执行1号刀补
N020  M03  S500;                          主轴以500r/min正转
N030  G00  X24  Z2;                       快速定位到循环起点
N040  G71  U1.2  R0.5  P60  Q100  X-0.6  Z0.05  F100;
                                          用G71粗加工内轮廓
N050  G41  G00  X31.9;                    精车轮廓开始，加入刀尖圆弧半径补偿
N060  G01  Z0  F50;
N070  G01  X27.9  Z-2;                    倒角C2
N080  Z-33;                               加工内孔
N090  G01  U1;                            精加工结束
N100  G40  Z100;                          取消刀尖圆弧半径补偿，快速退刀
N110  M05;                                主轴停止
N120  M00;                                程序暂停
N130  T0202;                              换2号内槽车刀，执行2号刀补
N140  M03  S300;                          主轴以300r/min正转
N150  G00  X26  Z2;                       快速定位
N160  Z-30;
N170  G01  X29.8  F10;                    粗加工退刀槽
N180  X26;
N190  W1;
N200  X30;
N210  Z-30;                               精加工退刀槽
N220  X26;
N230  G00  Z100;                          快速退刀
N240  M05;                                主轴停止
N250  M00;                                程序暂停
N260  T0303;                              换3号内螺纹车刀，执行3号刀补
N270  M03  S280;                          主轴以280r/min的速度正转
N280  G00  X26  Z2;                       快速定位
N290  G82  X28.2  Z-28  F2;               螺纹切削固定循环
N300  X28.6;
N310  X29;
N320  X29.3
N330  X29.6
N340  X29.9;
N350  X30;
N360  G00  Z150;                          快速退刀
N370  M05;
```

N380 M30；

三、上机仿真校验程序并操作机床加工

仿真校验程序结果如图 5-26 所示。

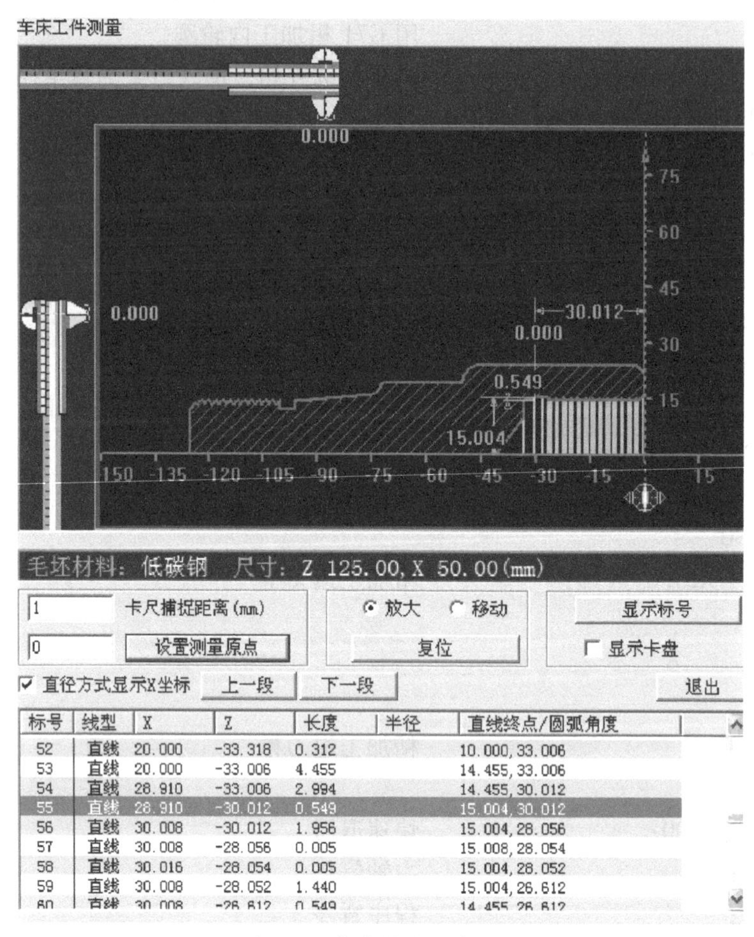

图 5-26 仿真校验程序结果

四、实操评价

零件的数控车削加工操作评价表见表 5-6。

表 5-6 零件的数控车削加工操作评价表

<table>
<tr><td>项目</td><td>项目 5</td><td>图样名称</td><td></td><td>任务</td><td></td><td colspan="2">指导教师</td><td></td></tr>
<tr><td>班级</td><td></td><td>学号</td><td></td><td>姓名</td><td></td><td colspan="2">成绩</td><td></td></tr>
<tr><td>序号</td><td>评价项目</td><td colspan="2">考核要点</td><td>配分</td><td colspan="2">评分标准</td><td>扣分</td><td>得分</td></tr>
<tr><td rowspan="3">1</td><td rowspan="3">外径尺寸</td><td colspan="2">$\phi 38_{-0.05}^{0}$mm</td><td>10</td><td colspan="2">超差 0.02mm 扣 2 分</td><td></td><td></td></tr>
<tr><td colspan="2">$\phi 48_{-0.05}^{0}$mm</td><td>10</td><td colspan="2">超差 0.02mm 扣 2 分</td><td></td><td></td></tr>
<tr><td colspan="2">ϕ28mm 锥面</td><td>5</td><td colspan="2">超差 0.05mm 扣 2 分</td><td></td><td></td></tr>
</table>

（续）

序号	评价项目	考核要点	配分	评分标准	扣分	得分
2	长度尺寸	125 ±0.05mm	10	超差0.02mm扣2分		
		50mm	5	超差不得分		
		22mm	5	超差不得分		
		25mm	5	超差不得分		
3	外螺纹	M28 ×2 -6g	10	超差不得分		
4	内螺纹	M30 ×2 -6H	10			
5	倒圆角	*R*5mm	5	超差不得分		
		*R*3mm	5	超差不得分		
6	其他	*Ra*3.2μm	5	每处降一级扣1分		
		退刀槽4mm ×24mm	5	超差不得分		
7	加工工艺与程序编制	加工工艺的合理性	3	不正确不得分		
		刀具选择的合理性	3	不正确不得分		
		工件装夹定位的合理性	2	不正确不得分		
		切削用量选择的合理性	2	不正确不得分		
8	安全文明生产	1. 安全、正确地操作设备 2. 工作场地整洁，工具、量具、夹具等摆放整齐规范 3. 做好事故防范措施，填写交接班记录，并将发生事故的原因、过程及处理结果记入运行档案 4. 做好环境保护	每违反一项从总分中扣2分，扣分不超过10分			
合计			100			

自测题

1. 编制图5-27所示零件的数控车削加工工艺及加工工序，对零件进行上机操作或数控仿真加工，毛坯尺寸为 ϕ38mm ×45mm。

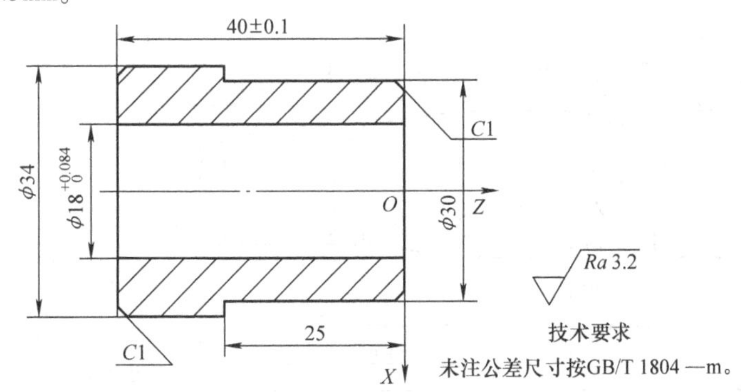

图5-27　自测题1零件图

2. 编制图5-28所示零件的数控车削加工工艺及加工工序，对零件进行上机操作或数控仿真加工，毛

坯尺寸为 ϕ45mm × 55mm。

3. 编制图 5-29 所示零件的数控车削加工工艺及加工工序，对零件进行上机操作或数控仿真加工，毛坯尺寸为 ϕ45mm × 45mm。

4. 编制图 5-30 所示零件的数控车削加工工艺及加工工序，对零件进行上机操作或数控仿真加工，毛坯尺寸为 ϕ32mm × 80mm。

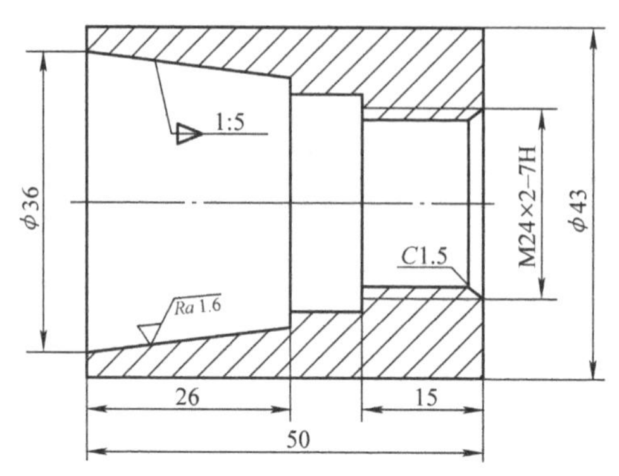

图 5-28　自测题 2 零件图

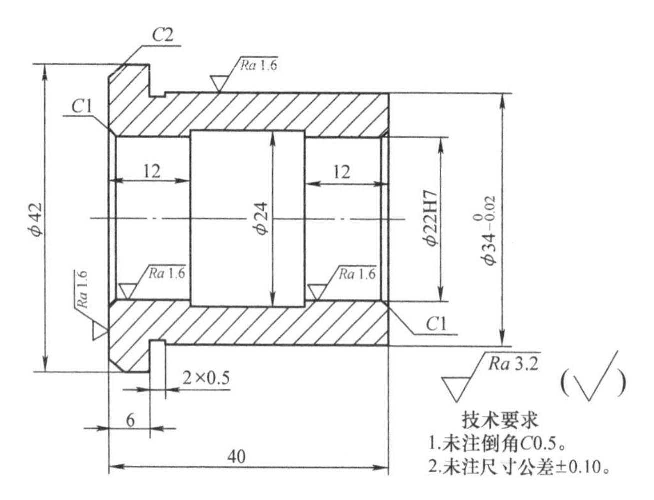

图 5-29　自测题 3 零件图

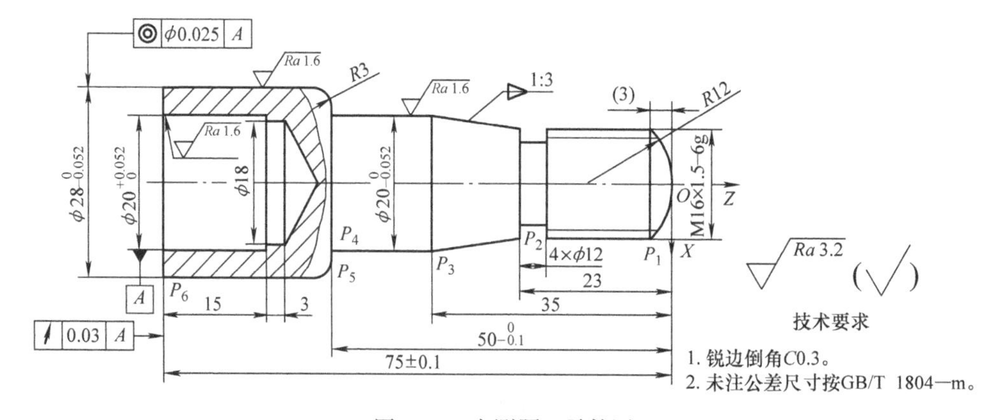

图 5-30　自测题 4 零件图

项目6　椭圆轴的数控加工工艺、编程与操作

任务1　椭圆轴的数控加工工艺分析与编程

【知识目标】

1. 熟悉数控车削椭圆轴的加工工艺及各种工艺资料的填写方法。

2. 掌握数控车床常用指令的编程格式及应用，熟悉外圆车刀、端面车刀、螺纹车刀的选用方法。

3. 掌握编制非圆曲线类零件的数控加工程序的方法。

【技能目标】

1. 通过编制椭圆轴实例的数控加工程序，具备编制外圆柱面、锥面、椭圆面、沟槽、非圆曲线类零件的数控加工程序的能力，掌握椭圆轴零件的工艺设计能力。

2. 培养学生独立工作的能力和安全文明生产的习惯。

【任务描述】

图6-1和图6-2所示为椭圆轴零件，给定的毛坯尺寸为 ϕ40mm×90mm，材料为45钢，要求分析零件的加工工艺，填写加工工艺卡，编写零件的加工程序。

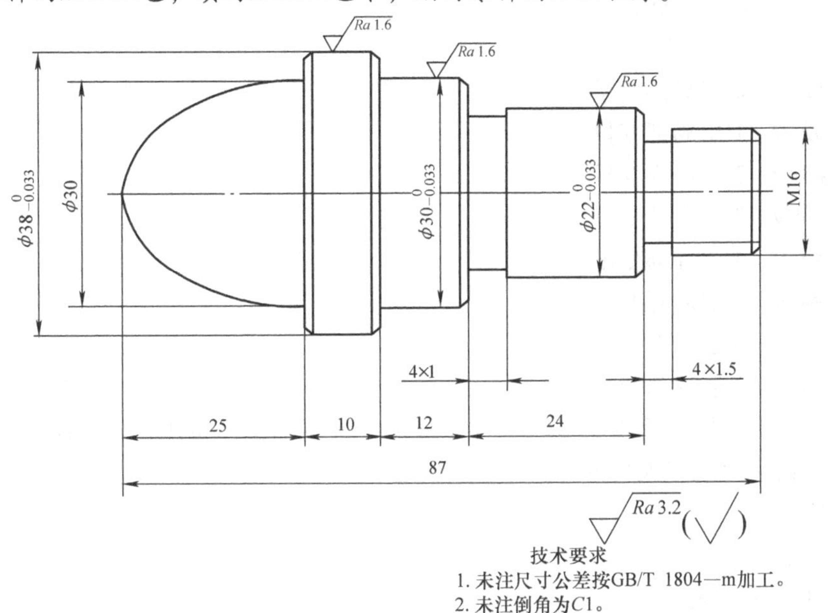

图6-1　椭圆轴的零件图

【任务分析】

数控车削适合于加工精度和表面质量要求较高、轮廓形状复杂或难以控制尺寸、带特殊

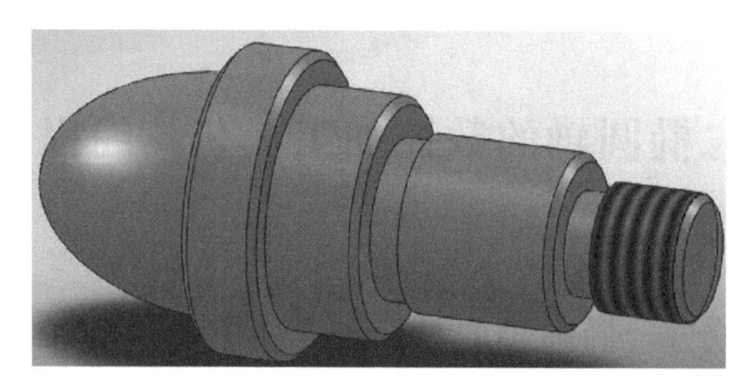

图6-2 椭圆轴的三维图

螺纹的回转体零件。本案例是一个典型的非圆曲线轴类零件。由于数控车床加工受零件加工程序的控制，因此，在数控车床或车削加工中心上加工零件时，首先要根据零件图制订合理的工艺方案，然后才能进行编程、实际加工及零件测量检验。

【相关知识】

华中HNC-21/22T数控系统为用户配备了强有力的类似于高级语言的宏程序功能，用户可以使用变量进行算术运算、逻辑运算和函数的混合运算。此外，宏程序还提供了循环语句、分支语句和子程序调用语句，用于编制各种复杂零件的加工程序，可减少甚至免除手工编程烦琐的数值计算，并精简程序量。

1. 宏变量及常量

（1）宏变量　宏变量主要有以下几种：

#0～#49：当前局部变量。

#50～#199：全局变量。

#200～#249：0层局部变量。

#250～#299：1层局部变量。

#300～#349：2层局部变量。

#350～#399：3层局部变量。

#400～#449：4层局部变量。

#450～#499：5层局部变量。

#500～#549：6层局部变量。

#550～#599：7层局部变量。

注：用户编程仅限使用#0～#599局部变量。#599以后的变量用户不得使用，#599以后的变量仅供系统程序编辑人员参考。

（2）常量

1）PI：圆周率π。

2）TRUE：条件成立（真）。

3）PALSE：条件不成立（假）。

2. 运算符与表达式

1）算术运算符：+；-；*；/。

2）条件运算符：EQ（=）；NE（≠）；GT（>）；GE（≥）；LT（<）；LE（≤）。

3）逻辑运算符：AND；OR；NOT。

4）函数：SIN（正弦）；COS（余弦）；TAN（正切）；ATAN（反正切 -π/2 ~ π/2）；ABS（绝对值）；INT（取整）；SIGN（取符号）；SQRT（开方）；EXP（指数）。

5）表达式：用运算符连接起来的常数、宏变量构成表达式。

例如：175/SQRT [2] * COS [55 * PI/180]；

#3 * 6 GT 14；

3. 赋值语句

格式：宏变量 = 常数或表达式。把常数或表达式的值赋予一个宏变量称为赋值。

例如：#2 = 175/SQRT[2] * COS[55 * PI/180]；

#3 = 124.0；

4. 条件判别语句

格式（i）：IF 条件表达式；

…；

ELSE；

…；

ENDIF；

格式（ii）：IF 条件表达式；

…；

ENDIF；

5. 循环语句

格式：WHILE 条件表达式；

…；

ENDW；

条件判别语句的使用和循环语句的使用参见宏程序编程举例。

【例 6-1】 用宏程序编制如图 6-3 所示零件的加工程序。

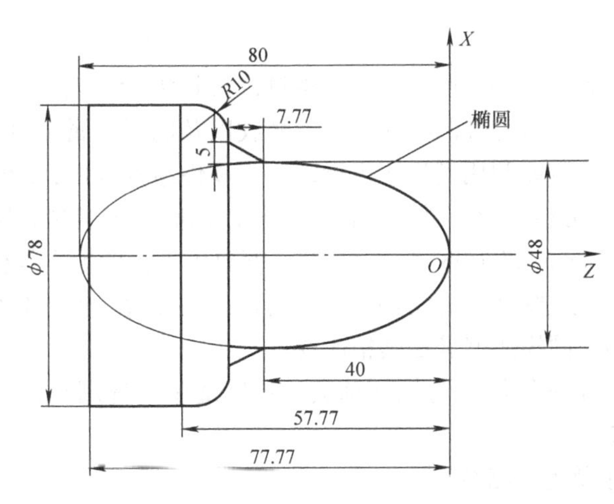

图 6-3　宏程序编程实例

参考程序如下：

```
%0601;
N10  G94;                                      分进给
N15  G00  X150  Z100;                          返回换刀安全点
N20  T0101  M03  S600;                         换外圆车刀，主轴正转
N25  G00  X81  Z3;                             快进换刀点
N30  G71  U2  R1  P35  Q90  X0.5  Z0.05  F150;
                                               粗循环加工外圆，除椭圆以外的轮廓
N35  M03  S1600  F100;                         精车加工
N40  #1 =40;                                   长半轴
N45  #2 =24;                                   短半轴
N50  #3 =40;                                   Z 轴起始尺寸
N55  WHILE  #3  GE  0;                         判断是否走到 Z 轴终点
N60  #4 =24 * SQRT[#1 * #1 - #3 * #3]/40;      X 轴变量
N65  G01  X[2 * #4]  Z[#3 -40];                椭圆插补
N70  #3 =#3 -0.05;                             Z 轴进给，每次 0.05mm
N75  ENDW;
N80  G01  X58  Z -47.77;                       外圆轮廓
N85  G03  X78  W -10  R10;
N90  G01  Z -77.77;
N95  U1;
N100  G00  X150  Z100;                         返回换刀安全点
N105  M05;
N110  M30;
```

【任务实施】

1. 加工工艺分析

（1）零件图分析

1）结构工艺性分析。此零件毛坯形状为棒料，材料为45钢，可加工性较好，无热处理和硬度要求，零件加工要素为外圆柱面、槽、螺纹以及椭圆，属于中等复杂零件，其中椭圆属于非圆曲线的加工，需要利用宏程序进行编程；零件结构合理，能够进行数控加工。

2）尺寸标注及精度分析。此零件尺寸标注完整，轮廓描述清楚，图样中3处直径尺寸$\phi 20_{-0.033}^{0}$mm、$\phi 30_{-0.033}^{0}$mm和$\phi 38_{-0.033}^{0}$mm有精度要求。精度为中等公差等级，表面粗糙度值为$Ra1.6\mu m$，通过数控加工能够满足其精度要求，在椭圆部分表面粗糙度值为$Ra3.2\mu m$，通过数控加工同样能够满足其精度要求。

（2）夹具的选择　本零件形状为规则轴类，长度适中，选用自定心卡盘装夹，装夹方便、快捷，定位精度高。

（3）确定加工顺序及走刀路线

工序一：第一次安装，夹毛坯外圆，车削零件右轮廓至尺寸要求。

工步1：车右端面。

工步2：粗、精加工外圆 ϕ38mm、ϕ30mm、ϕ22mm、ϕ16mm 的圆柱面至尺寸要求，倒角。

工步3：车宽4mm的沟槽。

工步4：车螺纹M16。

工序二：第二次装夹，调头，用软爪夹紧 ϕ22mm 外圆柱面，车削零件左端轮廓至尺寸要求。

工步1：车左端面，保证工件长度；停车，测量工件的实际长度 L；Z 向对刀，输入刀具偏移量（零件长度 L 为87mm）。

工步2：粗车椭圆。

工步3：精加工椭圆至尺寸要求。

（4）刀具及切削用量的选择　根据零件加工表面的特征确定刀具类型：选择外圆车刀（刀具安装在刀架上的1号刀位）加工外圆面和端面，选用车槽刀（刀具安装在刀架上的2号刀位）车槽，60°螺纹车刀安装在3号刀位，用于加工螺纹。刀具及切削参数见表6-1。

表6-1　刀具及切削参数

序号	刀具号	刀具类型	加工表面	切削用量	
				主轴转速 n/(r/min)	进给速度 F/(mm/min)
1	T0101	93°菱形外圆车刀	粗车外轮廓	800	180
2	T0101	93°菱形外圆车刀	精车外轮廓	1500	150
3	T0201	4mm车槽刀	车宽4mm沟槽	600	30
4	T0301	60°螺纹车刀	车螺纹	800	100
编制		审核		批准	

（5）填写工艺文件　椭圆轴加工工艺卡见表6-2和表6-3。

表6-2　椭圆轴加工工艺卡1

数控加工工艺卡				产品名称		零件名称		零件图号	
						椭圆轴		01	
工序号	程序编号	夹具名称		夹具编号		使用设备		车间	
001	%6001	自定心卡盘				数控车床		数控实训中心	
工步号	工步内容	切削用量				刀具		量具名称	备注
		主轴转速 n/(r/min)	进给速度 F/(mm/min)	背吃刀量 a_p/mm		编号	名称规格		
1	车右端面	800	180	1.5		T01	外圆车刀	游标卡尺	手动
2	粗车右端外轮廓，留余量0.2mm	800	180	1.5		T01	外圆车刀	游标卡尺	自动
3	精车右端外轮廓	1200	100	0.2		T01	外圆车刀	游标卡尺	自动
4	车宽4mm沟槽	600	30	3		T02	车槽刀	游标卡尺	自动
5	车螺纹M16	800	100			T03	螺纹车刀		
编制		审核		批准				共　页	第　页

表 6-3 椭圆轴加工工艺卡 2

数控加工工艺卡			产品名称		零件名称		零件图号	
						椭圆轴	01	
工序号	程序编号	夹具名称	夹具编号		使用设备		车间	
001	%6002	自定心卡盘			数控车床		数控实训中心	
工步号	工步内容	切削用量			刀具		量具名称	备注
		主轴转速 n/(r/min)	进给速度 F/(mm/min)	背吃刀量 a_p/mm	编号	名称		
1	车左端面	800	180	1.5	T01	外圆车刀	游标卡尺	手动
2	粗车椭圆轮廓，留余量 0.2mm	800	180	1.5	T01	外圆车刀	游标卡尺	自动
3	精车椭圆轮廓	1200	100	0.2	T01	外圆车刀	游标卡尺	自动
编制		审核		批准			共 页	第 页

2. 编制加工程序

参考程序单 1：第一次装夹加工右端，采用后置刀架。

```
%6001;
N01  T0101;
N02  M04  S800;
N03  G00  X100  Z100;
N04  G00  X42  Z5;
N05  G71  U1.5  R1  P06  Q19  X0.5  Z0.1  F180;
     S1200;
N06  G01  X0  F100;
N07  Z0;
N08  G01  X13.9;
N09  G01  X15.9  Z-1;
N10  Z-16;
N11  G01  X20;
N12  X22  Z-17;
N13  Z-40;
N14  X28;
N15  X30  Z-41;
N16  Z-52;
N17  X36;
N18  X38  Z-53;
N19  Z-65;
N20  G00  X100  Z150;
N21  T0202;
```

```
N22  M04  S600;
N23  G00  X25  Z-16;
N24  G01  X13  F30;
N25  X25;
N26  Z-40;
N27  X20;
N28  X24;
N29  G00  X100  Z150;
N30  T0303;
N31  M04  S800  F100;
N32  G00  X18Z5;
N33  G82  X15.2  Z-13  F2;
N34  G82  X14.5  Z-13  F2;
N35  G82  X14.0  Z-13  F2;
N36  G82  X13.5  Z-13  F2;
N37  G82  X13.4  Z-13  F2;
N38  G00  X100  Z150;
N39  M30;
```

程序单2：第二次安装，加工左端。

```
%6002;
N01  T0101;
N02  M04  S800;
N03  G00  X100  Z150;
N04  G00  X52  Z3;
N05  G71  U2  R1  P06  Q15  X0.5  Z0.5  F180;
N06  M04  S1200  F100;
N07  #1=25;
N08  #2=15;
N09  #3=25;
N10  WHILE  #3GE  0;
N11  #4=15*SQRT[#1*#1-#3*#3]/25;
N12  G01  X[2*#4]  Z[#3-25];
N13  #3=#3-0.05;
N14  ENDW;
N15  G01  X36  Z-25;
N16  X38  Z-26;
N17  Z-36;
N18  G00  X100  Z100;
N19  M30;
```

【知识拓展】

一、FANUC 0i 系统宏程序的相关知识

1. FANUC 系统变量的类型

空变量（#0）：初始化为空的变量被称为空变量。空变量（#0）总是空，没有值能赋予该变量。

局部变量（#1～#33）：与华中系统的局部变量含义基本相同。

公共变量（#100～#199，#500～#999）：与华中系统的全局变量含义基本相同。

系统变量（#1000～）：与华中系统的系统变量含义基本相同。

2. 变量赋值

1）直接赋值：与华中数控系统相同。

2）引数赋值：宏程序体以子程序方式出现，所用的变量可在调用宏程序时在主程序中赋值。

变量赋值方法见表6-4、表6-5。

表6-4　变量赋值方法1

地址	变量号	地址	变量号	地址	变量号
A	#1	I	#4	T	#20
B	#2	J	#5	U	#21
C	#3	K	#6	V	#22
D	#7	M	#13	W	#23
E	#8	Q	#17	X	#24
F	#9	R	#18	Y	#25
H	#11	S	#19	Z	#26

表6-5　变量赋值方法2

地址	变量号	地址	变量号	地址	变量号
A	#1	J1	#5	K2	#9
B	#2	K1	#6	I3	#10
C	#3	I2	#7	J3	#11
I1	#4	J2	#8	K3	#12
I4	#13	J6	#20	K8	#27
J4	#14	K6	#21	I9	#28
K4	#15	I7	#22	J9	#29
I5	#16	J7	#23	K9	#30
J5	#17	K7	#24	I10	#31
K5	#18	I8	#25	J10	#32
I6	#19	J8	#26	K10	#33

变量赋值方法1举例：

G65　P2009　A100.0　X30.0　F50.0；

其中，A100.0　X30.0　F50.0 的含义分别为：#1 =100.0，#24 =30.0，#9 =50.0。

变量赋值方法2举例：

```
G65  P2010  A10.0  I10.0  J5.0  K0  I0  J20.0  K50.0;
              ↓      ↓      ↓    ↓   ↓    ↓      ↓
             #1     #4     #5   #6  #7   #8     #9
```

3. 控制指令

在程序中使用控制指令可以改变程序段的运行顺序，控制指令有3种。

（1）无条件转移语句（GOTO 语句）　与华中数控系统相同。

（2）条件转移语句（IF…语句）

1）IF［条件表达式］GOTO *n*；

功能：如果指定的条件表达式满足，则程序转移（跳转）到标有顺序号 *n* 的程序段。程序段号 *n* 可以由变量或表达式替代。如果不满足指定的条件表达式，则顺序执行下一个程序段。

例：IF［ #1GT10］GOTO 80；

……；

N80　G00　X80　Z100；

……；

含义：如果变量#1 的值大于10，即转移（跳转）到顺序号为 N80 的程序段。

2）IF［条件表达式］THEN；

功能：如果指定的条件表达式满足，则执行预先指定的宏程序语句，而且只执行1个宏程序语句。

例：IF［ #1EQ#2］THEN#3 =5；

含义：如果#1 和#2 的值相同，5 赋值给#3。

说明：条件表达式必须包括运算符。运算符插在两个变量中间或变量和常量中间，并且用“［　］”封闭。表达式可以替代变量。

（3）循环语句（WHILE 语句）　功能：当指定条件满足时，则执行从 WHILE 之后的 DO 到 END 之间的程序；当指定条件不满足时，则跳转到 END 后的程序段。

格式：WHILE［条件表达式］DO *m*；（*m* =1、2、3）

……；

END *m*；

任务2　椭圆轴的数控车削仿真加工

【知识目标】

1. 熟悉上海宇龙数控加工仿真系统。

2. 掌握椭圆轴的数控车削仿真加工方法。

【技能目标】

1. 能够正确使用数控加工仿真系统校验编写的椭圆轴数控加工程序，并仿真加工椭圆轴零件。

2. 培养学生独立工作的能力和安全文明生产的习惯。

【任务描述】

已知图6-1所示的椭圆轴零件，给定的毛坯为ϕ40mm×90mm的棒料，材料为45钢，已经通过任务1完成了椭圆轴的数控工艺分析、零件编程，要求通过仿真软件完成程序的调试和优化，完成椭圆轴的数控车削仿真加工。

【任务分析】

利用数控仿真系统仿真加工椭圆轴是使用数控车床加工椭圆轴的基础。熟悉数控系统各界面后，才能熟练操作，学生应加强操作练习。

【任务实施】

1. 进入仿真系统

与项目2操作方式相同。

2. 选择机床

与项目2操作方式相同。

3. 机床回零

与项目2操作方式相同。

4. 安装零件

单击“零件/定义毛坯…”菜单，在“定义毛坯”对话框的名称栏输入“项目6”，材料选择“45#钢”，尺寸选择“直径40”“长度90”，按“确定”按钮，与项目2操作方式相同。

5. 选择、安装刀具

选择、安装刀具与项目2的操作方式相同。本任务选择四把刀，1号刀位装93°菱形外圆车刀，刀尖圆弧半径为R0.4mm；2号刀位装4mm车槽刀；3号刀位装60°机夹螺纹车刀，装好刀具后的界面如图6-4所示。

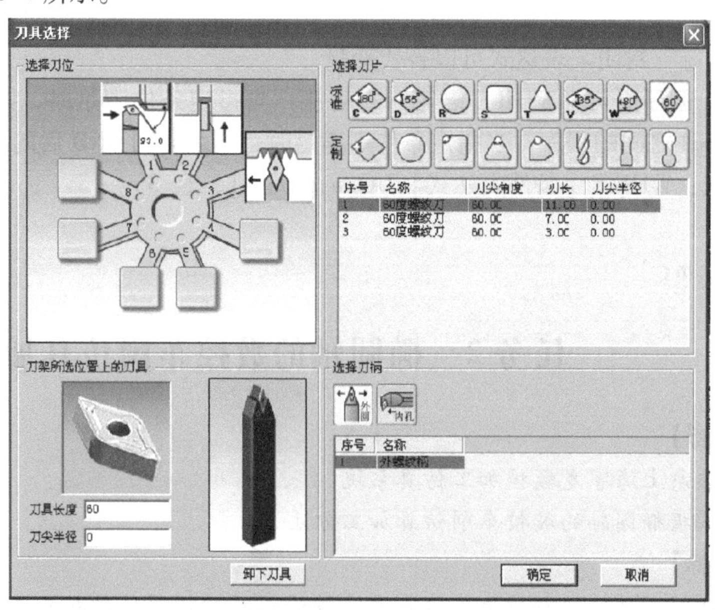

图6-4 刀具界面

6. 设定刀具补偿和刀尖方位

设定刀具补偿和刀尖方位与项目 2 操作方式相同。本任务中，在轮廓加工时，车刀 T01 的刀尖圆弧半径补偿值为 0.4mm，刀尖方位为 3。设定刀尖圆弧半径补偿和刀尖方位结果如图 6-5 所示。

华中数控　加工方式：急停　运行正常　10:32:01

当前加工程序行：

刀补表：

刀补号	半径	刀尖方位
#0001	0.400	3
#0002	0.000	0
#0003	0.000	0
#0004	0.000	0
#0005	0.000	0
#0006	0.000	0
#0007	0.000	0
#0008	0.000	0
#0009	0.000	0
#0010	0.000	0
#0011	0.000	0
#0012	0.000	0
#0013	0.000	0

直径　毫米　分进给　%100　%100　%0

MDI:

运行程序索引：% -1　N0000

机床实际位置：X 0.000　Z 0.000　F 0.000　S 0.000

工件坐标零点：X 0.000　Z 0.000

辅助机能：M 1　T 0　CT 0　ST 0

刀偏表 F1　刀补表 F2　F3　F4　F5　F6　F7　F8　显示切换 F9　返回 F10

F1　F2　F3　F4　F5　F6　F7　F8　F9　F10

图 6-5　设定刀尖圆弧半径补偿和刀尖方位结果

7. 对刀、建立工件坐标系

对刀、建立工件坐标系与项目 2 操作方式相同。T01 车刀、T02 车槽刀、T03 螺纹车刀对刀后的结果如图 6-6 所示。

华中数控　加工方式：手动　运行正常　10:48:36

当前加工程序行：

刀偏表：

刀偏号	X偏置	Z偏置	X磨损	Z磨损	试切直径	试切长度
#0001	-221.692	-169.750	0.000	0.000	39.044	0.000
#0002	-220.036	-170.517	0.000	0.000	39.044	0.000
#0003	-220.022	-183.067	0.000	0.000	39.044	0.000
#0004	0.000	0.000	0.000	0.000	0.000	0.000
#0005	0.000	0.000	0.000	0.000	0.000	0.000
#0006	0.000	0.000	0.000	0.000	0.000	0.000
#0007	0.000	0.000	0.000	0.000	0.000	0.000
#0008	0.000	0.000	0.000	0.000	0.000	0.000
#0009	0.000	0.000	0.000	0.000	0.000	0.000
#0010	0.000	0.000	0.000	0.000	0.000	0.000
#0011	0.000	0.000	0.000	0.000	0.000	0.000
#0012	0.000	0.000	0.000	0.000	0.000	0.000
#0013	0.000	0.000	0.000	0.000	0.000	0.000

MDI:

运行程序索引：6001.txt　N0

机床实际位置：X -108.078　Z -183.067　F 0.000　S 0.000

工件坐标零点：X 0.000　Z 0.000

辅助机能：M 1　T 0　CT 0　ST 0

X轴置零 F1　Z轴置零 F2　F3　F4　标刀选择 F5　F6　F7　F8　F9　返回 F10

F1　F2　F3　F4　F5　F6　F7　F8　F9　F10

图 6-6　对刀后的结果

8. 导入、编辑程序

与项目 2 操作方式相同。

9. 程序校验

与项目 2 操作方式相同。

10. 自动运行加工程序

与项目 2 操作方式相同。椭圆轴右端加工结果如图 6-7 所示。

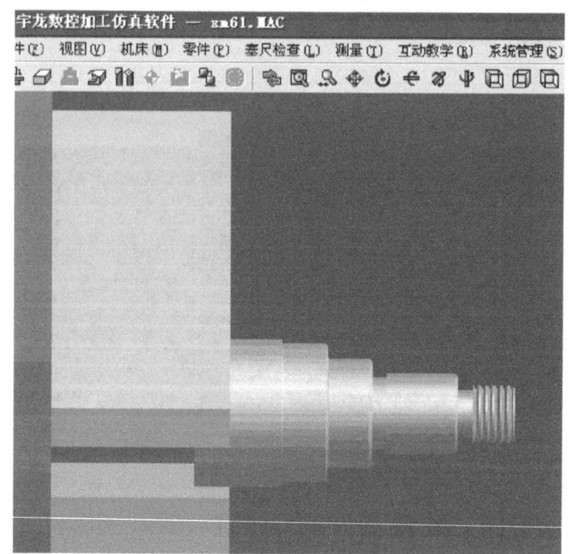

图 6-7 椭圆轴右端加工结果

11. 零件调头加工

（1）零件调头对刀 零件调头进行自动加工之前，首先需要对 T01 车刀，其操作与项目 2 相同。T02 车槽刀、T03 螺纹车刀在调头加工时用不到，所以不用对刀。

（2）自动运行程序 当对刀操作完成后，导入程序“%6002. txt”，完成程序校验，进行自动加工，椭圆轴的仿真加工结果如图 6-8 所示。

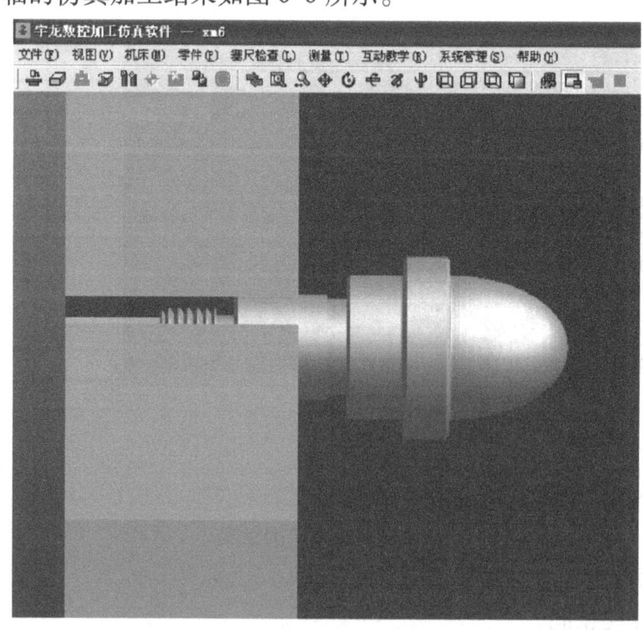

图 6-8 椭圆轴的仿真加工结果

12. 测量工件

测量工件与项目2操作方式相同，测量结果如图6-9所示。

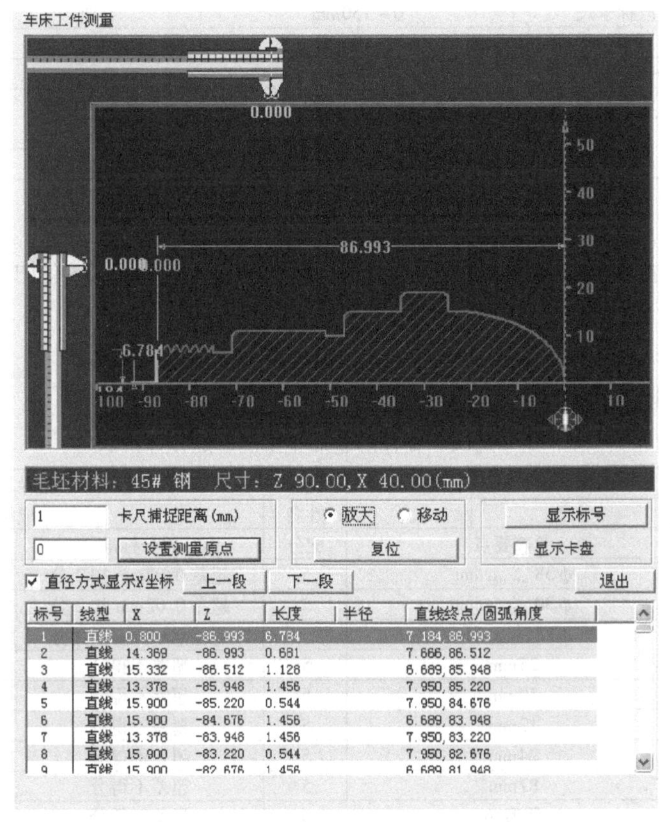

图6-9　测量结果

任务3　椭圆轴的数控车削加工操作

【技能目标】

1. 通过椭圆轴的数控加工操作，具备利用数控系统车削加工外圆面、锥面、螺纹以及椭圆等非圆曲线结构的能力。

2. 培养学生独立工作的能力和安全文明生产的习惯。

【任务描述】

图6-1所示的椭圆轴零件材料为45钢，毛坯尺寸为ϕ40mm×90mm。通过任务1和任务2的学习，要求操作华中HNC－21T数控机床，加工出合格的零件，并进行零件检验和零件误差分析。

【任务分析】

椭圆轴数控车削加工是本任务实施的重要环节，利用数控机床加工出合格的零件是本任务的最终目的和要求，学生应加强操作练习，掌握数控机床操作的基本功。

【任务实施】

1. 工、量具准备清单

椭圆轴零件加工工、量具准备清单见表6-6。

表 6-6　椭圆轴零件加工工、量具准备清单（参考）

序号	名称	规格	数量	备注
1	游标卡尺	0～150mm	1 把	
2	钢直尺	0～125mm	1 把	
3	外径千分尺	25～50mm	1 把	
4	螺纹环规	M16×2－6h	1 把	
5	铜皮	$t=1$mm	若干	
6	椭圆样板	长轴 50mm，短轴 30mm	1 把	

2. 加工操作

椭圆轴零件的加工与项目 2 操作方式相同。特别需要注意的是：在加工螺纹的过程中不能改变转速。

【项目评价】

椭圆轴零件的数控车削加工操作评价表见表 6-7 所示。

表 6-7　椭圆轴零件的数控车削加工操作评价表

<table>
<tr><td>项目</td><td>项目 6</td><td>图样名称</td><td>椭圆轴</td><td>任务</td><td>6－3</td><td colspan="2">指导教师</td><td></td></tr>
<tr><td>班级</td><td></td><td>学号</td><td></td><td>姓名</td><td></td><td colspan="2">成绩</td><td></td></tr>
<tr><td>序号</td><td>评价项目</td><td colspan="2">考核要点</td><td>配分</td><td colspan="2">评分标准</td><td>扣分</td><td>得分</td></tr>
<tr><td rowspan="3">1</td><td rowspan="3">外径尺寸</td><td colspan="2">$\phi 38_{-0.033}^{0}$ mm</td><td>5</td><td colspan="2">超差 0.02mm 扣 2 分</td><td></td><td></td></tr>
<tr><td colspan="2">$\phi 30_{-0.033}^{0}$ mm</td><td>5</td><td colspan="2">超差 0.02mm 扣 2 分</td><td></td><td></td></tr>
<tr><td colspan="2">$\phi 22_{-0.033}^{0}$ mm</td><td>5</td><td colspan="2">超差 0.02mm 扣 2 分</td><td></td><td></td></tr>
<tr><td rowspan="5">2</td><td rowspan="5">长度尺寸</td><td colspan="2">25mm</td><td>5</td><td colspan="2">超差不得分</td><td></td><td></td></tr>
<tr><td colspan="2">10mm</td><td>5</td><td colspan="2">超差不得分</td><td></td><td></td></tr>
<tr><td colspan="2">12mm</td><td>5</td><td colspan="2">超差不得分</td><td></td><td></td></tr>
<tr><td colspan="2">24mm</td><td>5</td><td colspan="2">超差不得分</td><td></td><td></td></tr>
<tr><td colspan="2">87mm</td><td>5</td><td colspan="2">超差不得分</td><td></td><td></td></tr>
<tr><td rowspan="3">3</td><td rowspan="3">螺纹尺寸</td><td colspan="2">牙型角</td><td>5</td><td colspan="2">超差不得分</td><td></td><td></td></tr>
<tr><td colspan="2">大径 ϕ16mm</td><td>10</td><td colspan="2">超差不得分</td><td></td><td></td></tr>
<tr><td colspan="2">中径</td><td>5</td><td colspan="2">超差不得分</td><td></td><td></td></tr>
<tr><td rowspan="2">4</td><td rowspan="2">椭圆尺寸</td><td colspan="2">短轴 30mm</td><td>5</td><td colspan="2">超差不得分</td><td></td><td></td></tr>
<tr><td colspan="2">长半轴 25mm</td><td>5</td><td colspan="2">超差不得分</td><td></td><td></td></tr>
<tr><td rowspan="3">5</td><td rowspan="3">其他</td><td colspan="2">未注倒角</td><td>5</td><td colspan="2">超差不得分</td><td></td><td></td></tr>
<tr><td colspan="2">Ra1.6μm、Ra3.2μm</td><td>5</td><td colspan="2">每处降一级扣 1 分</td><td></td><td></td></tr>
<tr><td colspan="2">退刀槽 4mm×1mm、4mm×1.5mm</td><td>10</td><td colspan="2">超差不得分</td><td></td><td></td></tr>
<tr><td rowspan="4">6</td><td rowspan="4">加工工艺与程序编制</td><td colspan="2">加工工艺的合理性</td><td>3</td><td colspan="2">不正确不得分</td><td></td><td></td></tr>
<tr><td colspan="2">刀具选择的合理性</td><td>3</td><td colspan="2">不正确不得分</td><td></td><td></td></tr>
<tr><td colspan="2">工件装夹定位的合理性</td><td>2</td><td colspan="2">不正确不得分</td><td></td><td></td></tr>
<tr><td colspan="2">切削用量选择的合理性</td><td>2</td><td colspan="2">不正确不得分</td><td></td><td></td></tr>
<tr><td>7</td><td>安全文明生产</td><td colspan="2">1. 安全、正确地操作设备
2. 工作场地整洁，工具、量具、夹具等摆放整齐规范
3. 做好事故防范措施，填写交接班记录，并将发生事故的原因、过程及处理结果记入运行档案
4. 做好环境保护</td><td colspan="3">每违反一项从总分中扣 2 分，扣分不超过 10 分</td><td></td><td></td></tr>
<tr><td colspan="4">合计</td><td colspan="3">100</td><td></td><td></td></tr>
</table>

【误差分析】

在编程时，首先应决定是采用直线段逼近非圆曲线，还是采用圆弧段逼近非圆曲线。采用直线段逼近非圆曲线，各直线段间连接处存在尖角。由于在尖角处，刀具不能连续地对零件进行切削，零件表面会出现硬点或切痕，使加工表面质量变差。采用圆弧段逼近的方式，可以大大减少程序段的数目。这种方式分为两种情况：一种为相邻两圆弧段间彼此相交；另一种则采用彼此相切的圆弧段来逼近非圆曲线。后一种方式由于相邻的圆弧彼此相切，一阶导数连续，工件表面整体光滑，从而有利于提高加工表面质量。在实际的手工编程中主要采用直线段逼近法，目前，采用直线段逼近非圆曲线的方法主要有等间距法、等步距法和等插补误差法。

【项目拓展训练】

一、实操训练零件

实操训练零件为抛物线轴零件，如图6-10所示。要求：按图编制加工工艺，填写加工工艺卡，编写程序，填写程序清单，加工出零件。

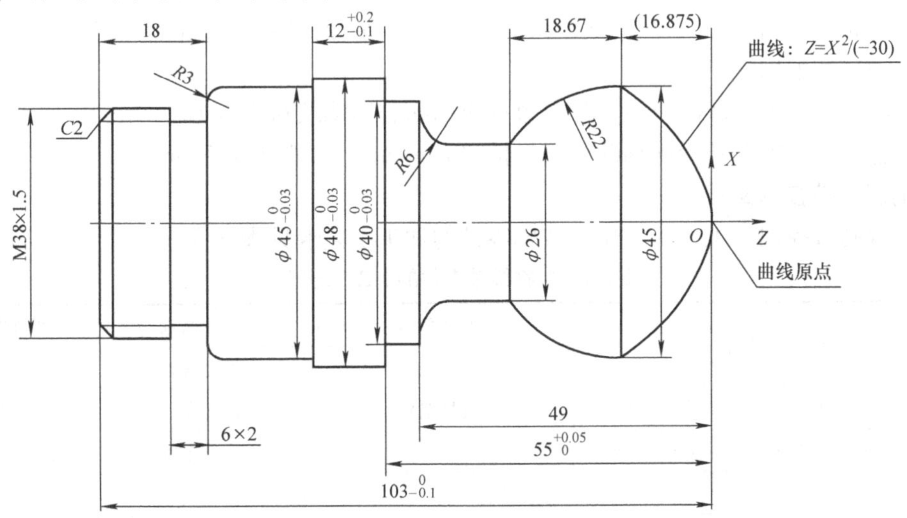

图6-10　抛物线轴零件图

二、程序编制

1. 加工工艺分析

（1）零件图工艺分析　材料为45钢，毛坯尺寸为ϕ50mm×105mm。

（2）装夹方案的确定　根据加工要求，该零件采用自定心卡盘夹紧。

（3）加工顺序和进给线路的确定

1）加工左端：

① 用自定心卡盘夹紧毛坯外圆，伸出长度约为60mm，车平端面。

② 粗车ϕ38mm外圆、ϕ45mm外圆、ϕ48mm外圆、倒角$C2$，留精车余量0.6mm。

③ 精车ϕ38mm外圆、ϕ45mm外圆、ϕ48mm外圆、倒角$C2$。

④ 加工6mm×2mm退刀槽。

⑤ 加工M38的螺纹。

2）加工右端：

① 工件调头，测量工件总长，用铜皮包ϕ45mm外圆，工件伸出约70mm，用自定心卡

盘夹持，并用磁力百分表找正 ϕ48mm 外圆，夹紧工件，以保证圆跳动误差在精度要求内。用贴近方式对刀，输入试切长度。

② 编程控制总长为 103mm，粗、精车 ϕ40mm 外圆、ϕ26mm 外圆、R22mm 圆弧和非圆曲线。

2. 设计数控车削加工工序

（1）选择加工设备　选用数控系统为华中数控世纪星 4 代 HNC－22T（平床身前置刀架）的数控车床。

（2）选择工艺装备

1）该零件采用自定心卡盘自定心夹紧。

2）刀具：T0101 外圆车刀（C 型，刃长 12mm，主偏角为 93°，刀尖圆弧半径补偿值为 0.8mm）；T0202 外圆车槽刀（宽度 6mm，切槽深度为 15mm）；T0303 为 60°外螺纹车刀；T0404 外圆车刀（选择定制菱形刀片，刀尖角度为 35°，主偏角为 90°）。

刀尖圆弧半径补偿值：T0101 外圆车刀的刀尖圆弧半径补偿值为 0.8mm，刀尖方位为 3。

（3）确定切削用量

主轴转速：车外圆 500r/min、车沟槽 600r/min、车螺纹 650r/min。

进给速度：车外圆 100mm/min、车沟槽 90mm/min、车螺纹 1.5mm/r。

3. 编制数控技术文档

（1）编制数控加工工艺卡　抛物线轴零件的加工工艺卡见表 6-8。

表 6-8　抛物线轴零件的加工工艺卡

<table>
<tr><td colspan="3" rowspan="2">数控加工工艺卡</td><td colspan="2">产品名称</td><td colspan="2">零件名称</td><td colspan="2">零件图号</td></tr>
<tr><td colspan="2"></td><td colspan="2">抛物线轴</td><td colspan="2">01</td></tr>
<tr><td>工序号</td><td>程序编号</td><td>夹具名称</td><td colspan="2">夹具编号</td><td colspan="2">使用设备</td><td colspan="2">车间</td></tr>
<tr><td>001</td><td>%6003；%6004</td><td>自定心卡盘</td><td colspan="2"></td><td colspan="2">数控车床</td><td colspan="2">数控实训中心</td></tr>
<tr><td rowspan="2">工步号</td><td rowspan="2">工步内容</td><td colspan="3">切削用量</td><td colspan="2">刀具</td><td rowspan="2">量具名称</td><td rowspan="2">备注</td></tr>
<tr><td>主轴转速 n/(r/min)</td><td>进给速度 F/(mm/min)</td><td>背吃刀量 a_p/mm</td><td>编号</td><td>名称</td></tr>
<tr><td>1</td><td>粗车左端外圆</td><td>500</td><td>0.2</td><td>2</td><td>T01</td><td>外圆车刀</td><td>游标卡尺</td><td>手动</td></tr>
<tr><td>2</td><td>精车左端外圆</td><td>500</td><td>0.2</td><td>0.5</td><td>T01</td><td>外圆车刀</td><td>游标卡尺</td><td>自动</td></tr>
<tr><td>3</td><td>车沟槽</td><td>600</td><td>0.15</td><td>2</td><td>T02</td><td>车槽刀</td><td>游标卡尺</td><td>自动</td></tr>
<tr><td>4</td><td>车螺纹 M38</td><td>650</td><td>1.5</td><td>2</td><td>T03</td><td>螺纹车刀</td><td>游标卡尺</td><td>自动</td></tr>
<tr><td>5</td><td>调头，车右端各外圆</td><td>500</td><td>0.2</td><td>2</td><td>T04</td><td>外圆车刀，菱形刀片</td><td></td><td></td></tr>
<tr><td>编制</td><td></td><td>审核</td><td></td><td>批准</td><td></td><td></td><td>共 页</td><td>第 页</td></tr>
</table>

（2）编制加工程序（采用前置刀架数控车床）

```
%6003；（左端加工程序）
N1；
G95  G97  S500  M03  T0101；        主轴正转，换 1 号刀具
G00  G42  X52  Z2；                 刀具快速定位到起刀点
```

```
G71  U2  R1  P10  Q20  X0.5  Z0.3  F0.2;
                                        复合循环加工外圆，进给速度为0.2mm/r
N10  G00  X30;                          快速定位至精加工切削起点
Z-18;                                   精车外圆
X39;
G03  X45  Z-21  R3;
G01  Z-36;
X48;
N20  Z-49;
G00  G40  X100  Z50;                    退刀，并取消刀补
N2;
G95  G97  S600  M03  T0202;             换2号刀具
G00  X50  Z-18;                         刀具快速定位到起刀点
G01  X34  F0.15;                        车槽
G00  X100;                              退刀
Z50;
N3;
G95  G97  S650  M03  T0303;             换3号刀具
G00  X50  Z2;                           刀具快速定位到起刀点
G82  X37.2  Z-13  F1.5;                 循环切削螺纹
X36.6;
X36.2;
X36.04;
G00  X100;                              退刀
Z50;
M05;
M30;
%6004;（右端加工程序）
G95  G97  S500  M03  T0404;             换4号刀具
G00  X50  Z0;                           刀具快速定位到起刀点
G01  X-1  F0.2;                         切削端面
G00  X47  Z2;                           刀具快速定位到起刀点
#51=44;
M98  P0002  L23;                        调用子程序23次
G00  X50  Z-15;                         刀具快速定位到循环起点
G71  U2  R1  P10  Q20  X0.5  Z0.2;      复合循环加工外圆
N10  G00  X45;                          快速定位精加工切削起点
G01  Z-16.875;
G03  X26  Z-35.545  R22;                加工R22mm圆球面
```

```
G01  Z-43;
G02  X38  Z-49  R6;
G01  X40;
N20  Z-55;
G00  X100; 退刀
Z50;
M05  M30;
%0002;
G00  X [#51];                     快速定位到切削起点,
G90  G01  Z0;                     切削至Z=0平面
#0=#51+45;
WHILE  #51  LE#0;
#2=#51*#51/120;                   函数关系式,#51表示直径X、#2表示Z坐标
G90  G01  X [#51]  Z [-#2];       直线切削至#51和-#2对应的坐标点
#51=#51+0.05;                     每次循环加工0.05mm
ENDW;
G00X [#0+2];                      沿X方向退刀,子程序X值加上2mm
Z2;                               沿Z方向退刀
#51=#51-47;                       每调用一次子程序#51的值减去47mm
M99;                              返回主程序
```

三、上机仿真校验程序并操作机床加工

抛物线轴仿真加工结果如图6-11所示。

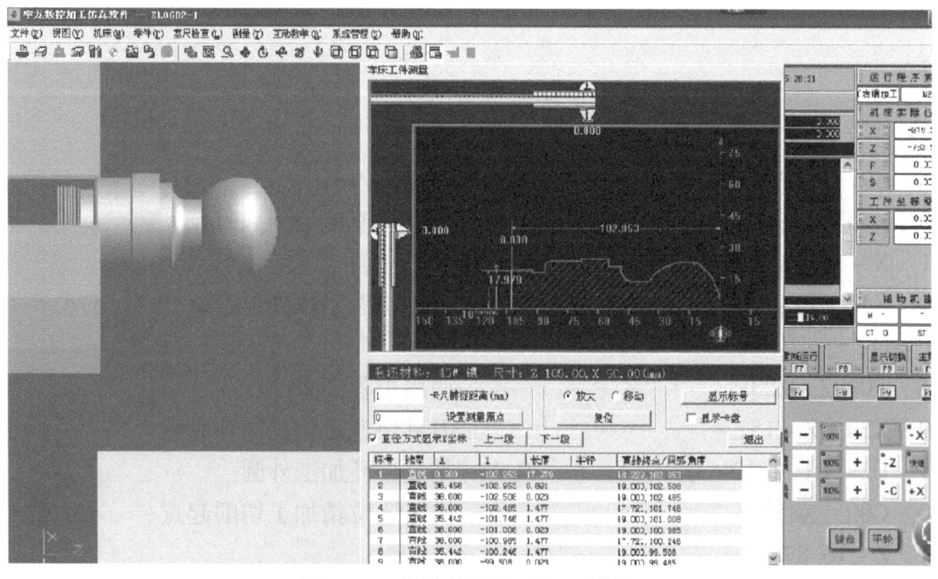

图6-11 抛物线轴仿真加工结果

四、实操评价

抛物线轴零件的数控车削加工操作评价表见表6-9。

表6-9　抛物线轴零件的数控车削加工操作评价表

项目	项目6	图样名称	抛物线轴	任务		指导教师	
班级		学号		姓名		成绩	
序号	评价项目	考核要点		配分	评分标准	扣分	得分
1	外径尺寸	$\phi45_{-0.03}^{\ 0}$mm		5	超差0.02mm扣2分		
		$\phi48_{-0.03}^{\ 0}$mm		5	超差0.02mm扣2分		
		$\phi40_{-0.03}^{\ 0}$mm		5	超差0.02mm扣2分		
		ϕ26mm		5	超差不得分		
2	长度尺寸	49mm		5	超差不得分		
		$55_{\ 0}^{+0.05}$mm		5	超差不得分		
		18mm		5	超差不得分		
		$12_{-0.1}^{+0.2}$mm		5	超差不得分		
		$103_{-0.1}^{\ 0}$mm		5	超差不得分		
3	螺纹尺寸	牙型角		5	超差不得分		
		大径ϕ38mm		5	超差不得分		
		中径		5	超差不得分		
4	双曲线尺寸	16.875mm		5	超差不得分		
		ϕ45mm		5	超差不得分		
5	其他	*R*3mm、*R*6mm、*R*22mm		9	超差不得分		
		倒角*C*2		6	每处降一级扣1分		
		退刀槽6mm×2mm		5	超差不得分		
6	加工工艺与程序编制	加工工艺的合理性		3	不正确不得分		
		刀具选择的合理性		3	不正确不得分		
		工件装夹定位的合理性		2	不正确不得分		
		切削用量选择的合理性		2	不正确不得分		
7	安全文明生产	1. 安全、正确地操作设备 2. 工作场地整洁，工具、量具、夹具等摆放整齐规范 3. 做好事故防范措施，填写交接班记录，并将发生事故的原因、过程及处理结果记入运行档案 4. 做好环境保护		每违反一项从总分中扣2分，扣分不超过10分			
合计				100			

自测题

1. 编制图6-12所示零件的数控车削加工工艺及加工工序，对零件进行上机操作或数控仿真加工，毛坯尺寸为ϕ30mm×90mm。

2. 编制图6-13所示零件的数控车削加工工艺及加工工序，对零件进行上机操作或数控仿真加工，毛坯尺寸为 ϕ40mm×65mm。

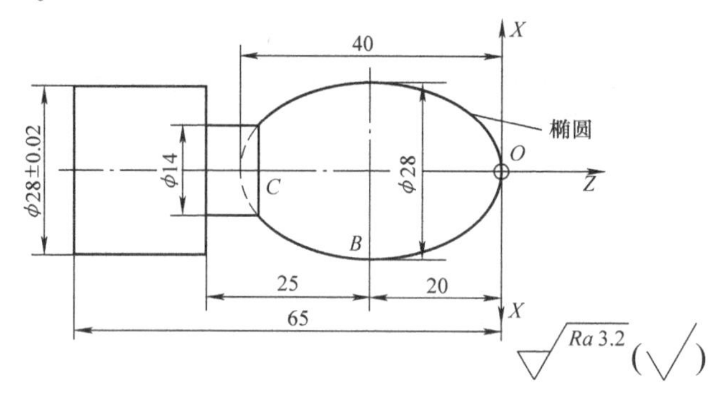

图6-12 自测题1零件图

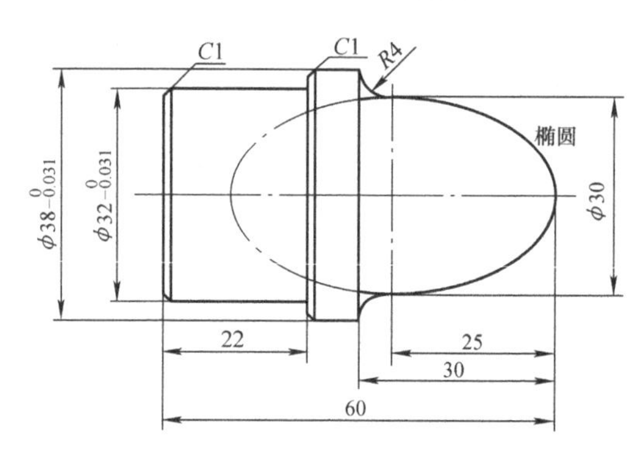

图6-13 自测题2零件图

3. 编制图6-14所示零件的数控车削加工工艺及加工工序，对零件进行上机操作或数控仿真加工，毛坯尺寸为 ϕ32mm×100mm。

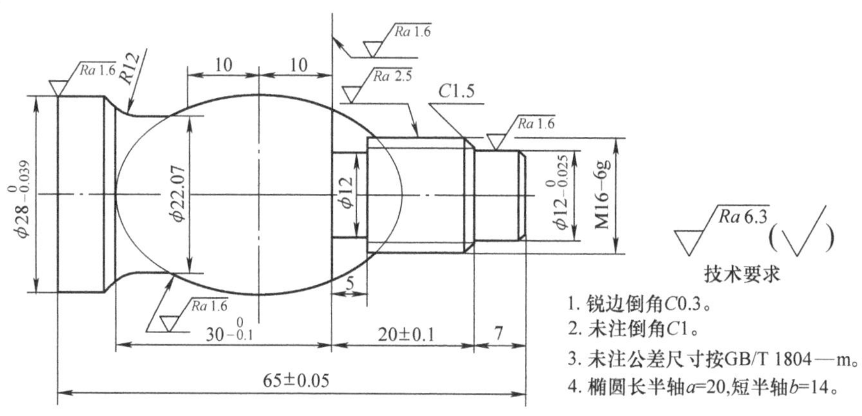

图6-14 自测题3零件图

模块2　数控铣削加工工艺、编程与操作

项目7　数控铣床的基本操作

任务1　数控铣床的面板操作

【知识目标】

1. 熟悉数控铣床的基本操作规程。

2. 熟悉数控加工的生产环境、典型 SINUMERIK 802C 数控系统操作面板及按钮的功能。

3. 掌握数控铣床手轮、手动和速度倍率修调开关的使用方法。

【技能目标】

1. 通过本任务的学习，能正确开、关机，并进行手动控制。

2. 培养学生独立工作的能力和安全文明生产的习惯。

【任务描述】

1. 熟悉数控铣床的操作面板及按钮的功能，学会正确开、关机，并手动运行机床各轴。

2. 熟悉数控铣床的操作面板是操作数控铣床的基础。熟悉数控系统各界面后，才能熟练操作，学生应加强操作练习。

【相关知识】

一、数控铣床的操作面板

SINUMERIK 802C 数控装置的操作面板如图 7-1 所示，大部分按键（除“急停”按钮外）位于操作台的下部。SINUMERIK 802C 的机床控制面板如图 7-2 所示。机床控制面板用于直接控制机床的动作或加工过程。SINUMERIK 802C 的 NC 键盘如图 7-3 所示。

（1）操作界面　SINUMERIK 802C 操作界面如图 7-4 所示，操作区域的功能说明见表 7-1。

（2）操作区域　SINUMERIK 802C 操作区域按基本功能划分为加工、参数、程序、通信和诊断五大操作区域，如图 7-5 所示。数控系统软件功能的菜单结构如图 7-6 所示。

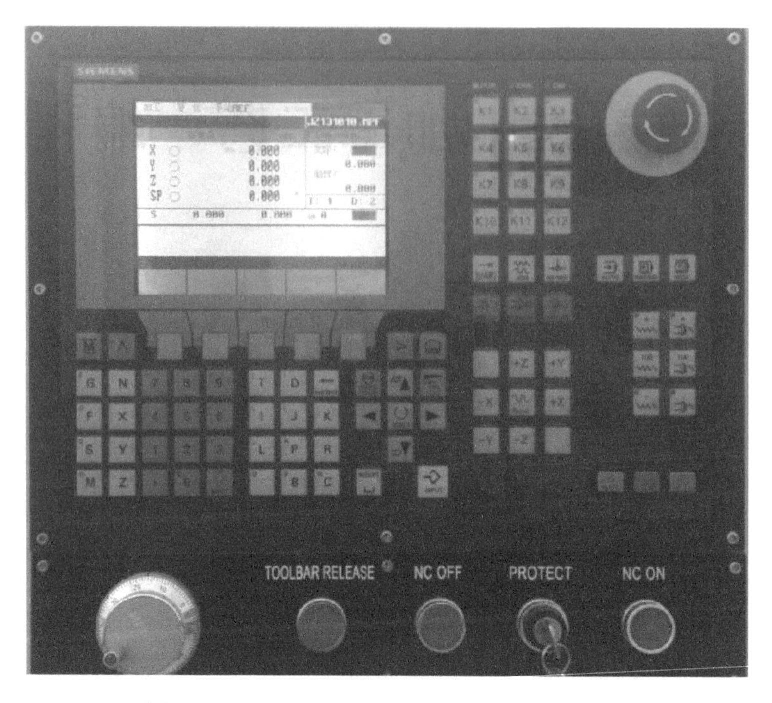

图 7-1　SINUMERIK 802C 数控装置的操作面板

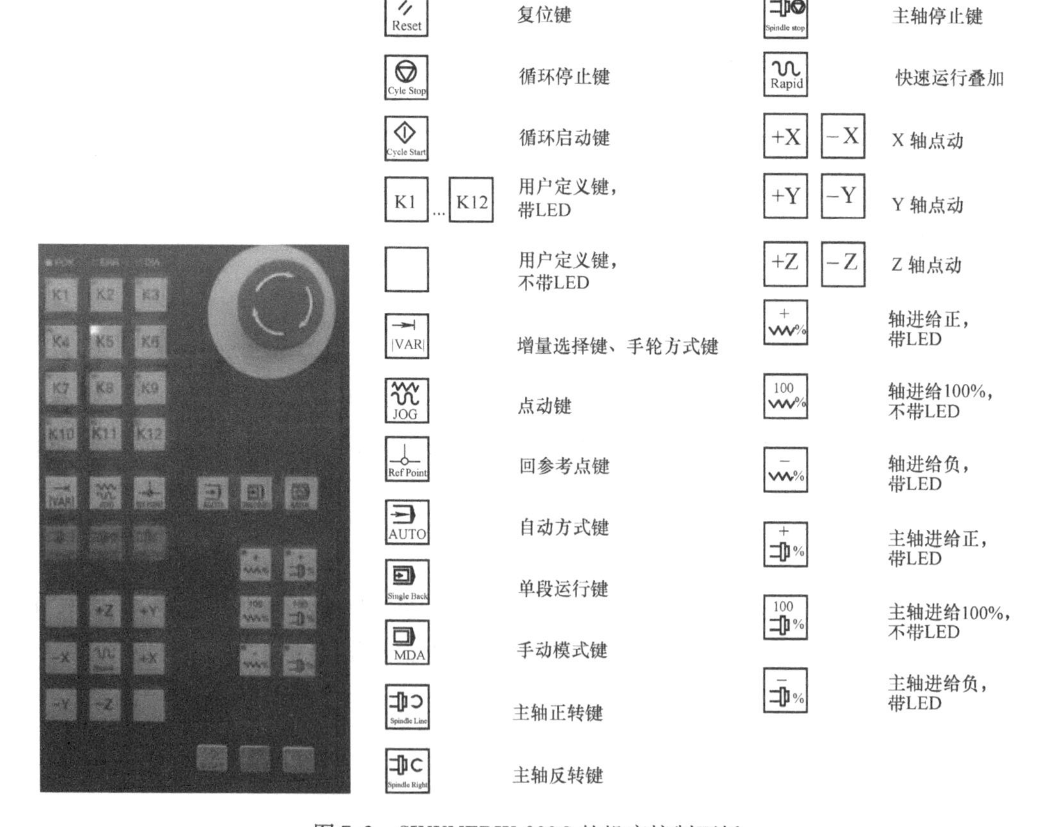

图 7-2　SINUMERIK 802C 的机床控制面板

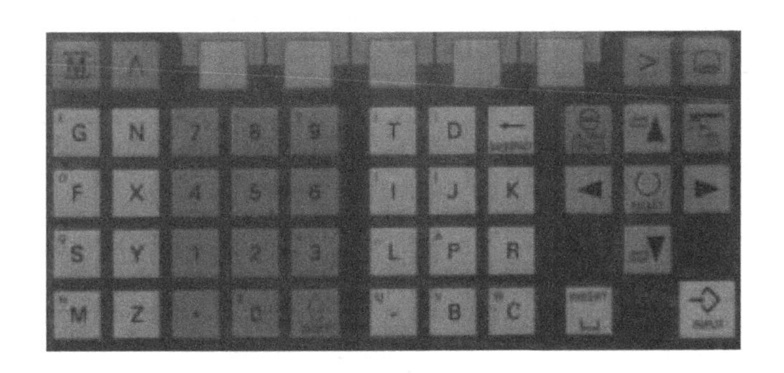

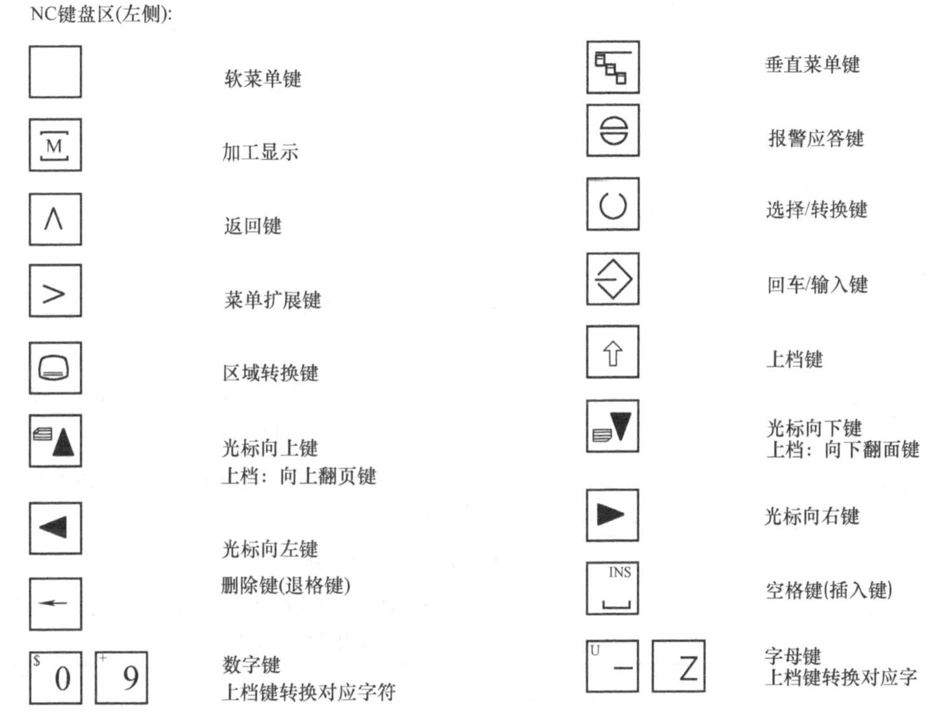

图 7-3　SINUMERIK 802C 的 NC 键盘

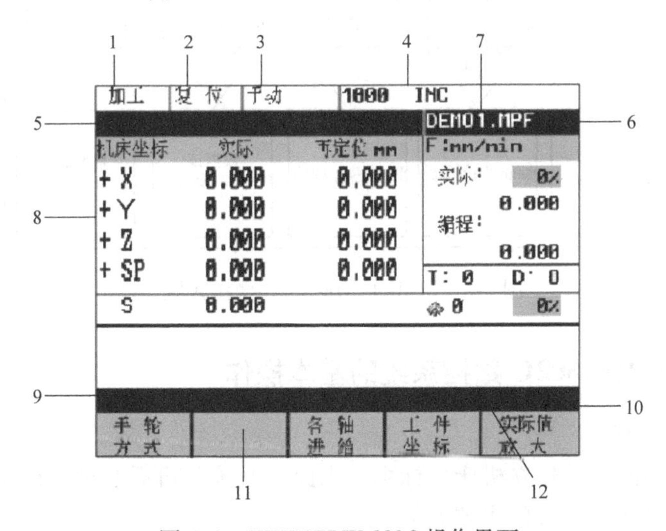

图 7-4　SINUMERIK 802C 操作界面

表 7-1 SINUMERIK 802C 操作区域的功能说明

序号	图中元素	缩略符	含　义
1	当前操作区域	MA、PA、PR、DI、DG	加工、参数、程序、通信、诊断
2	程序状态	STOP、RN、RESET	程序停止、程序运行、程序复位
3	运行方式	JOG、MDA、AUTO	点动方式、手动输入、自动执行、自动方式
4	状态显示	SKP	程序段跳跃
		DRY	空运行
		ROV	进给速度修调。此修调开关对于快速进给也生效
		SBL	单段运行。只有处于程序复位状态时才可以选择
		M1	程序停止。运行到有 M01 指令的程序段时停止运行
		PRT	程序测试（无指令给驱动）
		1～1000INC 步进增量	步进增量。JOG 运行方式时显示所选择的步进增量
5	操作信息	1～23	分别表示机床的各种状态
6	程序名		正在编辑或运行的程序
7	报警显示灯		显示的是当前报警的报警号及其删除条件
8	工作窗口		工作窗口和 NC 显示
9	返回键		软键菜单中出现此键符时表明存在上一级菜单。按下返回键后，不存储数据直接返回到上一级菜单
10	扩展键		出现此符号时表明同级菜单中还有其他菜单功能，按下扩展键后，可选择这些功能
11	软键		其功能显示在屏幕的最下边一行
12	垂直菜单		出现此符号时表明存在其他菜单功能，按下此键后这些菜单显示在屏幕上，并可用光标进行选择

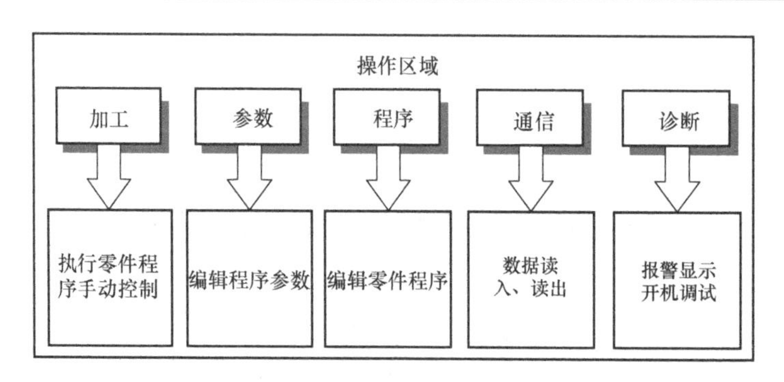

图 7-5 SINUMERIK 802C 操作区域

二、SINUMERIK 802C 数控系统的基本操作

1. 返回机床参考点

控制机床运动的前提是建立机床坐标系。为此，系统开机后必须先确定机床参考点，通常通过返回参考点来完成。操作步骤如下：

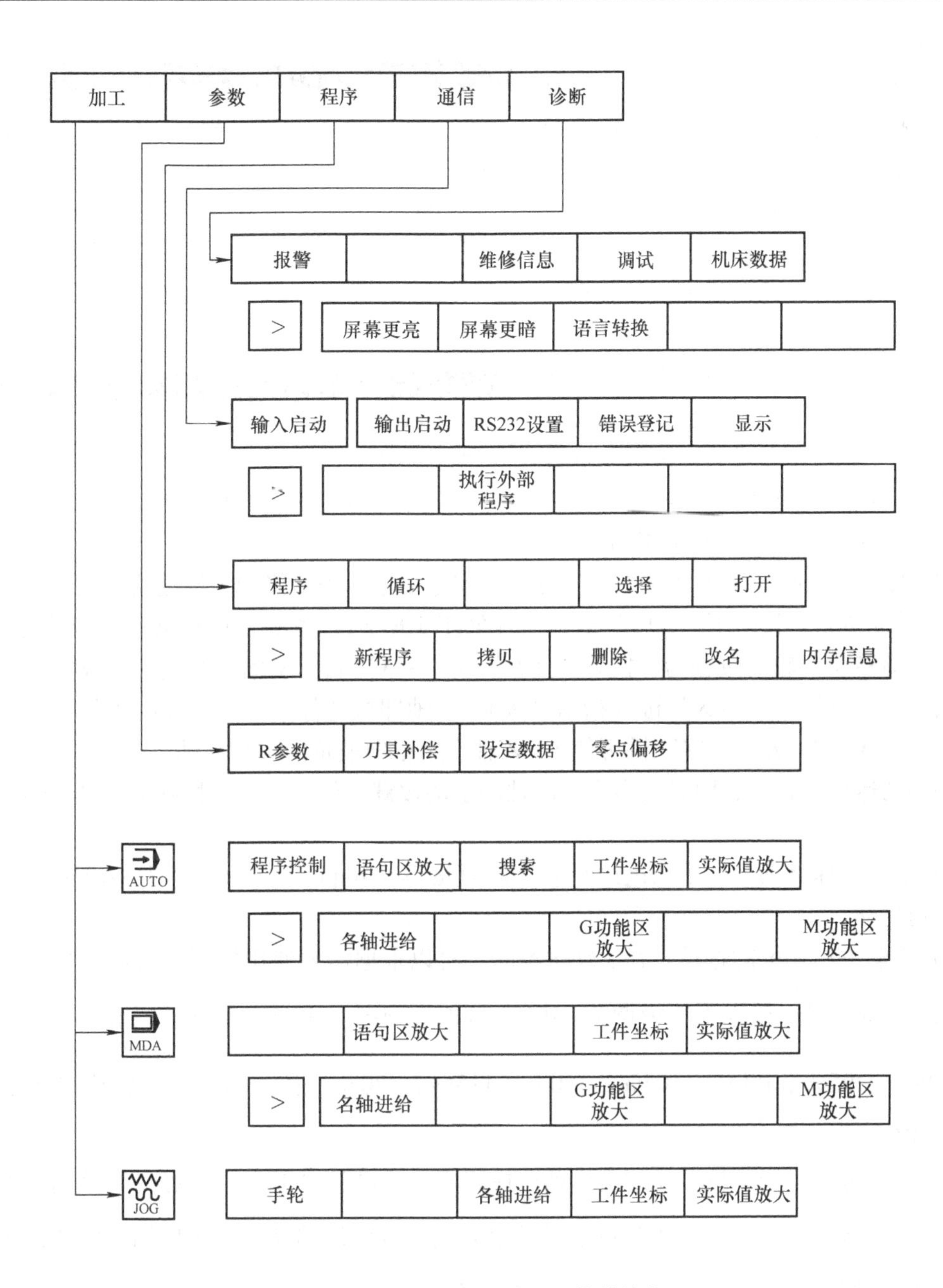

图7-6　数控系统软件功能的菜单结构

1）按机床控制面板上的“回参考点”键，进入回参考点运行方式。

2）一直按下坐标轴方向键+X、+Y、+Z，点动运行使每个坐标轴逐一回参考点，在机床减速开关被压下后，刀架减速并向相反方向运行，直至停止。此时，如果屏幕上X、Y和Z后的“○”变为“◕”，表示已经回过参考点，如图7-7所示。如果选错了回参考点方向，则不会产生运动。

3）通过选择另一种运行方式（MDA、AUTO或JOG），可以结束该功能。

2. 急停

在机床运行过程中，在危险或紧急情况下，按下“急停”按钮，CNC 立即进入急停状态，伺服进给及主轴运转立即停止工作（控制柜内的进给驱动电源被切断）；松开“急停”按钮（左旋此按钮，自动跳起），CNC 进入复位状态。

3. 数控铣床的手动操作

机床手动操作是指采用 JOG 方式和 MDA 方式。在 JOG 方式下，可以点动坐标轴运行；在 MDA 方式下，可以分别输入零件加工程序段加以运行。

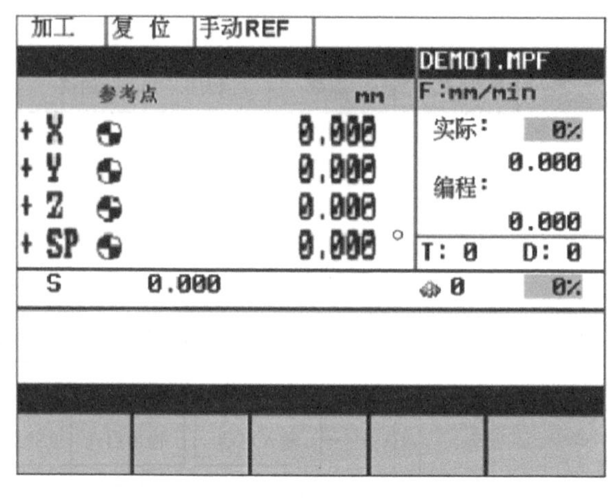

图 7-7 返回机床参考点

手动移动机床坐标轴的操作由手持单元和机床控制面板上的方式选择、轴点动、增量倍率、进给修调等按键共同完成。

1）手动进给。按一下“JOG”键，系统处于 JOG 运行方式，可点动移动机床坐标轴。例如，点动移动 X 轴的过程为：按下“+X”或“-X”键，X 轴将产生正向或负向连续移动；松开“+X”或“-X”键（指示灯灭），X 轴即减速停止。用同样的操作方法，使用“+Y”“-Y”“+Z”“-Z”键可使 Y、Z 轴产生正向或负向连续移动。

在手动运行方式下，同时按多个方向轴的手动按键，能同时手动控制多个坐标轴的连续移动。

2）手动快速移动。在手动进给时如果同时按下“Rapid”键，则产生相应轴的正向或负向快速运动。

3）手动进给速度的选择。在手动进给时，可以根据需要使用修调开关调节速度。按下 + 或 - 键，可以按以下等级调节：10%、20%、30%、40%、50%、60%、70%、80%、90%、95%、100%、105%、110%、115%、120%。按下 100 键，进给修调倍率被置为100%。

4）增量进给。当手持单元的坐标轴选择波段开关置于“Off”时，按一下控制面板上的“增量选择”键 VAR，系统处于步进增量进给方式，可增量移动机床坐标轴。例如，增量进给 X 轴的过程为：按一下“+X”或“-X”键，X 轴将向正向或负向移动一个增量值；再按一下“+X”或“-X”键，X 轴将向正向或负向继续移动一个增量值。

用同样的操作方法，使用“+Y”“-Y”“+Z”“-Z”按键可使 Y、Z 轴向正向或负向移动一个增量值。

5）增量值的选择。进行步进增量进给时，有 1 INC、10 INC、100 INC、1000 INC 四个增量倍率，由 VAR 键控制，每按一次 VAR 键，增量倍率按 1 INC、10 INC、100 INC、1000 INC 的顺序变化一次。

6）手摇进给。当手持单元的坐标轴选择波段开关置于“X”“Y”“Z”时，按一下控制面板上的“增量选择”键（图标），系统处于手摇进给方式，可手摇进给机床坐标轴。

以 X 轴手摇进给为例：手持单元的坐标轴选择波段开关置于“X”；顺时针或逆时针方向旋转手摇脉冲发生器一格，可控制 X 轴向正向或负向移动一个增量值。

用同样的操作方法，使用手持单元可以控制 Y、Z 轴向正向或负向移动一个增量值。

手摇进给方式每次只能增量进给一个坐标轴。

4. 主轴的手动控制操作

主轴的手动控制操作由机床控制面板上的主轴手动控制按键完成。

主轴正、反转及停止操作过程如下：

1）在手动方式下，当“主轴制动”无效时（指示灯灭），按一下“主轴正转”键，主轴电动机以机床参数设定的转速正转，直到按下“主轴停止”键或“主轴反转”键；按一下“主轴反转”键，主轴电动机以机床参数设定的转速反转，直到按下“主轴停止”键或“主轴正转”键；按一下“主轴停止”键，主轴电动机停止运转。

2）主轴速度修调。主轴正转及反转的速度可通过主轴修调键调节。按（图标）键，主轴修调倍率递增；按（图标）键，主轴修调倍率递减；按下主轴修调键右侧的（图标）键，主轴修调倍率被置为 100%。

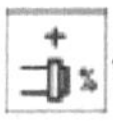

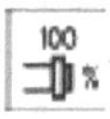

机械齿轮换档时，主轴速度不能修调。

3）手动模式（MDA）运行。在 MDA 方式下，可以编制一个零件加工程序段加以执行，具体步骤如下：

按下机床控制面板上的“MDA”键，进入手动模式，如图 7-8 所示。进入手动模式后，可以从 NC 键盘输入一个 G 代码指令段。按下“循环启动”键，执行输入的程序段，在程序执行时不可再对程序段进行编辑。执行完毕后，输入区的内容仍保留，可以通过按“循环启动”键重新运行该程序段。输入一个字符可以删除程序段。

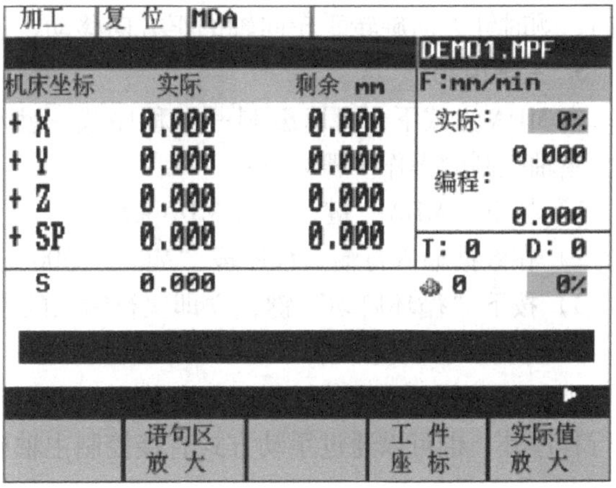

图 7-8　MDA 状态

【任务实施】

1. 机床准备

（1）开机　操作步骤如下：

1）检查机床状态是否正常。

2）检查电源电压是否符合要求，接线是否正确。

3）按下急停按钮。

4）机床上电。

5）数控上电。

6）检查风扇电动机运转是否正常。

7）检查面板上的指示灯是否正常。

（2）机床回参考点　装有增量编码器的数控机床在每次开机之后，必须首先执行回参考点操作。机床回参考点的操作步骤如下：

1），按下 Ref Point 键，进入机床回参考点模式。

2）选择各轴，按下“+Z”键，*Z* 轴回参考点。用同样的方法，分别按下“+X”“+Y”键，X、Y 轴分别回参考点。一般情况下，*Z* 方向先回参考点，然后 *X* 方向和 *Y* 方向回参考点。

2. 坐标轴的运动控制

（1）连续运动方式　连续运动方式用于较长距离的粗略移动。操作步骤如下：

1）按下 JOG 键，进入手动连续移动模式。

2）判断工作台向哪个方向移动，再选择相应的坐标轴，即“+Z”“-Z”“+X”“-X”“+Y”“-Y”。在 *X* 轴和 *Y* 轴移动时，要特别注意 *Z* 轴的位置。如要快速移动，可以按下 Rapid 键。

（2）手轮移动方式　手轮移动方式用于较短距离的精确移动。手轮移动的操作步骤如下：

1）按下 VAR 键，进入手轮工作方式。

2）选择所要控制的数控轴，即选择 *X* 轴、*Y* 轴、*Z* 轴。

3）按下 VAR 键，选择手轮的增量倍率，旋转手轮。在旋转手轮时，要注意移动的正反方向，顺时针方向旋转手轮向轴的正方向移动，逆时针方向旋转手轮向轴的负方向移动。

3. 主轴控制

在 MDA 方式下，可以编制一个程序或一些小程序并运行，其执行效果和自动方式一样。主轴控制的操作步骤如下：

1）按下“MDA”键，进入 MDA 状态。

2）在数据输入行输入程序段“M03　S500”，按下“回车”键。

3）按下“循环启动”键，立即执行输入的程序段，主轴开始正转。

4. 主轴手动模式操作

进行对刀和一些辅助操作时，往往需要主轴旋转起来，除了上面说的用 MDA 方式编写运行程序外，也可以通过手动方式直接控制主轴旋转。“手动”模式下主轴旋转的操作步骤如下：

在“手动”运行模式下，按下“主轴正转”键，主轴开始正向运行；按下“主轴停止”键，主轴停止运行。同样，按下“主轴反转”键，主轴开始反向运行。

5. 关机

关机的操作步骤如下：

1）手动移动工作台到安全位置（即各轴移到中间位置）。

2）按下控制面板上的“急停”按钮，断开伺服电源。

3）断开数控电源。

4）断开机床电源。

任务2　数控铣床的对刀及刀具参数设置

【知识目标】

1. 掌握数控铣床（加工中心）常用的对刀方法。
2. 掌握数控铣床（加工中心）刀具补偿参数的输入方法。

【技能目标】

1. 能正确使用寻边器、Z轴设定器、刀具试切等进行对刀，建立工件坐标系。
2. 能正确设定刀具补偿值。

【任务描述】

进行对刀操作，建立图7-9所示的零件的工件坐标系，并完成刀具参数的设置。

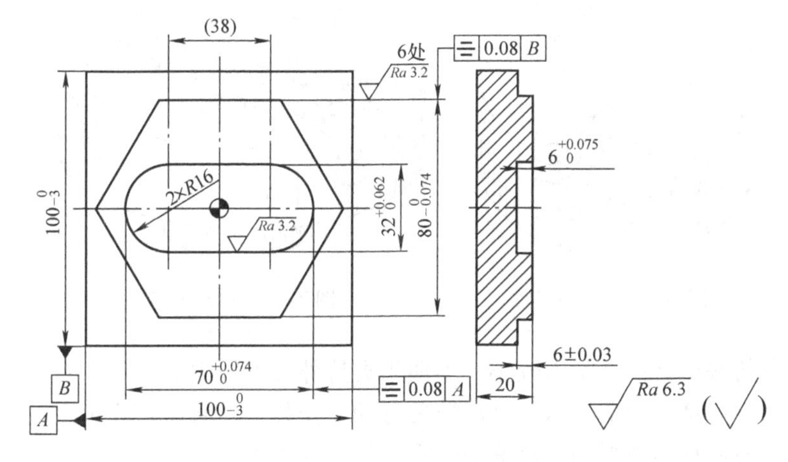

图7-9　零件的工件坐标系

【任务分析】

对刀是数控铣床（加工中心）操作中极为重要的步骤，也是考验数控铣床（加工中心）操作人员技术水平的一项指标。对刀精度的高低将直接影响零件的加工精度。对刀的目的就是确定程序原点在数控机床坐标系中的位置。

【相关知识】

一、常用夹具的选择

1. 通用夹具

通用的夹具有平口钳、卡盘、分度头和压板等。

（1）平口钳　平口钳是数控机床常用的夹具之一，如图7-10所示。这类夹具具有很大的通用性和经济性，适用于尺寸较小的方形零件的装夹。精密平口钳如图7-11所示，通常分为机械螺旋式、气动式和液压式。

（2）卡盘　数控铣削夹具中的卡盘主要包括自定心卡盘和单动卡盘，如图7-12和图7-13所示。

自定心卡盘的优点是：可自动定心，装夹方便，应用较广。

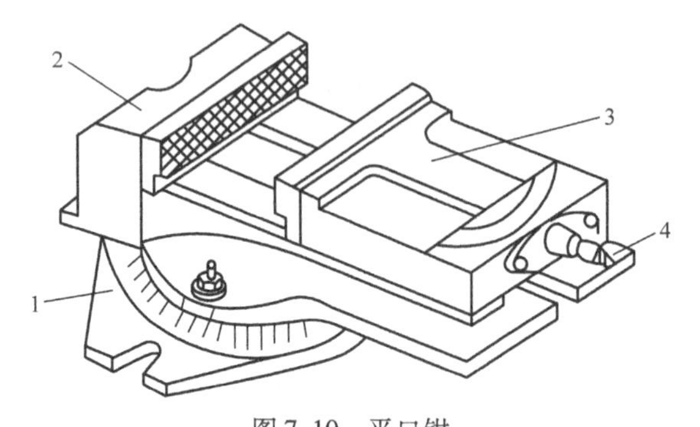

图 7-10　平口钳

1—底座　2—固定钳口　3—活动钳口　4—螺杆

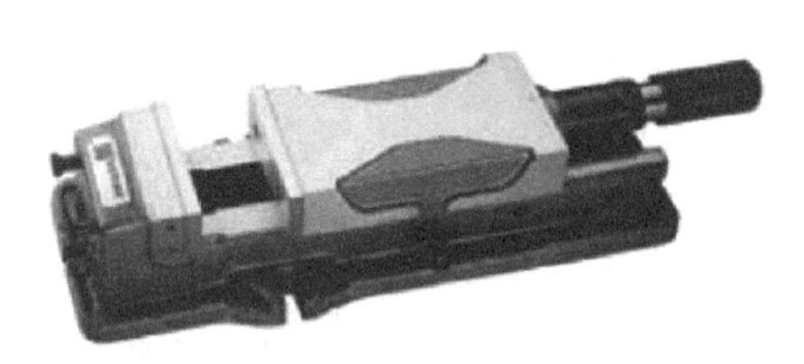

图 7-11　精密平口钳

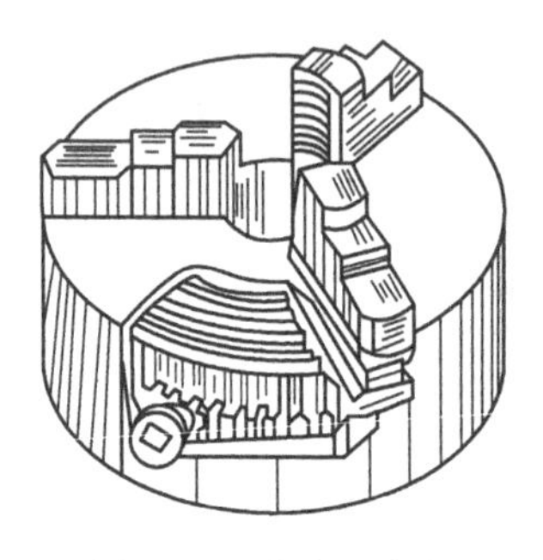

图 7-12　自定心卡盘

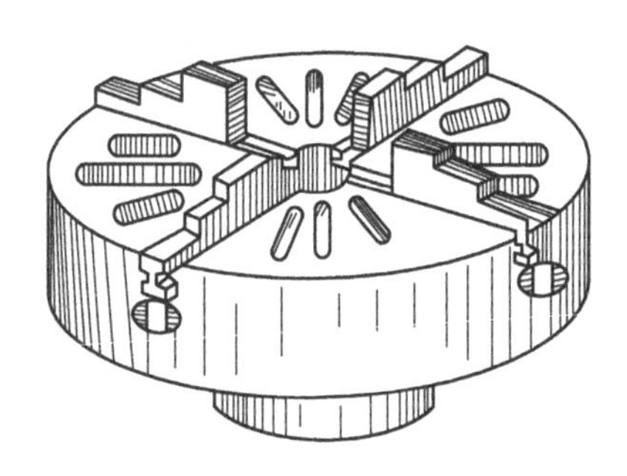

图 7-13　单动卡盘

自定心卡盘的缺点是：夹紧力较小，不便于夹持外形不规则的工件。

单动卡盘的特点是：四个卡爪都可以单独移动，安装工件时需要找正，夹紧力大，适用于装夹毛坯及截面形状不规则和不对称的较重、较大的工件。

（3）分度头　这类夹具通常配装有卡盘及尾座，工件横向放置，从而实现对工件的分度加工，如图 7-14 所示。分度头主要用于轴类和盘类零件的装夹。根据控制方式不同，分度头分为普通分度头和数控分度头，其卡盘的夹紧也有机械螺旋式、气动式或液压式等多种形式。

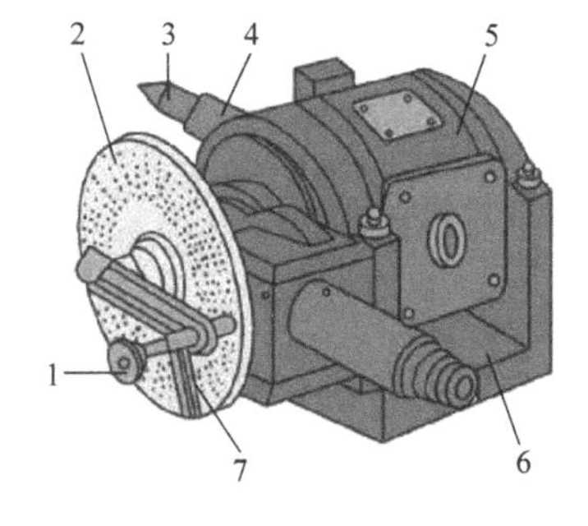

图 7-14　分度头及其结构

1—分度手柄　2—分度盘　3—顶尖　4—主轴　5—回转体　6—基座　7—分度叉

（4）压板　对于形状较大或不便于用平口钳等夹具装夹的工件，可用压板直接固定在数控工作台上，如图 7-15a 所示；也可在工件下面垫上厚度适当且加工精度较高的等高垫块后再将其夹紧，如图7-15b所示。这种装夹方法可进行贯通的挖槽或钻孔、部分外形的加工。另外，压板通过T形螺母、螺栓、垫铁等元件将工件夹紧。

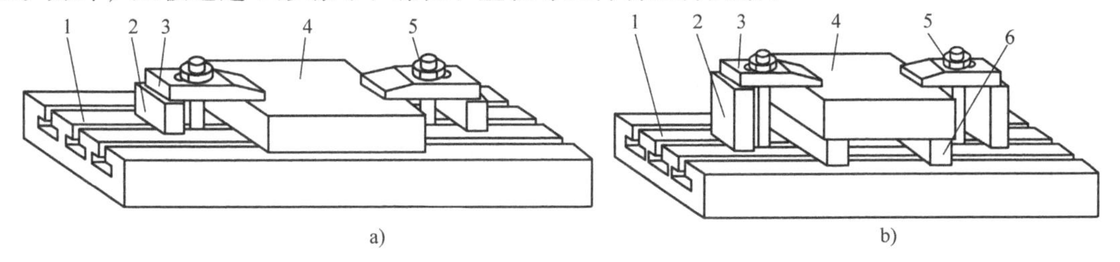

图7-15　利用压板装夹工件

1—工作台　2—支承块　3—压板　4—工件　5—双头螺柱　6—等高垫块

2. 组合夹具

在数控铣床或加工中心上加工批量的工件时，可以采用组合夹具进行装夹。组合夹具具有可拆卸和重新拆装的特点，是一种可重复使用的专用夹具系统。目前常用的组合夹具有槽系组合夹具和孔系组合夹具，如图7-16和图7-17所示。

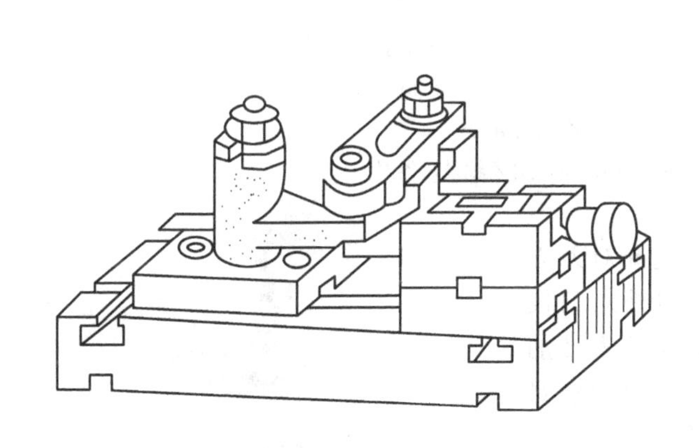

图7-16　槽系组合夹具

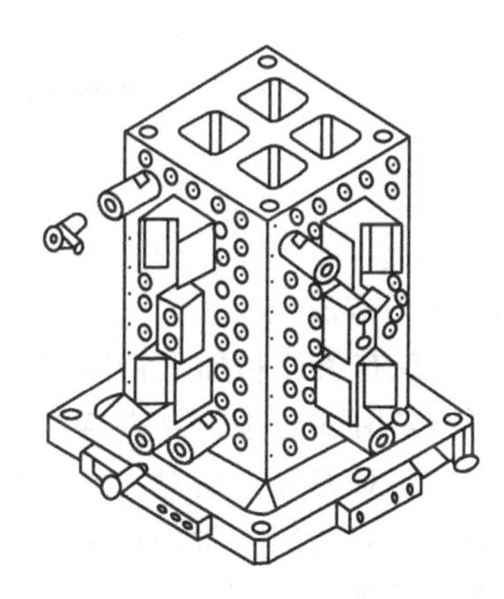

图7-17　孔系组合夹具

二、数控铣床（加工中心）的对刀方法

对刀的目的是通过刀具或对刀工具确定工件坐标系与机床坐标系之间的空间位置关系，并将对刀数据输入到相应的存储位置。

1. 对刀工具

（1）寻边器　寻边器主要用于确定工件坐标系原点在机床坐标系中的*X*、*Y*值，也可以测量工件的简单尺寸，如图7-18所示。

（2）*Z*轴设定器　*Z*轴设定器主要用于确定工件坐标系原点在机床坐标系中的*Z*轴坐标，或者是确定刀具在机床坐标系中的*Z*轴坐标。图7-19所示为*Z*轴设定器。

（3）对刀仪　对刀仪的基本结构如图7-20所示。对刀仪平台6上装有刀柄夹持轴2，用于安装被测刀具。通过快速移动按钮3和微调旋钮4或5，可调整刀柄夹持轴在对刀仪平台上的位置。当光源发射器7发光，将刀具切削刃放大投射到显示屏1上时，即可测得刀具在*X*（径向尺寸）、*Z*（刀柄基准面到刀尖的长度尺寸）方向的尺寸。

a) 偏心式寻边器

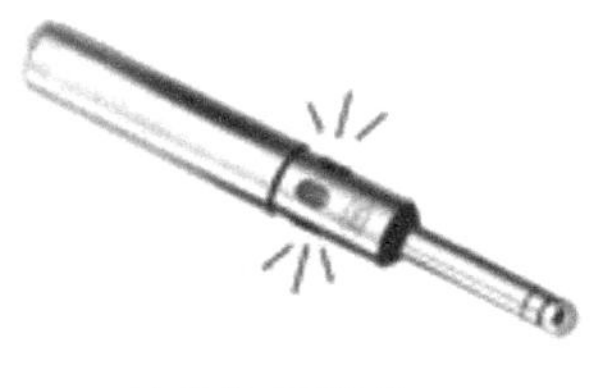

b) 光电式寻边器

图 7-18 寻边器

a)

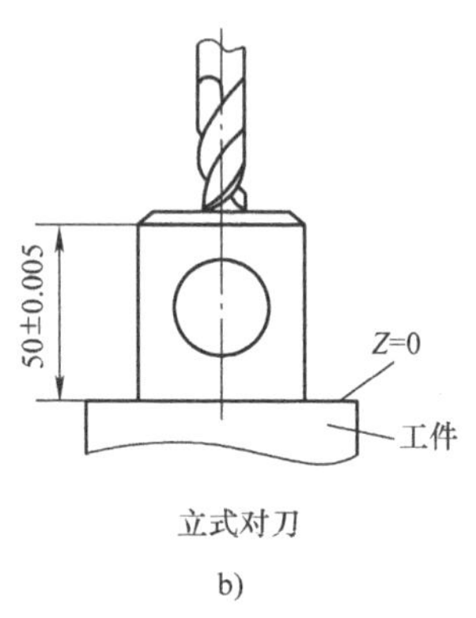

b)

图 7-19 Z 轴设定器

a）Z 轴设定器实物图 b）用 Z 轴设定器对刀

2. 对刀方法

根据现有条件和加工精度要求来选择对刀方法，可以采用试切法、寻边器对刀、机外对刀仪对刀、自动对刀等方法对刀。一般数控铣床（加工中心）在对刀时，常使用刚性靠棒、寻边器对刀。当工件加工余量大，且对刀面仍需加工时，也可以采用试切法对刀。

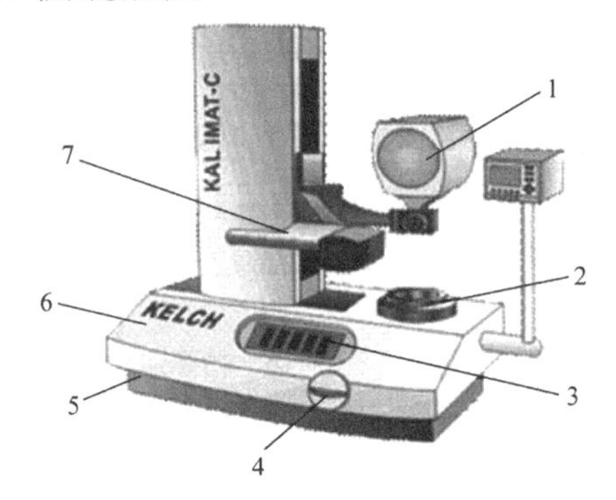

图 7-20 对刀仪的基本结构

1—显示屏 2—刀柄夹持轴 3—快速移动按钮 4、5—微调旋钮 6—对刀仪平台 7—光源发射器

（1）试切法的对刀原理 所谓的“试切法对刀”就是通过切削零件的方法得到零件的编程原点。在工件已装夹，并在主轴上装入刀具后，通过手轮操作移动工作台及主轴，使旋转的刀具与工件的前（后）、左（右）侧及工件的上表面做极微量的接触（产生切削或摩擦声），如图 7-21 所示，分别记下刀具在做极微量切削时所处位置的机床坐标值，对这些坐标值做一定的数值处理，就可以设定工件坐标系。

用试切法对刀的操作过程如下：

1）装夹工件并找正平行后夹紧。

2）在主轴上装入已装好刀具的刀柄。

3）在 MDA 方式下，输入“M03 S300”，按“循环启动”键，使主轴的旋转与停止能手动操作。

4）主轴停转，在手轮上选择 Z 轴，转动手轮，使主轴上升到一定的位置（在水平面移动时不会与工件及夹具碰撞即可）；分别选择 X、Y 轴，移动工作台使主轴处于工件上方适当的位置，如图7-22所示。

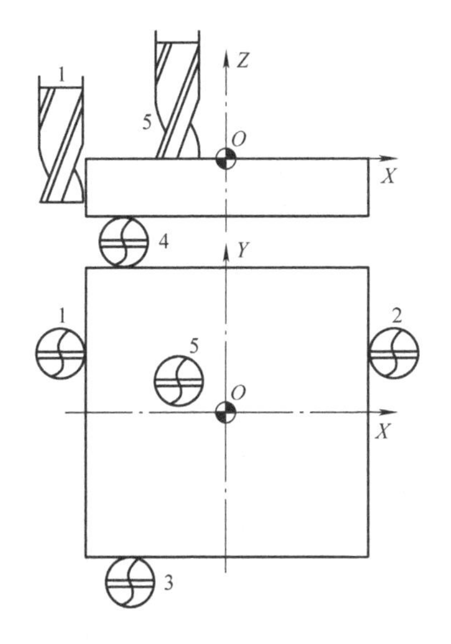

图7-21　用铣刀直接对刀

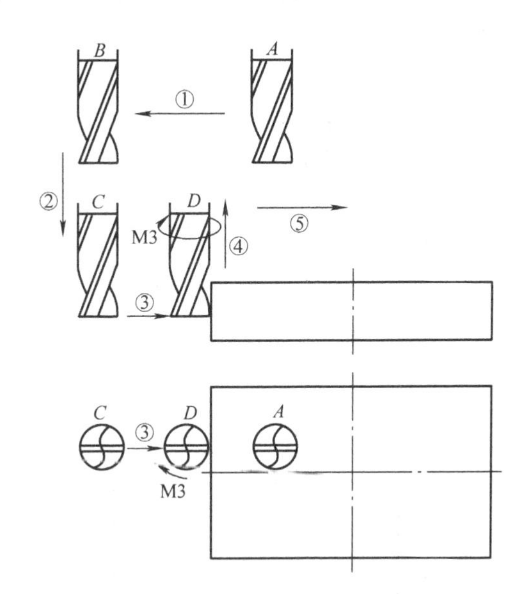

图7-22　用铣刀直接对刀时的刀具移动图

5）在手轮上选择X轴，移动工作台（图7-22中①），使刀具处在工件的外侧（图7-22中的B点）；在手轮上选择Z轴，使主轴下降（图7-22中②），刀具到达图7-22中的C点；在手轮上重新选择X轴，移动工作台（图7-22中③）。当刀具接近工件侧面时，用手转动主轴使刀具的切削刃与工件侧面相对，感觉切削刃很接近工件时，起动主轴使主轴转动，倍率选择“×10”或“×1”。此时应一格一格地转动手轮，应注意观察有无切屑，一旦发现有切屑应马上停止脉冲进给，或者注意听声，一般刀具与工件微量接触时会发出“嚓”“嚓”的响声，一旦听到声音应马上停止脉冲进给，即到达了图7-22中D点的位置。

6）在手轮上选择Z轴（避免在后面的操作中不小心碰到脉冲发生器而出现意外），进入机床主界面，记下此时X轴的机床坐标或把X轴的相对坐标清零。

7）转动手轮（倍率重新选择为“×100”），使主轴上升（图7-22中①）；移动到一定高度后，选择X轴，做水平移动（图7-22中⑤），再停止主轴的转动。

图7-21中的2、3、4三个位置的操作参考上面的方法进行。

在用刀具进行Z轴对刀时，刀具应处在今后切除部位的上方（图7-22中A点），转动手轮，使主轴下降，待刀具比较接近工件的表面时，起动主轴使主轴转动，倍率选小值，一格一格地转动手轮，当发现切屑或观察到工件表面上切出一个圆圈时（也可以在刀具正下方的工件上放一小片浸了切削液或切削油的薄纸片，纸片厚度可以用千分尺测量，当刀具把纸片转飞时），停止手轮的进给，记下此时的Z轴机床坐标值（用薄纸片时应在此坐标值的基础上减去一个纸片厚度）；反向转动手摇脉冲发生器，待确认主轴是上升的时，把倍率选大，使主轴继续上升。

（2）用寻边器对刀　用寻边器对刀只能确定X、Y方向的机床坐标值，而Z方向的机床坐标值只能通过刀具或刀具与Z轴设定器配合来确定。图7-23所示为使用光电式寻边器在1～4这四个位置确定X、Y方向的机床坐标值；在5这个位置用刀具确定Z方向的机床坐标值。图7-24所示为使用偏心式寻边器在1～4这四个位置确定X、Y方向的机床坐标值；在5这个位置用刀具确定Z方向的机床坐标值。

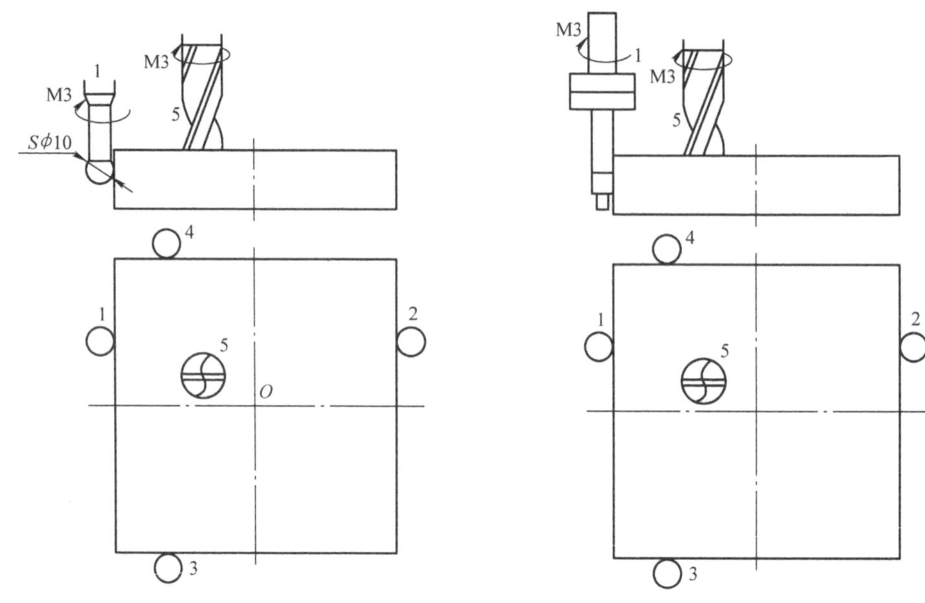

图7-23 光电式寻边器对刀　　图7-24 偏心式寻边器对刀

使用光电式寻边器时，当寻边器$S\phi10$mm球头与工件侧面的距离较小时，手摇脉冲发生器的倍率旋钮应选择“×10”或“×1”，且一个脉冲一个脉冲地移动；到开始发光或出现蜂鸣声时应停止移动（此时光电式寻边器与工件正好接触，其移动顺序如图7-22所示），且记录下当前位置的机床坐标值或将相对坐标清零。在退出时应注意移动方向，如果移动方向发生错误，会损坏寻边器，导致寻边器歪斜而无法继续使用。一般可以先沿+Z方向移动退离工件，然后再沿X、Y方向移动。

使用偏心式寻边器的对刀过程如图7-25所示，图7-25a所示为偏心式寻边器装入主轴没有旋转时；图7-25b所示为主轴旋转时，寻边器的下半部分在弹簧的带动下一起旋转，在没有到达准确位置时出现虚像；图7-25c所示为移动到准确位置后上下重合，此时应记录下当前位置的机床坐标值或将相对坐标清零；图7-25d所示为移动过头后的情况，下半部分没有出现虚像。初学者最好使用偏心式寻边器对刀，因为移动方向发生错误不会损坏寻边器。另外，在观察偏心式寻边器的影像时，不能只在一个方向观察，而应在互相垂直的两个方向进行观察。

3. 对刀后的数值处理和工件坐标系X、Y轴的设置

通过对刀所得到的五个机床坐标值（在实际应用时有可能只需要3～4个），通过一定的数值处理才能确定工件坐标系原点的机床坐标值。通常情况下，工件坐标系原点与工件坯料的对称中心重合时，工件坐标系原点的机床坐标值按以下计算式计算：

$$\begin{cases} X_{工机}=\dfrac{X_{机1}+X_{机2}}{2} \\ Y_{工机}=\dfrac{Y_{机1}+Y_{机2}}{2} \end{cases}$$

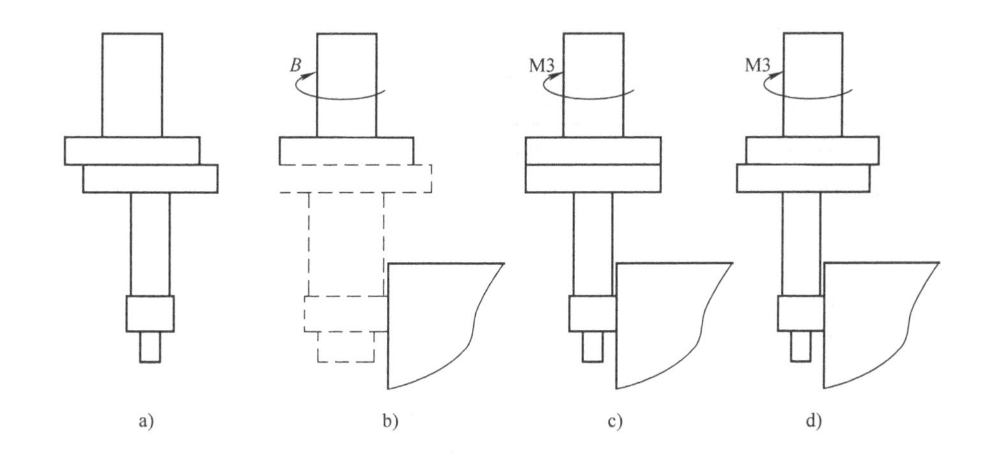

图7-25　使用偏心式寻边器的对刀过程

式中，$X_{机1}$、$X_{机2}$分别为X轴方向两个对刀点在机床坐标系的坐标；$X_{工机}$为X轴方向的工件坐标系原点在机床坐标系的坐标；$Y_{机1}$、$Y_{机2}$分别为Y轴方向两个对刀点在机床坐标系的坐标；$Y_{工机}$为Y轴方向工件坐标系原点在机床坐标系的坐标。

上面的数值处理结束后，按下“参数”→“零点偏移”按钮，进入零点偏移设置界面，如图7-26所示，把光标移动到需设置的位置，把计算的$X_{工机}$和$Y_{工机}$输入到G54～G55中。

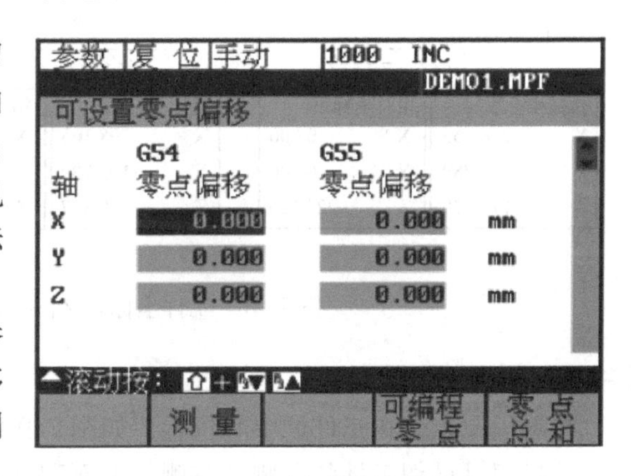

图7-26　零点偏移设置界面

4. 工件坐标系原点Z_0的设定和刀具长度补偿量的设置

（1）工件坐标系原点Z_0的设定　在编程时，工件坐标系原点Z_0一般取在工件的上表面。但在加工中心上，工件坐标系原点Z_0的设定一般采用以下两种方法：

1）工件坐标系原点Z_0设定在工件的上表面。

2）工件坐标系原点Z_0设定在机床坐标系的Z_0处。

第一种方法必须选择一把刀具作为基准刀具（通常选择加工Z轴方向尺寸要求比较高的刀具作为基准刀具）。第二种方法没有基准刀具，每把刀具通过刀具长度补偿的方法仍以工件上表面为编程时的工件坐标系原点Z_0。

具体操作过程是：首先，把Z轴设定器放置在工件的水平表面上，主轴上装入已装夹好刀具的各个刀柄，如图7-27所示，移动X、Y轴，使刀具尽可能处在Z轴设定器中心的上方；其次，再移动Z轴，用刀具压下Z轴设定器的圆柱台，使指针指到调整好的“0”位；最后，记录每把刀具当前的Z轴机床坐标值。

（2）刀具长度补偿量的设置　设置时也可以不使用Z轴设定器，而直接用刀具进行操作。使刀具旋转，移动Z轴，使刀具接近工件上表面。当刀具切削刃在工件表面切出一个圆圈或把粘在工件表面上的薄纸片转飞时，记录每把刀具当前的Z轴机床坐标值。使用薄纸片时，应用当前的机床坐标值减去0.01~0.02mm。

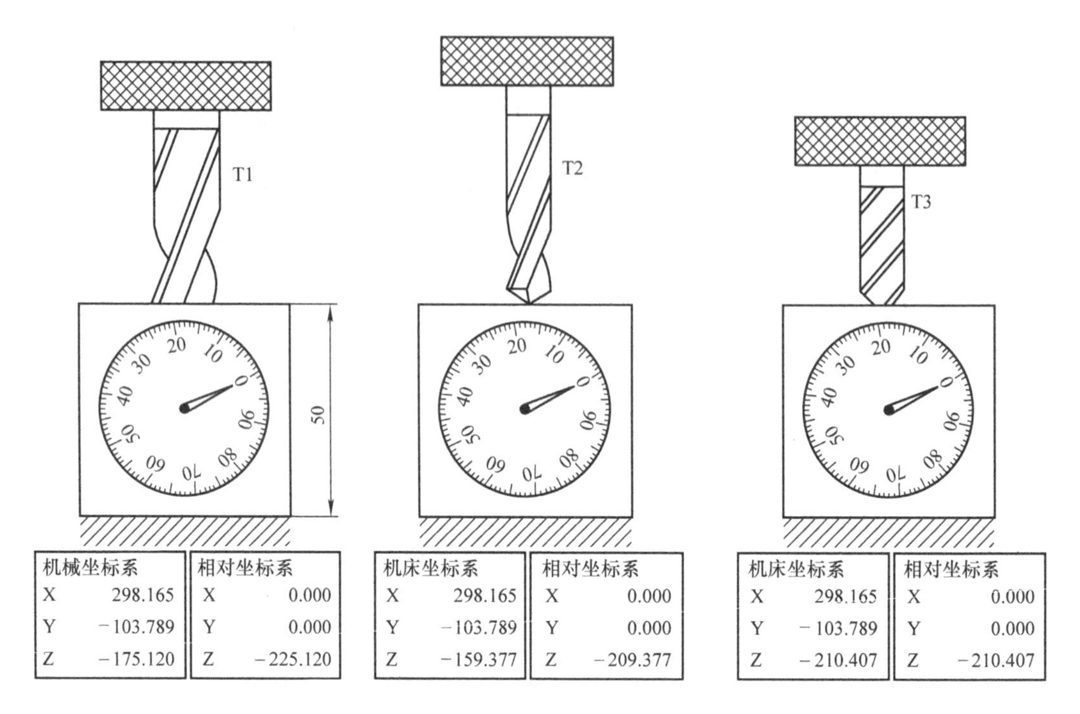

图7-27 工件坐标系 Z_0 的设定及长度补偿的设置

【任务实施】

将编程原点选在工件的中心位置，如图7-9所示。

选择刀具试切工件的左侧、右侧、上面和下面，得到对应的刀具在机床坐标系中的坐标值，分别为 X_1、X_2、Y_1 和 Y_2；让刀具试切工件的最上面，得到坐标 Z，这样就能得到工件原点在机床坐标系中的位置 $X=(X_1+X_2)/2$、$Y=(Y_1+Y_2)/2$ 和 Z，将得到的 X、Y 和 Z 值分别输入数控机床中“零点偏移”G54~G57中，在编写加工程序时，如果遇到G54、G55、G56、G57，系统自动将 X、Y 和 Z 在机床坐标系中的位置作为编程原点。

注意：在刀具试切过程中，应该采用手轮操作，这样能够较准确地试切工件，刚好使刀具碰到工件，试切精度越高，工件的加工精度就越高。

采用刀具试切法对刀的操作步骤如下：

1）打开机床，安装工件，并找正工件。

2）按下“MDA”键，进入MDA状态，在数据输入行输入一个程序段，如“M03 S500”，按下“回车”键，再按下“循环启动”键，主轴正转，最后按下“复位”键，使主轴停止。

3）按下“手动”键，进入手动模式。

4）确定工件坐标系的 X、Y 值。

① 按下数控主界面“加工”→“手轮”键，进入手轮模式。

② 按下“主轴正转”键，主轴开始以前面设定的500r/min的转速正转。

③ 选择相应的坐标轴和合适的倍率（这里先选择 X 轴），摇动手轮，使其接近 X 轴方

向的左边，慢慢调整，直至刀具刚好接触工件，这时记下机床坐标系的值，设为 X_1。

④ 用同样的方法使刀具刚好接触工件 X 轴的右侧，记录下机床坐标系的值 X_2。

⑤ 计算出工件坐标系的 X 值，$X=(X_1+X_2)/2$。

⑥ 重复步骤③、④、⑤，用同样的方法测量并计算出工件坐标系的 Y 值。

5）确定工件坐标系的 Z 值。

① 将刀具提升到工件的上表面。

② 按下“手轮”键，进入手轮模式，选择 Z 轴和合适的倍率，使刀具接近工件，慢慢调整，直至刀具刚好接触工件的上表面，这时记下机床坐标系的值，设为 Z，Z 值就是工件中心上表面在机床坐标系中的坐标值。

6）工件坐标系（G54）设置。

① 按下“参数”→“零点偏移”按钮，出现图 7-26 所示的界面。

② 通过移动光标，移动到 G54 零点偏移的 X 处，输入前面计算出的 X 值。

③ 用同样的方法，将计算出的 Y、Z 值分别输入到 G54 零点偏移中。

工件坐标系设定完成。

任务 3　数控铣床的程序编辑、管理与运行

【知识目标】

1. 掌握数控铣床（加工中心）录入、编辑、管理程序的方法。

2. 了解程序的运行方式，掌握数控铣床（加工中心）程序自动运行的操作方法。

【技能目标】

1. 能够熟练、正确地录入数控加工程序，并能进行程序的编辑、管理与调试。

2. 能调用程序，并使机床程序自动完成加工。

【任务描述】

录入已知程序“XM0703. MPF”，完成对刀检查后，对程序进行调试和试运行，显示加工轨迹。

```
N10  G54  G90  M03  S800;
N20  G00  Z10;
N30  G00  X0  Y50;
N40  G01  Z-30  F100;
N50  G02  X0  Y50.0  I0  J-50.0  F200;
N60  G03  X0  Y0  CR=-25;
N70  G02  X0  Y-50.0  CR=-25;
N80  G00  Z50;
N90  X0  Y0;
N100  M05  M30;
```

【任务分析】

熟悉数控机床（加工中心）程序的编辑、管理与运行方法，需要加强操作练习。

【相关知识】

1. SINUMERIK 802C 系统程序的结构

（1）程序名　SINUMERIK 802C 数控系统要求每个程序有一个程序名，程序名的命名规则是：开始的两个符号必须是字母，其后的符号可以是字母、数字或下划线，最多为 8 个字符，不得使用分隔符。例如将程序命名为“QGJ001”。

（2）程序段　程序段是由若干字和段结束符组成的。段结束符表示程序段结束。在程序编写中进行换行或按输入键可以自动产生段结束符。由于省略段结束符并不影响程序的阅读，所以本书在以后所有程序段结束处均省略了段结束符，但在真实的操作屏幕上仍有段结束符。编程时大写字母和小写字母没有区别，通常情况下用大写字母。

2. 加工程序的手工操作

在系统主操作界面下，按“程序”键进入程序目录界面，如图 7-28 所示。在此界面下，可以对零件加工程序进行编辑、存储、删除等操作。

（1）新建程序　在程序目录界面下（图 7-28），按“新程序”按钮将进入图 7-29 所示的新建程序窗口，系统提示“请给定新程序名”，光标在“请给定新程序名”栏闪烁。输入文件名（主程序扩展名“MPF”可自动输入，子程序“SPF”必须和文件名一起输入）后，按“确认”键确认后，就生成新程序文件并可对其进行编辑。

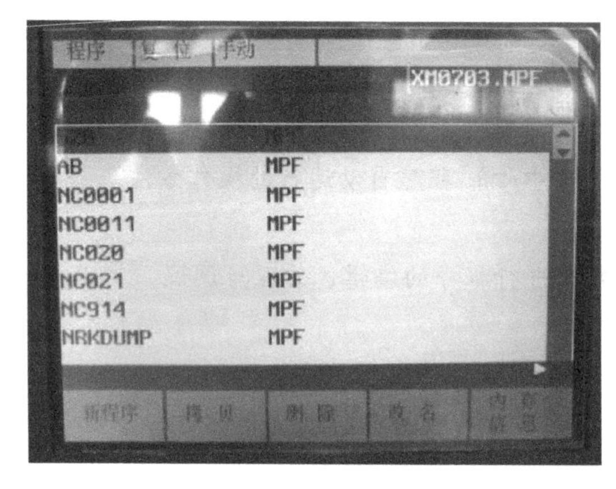

图 7-28　“程序”功能子菜单

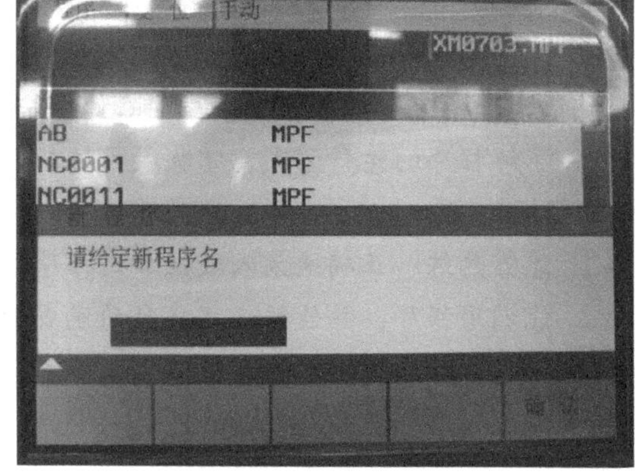

图 7-29　新建程序窗口

（2）编辑程序　编辑程序的操作步骤如下：

1）在程序目录界面下（图 7-28），使用“光标”键移动光标，选中待执行程序。

2）按“打开”键，调用所选程序编辑器，屏幕上出现编辑窗口，如图 7-30 所示。

3）编辑程序，所有的修改会立即被存储。

（3）删除程序文件　删除程序文件的操作步骤如下：

1）在程序目录界面下（图 7-28），使用“光标”键移动光标，选中待执行程序。

2）按下“删除”键，将选中的程序文件从当前存储器中删除。

注意：删除的程序文件不可恢复，删除前应确认。

3. 程序的运行操作

进行零件加工的前提是：机床已经回过参考点；待加工的零件程序已经装入；已经输入了必要的补偿值，如零点偏移或刀具补偿；必要的安全锁定装置已经启动。

（1）选择和启动零件加工程序

1）按一下机床控制面板上的“自动方式”键，进入自动运行方式，如图7-31所示。

2）按“程序”按钮，会显示系统中所有的零件加工程序。

3）把光标移动到指定的程序上。

4）按“选择”按钮，选择待加工的程序。

5）按“循环启动”键，执行零件加工程序。

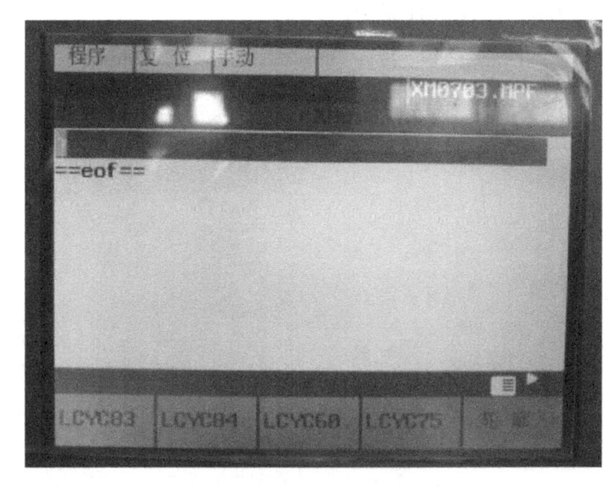

图7-30　编辑窗口

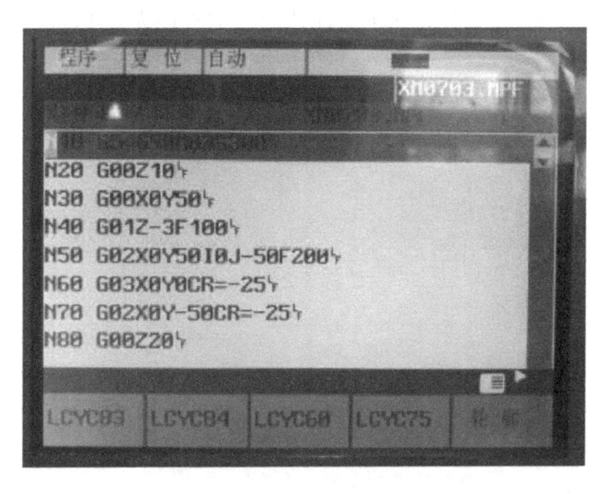

图7-31　自动运行方式

（2）停止零件加工程序

1）按下机床控制面板上的“循环停止”键，可使正在运行的零件加工程序停止，再按“循环启动”键可恢复其运行。

2）用“复位”键可中断正在运行的零件加工程序，再按“循环启动”键，程序将从头开始运行。

【任务实施】

1. 新建程序

在程序目录界面下（图7-28），按“新程序”按钮将进入图7-29所示的新建程序窗口，系统提示“请给定新程序名”，光标在“请给定新程序名”栏闪烁。输入文件名“XM0703”，按“确认”键确认后，就生成新程序文件并可对其进行编辑。

2. 输入程序

1）输入“N10 ……”，检查程序输入无误后，按“回车”键完成一行程序的输入。

2）按照上述方法，将全部程序输入到数控系统中。

3. 程序校验和加工

1）首先，安装工件，进行对刀操作，将零点偏移值输入到G54中。同时，为了校验程序的正确性，建议先增大G54中Z的值。

2）按下“自动方式”键，进入自动运行模式。

3）按下“循环启动”键，校验程序的正确性。

4）程序校验正确后，修改G54中的Z轴对刀点并恢复原值，按下“循环启动”键，进行自动加工。

自 测 题

1. 简述数控铣床的安全操作规程。
2. 数控铣削操作中通用的夹具有哪些?
3. 数控铣削操作中常用的对刀工具有哪些?
4. 简述数控铣床的对刀方法。
5. 简述在数控铣床上用寻边器对刀的步骤。
6. 在数控铣床上，简述用一把直径为 ϕ10mm 的铣刀采用试切法对刀的操作步骤。

项目8　凸模板的数控加工工艺、编程与操作

任务1　凸模板的数控加工工艺分析与编程

【知识目标】

1. 熟悉数控铣削凸模板的加工工艺及各种工艺资料的填写方法。
2. 熟悉平面、外轮廓的铣削方法。
3. 熟悉面铣刀、立铣刀的选用方法。
4. 熟悉数控铣床的机床原点、参考点和工件坐标系。
5. 掌握数控铣削指令（G00、G01、G02/G03、G40/G41/G42、G54 ~ G57 等指令）的用法。

【技能目标】

1. 通过学习编制凸模板的数控加工程序，具备编制平面、外轮廓数控加工程序的能力。
2. 具有分析凸模板零件的加工工艺的能力。
3. 培养学生独立工作的能力和安全文明生产的习惯。

【任务描述】

图8-1和图8-2所示为凸模板的零件图和模型，毛坯尺寸为100mm × 100mm × 30mm，材料为45钢，要求分析其数控加工工艺，编制数控加工程序。

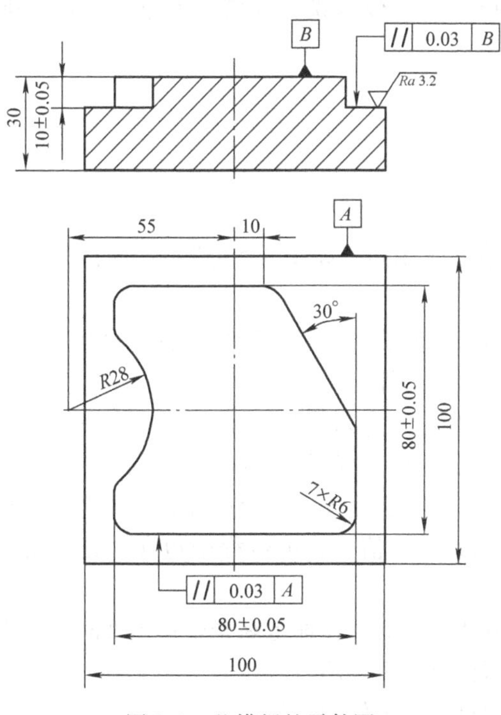

图8-1　凸模板的零件图

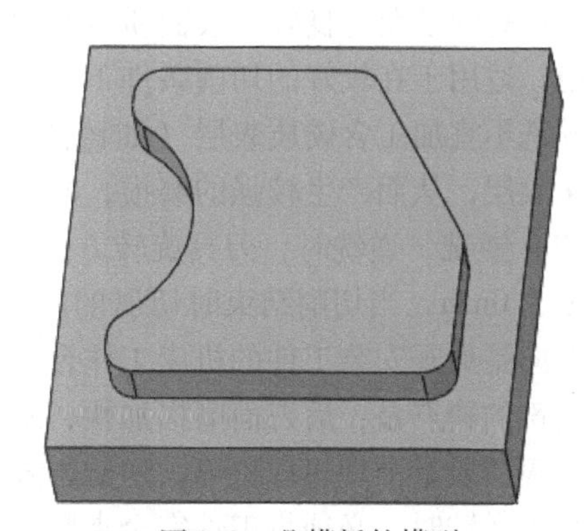
图8-2　凸模板的模型

【相关知识】

一、平面铣削方法及面铣刀

1. 平面铣削方法

平面铣削是最常用的铣削类型，用于铣削与刀具面平行的平面。完成平面铣削加工一般采用面铣刀或立铣刀。若采用直径较大的面铣刀，就可在一次行程中完成平面的加工；若采用直径较小的面铣刀或立铣刀，则需要几次行程才能完成平面的加工。平面铣削如图 8-3 所示，每两次走刀铣削平面的轨迹之间须有重叠部分。

2. 面铣刀

面铣刀如图 8-4 所示，其圆周表面和端面上都有切削刃，端部切削刃为副切削刃。面铣刀多制成套式镶齿结构，刀齿材料为高速工具钢或硬质合金，刀体材料为 40Cr。

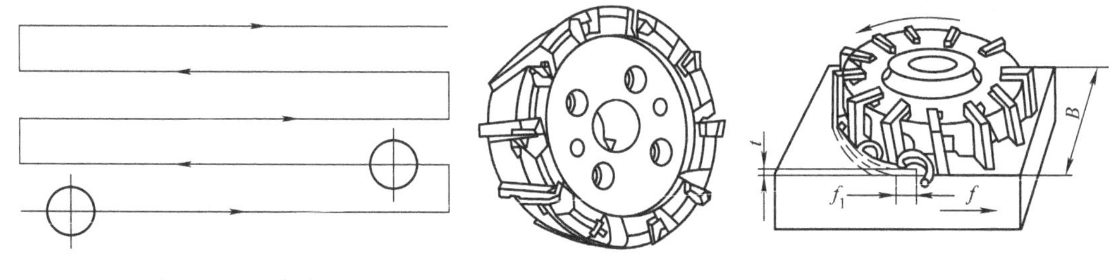

图 8-3 平面铣削　　图 8-4 面铣刀

面铣刀的直径主要根据工件的宽度进行选择，同时要考虑机床的功率、刀具的位置和刀齿与工件的接触形式等，也可将机床主轴直径作为选取面铣刀的依据，面铣刀的直径可按 $D=1.5d$ 选取（D 为面铣刀直径，d 为主轴直径）。一般来说，面铣刀的直径应比切削宽度大 20% ~50% 。

二、外轮廓的铣削方式及立铣刀

1. 铣削方式

铣削外轮廓时，有顺铣和逆铣两种方式。

（1）顺铣　顺铣时，刀具旋转方向与进给方向相同，如图 8-5a 所示。顺铣开始时切屑的厚度为最大值，切削力的方向指向机床工作台面。

顺铣是为了获得良好的表面质量而常用的加工方法。它具有较小的后刀面磨损，机床运行平稳，适用于在较好的切削条件下加工高合金钢工件。

顺铣不宜加工含硬质表层（如铸件表层）的工件，原因是切削刃必须从外部通过工件的硬化表层，从而产生较强的磨损，同时，若机床有传动间隙，则容易出现窜动。

（2）逆铣　逆铣时，刀具旋转方向与进给方向相反，如图 8-5b 所示。逆铣开始时切屑的厚度为 0mm，当切削结束时切屑的厚度增大到最大值。铣削过程中包含抛光作用，切削力的方向是离开安装工件的机床工作台面的。

逆铣的缺点是：后刀面磨损加快，降低刀片的寿命；在加工高合金钢工件时，产生表面硬化、表面质量不理想现象等。逆铣方式在精铣时较少采用。

采用逆铣时，必须将工件完全夹紧，否则有提起工件的危险。

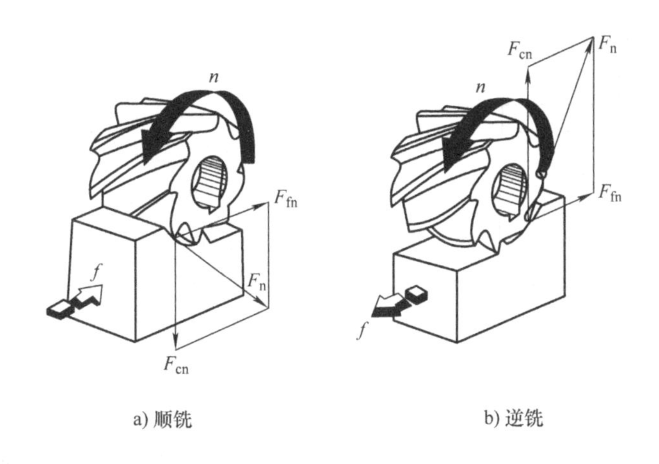

图8-5 铣削方式

当工件表面无硬度，机床的进给机构无间隙时，应选用顺铣方式安排进给路线。因为采用顺铣加工后，零件已加工表面质量好，刀齿磨损小。精铣时，尤其是零件材料为铝镁合金、钛合金或耐热合金时，应尽量采用顺铣。当工件表面有硬皮，机床的进给机构有间隙时，应选用逆铣方式安排进给路线。因为逆铣时，刀齿从已加工表面切入，不会崩刃；机床进给机构的间隙不会引起振动或爬行。

2. 铣削外轮廓的加工路线

铣削工件外轮廓时，一般采用立铣刀侧刃切削。对于二维轮廓加工，通常采用的进给路线为：从起刀点快速移到下刀点→沿切向切入工件→沿轮廓切削→刀具向上抬起，退离工件→返回起刀点。沿切向切入工件有两种方式：一种是沿直线切入工件，另一种是沿圆弧切入工件，如图8-6所示。

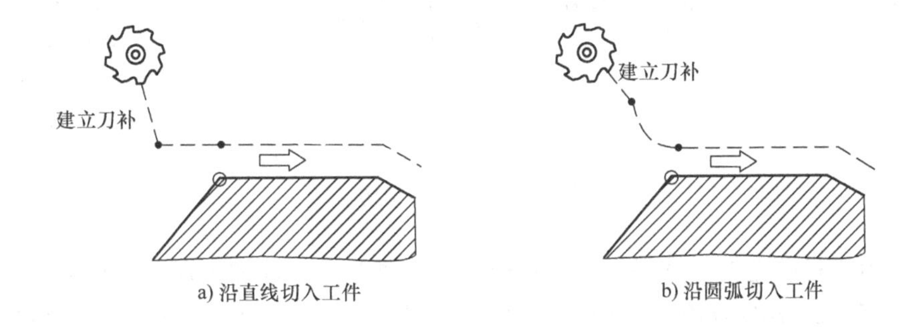

图8-6 铣削外轮廓的加工路线

为避免因切削力变化在加工表面产生刻痕，当用立铣刀铣削外轮廓平面时，应避免刀具沿零件外轮廓的法向切入、切出，而应沿切削起始点延伸线或切线方向（图8-7和图8-8）逐渐切入、切出工件，让刀具沿切线方向多运动一段距离，以免取消刀具补偿时，刀具与工件表面相碰撞，造成工件报废。

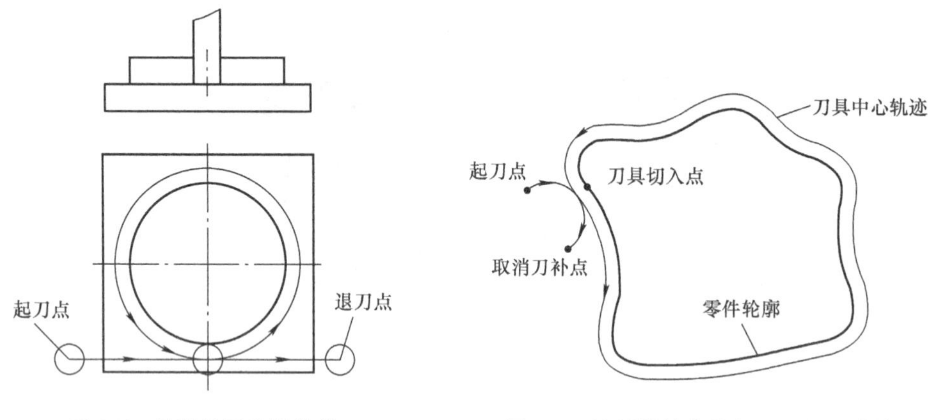

图 8-7　铣削外圆进给路线　　　图 8-8　铣削外轮廓的起刀、退刀路线

3. 立铣刀

立铣刀是数控铣削加工中常用的一种铣刀，主要用于加工凸台、凹槽、小平面、曲面等。立铣刀的结构如图 8-9 所示。

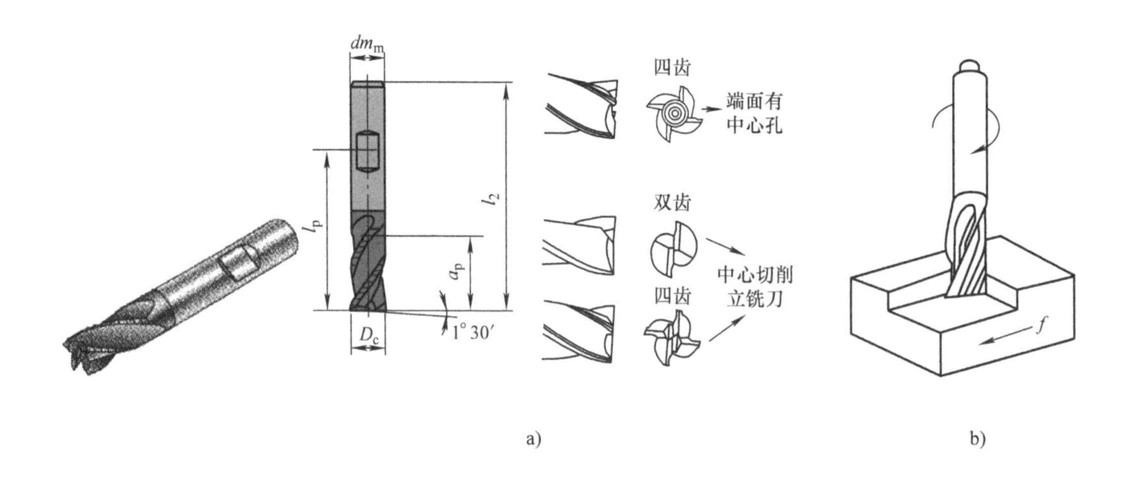

图 8-9　立铣刀的结构

1）立铣刀直径的选择。选择立铣刀直径时，主要考虑工件加工尺寸的要求，并保证立铣刀所需功率在机床额定功率范围内。一般，立铣刀半径 =（0.8～0.9）×零件内轮廓面的最小曲率半径。

2）立铣刀长度的选择。对不通孔（深槽），选取 $l=H+(5\sim10)\mathrm{mm}$，其中 l 为刀具切削部分长度，H 为零件高度。加工通孔及通槽时，选取 $l=H+r+(5\sim10)\mathrm{mm}$，其中 r 为刀尖圆弧半径，如图 8-10 所示。

3）立铣刀刃数的选择。常用立铣刀的刃数一般为 2、3、4、6、8。刃数少，容屑空间较大，排屑效果好；刃数多，立铣刀的心厚较大，刀具刚性好，适合大进给切削，但排屑效果较差。

一般按工件材料和加工性质选择立铣刀的刃数。例如，粗铣钢件时，首先须保证容屑空间及刀齿强度，应采用刃数少的立铣刀；精铣铸铁件或铣削薄壁铸铁件时，宜采用刃数多的立铣刀。

4）螺旋角的选择。粗加工时，螺旋角可选较小值；精加工时，螺旋角可选较大值。

5）立铣刀几何角度的选择。对于立铣刀，主要根据工件材料和铣刀直径选取前、后角，具体数值可参考表 8-1 选取。

6）立铣刀的刀位点。立铣刀的刀位点是刀具中心线与刀具底面的交点。

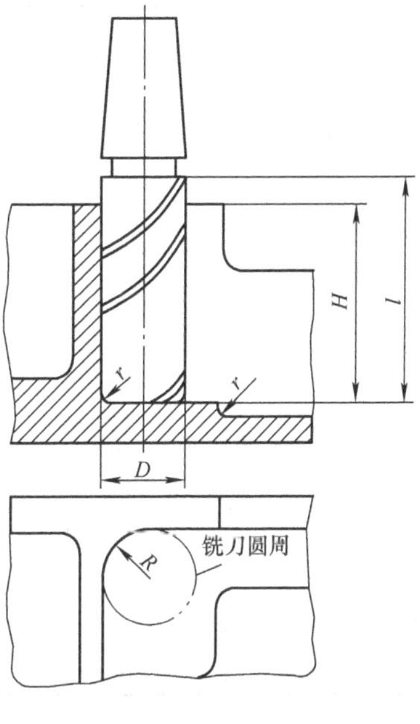

三、铣削用量的选择

确定铣削深度时，如果机床功率和工艺系统刚性允许而加工质量要求不高（表面粗糙度值 Ra 不小于 5μm），且加工余量又不大（一般不超过 6mm），可以一次铣去全部余量。若加工质量要求较高或加工余量太大，铣削则应分两次进行。在工件宽度方向上，一般应将余量一次切除。

图 8-10　立铣刀长度的选择

加工条件不同，选择的切削速度 v_c 和每齿进给量 f_z 也应不同。工件材料较硬时，f_z 及 v_c 值应取得小些；刀具材料韧性较大时，f_z 值可取得大些。刀具材料硬度较高时，v_c 的值可取得大些；铣削深度较大时，f_z 及 v_c 的值应取得小些。

表 8-1　立铣刀前角和后角的选择

工件材料	前角/(°)	铣刀直径/mm	后角/(°)
铜	10~20	<10	25
铸铁	10~15	10~15	20
		>20	16

如果采用高速工具钢立铣刀，推荐的铣削用量见表 8-2。

表 8-2　高速工具钢立铣刀铣削用量的选择

工件材料	硬度 HBW	切削速度/(m/min)	进给量/(mm/z)	
			粗铣	精铣
钢	<225	18~42	0.10~0.15	0.02~0.05
	225~325	12~36		
	325~425	6~21		
铸铁	<190	21~36	0.12~0.20	
	190~260	9~18		
	260~320	4.5~10		

如果是硬质合金立铣刀，推荐的铣削用量见表 8-3。

表 8-3 硬质合金立铣刀铣削用量的选择

工件材料	切削速度/(m/min)	进给量/(mm/z)		
		$d \leqslant 6$mm	$d \leqslant 12$mm	$d \leqslant 25$mm
铝、铝合金	173～365	0.005～0.050	0.050～0.102	0.102～0.203
黄铜、青铜	60～107	0.013～0.050	0.050～0.076	0.076～0.125
纯铜、铜合金	107～275	0.013～0.050	0.050～0.076	0.050～0.153
铸铁（低硬度）	60～153	0.013～0.050	0.020～0.050	0.076～0.203
铸铁（高硬度）	24～107	0.008～0.020	0.025～0.050	0.050～0.102
球墨铸铁	24～122	0.005～0.025	0.025～0.076	0.050～0.153
可锻铸铁	122～183	0.005～0.025	0.025～0.050	0.076～0.178
低碳钢	60～153	0.010～0.038	0.038～0.050	0.076～0.178
中碳钢	30～75	0.005～0.025	0.025～0.076	0.050～0.125
高碳钢	7～37	0.005～0.013	0.013～0.025	0.025～0.076
低硬度不锈钢	120～150	0.013～0.025	0.025～0.050	0.050～0.130
高硬度不锈钢	90～120	0.013～0.025	0.025～0.050	0.050～0.130

四、数控铣削系统的基本功能

数控铣削与数控车削的编程基本相似，其指令功能主要分为准备功能和辅助功能。下面以 SINUMERIK 802C 数控系统为例介绍数控铣床的基本编程指令，见表 8-4。

1. 准备功能 G

G 功能指令是用地址字符 G 和后面的数字来表示的，具体含义见表 8-4。

2. 辅助功能 M

M 功能指令是用地址字符 M 和后面的数字表示的，具体含义见表 8-4。

3. 数控铣 F、S、T 指令

1）F 功能。进给速度 *F* 是刀具的轨迹速度，它是所有移动坐标轴速度的矢量和。坐标轴速度是刀具轨迹速度在坐标轴上的分量。进给速度 *F* 在 G01、G02、G03、G05 插补方式中生效，并且一直有效，直到被一个新的地址 F 取代为止。地址 F 的单位由 G 功能确定。G94 时，直线进给，进给速度单位为 mm/min；G95 时，旋转进给，进给速度单位是 mm/r（只有主轴旋转才有意义）。

编程举例如下：

```
N10  S200  M3  F200;        进给速度为 200mm/min
N110  G95  F0.2;            进给速度为 0.2mm/r
N120  G94  F300;            进给速度为 300mm/min
```

系统默认 G94。G94 和 G95 更换时要求写入一个新的地址 F。

2）S 功能。S 功能指令表示数控铣床主轴的转速，单位为 r/min。主轴的旋转方向和主轴运动起始点及终点通过 M 指令来实现。如果程序段中不仅有辅助功能 M 指令，而且有坐标轴运行指令（G00 等），则 M 指令在坐标轴运行指令之前生效，即只有在主轴起动之后，坐标轴才开始运行。

表8-4　SINUMERIK 802C 编程指令表

序号	代码	功能	序号	代码	功能
1	G00	快速移动	37	G451	等距线的交点
2	G01 *	直线插补	38	M00	程序停止
3	G02	顺时针圆弧插补	39	M01	程序有条件停止
4	G03	逆时针圆弧插补	40	M02	程序结束
5	G05	中间点圆弧插补	41	M30	程序结束且返回程序头
6	G33	恒螺距的螺纹切削	42	M03	主轴顺时针转动
7	G04	暂停时间	43	M04	主轴逆时针转动
8	G63	补偿夹具切削内螺纹	44	M05	主轴停
9	G74	回参考点	45	R0 ~ R249	计算参数
10	G75	回固定点	46	+ - × ÷	四则运算
11	G158	可编程的零点偏移	47	SIN（）	正弦
12	G258	可编程的坐标旋转	48	COS（）	余弦
13	G259	附加可编程坐标旋转	49	TAN（）	正切
14	G25	主轴转速下限	50	SQRT（）	平方根
15	G26	主轴转速上限	51	ABS（）	绝对值
16	G17 *	*X/Y* 平面	52	TRUNC（）	取整
17	G18	*Z/X* 平面	53	RET	子程序结束
18	G19	*Y/Z* 平面	54	S	主轴转速，G4 暂停时间
19	G40 *	刀具半径补偿取消	55	T	刀具号
20	G41	调用刀具半径左补偿，刀具在轮廓左侧移动	56	AR	圆弧插补张角
21	G42	调用刀具半径右补偿，刀具在轮廓右侧移动	57	CHF	倒角
22	G500	取消可设定零点偏移	58	CR	圆弧插补半径
23	G54	第一可设定零点偏移	59	GOTOB	向后跳转指令
24	G55	第二可设定零点偏移	60	GOTOF	向前跳转指令
25	G56	第三可设定零点偏移	61	IF	跳转条件
26	G57	第四可设定零点偏移	62	IX、JY、KZ	圆弧插补中间点坐标
27	G53	按程序段方式取消可设定零点偏移	63	LCYC82	钻削，端面锪孔
28	G70	英制尺寸	64	LCYC83	深孔钻削
29	G71 *	米制尺寸	65	LCYC840	带补偿夹具切削内螺纹
30	G90 *	绝对尺寸	66	LCYC84	不带补偿夹具切削内螺纹
31	G91	相对尺寸	67	LCYC85	镗孔
32	G94 *	进给速度 *F*，单位为 mm/min	68	LCYC60	线性孔排列
33	G95	主轴进给速度 *F*，单位为 mm/r	69	LCYC61	圆弧孔排列
34	G901	在圆弧段进给补偿“开”	70	LCYC75	铣凹槽和键槽
35	G900	进给补偿“关”	71	RND	倒圆
36	G450	圆弧过渡	72	RPL	在用 G258 和 G259 指令时的旋转角

注：带 * 标记为默认值。

3）T 功能。T 功能指令可以选择刀具。因为数控铣床一次只使用一把刀具，所以在选用一把刀具后，程序运行结束以及系统关机/开机对此均没有影响，该刀具一直保持有效。

五、数控铣床常用编程指令

1. 绝对值和增量值编程方式（G90/G91）

数控铣床或加工中心有两种方式指令刀具的移动，即绝对值编程方式与增量值编程方式。

G90：绝对值编程，每个编程坐标轴上的编程值是相对于程序原点的。

G91：增量值编程，每个编程坐标轴上的编程值是相对于前一位置而言的，该值等于沿轴移动的距离。

G90、G91 为模态功能，可相互注销，G90 为默认值。

G90、G91 可用于同一程序段中，但要注意其顺序所造成的差异。

【例 8-1】 如图 8-11 所示，已知刀具中心轨迹为"*A*→*B*→*C*"，使用绝对坐标方式与增量坐标方式编程时，各点的坐标如下：

1）采用 G90 编程时：*A*（10，10）、*B*（35，50）、*C*（90，50）。

2）采用 G91 编程时：*B*（25，40）、*C*（55，0）。

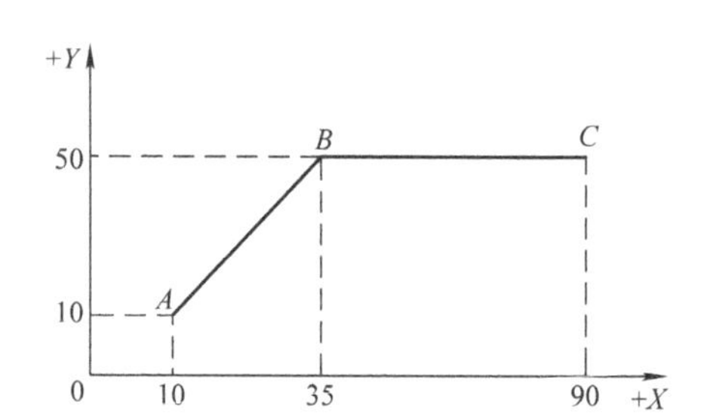

图 8-11 绝对坐标和增量坐标

2. 进给速度单位的设定（G94/G95）

编程格式：G94 [F _]；

G95 [F _]；

说明：

1）G94 为每分钟进给。*F* 的单位依 G70/G71 的设定而为 in/min 或 mm/min。

2）G95 为每转进给，即主轴转一周时刀具的进给量。*F* 的单位依 G70/G71 的设定而为 in/r 或 mm/r。

3）G94、G95 为模态功能，可相互注销，G94 为默认值。

3. 英制尺寸（G70）**和米制尺寸**（G71）

G70 或 G71 指令分别代表程序中输入数据是英制还是米制尺寸，模态有效。它们是两个互相取代的 G 指令，系统一般设定为 G71 状态。

4. 工件坐标系的设置与偏置和坐标平面的选择

（1）工件坐标系的设置与偏置　工件坐标原点是任意设定的，它在工件装夹完毕后，通过对刀来确定。可通过设定零点偏置给出工件原点在机床坐标系中的位置（工件原点以机床原点为基准偏移）。当工件装夹到机床上后求出偏移量，并通过操作面板将偏移量输入到规定的数据区。程序可以通过选择相应的 G 功能，即 G54 ~ G57 来激活此值（图 8-12）。

G54：第一可设定零点偏移；

G55：第二可设定零点偏移；

G56：第三可设定零点偏移；

G57：第四可设定零点偏移；

G500：取消可设定零点偏移，模态有效；

G53：取消可设定零点偏移，程序段方式有效，可编程的零点偏移也一起取消，如图8-13所示。

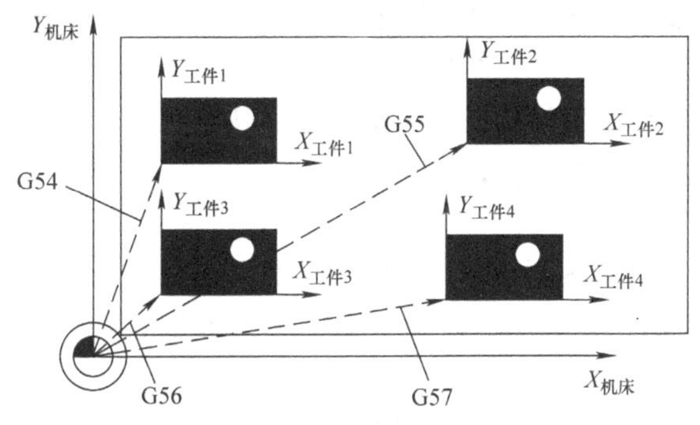

图8-12 在钻削/铣削时装夹多个工件

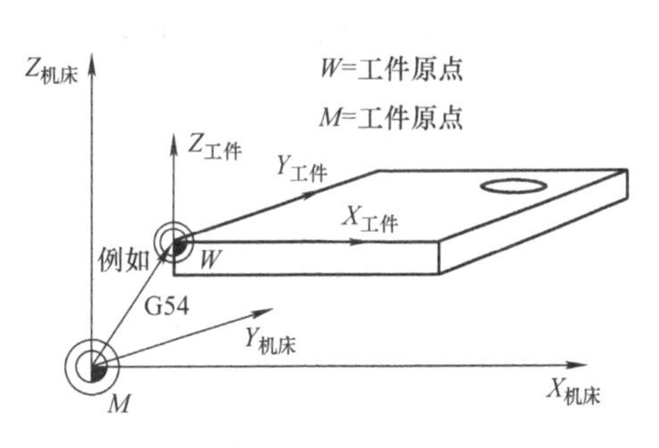

图8-13 可设定的零点偏移

编程举例：	N10	G54…；	调用第一可设定零点偏移
	N20	L47；	加工工件1，此处做L47调用
	N30	G55…；	调用第二可设定零点偏移
	N40	L47；	加工工件2，此处做L47调用
	N50	G56…；	调用第三可设定零点偏移
	N60	L47；	加工工件3，此处做L47调用
	N70	G57…；	调用第四可设定零点偏移
	N80	L47；	加工工件4，此处做L47调用
	N90	G500 G0 X…；	取消可设定零点偏移

（2）坐标平面的选择（G17～G19） 在计算刀具长度补偿和刀尖圆弧半径补偿时必须首先确定一个平面，在此平面中可以进行刀尖圆弧半径补偿。另外，根据不同的刀具类型进行相应的刀具长度补偿。坐标平面选择参见表8-5和图8-14。

表8-5 坐标平面选择

G功能	平面（横/纵坐标）	垂直坐标轴（在钻削/铣削时的长度补偿轴）
G17	X/Y	Z
G18	Z/X	Y
G19	Y/Z	X

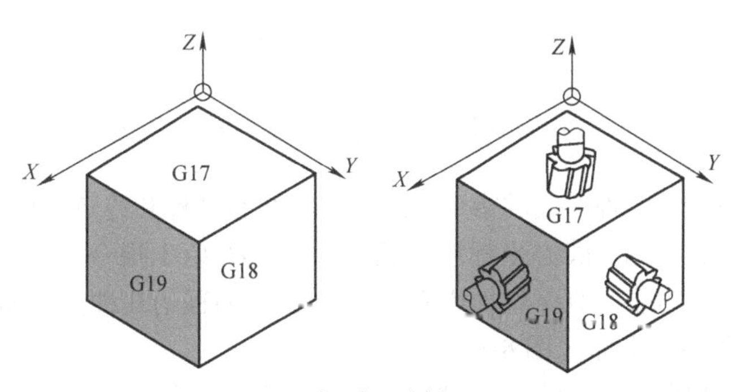

图8-14 坐标平面选择G17～G19

5. 快速移动指令（G00）

（1）功能　刀具从当前点快速移动到目标点。它只是快速定位，对中间空行程无轨迹要求，G00 移动速度是机床设定的空行程速度，与程序段中的进给速度无关。执行 G00 指令时不对工件进行加工，并可在几个坐标轴上同时执行，产生一个线性轨迹。机床数据中规定了每个坐标轴快速移动速度的最大值，坐标轴运行时就以此速度快速移动。

（2）编程格式　G00　X(U)__　Y(V)__　Z(W) __;

（3）说明

1）X、Y、Z 是目标点的绝对坐标；U、V、W 为目标点相对于起点的增量。

2）在未知 G00 轨迹的情况下，应尽量不用三轴联动，避免刀具碰撞工件或夹具。

6. 直线插补指令（G01）

（1）功能　刀具以指定的进给速度，从当前点沿直线移动到目标点。

（2）编程格式　G01　X(U)__　Y(V)__　Z(W)__　F__;

（3）说明

1）X、Y、Z 是目标点的绝对坐标；U、V、W 为目标点相对于起点的增量。

2）F 是进给速度指令代码。

【例 8-2】　如图 8-15 所示，刀具从 *A* 点直线插补到 *B* 点，编程如下：

1）绝对坐标方式：

G90　G01　X45　Y30　F100;

2）增量坐标方式：

G91　G01　X35　Y15　F100;

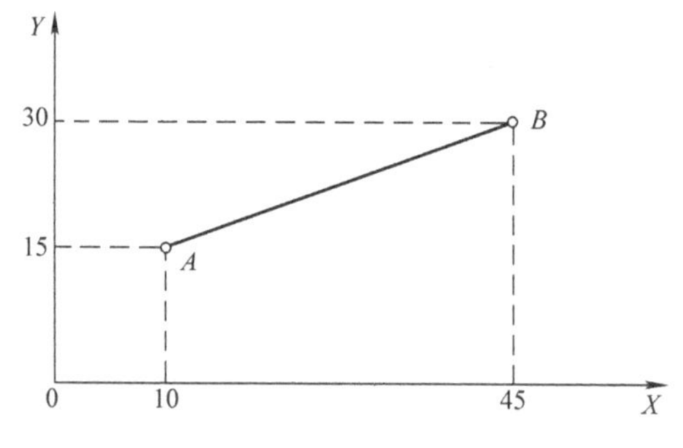

图 8-15　直线插补

7. 圆弧插补指令（G02、G03）

刀具以圆弧轨迹从起始点移动到终点，方向由 G 指令确定。G02 指令表示在指定平面顺时针插补；G03 指令表示在指定平面逆时针插补。平面指定指令与圆弧插补指令的关系如图 8-16 所示。

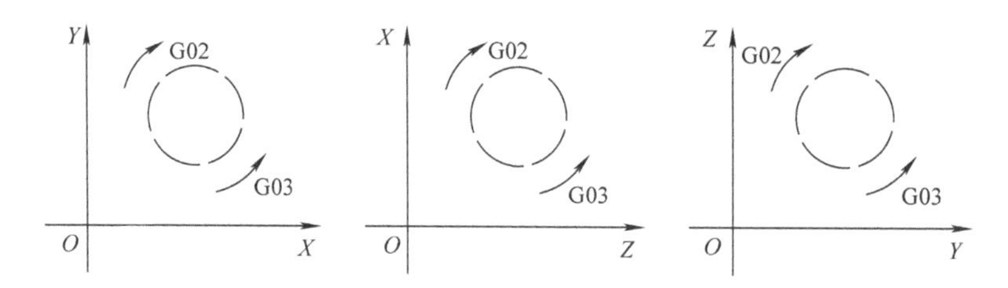

图 8-16　平面指定指令与圆弧插补指令的关系

圆弧插补可以用下述四种不同的指令格式表示：圆心坐标和终点坐标、半径尺寸和终点坐标、张角尺寸和终点坐标、圆心坐标和张角尺寸。G02/G03 指令一直有效，直到被 G 功能组中其他的指令取代为止。*XOY* 平面中 G02/G03 圆弧编程的几种方式如图 8-17 所示。

（1）圆心坐标和终点坐标（图 8-18）

编程格式：G02/G03　X(U)__　Y(V)__　I__　J__　F__;

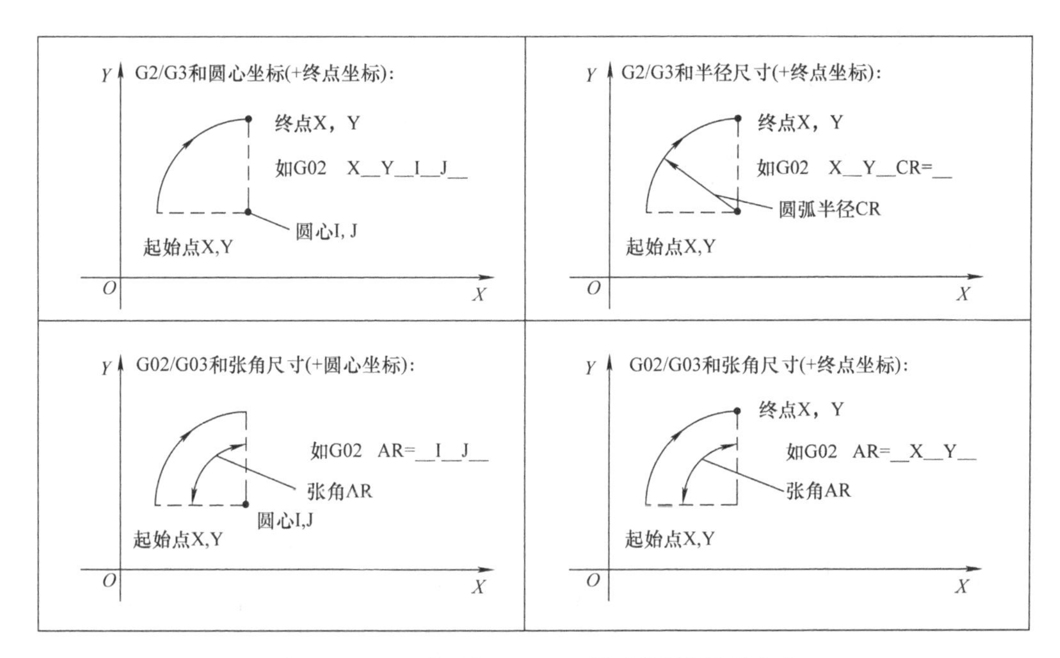

图 8-17　*XOY* 平面中 G02/G03 圆弧编程的几种方式

N05　G90　X30　Y40；　　　　　　　　用于 N10 的圆弧起始点

N10　G02　X50　Y40　I10　J－7　F100；　终点和圆心

只有用圆心坐标和终点坐标才可以编程一个整圆。

（2）半径尺寸和终点坐标（图 8-19）

编程格式：G02/G03　X(U)__　Y(V)__　CR＝__　F__；

N05　G90　X30　Y40；　　　　　　　　用于 N10 的圆弧起始点

N10　G02　X50　Y40　CR＝12.207　F100；　终点和半径

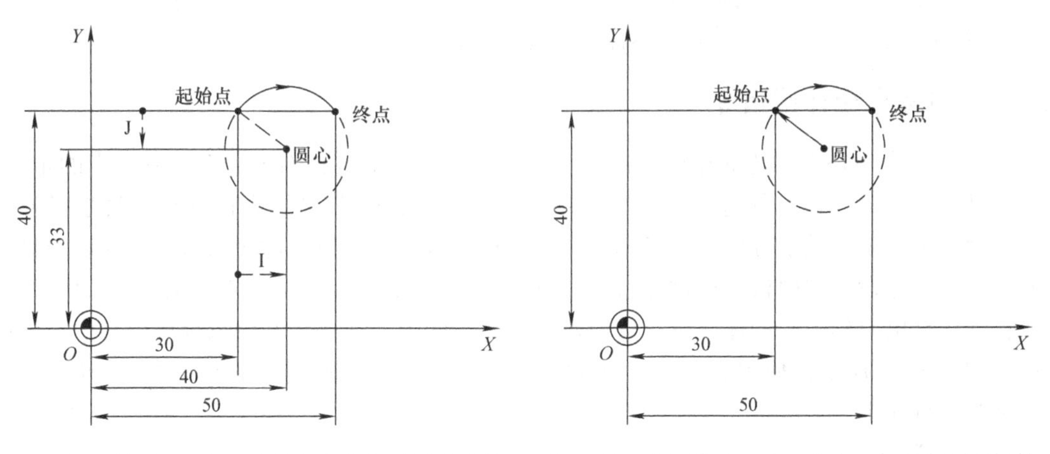

图 8-18　利用圆心坐标和终点坐标进行圆弧插补　　图 8-19　利用半径尺寸和终点坐标进行圆弧插补

在用半径表示圆弧时，可以通过 CR＝……的符号正确地选择圆弧，因为在相同的起始点、终点、半径和相同的方向时可以有两种圆弧。其中，CR＝－……表示圆弧段大于半圆，相反，则表示圆弧段小于或等于半圆。

(3) 张角尺寸和终点坐标（图 8-20）

编程格式：G02/G03 X(U)__ Y(V)__ AR=__ F__;

N05 G90 X30 Y40; 用于 N10 的圆弧起始点

N10 G02 X50 Y40 AR=105 F100; 终点和张角

(4) 圆心坐标和张角尺寸（图 8-21）

编程格式：G02/G03 I__ J__ AR=__ F__;

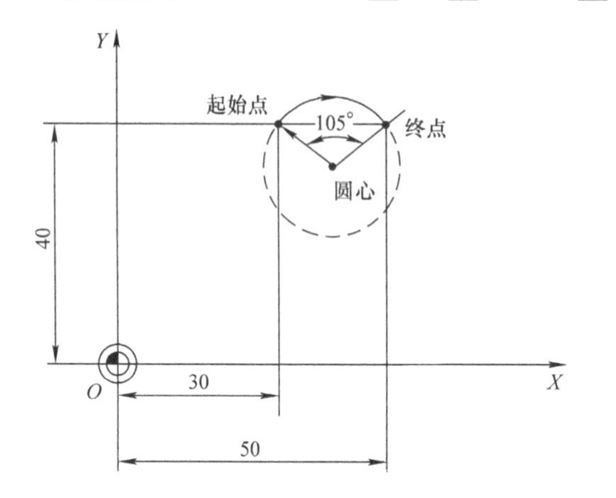

图 8-20 利用圆弧张角尺寸和终点坐标进行圆弧插补

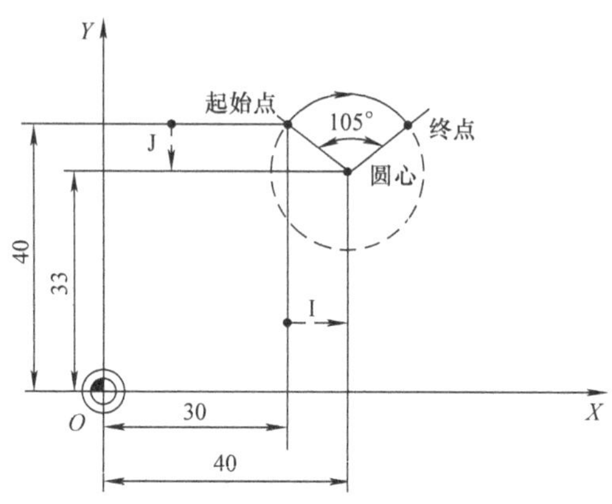

图 8-21 利用圆心坐标和圆弧张角尺寸进行圆弧插补

N05 G90 X30 Y40; 用于 N10 的圆弧起始点

N10 G2 I10 J-7 AR=105 F100; 圆心和张角

(5) 说明

1) 进行圆弧插补时，首先要用 G17、G18、G19 指令指定圆弧所在的平面。

2) X、Y、Z 为圆弧终点的绝对坐标；U、V、W 为圆弧终点相对于起点的增量。

3) I、J、K 分别为圆弧圆心相对圆弧起点在 X、Y、Z 轴方向的坐标增量。

4) 加工整圆时，不可以使用 R 编程，只能使用 I、J、K 编程。

六、刀具半径补偿指令

(1) 刀具半径补偿功能的作用　在用铣刀进行轮廓加工时，因为铣刀具有一定的半径，所以刀具中心（刀位点）轨迹和工件轮廓不重合。目前，CNC 系统大都具有刀具半径补偿功能，为程序编制提供了方便。当编制零件加工程序时，只需按零件轮廓编程，使用刀具半径补偿指令，并在控制面板上用键盘（CRT/MDA）方式，人工输入刀具半径值，CNC 系统便能自动计算出刀具中心的偏移量，进而得到偏移后的中心轨迹，并使系统按刀具中心轨迹运动。如图 8-22 所示，使用了刀具半径补偿指令后，CNC 系统会控制刀具中心自动按图中的点画线进行加工。

(2) 功能

1) G41 是刀具半径左补偿指令（简称左刀补），即假定工件不动，顺着刀具前进方向看，刀具位于工件轮廓的左边，如图 8-23a 所示。

2) G42 是刀具半径右补偿指令（简称右刀补），即假定工件不动，顺着刀具前进方向看，刀具位于工件轮廓的右边，如图 8-23b 所示。

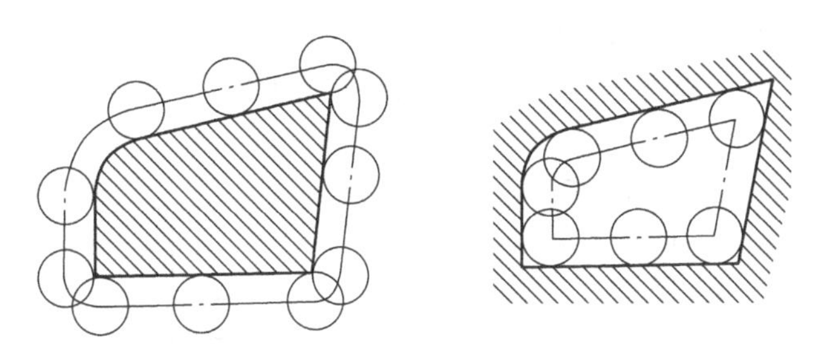

图8-22　刀具半径补偿

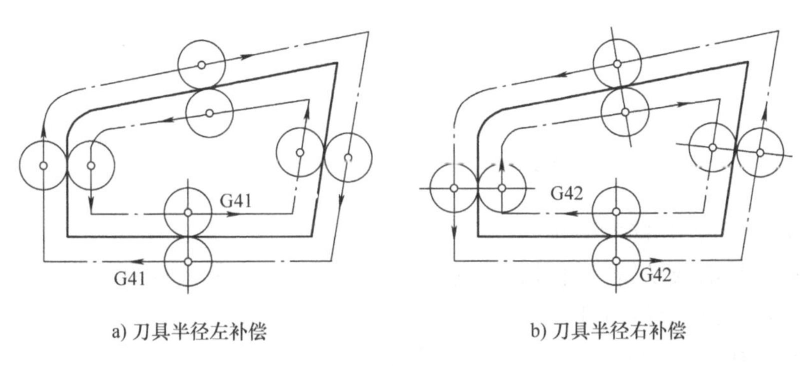

a) 刀具半径左补偿　　b) 刀具半径右补偿

图8-23　刀具半径左补偿和右补偿

3）G40是取消刀具半径补偿指令。使用该指令后，G41、G42指令无效。

（3）编程格式

$$\begin{Bmatrix} G17 \\ G18 \\ G19 \end{Bmatrix} \begin{Bmatrix} G41 & G01 \\ G42 & \\ G40 & G00 \end{Bmatrix} \begin{Bmatrix} X\_\_ & Y\_\_ & D\_\_; \\ X\_\_ & Z\_\_ & D\_\_; \\ Y\_\_ & Z\_\_ & D\_\_; \end{Bmatrix}$$

（4）说明

1）建立和取消刀具半径补偿必须在指定平面（G17/G18/G19）中进行。

2）建立和取消刀具半径补偿必须与G01或G00指令组合完成。建立刀具半径补偿的过程如图8-24所示，使刀具从无刀具半径补偿状态（图中P_0点）运动到补偿开始点（图中P_1点），期间为G01运动。加工完轮廓后，还有一个取消刀具半径补偿的过程，即从刀具半径补偿结束点（图中P_2点），以G01或G00运动到无刀具半径补偿状态（图中P_0点）。

3）X、Y是G01、G00运动的目标点坐标值。

4）D为刀具补偿号（或称刀具偏置代号地址字），后面常用两位数字表示。D代码中存放刀具半径值作为偏置量，用于CNC系统计算刀具中心的运动轨迹。

（5）编程注意事项

1）建立刀具半径补偿的程序段，必须是在补偿平面内不为零的直线上移动。

2）建立刀具半径补偿的程序段一般应在切入工件之前完成。为保证安全，应使刀补建立完成之后刀具处于待切表面的延长线上，如图8-24所示。

3）撤销补偿的程序段，一般应在切出工件之后完成，否则会发生碰撞。

4）当建立起正确的补偿后，系统将按程序要求实现刀具中心的运动。在补偿状态中不得变换补偿平面，否则将出现系统报警。

5）G41 或 G42 必须与 G40 成对使用。

6）G41、G42、G40 为模态指令，机床初始状态为 G40。

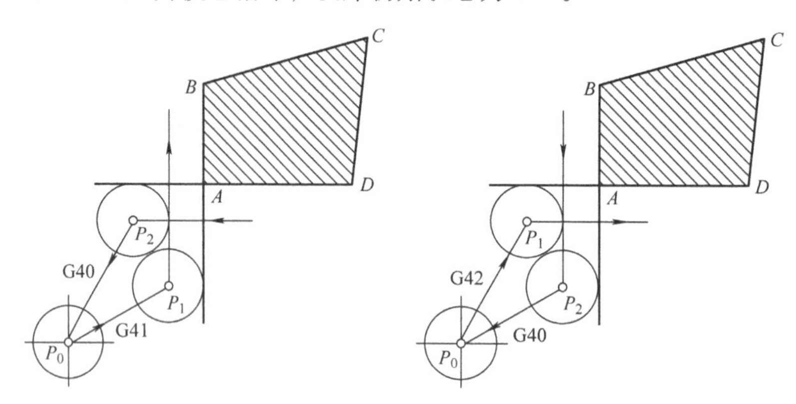

图 8-24　建立刀具半径补偿的过程

（6）刀具半径补偿功能的应用

1）因磨损、重磨或换新刀而引起刀具直径改变后，不必修改程序，只需在刀具参数设置中输入变化后的刀具半径即可。

2）同一程序中，对同一尺寸的刀具，利用刀具半径补偿功能设置不同的补偿量，可用同一程序进行粗、精加工。

【例 8-3】　考虑刀具半径补偿，编制图 8-25 所示零件的加工程序，要求建立如图 8-25 所示的工件坐标系，按照箭头所示的路径进行加工。设加工开始时刀具距离工件上表面 50mm，切削深度为 5mm。

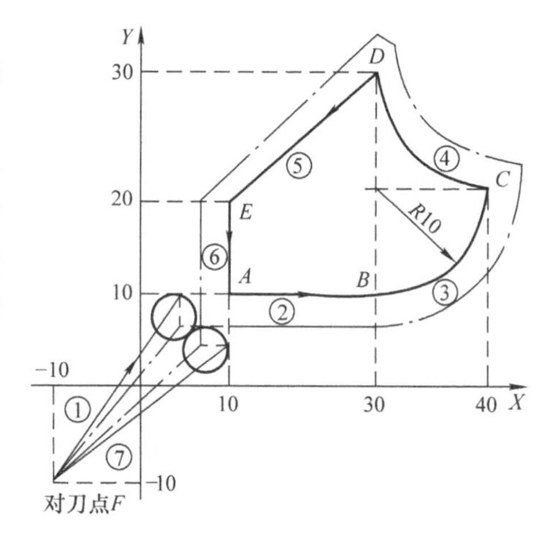

图 8-25　刀具补偿举例

参考程序如下：

```
%_N_LI0803_MPF;
N10  G54  G90  G17;
N20  G00  X-10  Y-10;
N30  G42  G00  X4  Y10  D01;
N40  Z2  M03  S800;
N50  G01  Z-5  F300;
N60  X30;
N70  G03  X40  Y20  I0  J10;
N80  G02  X30  Y30  I-10  J0;
N90  G01  X10  Y20;
N100  Y5;
N110  G00  Z50  M05;
N120  G40  X-10  Y-10;
N130  M02;
```

七、子程序编程

1. 功能应用

原则上讲，主程序和子程序之间并没有区别。通常用子程序编写零件上需要重复进行的加工，如某一确定的轮廓形状。子程序位于主程序中适当的位置，在需要时进行调用、运行。

2. 结构

子程序的结构与主程序的结构相同，但在子程序中最后一个程序段用 M2 指令结束程序运行。还可以用 RET 指令结束子程序，但 RET 指令要求占用一个独立的程序段。

3. 子程序的程序名

为了方便地选择某一个子程序，必须给子程序选取一个程序名。子程序名可以自由选择，其方法与主程序中程序名的选取方法一样，但扩展名不同，主程序的扩展名为“. MPF”，在输入程序名时系统能自动生成扩展名，而子程序的扩展名为“. SPF”，必须与子程序名一起输入。例如：“CZQY0110. SPF”。

另外，在子程序中，还可以使用地址字符 L，共后面的数字可以有 7 位（只能为整数），地址字符 L 之后的 0 均有意义，不能省略。例如：L128、L0128、L00128 分别代表三个不同的子程序。

4. 子程序结束

子程序除了用 RET 指令结束外，还可以采用 M02 指令结束。RET 指令要求占用一个独立的程序段。用 RET 指令结束子程序后，将返回主程序。

5. 子程序调用

在一个程序中（主程序或子程序）可以直接用程序名调用子程序。子程序调用要求占用一个独立的程序段。例如：

N10　L785；调用子程序 L785

N20　LGC；调用子程序 LGC

子程序调用结束，返回主程序并继续运行主程序。

6. 调用次数

如果要求多次连续地执行某一子程序，则在编程时必须在所调用的子程序的程序名后的地址 P 下写入调用次数，最大调用次数可达 9999（P1 ~ P9999）。例如：

N10　LGC　P3；调用子程序，运行 3 次

7. 子程序嵌套

子程序不仅可以供主程序调用，也可以调用其他子程序，这个过程称为子程序的嵌套。子程序的嵌套深度可以为三层，即四级程序界面（包括一级主程序界面）。但在使用加工循环进行加工时，要注意加工循环程序也同样属于子程序，因此要占用四级程序界面中的一级。

8. 应用说明

在子程序中可以改变模态有效的 G 功能，如 G90 到 G91 的变换。在返回调用程序时，应注意检查一下所有模态有效的功能指令，并按照要求进行调整；对于 R 参数也需同样注意，不要无意识地用上级程序界面中所使用的计算参数来修改下级程序界面中的计算参数。

【任务实施】

1. 加工工艺分析

（1）零件图分析　图 8-1 所示零件的四个侧面及底面、顶面均已符合加工要求，无须再加工。加工轮廓由直线和圆弧构成，尺寸精度要求不高，台阶面及侧边有平行度要求，平行度公差均为 0.03mm。表面粗糙度值为 $Ra3.2\mu m$，故需分粗、精铣完成加工。台阶高度为 10mm ±0.05mm，需分层铣削。毛坯材料为 45 钢，可加工性较好。

（2）装夹方案　采用平口钳装夹。

（3）选择刀具　采用 ϕ16mm 硬质合金立铣刀。

（4）确定该零件的加工顺序　加工顺序为：粗加工外轮廓→精加工外轮廓。凸模板的数控加工工艺卡见表 8-6。

表 8-6　凸模板的数控加工工艺卡

<table>
<tr><td colspan="3" rowspan="2">数控加工工艺卡</td><td colspan="2">产品名称</td><td colspan="2">零件名称</td><td colspan="2">零件图号</td></tr>
<tr><td colspan="2"></td><td colspan="2">凸模板</td><td colspan="2">01</td></tr>
<tr><td>工序号</td><td>程序编号</td><td>夹具名称</td><td colspan="2">夹具编号</td><td colspan="2">使用设备</td><td colspan="2">车间</td></tr>
<tr><td>001</td><td></td><td>平口钳</td><td colspan="2"></td><td colspan="2">数控铣床</td><td colspan="2">数控实训中心</td></tr>
<tr><td rowspan="2">工步号</td><td rowspan="2">工步内容</td><td colspan="3">切削用量</td><td colspan="2">刀具</td><td rowspan="2">量具名称</td><td rowspan="2">备注</td></tr>
<tr><td>主轴转速 n/(r/min)</td><td>进给速度 F/(mm/min)</td><td>背吃刀量 a_p/mm</td><td>编号</td><td>名称规格</td></tr>
<tr><td>1</td><td>粗铣轮廓</td><td>600</td><td>100</td><td>4.9</td><td>T01</td><td>ϕ16mm 立铣刀</td><td>游标卡尺</td><td>手动</td></tr>
<tr><td>2</td><td>精铣轮廓</td><td>1000</td><td>80</td><td>0.2</td><td>T01</td><td>ϕ16mm 立铣刀</td><td>游标卡尺</td><td>手动</td></tr>
<tr><td>编制</td><td></td><td>审核</td><td></td><td>批准</td><td></td><td></td><td>共　页</td><td>第　页</td></tr>
</table>

（5）工件坐标系的确定和走刀路线　根据工件坐标系的建立原则，X、Y 向原点建在工件几何中心上，如图 8-26 所示，Z 向原点建在工件上表面。凸模板走刀路线如图 8-26 所示。

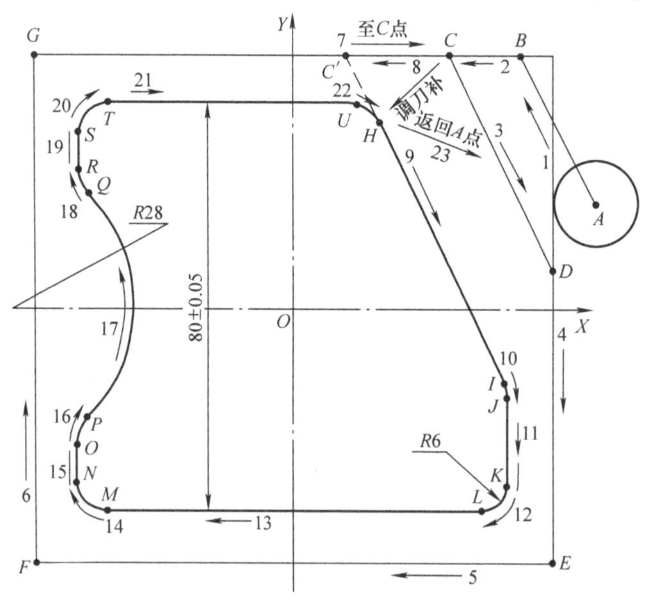

图 8-26　凸模板走刀路线

走刀路线：*A*→*B*→*C*→*D*→*E*→*F*→*G*→*C*→*C′*→*H*→*I*→*J*→*K*→*L*→*M*→*N*→*O*→*P*→*Q*→*R*→*S*→*T*→*U*→*H*。

各坐标点的坐标：*A*（58，33.486），*B*（48.466，50），*C*（32.466，50），*D*（50，19.630），*E*（50，－50），*F*（－50，－50），*G*（－50，50），*C′*（7.691，50），*H*（15.196，37），*I*（39.196，－4.569），J（40，－7.569），*K*（40，－34），*L*（34，－40），*M*（－34，－40），*N*（－40，－34），*O*（－40，－26.740），*P*（－37.706，－22.021），*Q*（－37.706，22.021），*R*（－40，26.740），*S*（－40，34），*T*（－34，40），*U*（10，40）。

2. 编制数控加工程序

（1）外轮廓粗加工程序

1）使用 ϕ16mm 立铣刀。

2）刀具半径补偿 D1 =8.15mm（即通过刀补，留单边 0.15mm 的加工余量）。

3）参考程序如下（走刀路线如图 8-26 所示）：

程序	说明
%_N_XM8Z1_MPF;	
N010 G17 G21 G40 G90 G94;	初始化程序
N020 G54 G00 Z100 M03 S600;	设定工件坐标系，快速定位至 Z100 处，主轴以 600r/min 正转
N030 X58 Y33.486;	快速定位到下刀点 *A* 点
N040 Z02 M06 T1;	快速移动至工件上方 2mm，切削液开
N050 G01 Z0 F100;	以 100mm/min 的速度下刀至零件上表面
N060 XM81 P2;	调用子程序 XM81 两次
N070 G00 Z100;	快速抬刀至 Z100
N080 M05;	主轴停止
N090 M30;	程序结束
%_N_XM81_SPF;	子程序
N010 G91 G01 Z-4.9 F100;	以 100mm/min 的速度下刀至上一加工深度下 4.9mm
N020 G90 G01 X48.466 Y50;	直线进给至工件 *B* 点
N030 X32.466;	由点 *B* 直线进给至点 *C*
N040 X50 Y19.630;	由点 *C* 直线进给至点 *D*
N050 Y-50;	由点 *D* 直线进给至点 *E*
N060 X-50;	由点 *E* 直线进给至点 *F*
N070 Y50;	由点 *F* 直线进给至点 *G*
N080 X32.466;	由点 *G* 直线进给至点 *C*
N090 G41 D01 G01 X7.691 Y50;	由点 *C* 直线进给至点 *C′*，并建立刀具半径左补偿
N095 X15.196 Y37;	由点 *C′* 直线进给至点 *H*
N100 X39.196 Y-4.569;	由点 *H* 直线进给至点 *I*

```
N110  G02  X40  Y-7.569  CR=6;          由点I圆弧进给至点J
N120  G01  Y-34;                        由点J直线进给至点K
N130  G02  X34  Y-40  CR=6;             由点K圆弧进给至点L
N140  G01  X-34;                        由点L直线进给至点M
N150  G02  X-40  Y-34  CR=6;            由点M圆弧进给至点N
N160  G01  Y-26.740;                    由点N直线进给至点O
N170  G02  X-37.706  Y-22.021  CR=6;    由点O圆弧进给至点P
N180  G03  Y22.021  CR=28;              由点P圆弧进给至点Q
N190  G02  X-40  Y26.740  CR=6;         由点Q圆弧进给至点R
N200  G01  Y34;                         由点R直线进给至点S
N210  G02  X-34  Y40  CR=6;             由点S圆弧进给至点T
N220  G01  X10  Y40                     由点T直线进给至点U
N230  G02  X15.196  Y37  CR=6;          由点U圆弧进给返回至点H
N240  G40  G01  X58  Y33.486  F300;     由点H返回至点A并取消刀补
N250  RET;                              返回主程序
```

（2）外轮廓精加工程序

1）使用 ϕ16mm 立铣刀。

2）刀具半径补偿 D1 = 8mm（精加工到理论尺寸）。

3）精加工程序在原粗加工程序“XM8Z1”基础上按下列步骤修改后另存为“XM8Z2”。

① 将主程序“XM8Z1. MPF”中的“N060 XM81 P2 ”改为“N060 XM81 P1”（即只调用一次子程序，深度一次加工到位），同时将主轴转速改为 S1000，得到主程序“XM8Z2. MPF”。

② 将子程序“XM81. SPF”中的“N10 G91 G01 Z-4.9 F100”改为“N10 G91 G01 Z-10 F80”。

③ 删除子程序“XM81. SPF”中的 N40～N80 程序段，得到“XM82. SPF”。

【知识拓展】

一、华中 HNC-21/22M 系统铣削编程相关指令

1）程序名。华中数控 HNC-21/22M 程序名为%开头，与 HNC-21/22T 系统相同。

2）绝对值编程指令 G90 和增量值编程指令 G91。

3）尺寸单位选择指令 G20/G21/G22。

G20：英制输入制式。

G21：米制输入制式。

G22：脉冲当量输入制式。

4）进给速度单位的设定指令 G94/G95。

5）工件坐标系的设置与偏置，编程格式如下：

G92　X__　Y__　Z__

用 G54～G59 设置工件坐标系（又称零点偏移）。

6）平面选择指令 G17/G18/G19。

G17 选择 *XY* 平面，G18 选择 *XZ* 平面，G19 选择 *YZ* 平面。

7）快速定位运动指令 G00，编程格式如下：

G00　X(U) __　Y(V) __　Z(W) __

8）直线插补指令 G01，编程格式如下：

G01　X(U) __　Y(V) __　Z(W) __　F __;

9）圆弧插补指令 G02/G03。

① *XY* 平面圆弧：

$$G17\begin{Bmatrix}G02\\G03\end{Bmatrix}X(U)\_\_\ Y(V)\_\_\begin{Bmatrix}I\_\_\ J\_\_\\R\_\_\end{Bmatrix}F\_\_;$$

② *XZ* 平面圆弧：

$$G18\begin{Bmatrix}G02\\G03\end{Bmatrix}X(U)\_\_\ Z(W)\_\_\begin{Bmatrix}I\_\_\ K\_\_\\R\_\_\end{Bmatrix}F\_\_;$$

③ *YZ* 平面圆弧：

$$G19\begin{Bmatrix}G02\\G03\end{Bmatrix}Y(V)\_\_\ Z(W)\_\_\begin{Bmatrix}J\_\_\ K\_\_\\R\_\_\end{Bmatrix}F\_\_;$$

10）刀具半径补偿指令 G41/G42/G40。编程格式如下：

$$\begin{Bmatrix}G17\\G18\\G19\end{Bmatrix}\begin{Bmatrix}G41 & G01\\G42 & \\G40 & G00\end{Bmatrix}\begin{Bmatrix}X\_\_ & Y\_\_ & D\_\_;\\X\_\_ & Z\_\_ & D\_\_;\\Y\_\_ & Z\_\_ & D\_\_;\end{Bmatrix}$$

11）子程序调用指令 M98 及从程序返回指令 M99。

① 子程序的格式：

% * * * *　　　　此行开头不能有空格

……;

M99;

在子程序开头，必须规定子程序号，以作为调用入口地址。在子程序的结尾用 M99，以控制执行完该子程序后返回主程序。

② 调用子程序的格式：

M98　P __　L __;

其中：

P：被调用的子程序号。

L：重复调用次数。

二、FANUC 0i - M 系统铣削外轮廓相关指令

1）FANUC 系统的程序名和文件名均以 O 开头。

2）工件坐标系指令：

建立工件坐标系：G92　X __　Y __　Z __;

选择工件坐标系：G54 ~ G59。

3）快速定位指令 G00，编程格式：

G00　X(U) __　Y(V) __　Z(W) __;

4）直线插补指令 G01，编程格式：

G01　X(U) ＿　Y(V) ＿　Z(W) ＿　F ＿;

5）圆弧插补指令。

① *XY* 平面圆弧，编程格式：

$$G17\left\{\begin{matrix}G02\\G03\end{matrix}\right\}X(U)\_\quad Y(V)\_\left\{\begin{matrix}I\_\quad J\_\\R\_\end{matrix}\right\}F\_;$$

② *XZ* 平面圆弧，编程格式：

$$G18\left\{\begin{matrix}G02\\G03\end{matrix}\right\}X(U)\_\quad Z(W)\_\left\{\begin{matrix}I\_\quad K\_\\R\_\end{matrix}\right\}F\_;$$

③ *YZ* 平面圆弧，编程格式：

$$G19\left\{\begin{matrix}G02\\G03\end{matrix}\right\}Y(V)\_\quad Z(W)\_\left\{\begin{matrix}J\_\quad K\_\\R\_\end{matrix}\right\}F\_;$$

6）刀具半径补偿指令 G41/G42/G40。

编程格式：

$$\left.\begin{matrix}G17\\G18\\G19\end{matrix}\right\}\left\{\begin{matrix}G41\quad G01\\G42\\G40\quad G00\end{matrix}\right\}\left\{\begin{matrix}X\_\quad Y\_\quad D\_;\\X\_\quad Z\_\quad D\_;\\Y\_\quad Z\_\quad D\_;\end{matrix}\right.$$

7）子程序调用指令 M98 及从程序返回指令 M99。

① 子程序的编程格式：

O××××;

M99;

② 子程序的调用格式：

M98　P×××　××××;

P 后面的前三位为重复调用次数，省略时为调用一次；后四位为子程序号。

M98　P××××　L××××;

P 后面的数字为子程序号，L 后面的数字为重复调用的次数，省略时为调用一次。

注意：可以看出，FANUC 系统指令与华中系统在加工外轮廓指令的部分基本一致。但在具体使用时需注意程序的格式，FANUC 系统程序中尺寸均应加小数点，而且每个程序段结束后需要加“;”。

任务 2　凸模板的数控铣削仿真加工

【知识目标】

1. 熟悉上海宇龙数控加工仿真系统。

2. 掌握凸模板的数控铣削仿真加工方法。

【技能目标】

1. 能够正确使用数控加工仿真系统校验编写的凸模板零件数控加工程序，并仿真加工凸模板零件。

2. 培养学生独立工作的能力和安全文明生产的习惯。

【任务描述】

已知图 8-1 所示的凸模板零件，给定的毛坯尺寸为 100mm × 100mm × 30mm，材料为 45 钢，已经通过任务 1 完成了凸模板的数控工艺分析、零件编程，要求用 SINUMERIK 802C（仿真系统中显示为 SIEMENS 802C）系统通过仿真软件进行程序的调试和优化，完成凸模板的数控铣削仿真加工。

【任务分析】

熟悉数控仿真系统仿真加工凸模板是使用数控铣床加工凸模板的基础。熟悉数控系统各界面后，才能熟练操作，学生应加强操作练习。

【任务实施】

1. 进入仿真系统

双击桌面上的按钮打开宇龙数控加工仿真系统，“用户名/密码”留空，直接单击快速登录，进入操作界面。

2. 选择机床

单击左上角的按钮进入“选择机床”界面，如图 8-27 所示。依次选择“SIEMENS”→“SIEMENS 802S（C）”→“铣床”→“确定”。

3. 机床回参考点

单击按钮使其弹起，取消机床急停状态。单击按钮，使机床进入回参考点模式。按下控制面板上的 +Z 按钮，此时 Z 轴将回参考点，显示器上的 Z 轴由变为，Z 轴已回参考点，坐标变为“0.000”。同样，分别再单击 +X 和 +Y 按钮，可以使 X、Y 轴回参考点。回参考点后机床显示界面如图 8-28 所示，否则未回到参考点。

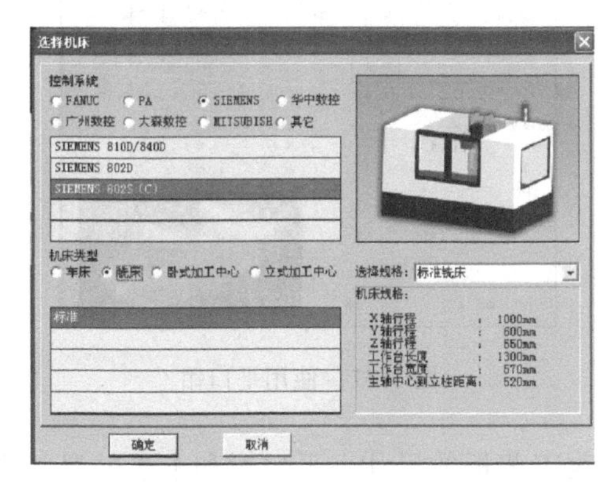

图 8-27　“选择机床”界面

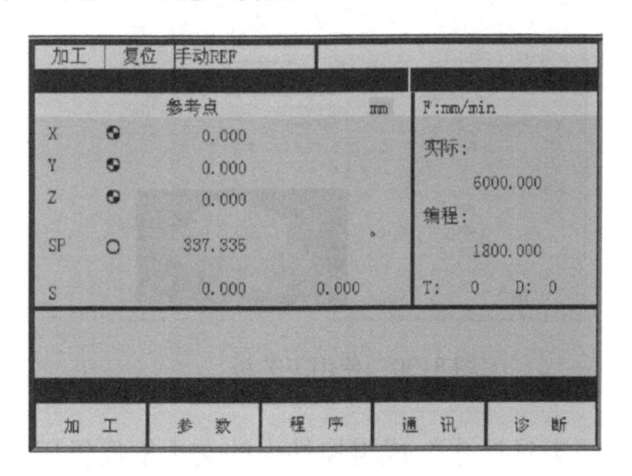

图 8-28　返回参考点界面

4. 定义毛坯

打开菜单“零件/定义毛坯”或在工具条中选择，系统打开图 8-29 所示的对话框。

1）名字输入。在名字输入框内输入毛坯名，也可以使用默认值（本例输入“项目 8”）。

2）选择毛坯形状。铣床、加工中心有两种形状的毛坯可供选择：长方形毛坯和圆柱形毛坯。本例选择长方形。

3）选择毛坯材料。材料下拉列表中提供了多种可供加工的毛坯材料，可根据需要选择毛坯材料。

4）参数输入。尺寸输入框用于输入尺寸，本例长100mm、宽100mm、高30mm。

5）保存退出。按“确定”按钮，保存定义的毛坯并退出本操作。

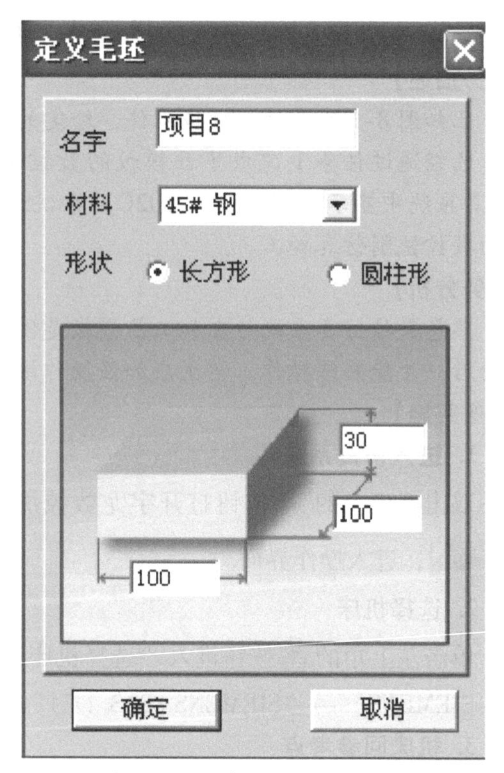

图8-29 “定义毛坯”对话框

5. 夹具使用

打开菜单“零件/安装夹具”命令或者在工具条中选择图标，系统将弹出“选择夹具”对话框。在“选择零件”下拉列表中选择刚才定义的毛坯（项目8）。在“选择夹具”下拉列表中选择所需夹具。长方形零件可以使用工艺板或者平口钳，分别如图8-30和图8-31所示（本例选择“平口钳”）。

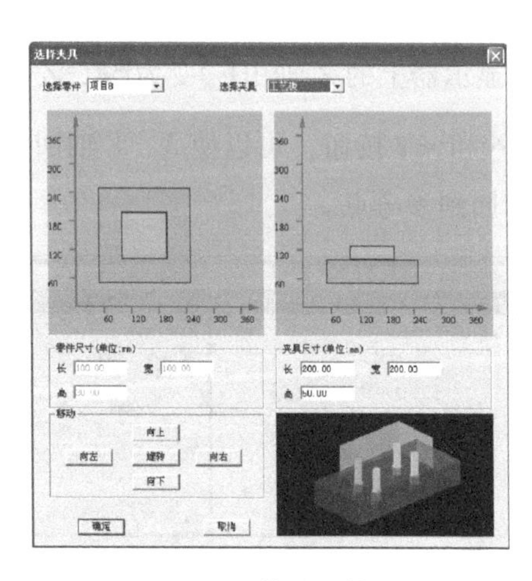

图8-30 使用工艺板

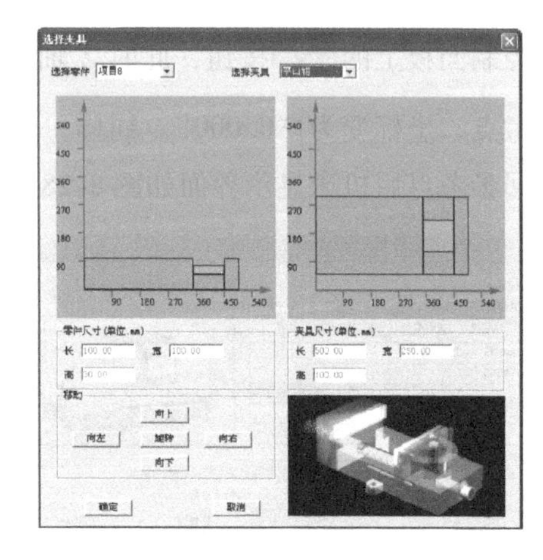

图8-31 使用平口钳

“夹具尺寸”成组控件内的文本框仅供用户修改工艺板的尺寸，平口钳和卡盘的尺寸由系统根据毛坯尺寸给出定值。工艺板长和宽的范围为50 ~ 1000mm，高的范围为10 ~ 100mm。本例选择“平口钳”，则无须调整。

“移动”成组控件内的按钮可调整毛坯在夹具上的位置。默认情况下工件底面与夹具接触，导致工件上表面低于夹具表面，无法加工，故需连续单击移动控件区的 向上 按钮几次，让工件上表面高于夹具上表面15mm以上，如图8-32所示。

6. 放置零件

打开菜单“零件/放置零件”命令或者在工具条中选择图标，系统弹出操作对话框。在列表中单击所需的零件，选中的零件信息（项目8）加亮显示，按下“安装零件”按钮，系统自动关闭对话框，零件和夹具（如果已经选择了夹具）将被放到机床上。

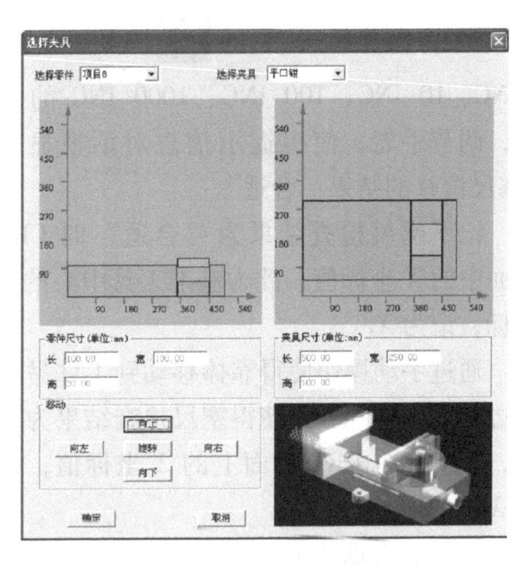

图8-32　工件高度调整后的状态

7. *X*、*Y* 方向对刀

一般铣床及加工中心在 *X*、*Y* 方向对刀时使用的基准工具包括刚性靠棒和寻边器两种。打开菜单“零件/放置零件”命令或者在工具条中选择图标，出现如图8-33所示的选择框，左边为刚性靠棒，右边为寻边器。本例选择刚性靠棒来对刀。

选择刚性靠棒可采用检查塞尺松紧的方式对刀，具体过程如下：

1）*X* 方向对刀：单击操作面板上的切换到“手动”方式。借助“视图”菜单中的动态旋转、动态放缩、动态平移等工具，利用操作面板上的按钮 -X 、 +X 、 -Y 、 +Y 、 -Z 、 +Z ，将机床移动到图8-34所示的大致位置，然后可以采用“点动”方式移动机床。单击菜单“塞尺检查/1mm”（塞尺厚度可以根据需要选择），单击操作面板上的按钮，通过调节操作面板上的“倍率选择”按钮，选择1 INC、10 INC、100 INC、1000 INC（1 INC、10 INC、100 INC、1000 INC表示点动的倍率，分别代表0.001mm、0.01mm、0.1mm、1mm）的倍率，移动靠棒，使得提示信息对话框显示“塞尺检查的结果：合适”，如图8-35所示。

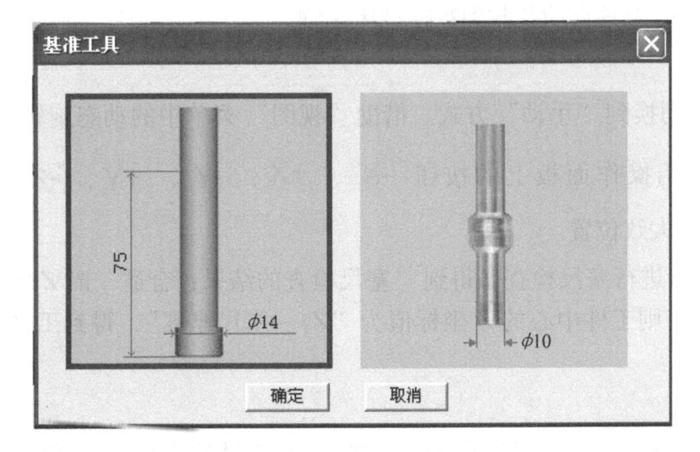

图8-33　基准工具

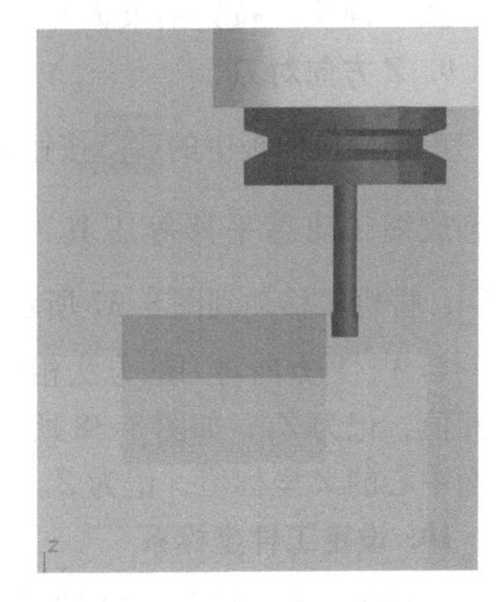

图8-34　对刀时的移动位置

对刀也可以采用手轮方式，单击菜单“塞尺检查/1mm”，单击 手轮 按钮，显示手轮，通过调节操作面板上的按钮，选择1 INC、10 INC、100 INC、1000 INC的倍率，调节手轮，使得提示信息对话框显示“塞尺检查的结果：合适”。

记下塞尺检查结果为“合适”时CRT界面中的X坐标值，此为基准工具中心的X坐标，记为X_1。

通过手动操作使得靠棒移动到工件另一侧边，以同样的方式使得塞尺检查结果为合适，记下此时CRT界面上的X坐标值，记为X_2。

工件上表面中心的坐标为$(X_1+X_2)/2$，结果记为X。

图8-35 对刀结果

2）Y方向对刀采用同样的方法。得到工件中心的坐标，记为Y。

完成X、Y方向对刀后，单击菜单“塞尺检查/收回塞尺”将塞尺收回；单击操作面板上的按钮，切换到“手动”方式；利用操作面板上的 +Z 按钮，将Z轴提起，再单击菜单“机床/拆除工具”拆除基准工具。

注：塞尺有各种不同尺寸，可以根据需要调用。本系统提供的塞尺尺寸有0.05mm、0.1mm、0.2mm、1mm、2mm、3mm、100mm（量块）。

8. 装刀

打开菜单“机床/选择刀具”或者在工具条中选择，系统弹出“选择铣刀”对话框。在“所需刀具直径”后面填入所需直径“16”，在“所需刀具类型”下拉列表中选择“平底刀”，按“确定”按钮，出现如图8-36所示的界面，选择最符合要求的一把刀具（序号1），按“确认”按钮结束选刀，同时刀具自动装载到数控铣床主轴。

9. Z方向对刀

单击操作面板中的按钮，切换到“手动”方式。借助“视图”菜单中的动态旋转、动态放缩、动态平移等工具，利用操作面板上的按钮 -X 、 +X 、 -Y 、 +Y 、 -Z 、 +Z ，将机床移动到图8-37所示的大致位置。

与X、Y方向对刀的方法相似，进行塞尺检查，得到“塞尺检查的结果：合适”时Z的坐标值，记为Z_1，如图8-38所示，则工件中心的Z坐标值为“Z_1－塞尺厚度”，得到工件表面中心的Z坐标值，记为Z。

10. 设定工件坐标系

在机床面板上按 参 数 按钮，然后按 零 点 偏 移 按钮，进入坐标系设置界面，通过、、、软键可以选择对应的G54～G57坐标系。选定坐标系后，通过MDA键盘分别输入对刀时计算出的X、Y、Z值并按“回车”键，则工件坐标系建立完成，如图8-39所示。

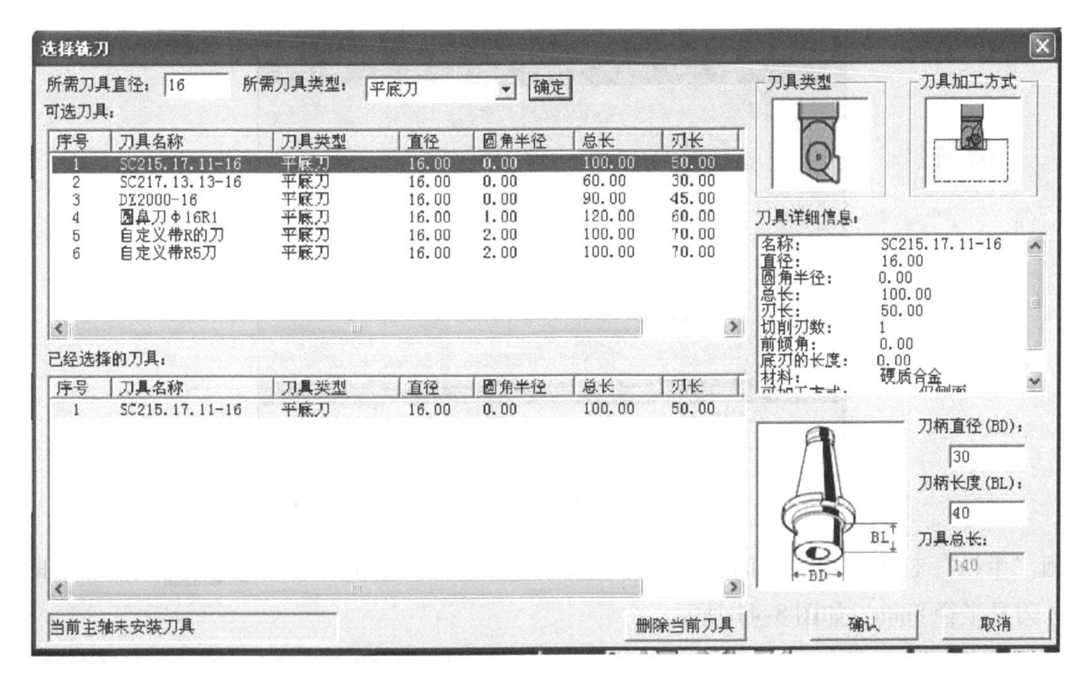

图8-36　刀具界面

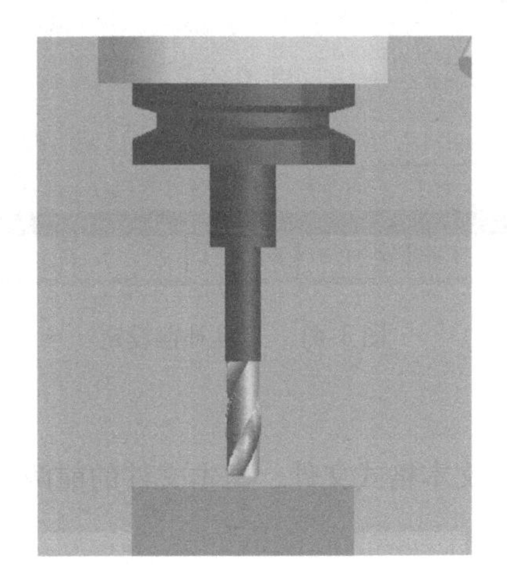

图8-37　刀具的移动位置

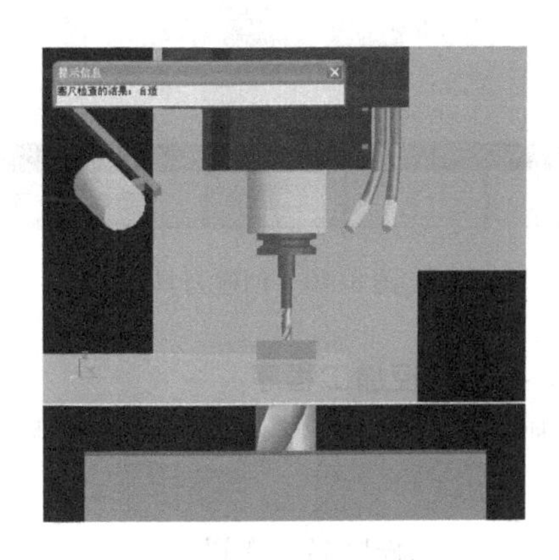

图8-38　*Z*方向对刀结果

11. 创建刀具及刀具补偿设定

（1）创建刀具　具体过程如下：单击操作面板上的按钮，依次单击软键 参 数 和 刀具补偿、按钮 > 及软键 新 刀 具，弹出图8-40所示的“创建新刀具”对话框，在“T-号”栏中输入刀具号“1”；单击按钮，光标移到“T-型”栏，输入刀具类型“100”；按“确认”键，完成新刀具的创建。

（2）刀具补偿设定　新刀具创建完成后，进入参数设置界面：单击按钮，将光标

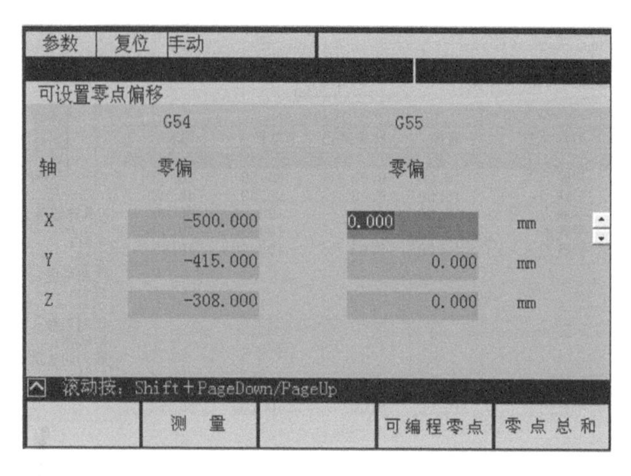

图 8-39 设置工件坐标系界面

移到“半径”栏中，粗加工时，输入刀具半径 8.15mm，单击回铣按钮；精加工时，输入刀具半径 8mm，如图 8-41 所示。

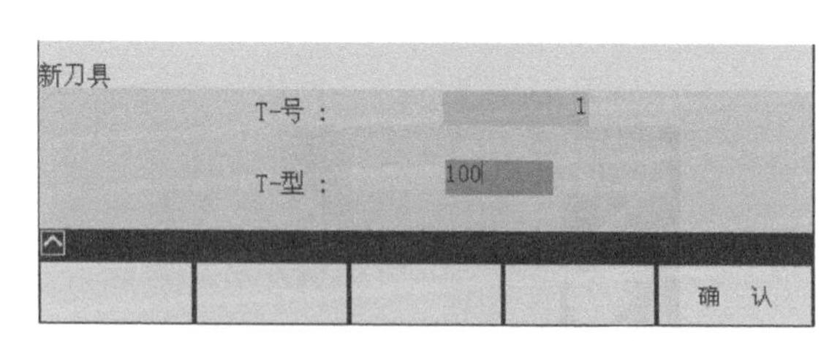

图 8-40 创建刀具

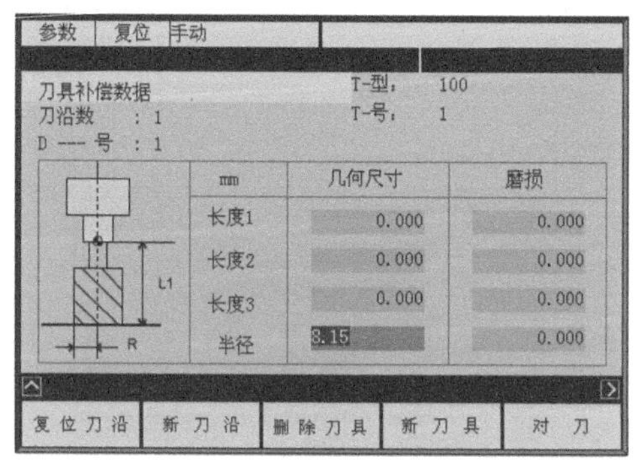

图 8-41 刀具补偿设定

12. 导入数控加工程序

先利用记事本或写字板编辑好加工程序并保存为文本格式文件，文本文件的前两行内容如下：

%_N_程序名_MPF

; $PATH =/_N_MPF_DIR

1）依次单击按钮、软键通 讯和显 示进入图 8-42 所示的界面。

2）单击软键输入启动，等待程序的输入。

3）单击菜单“机床/DNC 传送”。

4）在打开的文件对话框中选择需要导入的文件，如果文件格式正确，数控程序将显示在程序列表中，如图 8-43 所示。

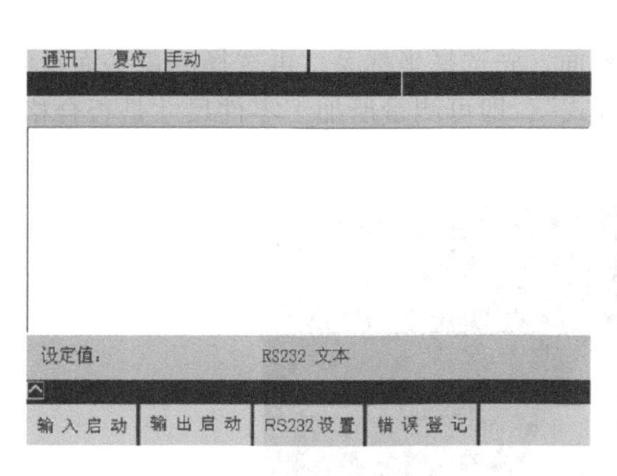

图8-42 导入数控程序

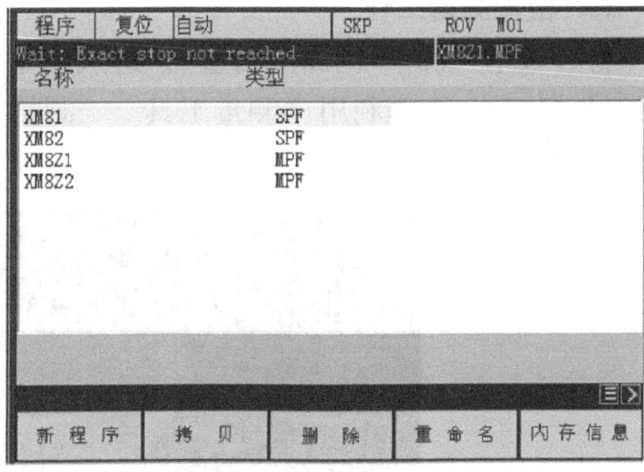

图8-43 导入数控程序结果

13. 程序校验和自动加工（粗加工）

SINUMERIK 802C系统本身没有程序校验功能，可以将G54中的Z值提高20mm，自动运行程序，校验程序的正确性。自动加工步骤为：选择程序→打开程序→单击自动加工按钮→单击循环启动按钮，加工零件。

14. 自动加工（精加工）

修改半径补偿值为8mm，即将图8-41中的“8.15”改为“8”，调用“XM8Z2”程序自动加工（精加工）。凸模板加工结果如图8-44所示。

图8-44 加工结果

15. 检查测量工件

打开菜单“测量/剖面图测量”，进入测量界面，先选择坐标系，再选择测量平面及测量的尺寸位置，合理利用“测量工具”“测量方式”，即可测量所加工零件尺寸是否合格，如图 8-45 所示。

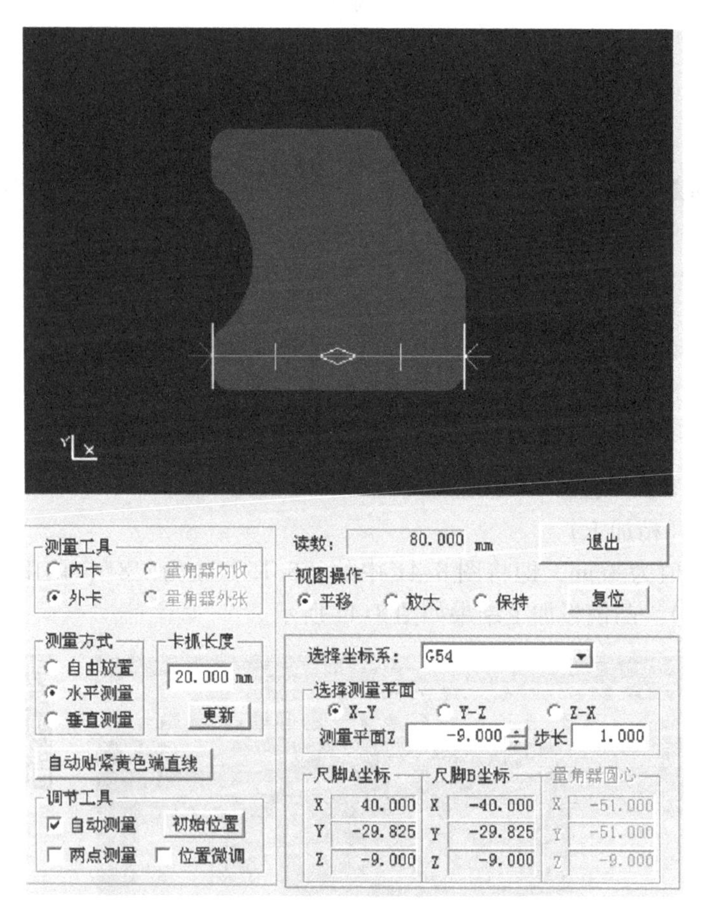

图 8-45 检查测量工件

任务 3 凸模板的数控铣削加工操作

【技能目标】

1. 通过凸模板的数控加工操作，具备利用数控系统铣削加工含有直线和圆弧等外轮廓结构的能力。

2. 培养学生独立工作的能力和安全文明生产的习惯。

【任务描述】

如图 8-1 所示的凸模板零件，毛坯尺寸为 100mm×100mm×30mm，材料为 45 钢，通过任务 1 和任务 2 的学习，要求操作 SINUMERIK 802C 数控铣床，加工出合格的零件，并进行零件检验和零件误差分析。

【任务分析】

凸模板的数控铣削加工是本任务实施的重要环节，能够利用数控机床加工出合格的零件是本任务的最终目的和要求，学生应加强操作练习，充分掌握数控机床操作的基本功。

【任务实施】

1. 工、量具准备清单

凸模板零件加工工、量具清单见表8-7。

表8-7　凸模板零件加工工、量具清单（参考）

序号	名称	规格	数量	备注
1	游标卡尺	0～150mm	1把	
2	钢直尺	0～125mm	1把	
3	外径千分尺	75～100mm	1把	
4	百分表	0～5mm	1把	

2. 加工操作

(1) 程序的输入　在编辑操作方式下进行程序的输入，注意不同程序的程序号之间有区别。

(2) 程序的检测　输入程序后需进行程序的检测，以检测程序是否有误。检测方法是：通过空运行检验刀路是否正确。

(3) 工件的安装　根据加工工艺要求装夹工件，注意毛坯伸出长度要适宜。

(4) 刀具的安装　安装时，刀具伸出要合理，夹紧要可靠。

(5) 对刀　选择工件坐标系原点，进行对刀操作。

(6) 刀具参数设置的检查　对刀后检查刀具参数设置，避免出现撞刀事故或产生废品。

(7) 零件的加工　为了保证铣削过程的可靠性，铣削首件时，必须用单段操作方式进行铣削，当确认程序无误后，再使用连续操作方式进行铣削。

(8) 零件尺寸的检测　选用合适的量具完成零件尺寸的检测。

(9) 加工中的安全操作和注意事项

1) 严格遵守数控铣床/加工中心安全操作规程，做到文明操作。

2) 程序输入完成后，必须对程序进行空运行检查。

3) 检查坐标设置和对刀是否正确。

【任务评价】

凸模板的数控铣削加工操作评价表见表8-8。

表8-8　凸模板的数控铣削加工操作评价表

项目	项目8	图样名称	凸模板	任务	8-3		指导教师	
班级		学号		姓名			成绩	
序号	评价项目	考核要点		配分	评分标准		扣分	得分
1	长度尺寸	80±0.05mm两处		20	超差0.02mm扣2分			
2	高度尺寸	10±0.05mm		10	超差不得分			

（续）

项目	项目 8	图样名称	轴套	任务	8-3	指导教师	
班级		学号		姓名		成绩	
序号	评价项目	考核要点		配分	评分标准	扣分	得分
3	圆弧尺寸	R28mm		15	超差不得分		
		R6mm 共 7 处		35	超差不得分		
4	其他	平行度公差 0.03mm，共两处		5	每处降一级扣 1 分		
		Ra3.2μm		5	每处降一级扣 1 分		
5	加工工艺与程序编制	加工工艺的合理性		3	不正确不得分		
		刀具选择的合理性		3	不正确不得分		
		工件装夹定位的合理性		2	不正确不得分		
		切削用量选择的合理性		2	不正确不得分		
6	安全文明生产	1. 安全、正确地操作设备 2. 工作场地整洁，工具、量具、夹具等摆放整齐规范 3. 做好事故防范措施，填写交接班记录，并将发生事故的原因、过程及处理结果记入运行档案 4. 做好环境保护		每违反一项从总分中扣 2 分，扣分不超过 10 分			
合计				100			

【误差分析】

1. 平面加工误差分析

数控铣床在加工平面的过程中会遇到各种各样的加工误差问题，在表 8-9 中，对平面加工中较常出现的问题、产生原因、预防及消除方法进行了分析。

表 8-9 平面加工误差分析

问题现象	产生原因	预防和消除方法
工件平面尺寸超差	1. 刀具对刀不准确 2. 切削用量选择不当，产生让刀 3. 加工程序错误 4. 工件尺寸计算错误	1. 调整或重新设定刀具数据 2. 合理选择切削用量 3. 检查、修改加工程序 4. 正确计算工件尺寸
平面的表面粗糙度值太大	1. 切削速度过低 2. 刀具中心过高 3. 切屑控制较差 4. 刀尖产生积屑瘤 5. 切削液选用不合理	1. 调高主轴转速 2. 调整刀具中心高度 3. 选择合理的进刀方式及进给量 4. 选择合适的切削范围 5. 正确选择切削液，并充分喷注

（续）

问题现象	产生原因	预防和消除方法
加工过程中出现扎刀现象，引起工件报废	1. 进给量过大 2. 切屑阻塞 3. 工件安装不合理 4. 刀具角度选择不合理	1. 降低进给速度 2. 采用断、退屑方式切入 3. 检查工件安装，增加安装刚性 4. 正确选择刀具
平面出现倾斜	1. 程序错误 2. 刀具安装不正确	1. 检查、修改加工程序 2. 正确安装刀具

2. 非铣刀刀尖圆弧半径引起的误差分析

非铣刀刀尖圆弧半径也是使工件产生误差的一个主要原因。数控铣床加工圆弧的过程中经常遇到的加工质量问题有多种，其问题现象、产生原因以及预防和消除方法见表8-10。

表8-10　圆弧加工误差分析

问题现象	产生原因	预防和消除方法
切削过程中出现干涉现象	1. 刀具参数不正确 2. 刀具安装不正确	1. 正确编制程序 2. 正确安装刀具
圆弧凹凸方向不对	程序不正确	正确编制程序
圆弧尺寸不符合要求	1. 程序不正确 2. 刀具磨损 3. 未考虑刀尖圆弧半径补偿	1. 正确编制程序 2. 及时更换刀具 3. 考虑刀尖圆弧半径补偿

【项目拓展训练】

一、实操训练零件

实操训练零件如图8-46所示，模型如图8-47所示。要求：按图编制加工工艺，填写加工工艺卡，编写程序，填写程序清单，加工出零件。

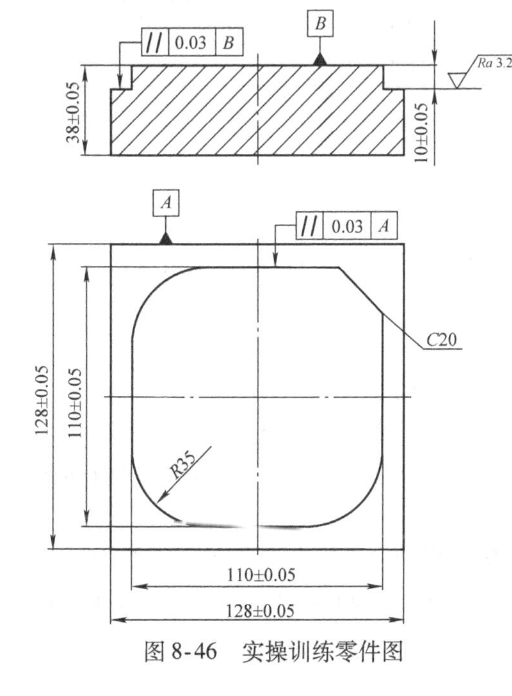

图8-46　实操训练零件图

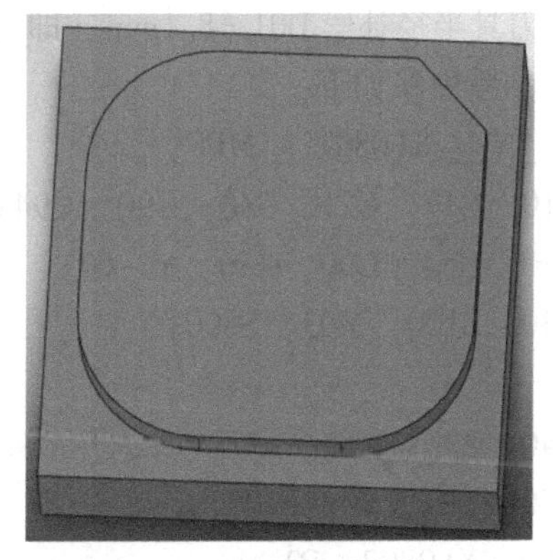

图8-47　实操训练零件模型图

二、程序编制

1. 加工工艺分析

（1）零件图分析　根据图8-46所示零件图，选用材料为45钢，毛坯尺寸为130mm×130mm×40mm。

（2）装夹方案　采用平口钳装夹。

（3）刀具选择　采用ϕ100mm面铣刀、ϕ16mm立铣刀，且粗、精加工分开，加工刀具选择立铣刀。

（4）加工顺序和进给线路的确定　加工顺序为：工件装夹找正→手动铣削四周及上、下平面→自动粗加工外轮廓→精加工外轮廓。

（5）刀具及切削用量的选择　凸模数控加工工艺卡见表8-11。

表8-11　凸模数控加工工艺卡

数控加工工艺卡			产品名称		零件名称		零件图号	
					凸模		01	
工序号	程序编号	夹具名称	夹具编号		使用设备		车间	
001		平口钳			数控铣床		数控实训中心	
工步号	工步内容	切削用量			刀具		量具名称	备注
		主轴转速 n/(r/min)	进给速度 F/(mm/min)	背吃刀量 a_p/mm	编号	名称		
1	工件装夹找正							
2	销削四周及上、下表面	600		1		ϕ100mm面铣刀	游标卡尺	
3	粗铣轮廓	600	100	4.9	T01	ϕ16mm立铣刀	游标卡尺	手动
4	精铣轮廓	800	80	0.1	T01	ϕ16mm立铣刀	游标卡尺	手动
编制		审核		批准			共　页	第　页

2. 编制加工程序

1）程序名为XL0801.MPF。

2）使用ϕ16mm立铣刀。

3）刀具半径补偿D01=8.1mm（即通过刀补，留单边0.1mm的加工余量），D02=8mm。

4）参考程序如下：

```
%_N_XL0801_MPF;
N010  G17  G21  G40  G90  G94;      初始化程序
N020  G54  G00  X80  Y-64;          设定工件坐标系，快速定位至下刀点
N030  Z100  M03  S600;              快速定位至Z100处，主轴以600r/min的速度
                                    正转
N040  Z2  M08;                      快速移动至工件上方2mm，切削液开
N050  G01  Z0  F100;                以100mm/min的速度下刀至零件上表面
N060  XL0802  P2;
```

```
N070  G00  Z10  S800;                      主轴以800r/min的速度正转
N080  G01  Z-10  F80;
N090  G90  G01  X54;
N100  X-54;
N110  G02  X-64  Y-54  CR=10;
N120  G01  Y54;
N130  G02  X-54  Y64  CR=10;
N140  G01  X54;
N150  G02  X64  Y54  CR=10;
N160  G01  Y-54;
N170  G02  X54  Y-64  CR=10;
N180  G01  X80  Y-64;
N190  G41  G01  X64  Y-55  D01;
N200  X20;
N210  X-20;
N220  G02  X-55  Y-20  CR=35;
N230  G01  Y20;
N240  G02  X-20  Y55  CR=35;
N250  G01  X35  Y55;
N260  X55  Y35;
N270  Y-20;
N280  G02  X20  Y-55  CR=35;
N290  G40  G01  X80  Y-64;
N300  N270  M05;
N310  N280  M30;
%_N_XL0802_SPF;
N010  G91  G01  Z-4.9  F80;
N020  G90  G01  X54;
N030  X-54;
N040  G02  X-64  Y-54  CR=10;
N050  G01  Y54;
N060  G02  X-54  Y64  CR=10;
N070  G01  X54;
N080  G02  X64  Y54  CR=10;
N090  G01  Y-54;
N100  G02  X54  Y-64  CR=10;
N110  G01  X80  Y-64;
N120  G41  G01  X64  Y-55  D01;
N130  X20;
```

N140　X－20；
N150　G02　X－55　Y－20　CR＝35；
N160　G01　Y20；
N170　G02　X－20　Y55　CR＝35；
N180　G01　X35　Y55；
N190　X55　Y35；
N200　Y－20；
N210　G02　X20　Y－55　CR＝35；
N220　G40　G01　X80　Y－64；
N230　RET；

三、上机仿真校验程序并操作机床加工

仿真加工结果如图8-48所示，零件测量结果如图8-49所示，仿真毛坯尺寸为128mm×128mm×38mm。

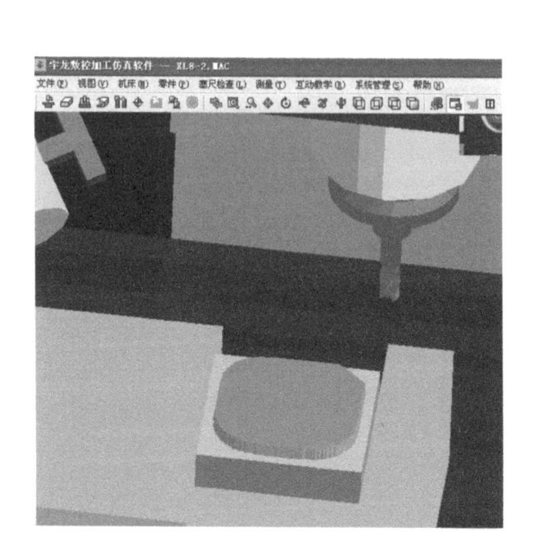

图8-48　仿真加工结果

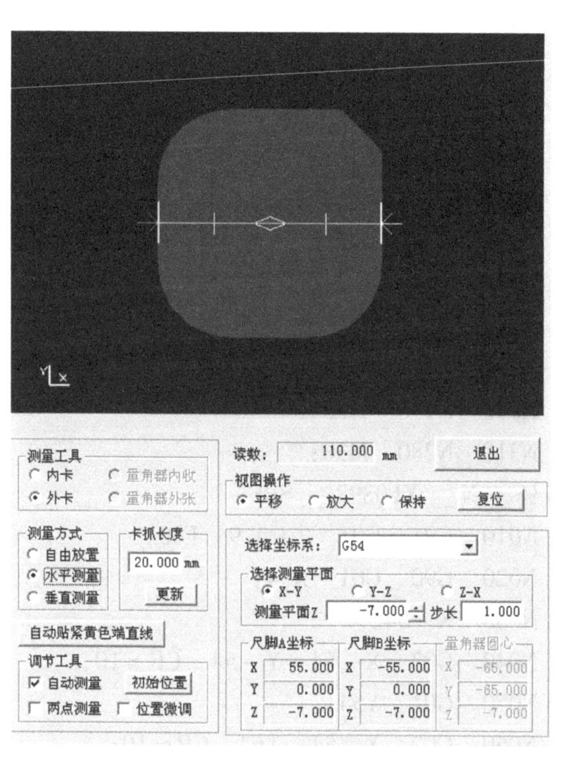

图8-49　零件测量结果

四、实操评价

凸模零件的数控铣削加工操作评价表见表8-12。

表8-12　凸模零件的数控铣削加工操作评价表

<table>
<tr><td>项目</td><td>项目8</td><td>图样名称</td><td>凸模</td><td>任务</td><td></td><td colspan="2">指导教师</td><td></td></tr>
<tr><td>班级</td><td></td><td>学号</td><td></td><td>姓名</td><td></td><td colspan="2">成绩</td><td></td></tr>
<tr><td>序号</td><td>评价项目</td><td colspan="2">考核要点</td><td>配分</td><td colspan="2">评分标准</td><td>扣分</td><td>得分</td></tr>
<tr><td rowspan="2">1</td><td rowspan="2">长度尺寸</td><td colspan="2">128 ±0.05mm，两处</td><td>20</td><td colspan="2">超差0.02mm扣2分</td><td></td><td></td></tr>
<tr><td colspan="2">110 ±0.05mm，两处</td><td>20</td><td colspan="2">超差0.02mm扣2分</td><td></td><td></td></tr>
<tr><td rowspan="2">2</td><td rowspan="2">高度尺寸</td><td colspan="2">10 ±0.05mm</td><td>10</td><td colspan="2">超差0.02mm扣2分</td><td></td><td></td></tr>
<tr><td colspan="2">38 ±0.05mm</td><td>10</td><td colspan="2">超差0.02mm扣2分</td><td></td><td></td></tr>
<tr><td>3</td><td>圆弧尺寸</td><td colspan="2">R35mm三处</td><td>15</td><td colspan="2">超差不得分</td><td></td><td></td></tr>
<tr><td rowspan="3">4</td><td rowspan="3">其他</td><td colspan="2">平行度公差为0.03mm，共两处</td><td>5</td><td colspan="2">每处降一级扣1分</td><td></td><td></td></tr>
<tr><td colspan="2">倒角C20</td><td>5</td><td colspan="2">超差不得分</td><td></td><td></td></tr>
<tr><td colspan="2">Ra3.2μm</td><td>5</td><td colspan="2">每处降一级扣1分</td><td></td><td></td></tr>
<tr><td rowspan="4">5</td><td rowspan="4">加工工艺与程序编制</td><td colspan="2">加工工艺的合理性</td><td>3</td><td colspan="2">不正确不得分</td><td></td><td></td></tr>
<tr><td colspan="2">刀具选择的合理性</td><td>3</td><td colspan="2">不正确不得分</td><td></td><td></td></tr>
<tr><td colspan="2">工件装夹定位的合理性</td><td>2</td><td colspan="2">不正确不得分</td><td></td><td></td></tr>
<tr><td colspan="2">切削用量选择的合理性</td><td>2</td><td colspan="2">不正确不得分</td><td></td><td></td></tr>
<tr><td>6</td><td>安全文明生产</td><td colspan="2">1. 安全、正确地操作设备
2. 工作场地整洁，工具、量具、夹具等摆放整齐规范
3. 做好事故防范措施，填写交接班记录，并将发生事故的原因、过程及处理结果记入运行档案
4. 做好环境保护</td><td colspan="3">每违反一项从总分中扣2分，扣分不超过10分</td><td></td><td></td></tr>
<tr><td colspan="4">合计</td><td colspan="3">100</td><td></td><td></td></tr>
</table>

自　测　题

1. 建立图8-50所示的坐标系，编制图8-50所示零件的数控铣削加工工艺及加工工序，对零件进行上机操作或数控仿真加工，毛坯尺寸为40mm×40mm×10mm，上、下表面及四周已加工好。

2. 编制图8-51所示零件的数控铣削加工工艺及加工工序，对零件进行上机操作或数控仿真加工，毛坯尺寸为100mm×80mm×15mm，上、下表面及四周已加工好。

3. 编制图8-52所示零件的数控铣削加工工艺及加工工序，对零件进行上机操作或数控仿真加工，毛坯尺寸为50mm×50mm×18mm，上、下表面及四周已加工好。

4. 编制图8-53所示零件的数控铣削加工工艺及加工工序，对零件进行上机操作或数控仿真加工，毛坯尺寸为60mm×60mm×22mm，上、下表面及四周已加工好。

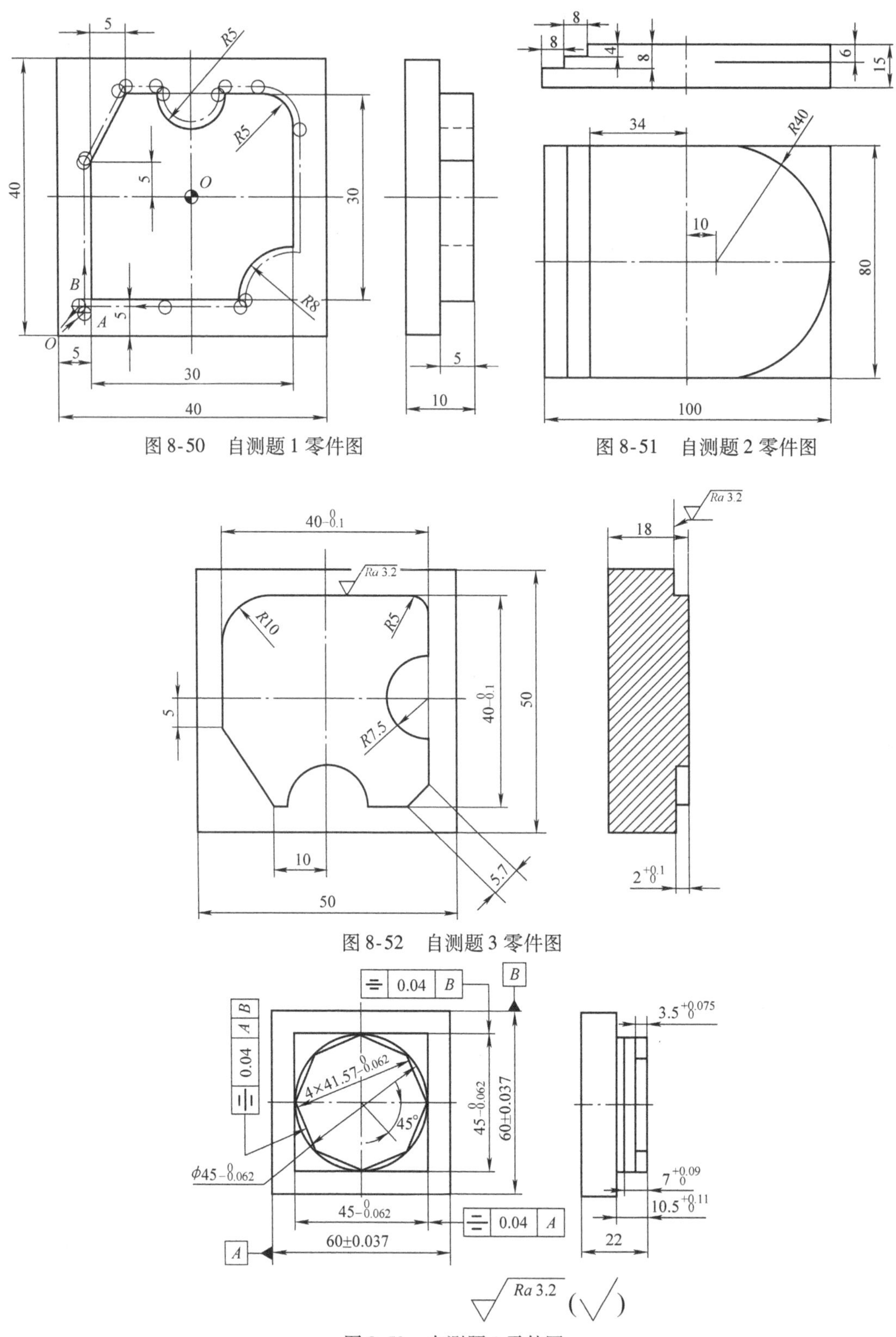

图 8-50 自测题 1 零件图

图 8-51 自测题 2 零件图

图 8-52 自测题 3 零件图

图 8-53 自测题 4 零件图

项目9 压板的数控加工工艺、编程与操作

任务1 压板的数控加工工艺分析与编程

【知识目标】

1. 熟悉数控铣削压板的加工工艺及各种工艺资料的填写方法。
2. 熟悉内轮廓和槽的铣削方法。
3. 熟悉键槽铣刀的选用方法。

【技能目标】

1. 通过编制压板的数控加工程序，具备编制内轮廓数控加工程序的能力。
2. 具有独立分析压板零件的加工工艺的能力。
3. 培养学生独立工作的能力和安全文明生产的习惯。

【任务描述】

图9-1和图9-2所示为压板零件图和模型图，材料为硬铝，毛坯尺寸为100mm×100mm×20mm，其上、下表面及侧面已加工完毕，要求分析其加工工艺，编制数控加工程序。

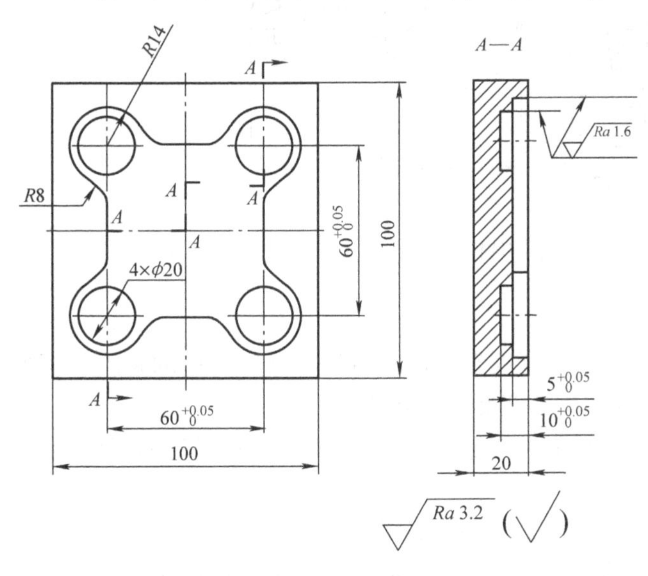

图9-1 压板零件图

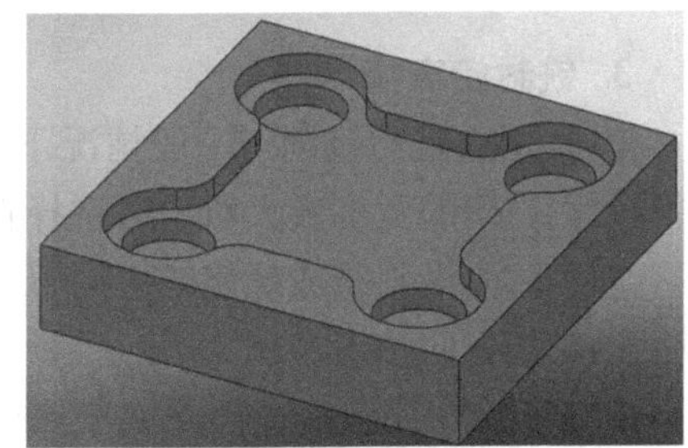

图9-2 压板模型图

【相关知识】

一、槽和键槽的加工工具及方法

1. 加工工具

槽和键槽常用键槽铣刀和立铣刀加工。键槽铣刀与立铣刀相似，如图9-3所示，它有两

个刀齿，端面的切削刃为主切削刃，圆周的切削刃为副切削刃，端面刃延至中心。键槽铣刀的刀位点是刀具中心线与刀具底面的交点。

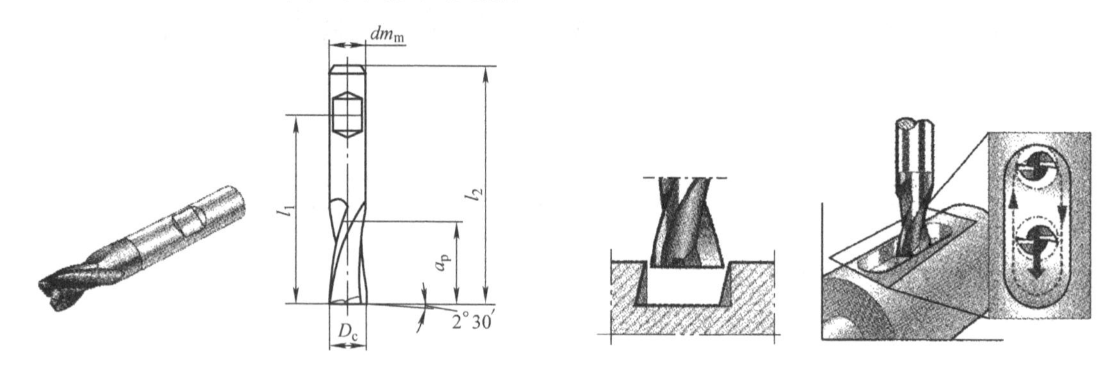

图 9-3　键槽铣刀

2. 铣通槽

铣通槽可以采用立铣刀或三面刃铣刀（图 9-4）。

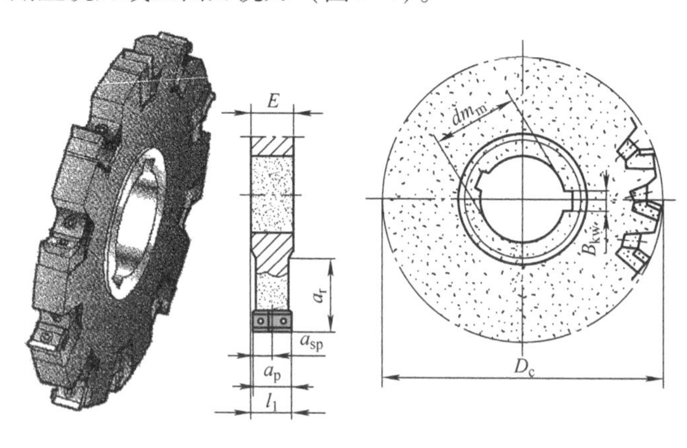

图 9-4　三面刃铣刀

3. 铣封闭窄槽

（1）用立铣刀铣削　一般情况下，当槽的宽度较小时，可选择直径与槽的宽度相等的立铣刀；当槽的宽度较大时，可选择直径比槽的宽度小的立铣刀。

加工时先沿斜线或螺旋线方向下刀，如图 9-5 所示，达到槽深，然后沿槽的形状走刀，最后沿轴线方向抬刀。

（2）用键槽铣刀铣削　用键槽铣刀铣窄槽时，一般先沿轴向进给达到槽深，然后沿槽的轨迹进行铣削。由于切削力会引起刀具和工件变形，因此一次走刀铣出的槽形状误差较大，槽底一般不是直角。通常采用两步法铣槽，即先用小号铣刀粗加工出槽，然后以逆铣方式精加工四周，可得到真正的直角，能获得最佳的精度。

二、铣削内轮廓的加工路线

铣削内圆弧时，也要遵守沿切向切入的原则。若切入、切出无法外延，则切入点、切出点应选在零件轮廓的两个几何元素的交点上。如果内部也没有交点，则从远离拐角的任意点

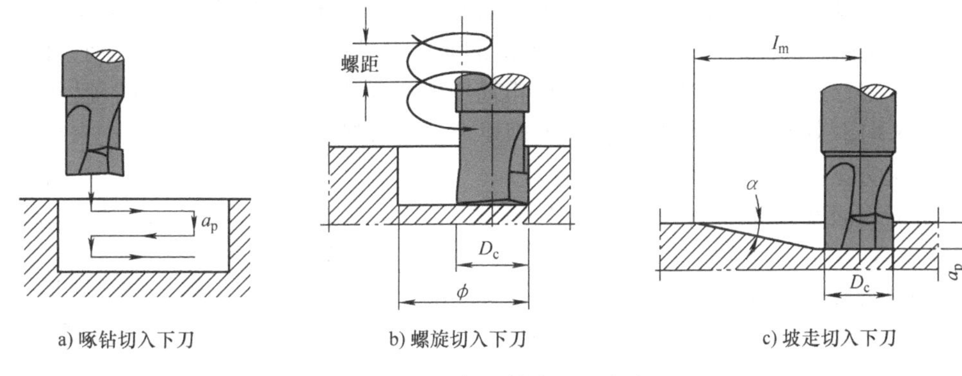

图9-5 立铣刀轴向下刀方式

切入、切出。当铣削封闭的内圆轮廓时，为避免沿轮廓曲线的法向切入、切出，可安排1/4圆弧进刀、退刀路线，如图9-6所示，这样可以提高内孔表面的加工精度和质量。

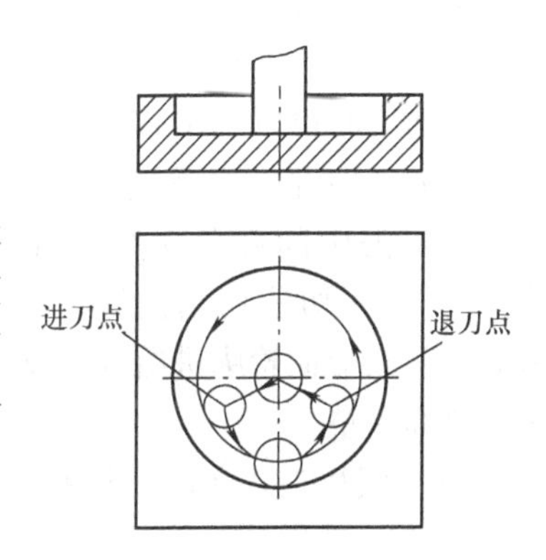

图9-6 内圆弧铣削时的进刀、退刀方式

铣削内腔时，一般用平底立铣刀加工，刀具圆角半径应符合内腔的图样要求。图9-7a所示为用行切法加工内腔的进给路线，它能切除内腔中的全部余量，不留死角，不伤轮廓。但行切法将在两次走刀的起点和终点间留有残余高度，达不到要求的表面粗糙度值。如采用图9-7b所示的进给路线，先用行切法，最后沿周向环切一刀，光整轮廓表面，则能获得较好的效果。图9-7c所示的环切法也是一种较好的进给路线，但效率较低。

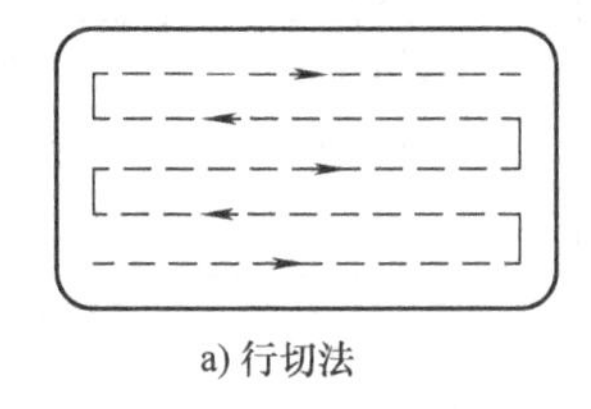

a) 行切法

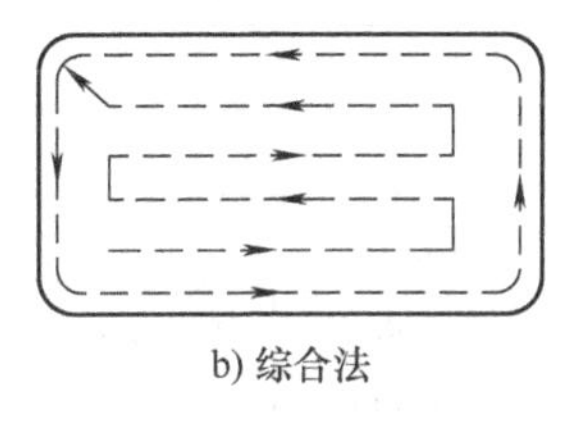

b) 综合法

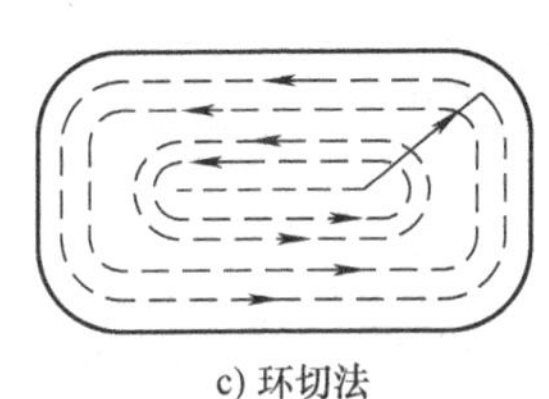

c) 环切法

图9-7 铣削内腔的进给路线

当内腔质量要求较高时，还可以采用如下方法加工：

1）钻孔，用比拐角小一号的钻头在拐角处钻孔。

2）粗铣型腔，用可转位立铣刀进行分层铣削去余量。

3）半精铣，用疏齿整体硬质合金立铣刀进行半精铣，并完成底面精加工。

4）精铣，用半径小于拐角半径的整体硬质合金大螺旋角、多齿立铣刀进行侧面精铣（注意：在拐角处刀具的进给速度减半）。

【任务实施】

一、加工工艺分析

（1）零件图分析　如图9-1所示，该零件4个侧面及上、下表面已符合加工要求，无需加工。从结构形状、尺寸及技术要求、定位基准及毛坯等方面对零件图进行分析。该零件的加工表面由平面、圆弧成形槽和4个ϕ20mm的深孔组成；尺寸标注完整，几何条件充分；主要尺寸均标注有公差，需加工表面的表面粗糙度值为$Ra3.2\mu m$和$Ra1.6\mu m$，尺寸精度和表面质量要求均不高；材料为硬铝，无热处理要求，因而都需要通过粗、精加工来完成。

（2）装夹方案　采用平口钳装夹。在数控铣床上由下表面及相邻两侧面定位，用压板压紧即可。

（3）刀具选择　铣削平面时，在粗铣中为降低切削力，铣刀直径应小些，但又不能太小，以免影响加工效率；在精铣中为减小接刀痕迹，铣刀直径应大些。同时，沉孔采用ϕ20mm的立铣刀。因此，本任务采用数控铣床加工时可以选用ϕ20mm的立铣刀。

（4）工件坐标系及进给路线的确定　用环切法切去中间部分余量（坐标点计算简单），再用环切法切出内凹成形面。精铣采用沿内凹成形面轮廓进给（图9-8）的方法，切除全部余量。

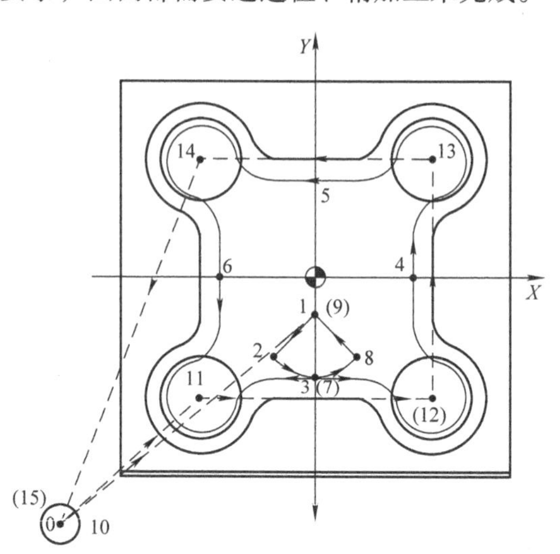

图9-8　精铣沿内凹成形面轮廓进给

（5）填写工艺文件　压板的数控加工工艺卡见表9-1。

表9-1　压板的数控加工工艺卡

数控加工工艺卡			产品名称		零件名称		零件图号	
					压板		01	
工序号	程序编号	夹具名称	夹具编号		使用设备		车间	
001		平口钳			数控铣床		数控实训中心	
工步号	工步内容	切削用量			刀具		量具名称	备注
		主轴转速 n/(r/min)	进给速度 F/(mm/min)	背吃刀量 a_p/mm	编号	名称		
1	粗铣轮廓	600	100	4.9	T01	ϕ20mm立铣刀	游标卡尺	手动
2	精铣轮廓	1000	80	0.1	T01	ϕ20mm立铣刀	游标卡尺	手动
3	精铣ϕ20mm的沉孔	1000	80	4	T01	ϕ20mm立铣刀	游标卡尺	手动
编制		审核		批准			共　页	第　页

二、编制数控加工程序

（1）轮廓粗加工程序

1）使用ϕ20mm立铣刀。

2）刀尖圆弧半径补偿D1 = 10.2mm（即通过刀补，留单边0.2mm的加工余量）。

3）参考程序如下（走刀路线如图9-8所示）：

%_N_XM9Z1_MPF;

```
N010 G17 G21 G40 G90 G94;
N020 G54 G00 Z100 M03 S600;
N030 X-80 Y-80;
N040 Z02 M06 T1;
N050 G01 Z0 F100;
N060 G00 X-15 Y-15;
N070 G01 Z-5 F100;
N080 X15;
N090 Y0;
N100 X-15;
N110 Y15;
N120 X15;
N130 G00 Z2;
N140 X-12.990 Y-22.5 G41;
N150 G01 Z-4.8;
N160 G03 X0 Y-30 CR=15;
N170 G01 X9.506;
N180 G02 X16.958 Y-35.091 CR=8;
N190 G03 X35.091 Y-16.958 CR=-14;
N200 G02 X30 Y-9.506 CR=8;
N210 G01 Y9.506;
N220 G02 X35.091 Y16.958 CR=8;
N230 G03 X16.958 Y35.091 CR=-14;
N240 G02 X9.506 Y30 CR=8;
N250 G01 X-9.506;
N260 G02 X-16.958 Y35.091 CR=8;
N270 G03 X-35.091 Y16.958 CR=-14;
N280 G02 X-30 Y9.506 CR=8;
N290 G01 Y-9.506;
N300 G02 X-35.091 Y-16.958 CR=8;
N310 G03 X-16.958 Y-35.091 CR=-14;
N320 G02 X-9.506 Y-30 CR=8;
N330 G01 X0 Y-30;
N340 G03 X12.990 Y-22.5 CR=15;
N350 G00 Z10 G40;
N360 G00 Z100;
N370 G00 X-80 Y-80;
N380 M05;
N390 M30;
```

（2）轮廓精加工程序

1）使用 ϕ20mm 立铣刀。

2）刀尖圆弧半径补偿 D1 = 10mm（精加工到理论尺寸）。

```
%_N_XM9Z1_MPF;
N010  G17  G21  G40  G90  G94;
N020  G54  G00  Z100  M03  S600;
N030  X-80  Y-80;
N040  Z02  M06  T1;
N050  G01  Z0  F100;
N060  G00  X-15  Y-15;
N070  G01  Z-5  F100;
N080  X15;
N090  Y0;
N100  X-15;
N110  Y15;
N120  X15;
N130  G00  Z2;
N140  X-12.990  Y-22.5  G41;
N150  G01  Z-4.8;
N160  G03  X0  Y-30  CR=15;
N170  G01  X9.506;
N180  G02  X16.958  Y-35.091  CR=8;
N190  G03  X35.091  Y-16.958  CR=-14;
N200  G02  X30  Y-9.506  CR=8;
N210  G01  Y9.506;
N220  G02  X35.091  Y16.958  CR=8;
N230  G03  X16.958  Y35.091  CR=-14;
N240  G02  X9.506  Y30  CR=8;
N250  G01  X-9.506;
N260  G02  X-16.958  Y35.091  CR=8;
N270  G03  X-35.091  Y16.958  CR=-14;
N280  G02  X-30  Y9.506  CR=8;
N290  G01  Y-9.506;
N300  G02  X-35.091  Y-16.958  CR=8;
N310  G03  X-16.958  Y-35.091  CR=-14;
N320  G02  X-9.506  Y-30  CR=8;
N330  G01  X0  Y-30;
N340  G03  X12.990  Y-22.5  CR=15;
N350  G00  Z10  G40;
```

```
N360  G40  X-30  Y-30;
N370  G01  Z-10  F80;
N380  G00  Z5;
N390  G00  X30  Y-30;
N400  G01  Z-10;
N410  G00  Z5;
N420  G00  X30  Y30;
N430  G01  Z-10;
N440  G00  Z5;
N450  G00  X-30  Y30;
N460  G01  Z-10;
N470  G00  Z100;
N480  G00  X-80  Y-80;
N490  M05;
N500  M30;
```

【知识拓展】

一、华中 HNC-21/22M 系统铣削编程相关指令

刀具长度补偿指令 G43/G44/G49

（1）编程格式

$$\left\{\begin{matrix}G17\\G18\\G19\end{matrix}\right\}\left\{\begin{matrix}G43\\G44\\G49\end{matrix}\right\}\left\{\begin{matrix}G00\\G01\end{matrix}\right\}X(U)\_\quad Y(V)\_\quad Z(W)\_\quad H\_;$$

（2）说明

1）G17 表示刀具长度补偿轴为 Z 轴；G18 表示刀具长度补偿轴为 Y 轴；G19 表示刀具长度补偿轴为 X 轴。

2）G49：取消刀具长度补偿；用 G43/G44 H00 也可以起到与 G49 相同的效果。

3）G43：正向偏置，当指令 G43 时，将补偿值加在程序指令中的坐标上，作为刀具实际的位移值。

G44：负向偏置，当指令 G44 时，将程序指令的坐标值减去补偿值，作为刀具实际的位移值。

4）X、Y、Z：G00/G01 的终点坐标，即刀补建立或取消的终点。

5）H：刀具长度补偿偏置号（H00～H99），它代表了刀补表中对应的长度补偿值。

6）G43、G44、G49 都是模态代码，可相互注销。

（3）注意事项

1）垂直于 G17/G18/G19 所选平面的轴得到长度补偿。

2）偏置号改变时，新的偏置值并不加到旧偏置值上。

例如：设 H01 的偏置值为 20，H02 的偏置值为 30，则

G90 G43 Z100 H01；　　Z 将达到 120

G90 G43 Z100 H02;　　　Z 将达到 130

【例 9-1】 考虑刀具长度补偿，编制如图 9-9 所示零件的加工程序，要求建立如图 9-9 所示的工件坐标系，按箭头所指示的路径进行加工。

参考程序如下：

```
%0901;
N010 G92 X0 Y0 Z0;
N020 G91 G00 X120 Y80 M03 S600;
N030 G43 Z-32 H01;
N040 G01 Z-21 F300;
N050 G04 P2;
N060 G00 Z21;
N070 X30 Y-50;
N080 G01 Z-41;
N090 G00 Z41;
N100 X50 Y30;
N110 G01 Z-25;
N120 G04 P2;
N130 G00 G49 Z57;
N140 X-200 Y-60 M05;
N150 M30;
```

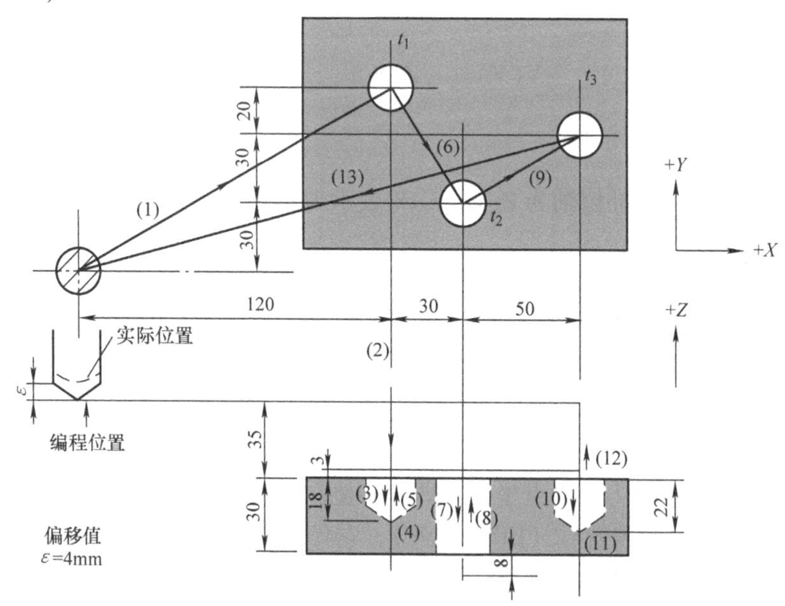

图 9-9 采用刀具长度补偿钻削加工示例

二、FANUC 0i-M 系统的编程指令

与华中 HNC-21/22M 系统铣削编程指令相同，此处略。

任务2　压板的数控铣削仿真加工

【知识目标】

1. 熟悉上海宇龙数控加工仿真系统。

2. 掌握压板的数控铣削仿真加工方法。

【技能目标】

1. 能够正确使用数控加工仿真系统校验编写的压板零件数控加工程序，并仿真加工压板零件。

2. 培养学生独立工作的能力和安全文明生产的习惯。

【任务描述】

已知如图9-1所示的压板零件，给定的毛坯尺寸为100mm×100mm×20mm，材料为硬铝，已经通过任务1完成了压板的数控工艺分析、零件编程，要求用SINUMERIK 802C系统数控铣床通过仿真软件完成程序的调试和优化，完成压板的数控铣削仿真加工。

【任务分析】

利用数控仿真系统仿真加工压板是使用数控铣床加工压板的基础。熟悉数控系统各界面后，才能熟练操作，学生应加强操作练习。

【任务实施】

1. 进入仿真系统

与项目8操作方式相同。

2. 选择机床

与项目8操作方式相同。

3. 机床回参考点

与项目8操作方式相同。

4. 定义毛坯

与项目8操作方式相同。在对话框中输入“项目9”，材料为“硬铝”，形状选择为长100mm，宽100mm，高20mm。

5. 夹具使用

与项目8操作方式相同。

6. 放置零件

与项目8操作方式相同。

7. *X*、*Y* 方向对刀

与项目8操作方式相同。

8. 装刀

与项目8操作方式相同。在“所需刀具直径”后面填入所需直径“20”，在“所需刀具类型”下拉菜单中选择“平底刀”，按“确定”按钮，出现图9-10所示的界面，选择最符合要求的一把刀具（序号5）。

9. *Z* 方向对刀

与项目8操作方式相同。

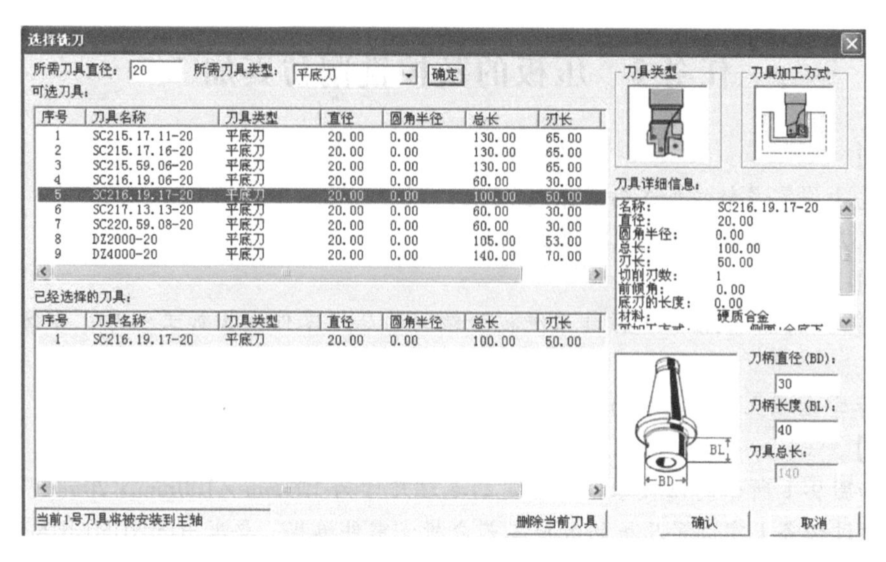

图 9-10　刀具界面

10. 设定工件坐标系

与项目 8 操作方式相同。工件坐标系设定结果如图 9-11 所示。

11. 刀具补偿设定

（1）创建刀具　创建刀具的操作与项目 8 相同。

（2）刀具半径补偿设定　刀具半径补偿与项目 8 操作方式相同。粗加工时，输入刀具半径 10.2mm；精加工时，输入刀具半径为 10mm，如图 9-12 所示。

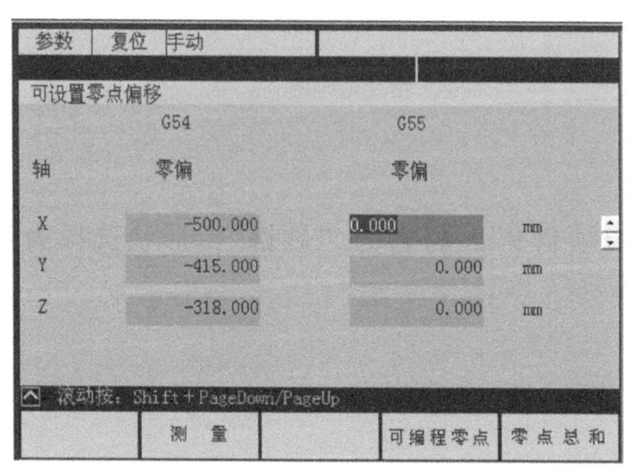

图 9-11　设定工件坐标系

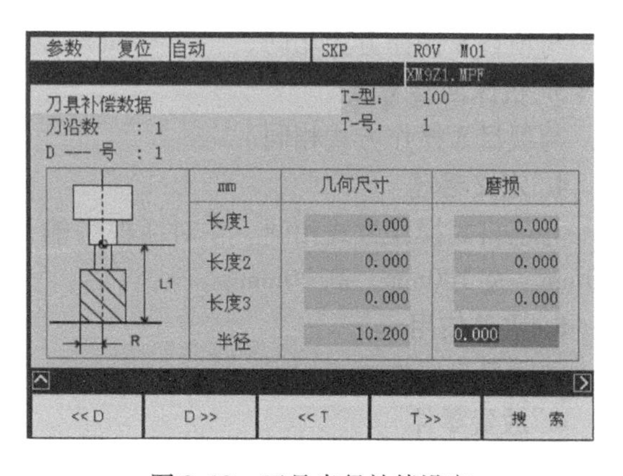

图 9-12　刀具半径补偿设定

12. 导入数控程序

导入数控程序的操作与项目 8 相同。

13. 程序校验和自动加工（粗加工）

程序校验和自动加工的操作与项目 8 相同。

14. 自动加工（精加工）

修改刀具半径补偿值为 10mm，即将图 9-12 中的 10.2 改为 10。调用“XM9Z2.MPF”程序进行自动加工（精加工）。压板仿真加工结果如图 9-13 所示。

15. 检查测量工件

工件的检查测量与项目8操作方式相同，结果如图9-14所示。

图9-13　压板仿真加工结果

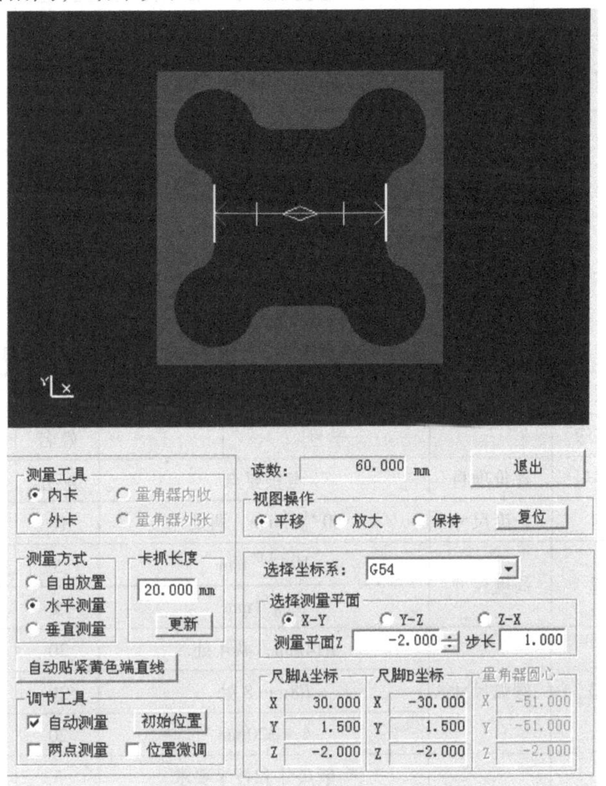

图9-14　检查测量工件结果

任务3　压板的数控铣削加工操作

【技能目标】

1. 通过压板的数控加工操作，具备利用数控系统铣削加工直线和圆弧等内轮廓结构的能力。

2. 培养学生独立工作的能力和安全文明生产的习惯。

【任务描述】

如图9-1所示的压板零件，毛坯尺寸为100mm×100mm×20mm，材料为硬铝，通过任务1和任务2的学习，要求操作SINUMERIK 802C数控机床，加工出合格的零件，并进行零件检验和零件误差分析。

【任务分析】

压板的数控铣削加工操作是本任务实施的重要环节，能够利用数控机床加工出合格的零件是本任务的最终目的和要求，学生应加强操作练习，充分掌握数控机床操作的基本功。

【任务实施】

1. 工、量具准备清单

压板零件加工工、量具清单见表9-2。

表 9-2　压板零件加工工、量具清单（参考）

序号	名称	规格	数量	备注
1	游标卡尺	0～150mm	1 把	
2	钢直尺	0～125mm	1 把	
3	内径百分尺	5～30mm	1 把	
4	百分表	0～5mm	1 把	

2. 加工操作

与项目 8 操作方式相同。

【任务评价】

压板零件的数控铣削加工操作评价表见表 9-3。

表 9-3　压板零件的数控铣削加工操作评价表

项目	项目 9	图样名称	压板	任务	9－3	指导教师		
班级		学号		姓名		成绩		
序号	评价项目	考核要点		配分	评分标准		扣分	得分
1	长度尺寸	$60^{+0.05}_{0}$mm，两处		10	超差 0.02mm 扣 2 分			
2	高度尺寸	$10^{+0.05}_{0}$mm		5	超差 0.02mm 扣 2 分			
		$5^{+0.05}_{0}$mm		5	超差 0.02mm 扣 2 分			
3	圆弧尺寸	R14mm，共 4 处		20	超差不得分			
		R8mm 8 处		20	超差不得分			
		4×ϕ20mm		20	超差不得分			
4	其他	一般尺寸和技术要求		5	超差不得分			
		Ra3.2μm、Ra1.6μm		5	每处降一级扣 1 分			
5	加工工艺与程序编制	加工工艺的合理性		3	不正确不得分			
		刀具选择的合理性		3	不正确不得分			
		工件装夹定位的合理性		2	不正确不得分			
		切削用量选择的合理性		2	不正确不得分			
6	安全文明生产	1. 安全、正确地操作设备 2. 工作场地整洁，工具、量具、夹具等摆放整齐规范 3. 做好事故防范措施，填写交接班记录，并将发生事故的原因、过程及处理结果记入运行档案 4. 做好环境保护		每违反一项从总分中扣 2 分；扣分不超过 10 分				
合计				100				

【误差分析】

压板零件误差分析方法与项目 8 基本相同，详见任务 8-3。

【项目拓展训练】

一、实操训练零件

实操训练零件如图 9-15 所示，模型如图 9-16 所示。要求：按图编制加工工艺，填写加工工艺卡，编写程序，填写程序清单，加工出零件。

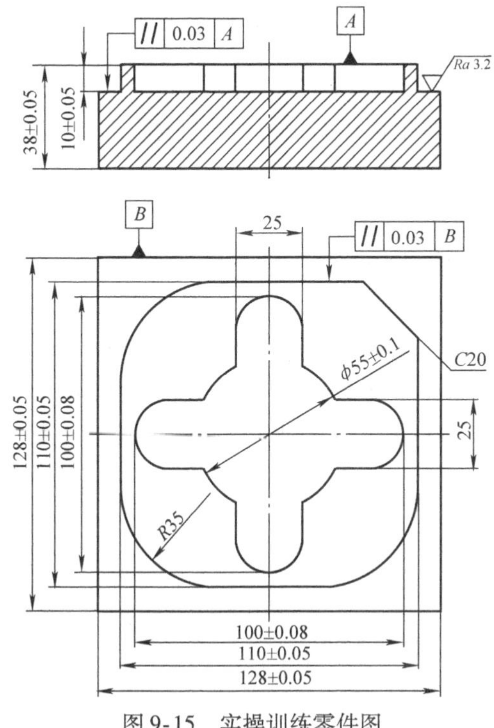

图9-15　实操训练零件图

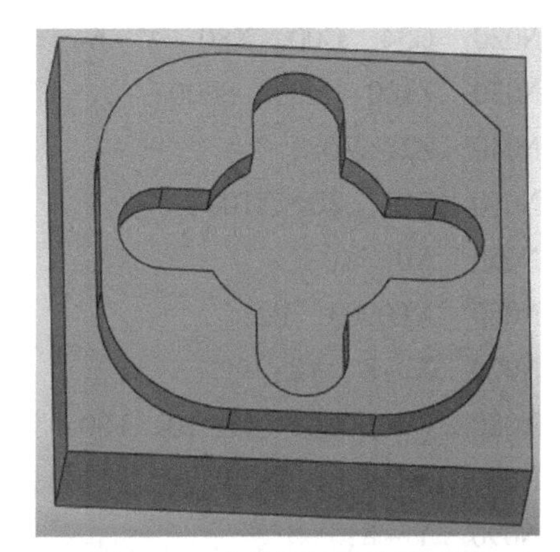
图9-16　实操训练零件模型图

二、程序编制

1. 加工工艺分析

（1）零件图分析　如图9-15所示，材料为45钢，在项目8的基础上继续进行加工。

（2）装夹方案　采用平口钳装夹。

（3）刀具选择　选择 ϕ16mm 立铣刀，粗、精加工分开。

（4）加工顺序的确定　工件装夹找正→自动粗加工内轮廓→精加工内轮廓。

（5）刀具及切削用量的选择　凸模的数控加工工艺卡见表9-4。

表9-4　凸模的数控加工工艺卡

数控加工工艺卡			产品名称		零件名称		零件图号	
					凸模		01	
工序号	程序编号	夹具名称	夹具编号		使用设备		车间	
001		平口钳			数控铣床		数控实训中心	
工步号	工步内容	切削用量			刀具		量具名称	备注
		主轴转速 n/(r/min)	进给速度 F/(mm/min)	背吃刀量 a_p/mm	编号	名称		
1	工件装夹找正							
2	粗铣轮廓	600	100	4.9	T01	ϕ16mm 立铣刀	游标卡尺	手动
3	精铣轮廓	800	80	0.1	T01	ϕ16mm 立铣刀	游标卡尺	手动
编制		审核		批准			共　页	第　页

2. 编制加工程序

1）程序名为“XL0901. MPF”。

2）使用 ϕ16mm 立铣刀。

3）刀具半径补偿 D01 =8. 1mm（即通过刀补，留单边 0. 1mm 的加工余量），D2 =8mm。

4）参考程序如下：

```
%_N_XL0901_MPF;
N010  G17  G21  G40  G90  G94;      初始化程序
N020  G54  G00  X80  Y-64;          设定工件坐标系，快速定位至下刀点
N030  Z100  M03  S600;              快速定位至 Z100 处，主轴以 600r/min 正转
N040  Z2  M08;                      快速移动至工件上方 2mm，切削液开
N050  G01  Z0  F100;                以 100mm/min 的速度下刀至零件上表面
N050  X0  Y0;
N060  XL0903  P2;
N070  X-8  Y8;
N080  G90  G01  Z-10  F80;
N090  X8;
N090  Y-8;
N100  X-8;
N110  Y8;
N120  G41  G01  X0  Y-12.5;
N130  X24.495;
N140  X37.5;
N150  G03  Y12.5  CR=12.5;
N160  G01  X24.495;
N170  G03  X12.5  Y24.495  CR=25;
N180  G01  Y37.5;
N190  G03  X-12.5  CR=12.5;
N200  G01  Y24.495;
N210  G03  X-24.495  Y12.5  CR=25;
N220  G01  X-37.5;
N230  G03  Y-12.5  CR=12.5;
N240  G01  X-24.495;
N250  G03  X-12.5  Y-24.495  CR=25;
N260  G01  Y-37.5;
N270  G03  X12.5  CR=12.5;
N280  G01  Y-24.495;
N290  G03  X25  Y0  CR=25;
```

```
N300  G40;
N310  M05;
N320  M30;
%_N_XL0903_SPF;
N010  X-8  Y8;
N020  G91  G01  Z-4.9  F100;
N030  G90  X8;
N040  Y-8;
N050  X-8;
N060  Y8;
N070  G41  G01  X0  Y-12.5;
N080  X24.495;
N090  X37.5;
N100  G03  Y12.5  CR=12.5;
N110  G01  X24.495;
N120  G03  X12.5  Y24.495  CR=25;
N130  G01  Y37.5;
N140  G03  X-12.5  CR=12.5;
N150  G01  Y24.495;
N160  G03  X-24.495  Y12.5  CR=25;
N170  G01  X-37.5;
N180  G03  Y-12.5  CR=12.5;
N190  G01  X-24.495;
N200  G03  X-12.5  Y-24.495  CR=25;
N210  G01  Y-37.5;
N220  G03  X12.5  CR=12.5;
N230  G01  Y-24.495;
N240  G03  X25  Y0  CR=25;
N250  G40;
N260  RET;
```

三、上机仿真校验程序并操作机床加工

实操训练零件加工结果如图9-17所示，仿真测量检验如图9-18所示。

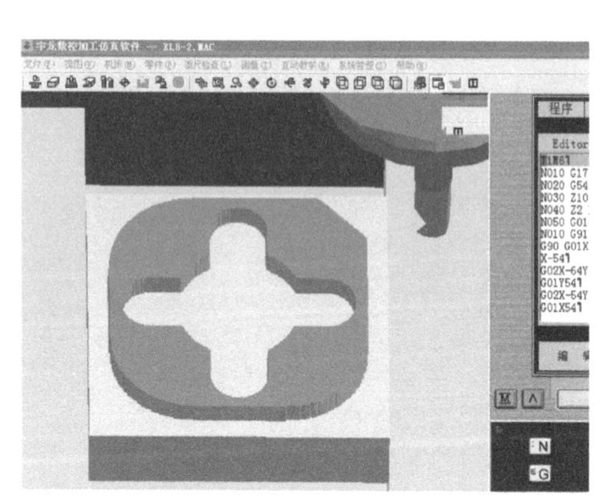

图 9-17 实操训练零件加工结果

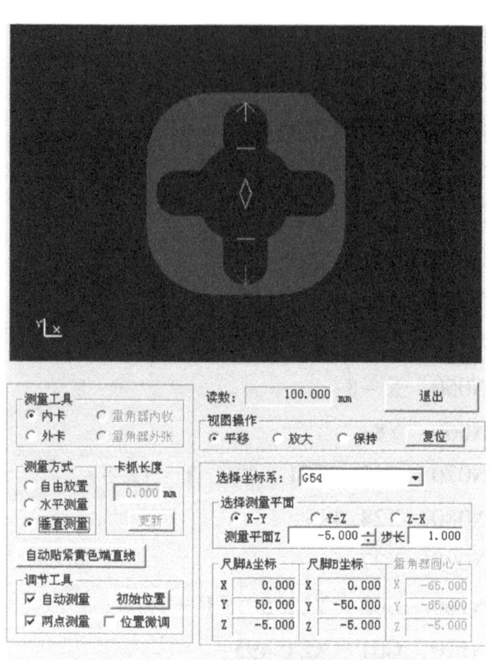

图 9-18 实操训练零件仿真测量检验

四、实操评价

凸模零件的数控铣削加工操作评价表见表 9-5。

表 9-5 凸模零件的数控铣削加工操作评价表

项目	项目 9	图样名称	凸模	任务		指导教师		
班级		学号		姓名		成绩		
序号	评价项目	考核要点		配分	评分标准		扣分	得分
1	长度尺寸	100 ±0.08mm 两处		20	超差 0.02mm 扣 2 分			
		25mm，4 处		30	超差 0.02mm 扣 2 分			
2	高度尺寸	10 ±0.05mm		20	超差 0.02mm 扣 2 分			
3	圆弧尺寸	$\phi55 \pm 0.1$mm		15	超差不得分			
4	其他	$Ra3.2\mu$m		5	每处降一级扣 1 分			
5	加工工艺与程序编制	加工工艺的合理性		3	不正确不得分			
		刀具选择的合理性		3	不正确不得分			
		工件装夹定位的合理性		2	不正确不得分			
		切削用量选择的合理性		2	不正确不得分			
6	安全文明生产	1. 安全、正确地操作设备 2. 工作场地整洁，工具、量具、夹具等摆放整齐规范 3. 做好事故防范措施，填写交接班记录，并将发生事故的原因、过程及处理结果记入运行档案 4. 做好环境保护		每违反一项从总分中扣 2 分，扣分不超过 10 分				
合计				100				

自 测 题

1. 编制图7-9所示零件的数控铣削加工工艺及加工工序，对零件进行上机操作或数控仿真加工，毛坯尺寸为100mm×100mm×20mm，上、下表面及四周已加工好。

2. 编制如图9-19所示零件的数控铣削加工工艺及加工工序，对零件进行上机操作或数控仿真加工，毛坯尺寸为100mm×80mm×16mm，上、下表面及四周已加工好。

3. 编制图9-20所示零件的数控铣削加工工艺及加工工序，对零件进行上机操作或数控仿真加工，毛坯尺寸为80mm×80mm×35mm，上、下表面及四周已加工好。

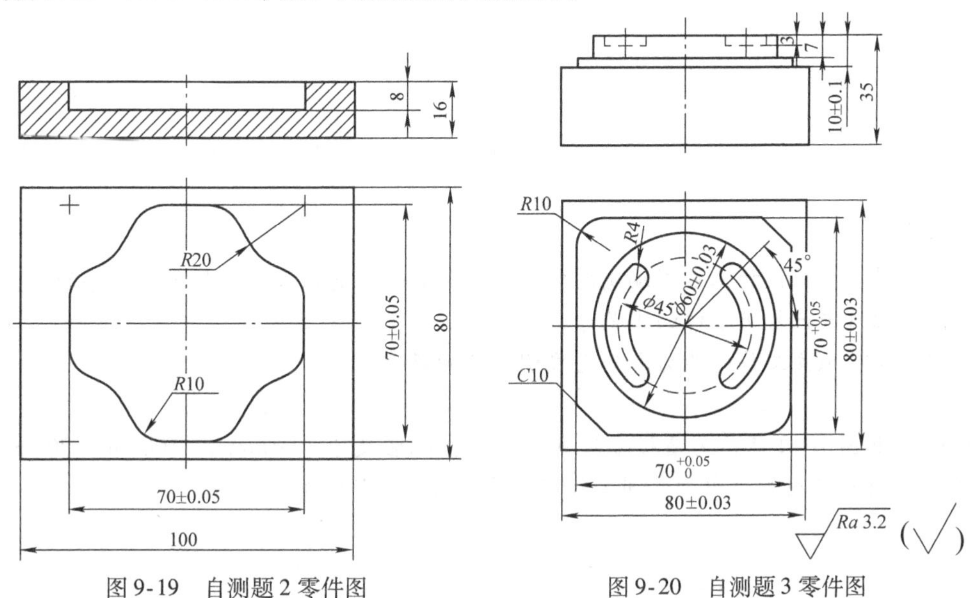

图9-19　自测题2零件图　　图9-20　自测题3零件图

4. 编制图9-21所示零件的数控铣削加工工艺及加工工序，对零件进行上机操作或数控仿真加工，毛坯尺寸为80mm×80mm×25mm，上、下表面及四周已加工好。

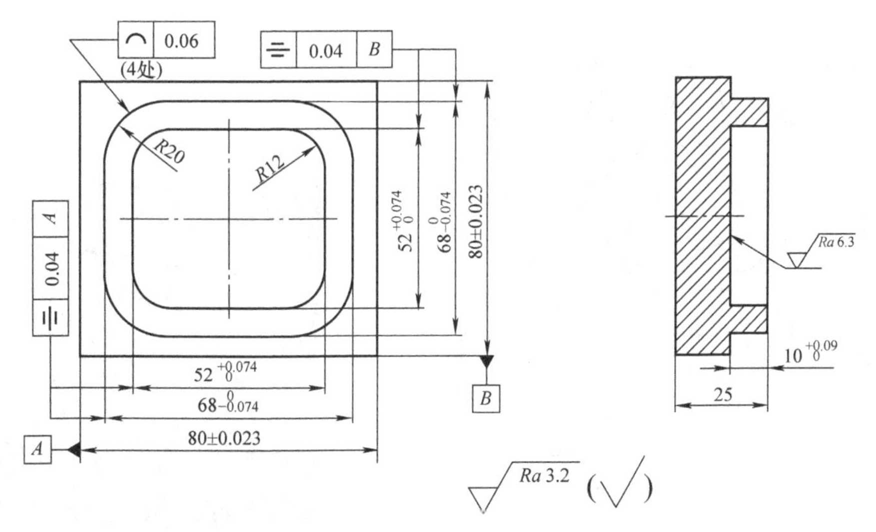

图9-21　自测题4零件图

项目 10　盖板的数控加工工艺、编程与操作

任务 1　盖板的数控加工工艺分析与编程

【知识目标】

1. 熟悉数控铣削盖板的加工工艺及各种工艺资料的填写方法。

2. 掌握孔加工刀具、切削用量和路线的确定方法。

3. 掌握孔加工循环指令（LCYC82、LCYC83、LCYC60、LCYC61、LCYC75 等）的用法。

【技能目标】

1. 通过对盖板数控加工程序编制的学习，具备编制孔类零件的数控加工程序的能力。

2. 能够独立进行盖板零件的工艺分析。

3. 培养学生独立工作的能力和安全文明生产的习惯。

【任务描述】

图 10-1 和图 10-2 所示为盖板零件和模型图，毛坯尺寸为 100mm×100mm×20mm，材料为 45 钢，要求使用加工中心和固定循环功能完成该零件的加工。

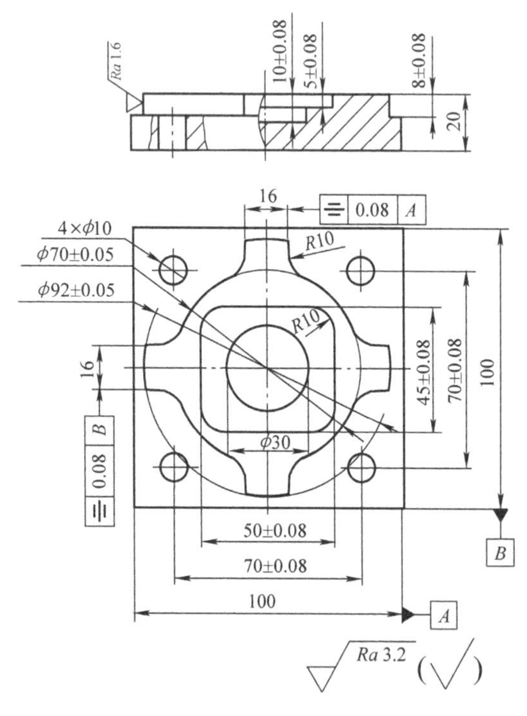

图 10-1　盖板的零件图

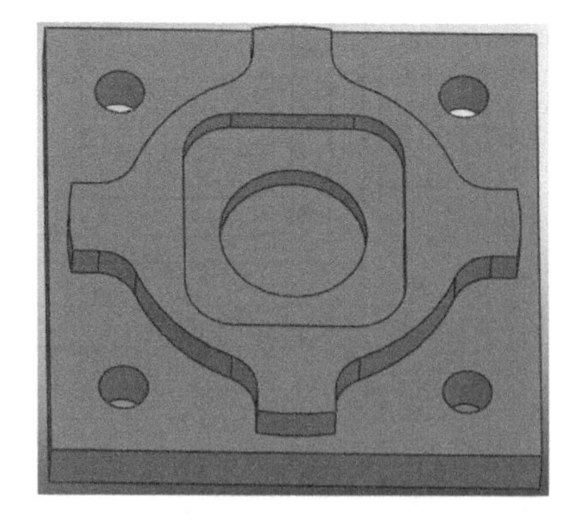

图 10-2　盖板的模型图

【相关知识】

一、孔加工刀具

1. 麻花钻

麻花钻如图 10-3 所示。在数控机床上钻孔一般无钻模，钻孔刚度差，应使钻头直径 D 满足 $L/D \leqslant 5$（L 为钻孔深度）的要求。钻大孔时，可采用刚度较大的硬质合金扁钻；钻浅孔（$L/D \leqslant 2$）时，宜采用硬质合金浅孔钻以提高效率和加工质量。

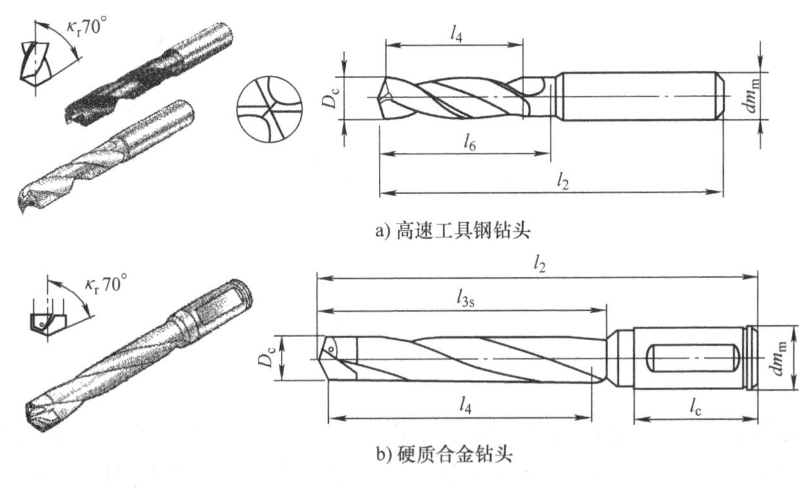

a) 高速工具钢钻头

b) 硬质合金钻头

图 10-3　麻花钻

钻孔时，应选用大直径钻头或中心钻先锪一个内锥坑，作为钻头切入时的定心锥面，再用钻头钻孔，所锪的内锥面也是孔口的倒角，有硬皮时，可用硬质合金铣刀先铣去孔口表皮，再锪锥孔和钻孔。

2. 中心钻

中心钻用于钻中心孔。中心钻有 A、B、C 三种形式，生产中常用 A 型和 B 型，如图 10-4 和图 10-5 所示。A 型中心钻不带护锥，B 型中心钻带护锥。当加工直径 $d=1 \sim 10$mm 的中心孔时，通常采用 A 型中心钻；工序较长、精度要求较高的工件，为了避免 60°定心锥损坏，一般采用 B 型中心钻。

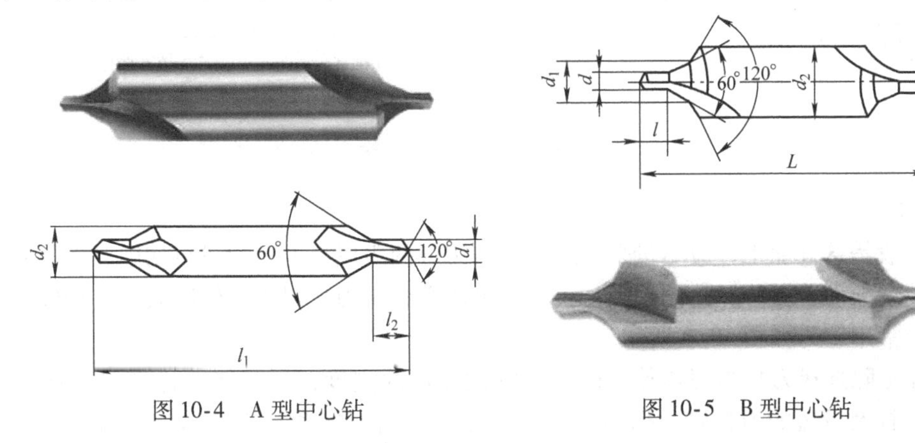

图 10-4　A 型中心钻

图 10-5　B 型中心钻

3. 扩孔钻

扩孔钻与麻花钻相似，但齿数较多，一般有3~4齿，如图10-6所示。扩孔钻的主切削刃不通过中心，无横刃，钻心直径较大，强度和刚度均比麻花钻好，通常用来扩大孔径，或作为铰孔、磨孔前的预加工。

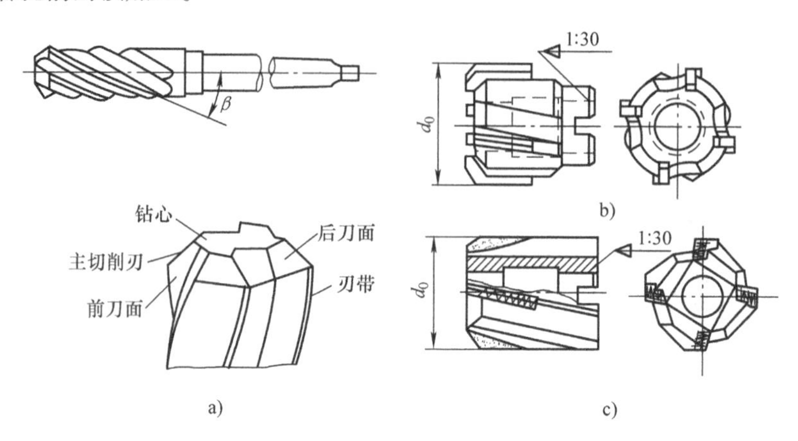

图10-6 扩孔钻

4. 铰刀

铰刀是对预制孔进行半精加工或精加工的多刃刀具，如图10-7所示。铰刀的精度等级分为H7、H8、H9三级，其公差由铰刀专用公差确定，分别适于铰削H7、H8、H9公差等级的孔。铰刀又可分为A、B两种类型，A型为直槽铰刀，B型为螺旋槽铰刀。螺旋槽铰刀切削过程稳定，适于加工断续表面。精铰孔可采用浮动铰刀但铰前孔口要倒角。

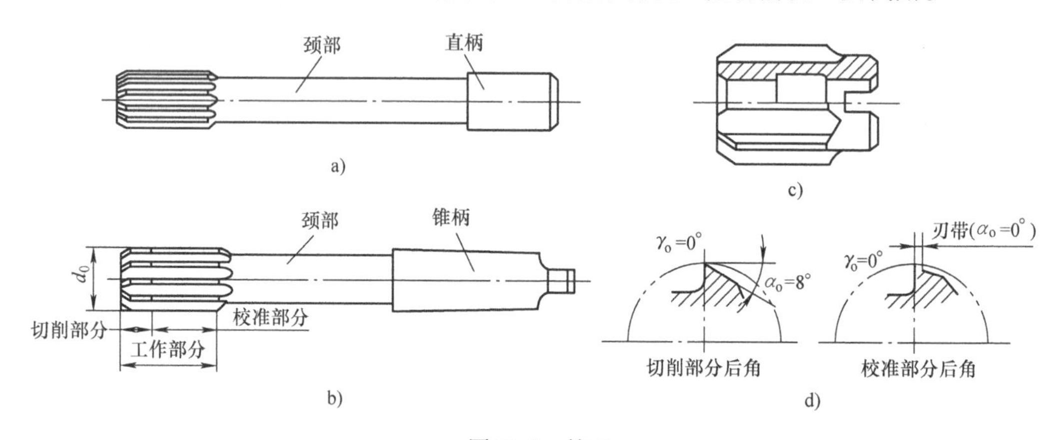

图10-7 铰刀

5. 镗刀

镗孔一般是悬臂加工，应尽量采用对称的两刃或两刃以上的镗刀进行切削，以平衡背向力，减轻镗削振动。对阶梯孔的镗削加工，可采用组合镗刀，以提高镗削效率。精镗宜采用微调镗刀。常用镗刀如图10-8所示。

镗孔加工除选择刀片与刀具外，还要考虑镗刀杆的刚度，尽可能选择较粗（接近镗孔直径）的刀杆及较短的刀杆臂，以防止或消除振动。当刀杆臂小于4倍刀杆直径时，可用钢制刀杆，加工要求较高的孔时最好选用硬质合金刀杆。当刀杆臂为4~7倍刀杆直径时，加工小孔用硬质合金刀杆，加工大孔用减振刀杆。当刀杆臂为7~10倍的刀杆直径时，需采用减振刀杆。

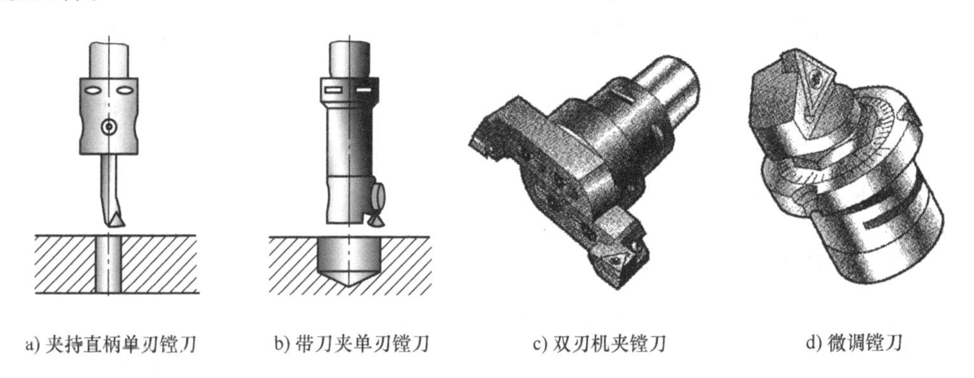

图10-8　常用镗刀

二、切削用量的选择

1. 钻削用量的选择

（1）钻头直径　钻头直径由工艺尺寸确定。工件孔径较小时，可将孔一次钻出。工件孔径大于35mm时，若仍一次钻出孔，由于受机床刚度的限制，必须大大减小进给量。如果两次钻出孔，可取大的进给量，既不降低生产率，又提高了孔的加工精度。先钻孔后扩孔时，钻孔的钻头直径可取孔径的50%~70%。

（2）进给量　小直径钻头主要受钻头的刚度及强度限制，大直径钻头主要受机床进给机构强度及工艺系统刚度限制。在条件允许的情况下，应取较大的进给量，以降低加工成本，提高生产率。普通麻花钻钻削进给量可按以下经验公式估算选取：

$$f=(0.01\sim0.02)d_0$$

式中，d_0为孔的直径。

（3）钻削速度　钻削的背吃刀量（即钻头半径）、进给量及切削速度对钻头寿命都会产生影响，但背吃刀量对钻头寿命的影响与车削不同。当钻头直径增大时，尽管增大了切削力，但钻头体积也显著增加，因而使散热条件明显改善。实践证明，钻头直径增大时，切削温度有所下降。因此，钻头直径较大时可选取较高的切削速度。一般情况下，钻削速度可参考表10-1选取。

表10-1　普通高速工具钢钻头钻削速度参考值

工件材料	低碳钢	中、高碳钢	合金钢	铸铁	铝合金	铜合金
钻削速度/(mm/min)	25~30	20~25	15~20	20~25	40~70	20~40

2. 铰削用量的选择

（1）铰刀直径　铰刀直径的公称尺寸等于被铰孔的直径公称尺寸。铰刀直径的上、下极限偏差应根据被铰孔的公差、铰孔时产生的扩张量或收缩量、铰刀的制造公差和磨损公差来确定。

（2）铰削余量　粗铰时，铰削余量为0.2～0.6mm；精铰时，铰削余量为0.05～0.2mm。一般情况下，孔的精度越高，铰削余量越小。

（3）进给量　在保证加工质量的前提下，进给量f值可取得大些。用硬质合金铰刀加工铸铁时，通常$f=0.5\sim3$mm/r；加工钢时，$f=0.3\sim2$mm/r。用高速工具钢铰刀铰孔时，通常取$f<1$mm/r。

（4）铰削速度　铰削速度对孔的表面粗糙度值Ra影响最大，一般采用低速铰削来提高铰孔质量。用高速工具钢铰刀铰削钢或铸铁孔时，铰削速度<10m/min；用硬质合金铰刀铰削钢或铸铁孔时，铰削速度为8～20m/min。

三、加工孔进给路线的设计

加工孔时，因为一般首先将刀具在*XY*平面内快速定位运动到孔中心线的位置上，然后刀具再沿*Z*向运动进行加工，所以，孔加工进给路线的确定包括*XY*平面和*Z*向的进给路线。

1. 确定*XY*平面的进给路线

孔加工时，刀具在*XY*平面上的运动属于点位运动，确定进给路线时，主要考虑定位要迅速、准确。

（1）定位迅速　在刀具不与工件、夹具和机床碰撞的前提下，空行程时间应尽可能短。如加工图10-9a所示零件上的孔系，图10-9b所示的进给路线为先加工完外圈孔后，再加工内圈孔，若改用图10-10c所示的进给路线，则可节省近一半定位时间，提高了加工效率。

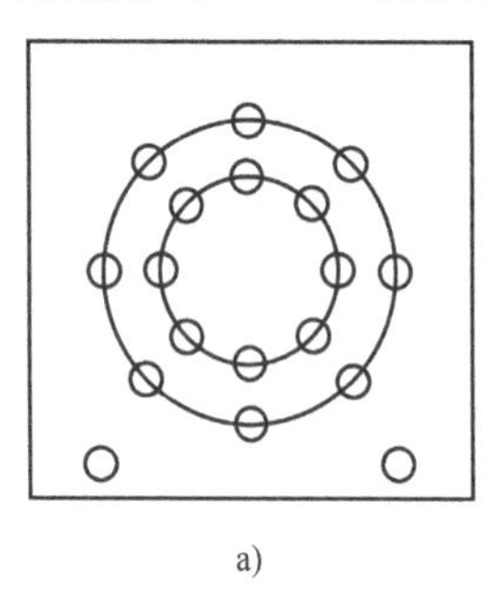

a)

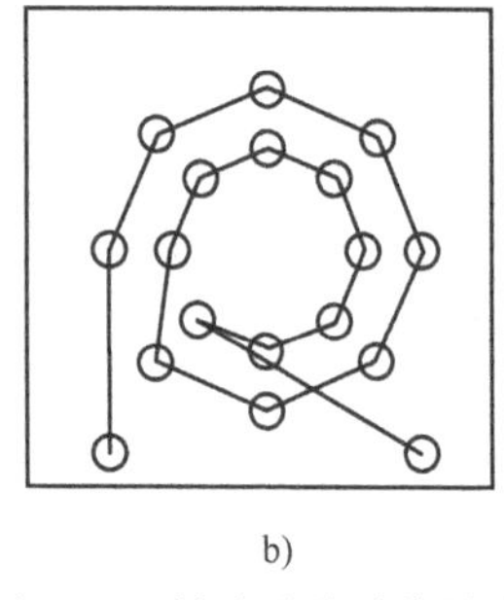

b)

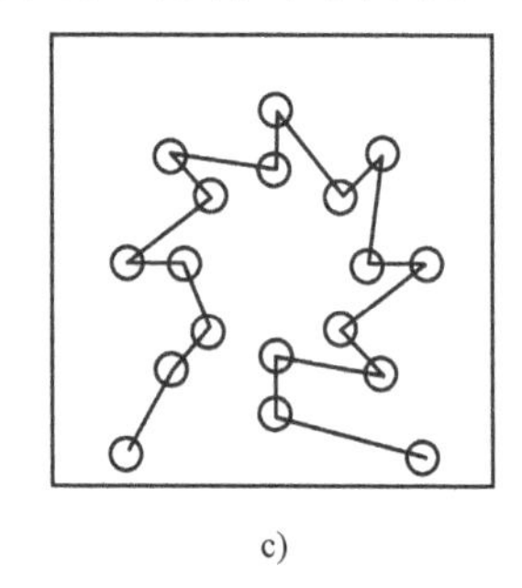

c)

图10-9　钻孔进给路线设计

（2）定位准确　安排进给路线时，要避免机械进给系统反向间隙对孔位精度的影响。对于孔位精度要求较高的零件，在精镗孔系时，一定要注意各孔的定位方向一致，即采用单向趋近定位点的方法，以避免传动系统反向间隙误差或测量系统的误差对定位精度的影响。

如图10-10所示，镗削零件上6个尺寸相同的孔，有两种进给路线。按1→2→3→4→5→6路线加工时，由于5、6孔与1、2、3、4孔定位方向相反，*Y*向反向间隙会使定位误差增加，而影响5、6孔与其他孔的位置精度。按1→2→3→4→P→6→5路线加工时，加工完4孔后往上多移动一段距离至*P*点，然后折回来在6、5孔处进行定位加工，这样加工进给方向一致，可避免反向间隙的引入，提高5、6孔与其他孔的位置精度。

2. 确定Z向（轴向）进给路线

为缩短刀具的空行程时间，*Z*向的进给分快进（即快速接近工件）和工进（工作进给）。刀具在开始加工前，要快速运动到距待加工表面一定距离（切入距离）的*R*平面上，

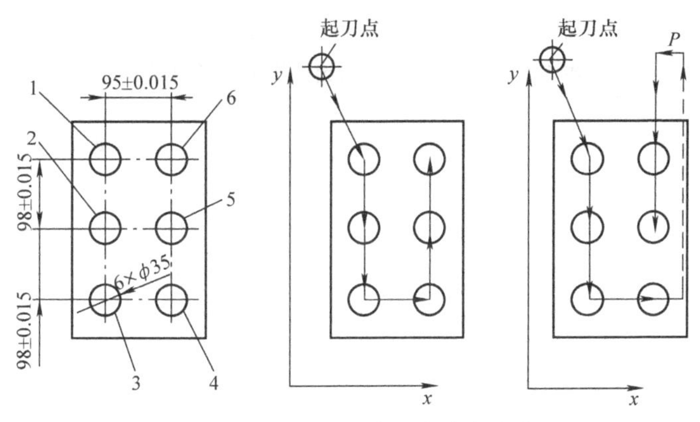

图 10-10 定位准确进给路线设计

然后才能以工作进给速度进行切削加工。

图 10-11a 所示为加工单孔时刀具的进给路线（进给距离）。加工多孔时，为减少刀具空行程时间，切完前一个孔后，刀具只需退到 R 平面即可沿 X、Y 坐标轴方向快速移动到下一孔位，其进给路线如图 10-11b 所示。

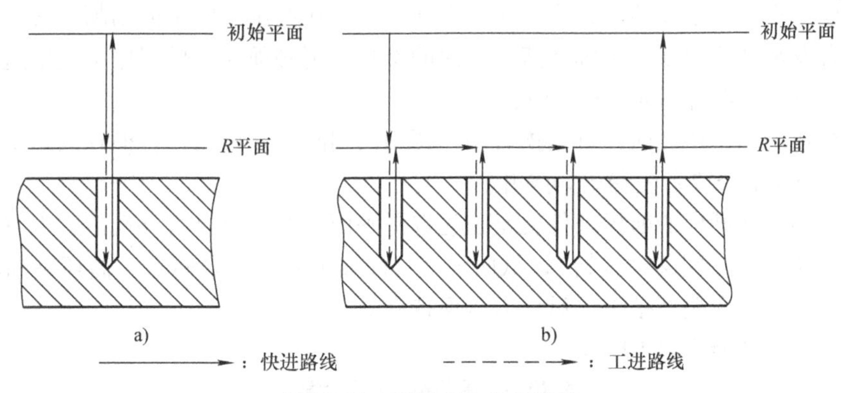

图 10-11 刀具 Z 向进给路线

在工作进给路线中，工进距离 Z_F 除包括被加工孔的深度 H 外，还应包括切入距离 Z_a、切出距离 Z_o（加工通孔）和钻尖（顶角）长度 T_t，如图 10-12 所示。

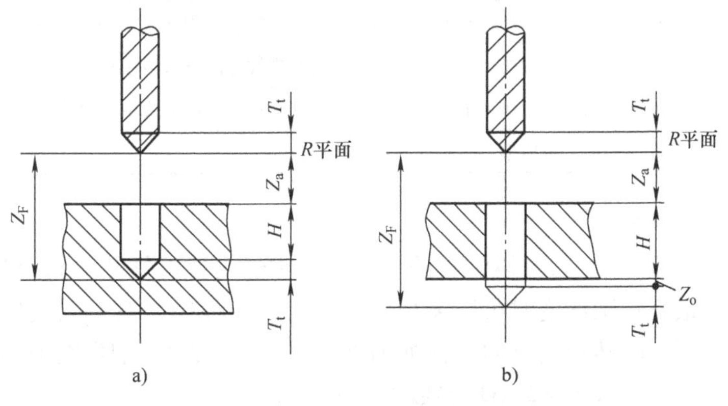

图 10-12 工作进给距离计算图

有关铣削加工切入、切出距离的经验数据见表 10-2。

表 10-2 刀具切入、切出距离的经验数据 （单位：mm）

表面状态 / 加工方式	已加工表面	毛坯表面	表面状态 / 加工方式	已加工表面	毛坯表面
钻孔	2～3	5～8	铰孔	3～5	5～8
扩孔	3～5	5～8	铣削	3～5	5～10
镗孔	3～5	5～8	攻螺纹	5～10	5～10

四、加工循环指令编程

循环是指用于特定加工过程的工艺子程序，如用于钻削、坯料切削、凹槽切削或螺纹切削等，只要改变参数就可以使这些循环应用于各种具体加工过程。循环在用于上述加工过程时，只要改变相应的参数，进行少量的编程即可。使用加工循环时，编程人员必须事先保留参数 R100～R249，以保证这些参数只用于加工循环而不被程序中的其他地方。调用一个循环之前，必须对该循环的传递参数赋值。

编程循环时不考虑坐标轴，在调用循环之前，必须在调用程序中回钻削位置。如果在钻削循环中没有设定进给速度、主轴转速和方向的参数，则必须在零件程序中给出这些值。循环结束以后，G00、G90、G40 一直有效。

当参数组在调用循环之前并且紧挨着循环调用语句时，才可以进行循环的重新编译。这些参数不能被 NC 指令或者注释语句隔开。

钻削循环和铣削循环的前提条件就是首先选择平面且有一个具有补偿值的刀具有效，激活编程坐标转换（零点偏移，旋转），从而定义目前加工的实际坐标系。循环钻削轴始终为系统的第三坐标轴，在循环结束之后该刀具保持有效。

循环指令及其功能见表 10-3。

表 10-3 循环指令及其功能

指令名称	指令功能
LCYC82	刀具以编程的主轴速度和进给速度钻孔，直到给定的最终钻削深度
LCYC83	深孔钻削加工中心孔，通过分步钻入达到最后的钻深，钻深最大值事先规定
LCYC84	刀具以编程的主轴转速和方向钻削，直至给定的螺纹深度（前提是主轴位置控制主轴）
LCYC60	用此循环加工线性排列的孔或螺纹，钻孔及螺纹孔的类型由参数确定
LCYC61	用此循环加工圆弧排列的孔和螺纹，钻孔和内螺纹孔的方式由参数确定
LCYC75	用此循环加工矩形槽、键槽或圆形凹槽

1. 钻削循环 LCYC82

沉孔加工循环 LCYC82。刀具以编程的主轴转速和进给速度钻孔，直至达到给定的最终钻削深度。在达到最终钻削深度时可以编写一个停留时间程序，退刀以快速移动速度进行。应在调用程序中规定主轴转速及方向和钻削轴进给速度。在调用循环之前回钻孔位置，且选择带补偿值的对应刀具。LCYC82 循环参数见表 10-4。

表 10-4　LCYC82 循环参数

参数	含义及其数值范围
R101	退回平面。确定循环结束之后钻削加工轴的位置，循环以此为出发点
R102	安全距离只对参考平面而言，参考平面被提前一个安全距离量，循环可以自动确定安全距离方向
R103	参考平面，图样中所标明的钻削起始点
R104	最后钻深以绝对值编程，取决于工件原点，一般为负值
R105	在钻削深度处的停留时间（s）

循环开始之前的刀具位置是调用程序最后所回的钻削位置。循环的时序过程：用 G00 回到被提前了一个安全距离量的参考平面处；按照调用程序中编程的进给速度以 G01 进行钻削，直到达到最终钻削深度；在此深度停留时间；以 G00 退刀到退回平面。循环过程及参数如图 10-13 所示。

【例 10-1】 使用 LCYC82 编程，程序在 *XY* 平面 X24Y15 的位置加工深度为 27mm 的孔，在孔底停留时间为 2s，钻孔坐标轴方向安全距离为 4mm，循环结束后刀具处于 X24Y15Z110，如图 10-14 所示。

参考程序如下：

```
N10  G00  G17  G90  F200  T2  D1  S600  M03;                固定一些参数值
N20  X24  Y15;                                              回到钻孔位置
N30  R101 =110  R102 =4  R103 =102  R104 =75  R105 =2;      设定参数
N40  LCYC82;                                                调用循环
N50  M02;                                                   程序结束
```

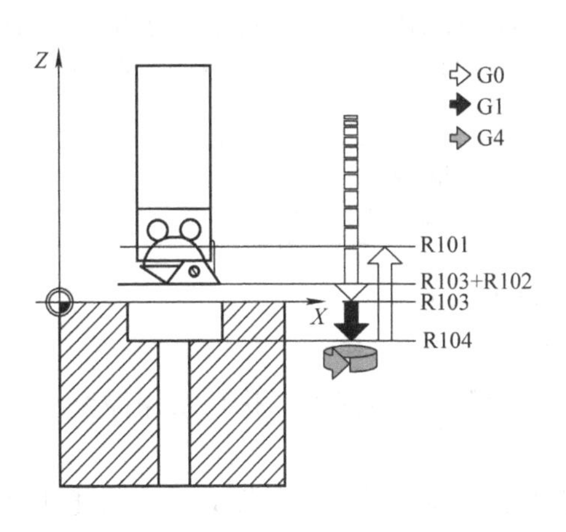

图 10-13　LCYC82 循环过程及参数

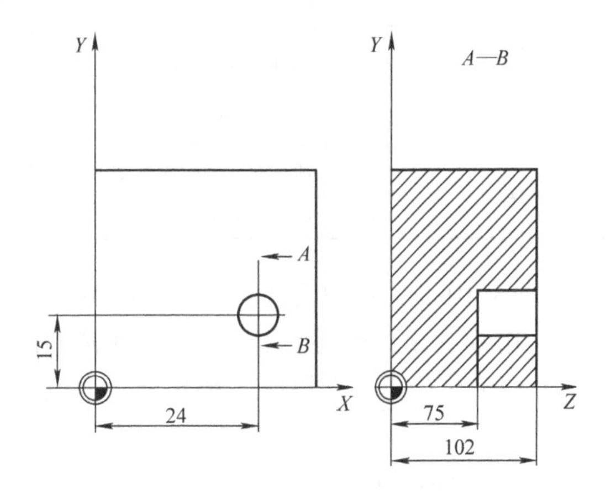

图 10-14　LCYC82 编程实例

2. 深孔钻削循环 LCYC83

此循环功能是深孔钻削循环加工孔，通过分步钻入达到最后的钻深，钻深的最大值事先由参数设定。钻削既可以在每步到钻深后，提出钻头到参考平面达到排屑的目的，也可以每次上提 1mm 以便断屑。循环时序过程及参数如图 10-15 所示。

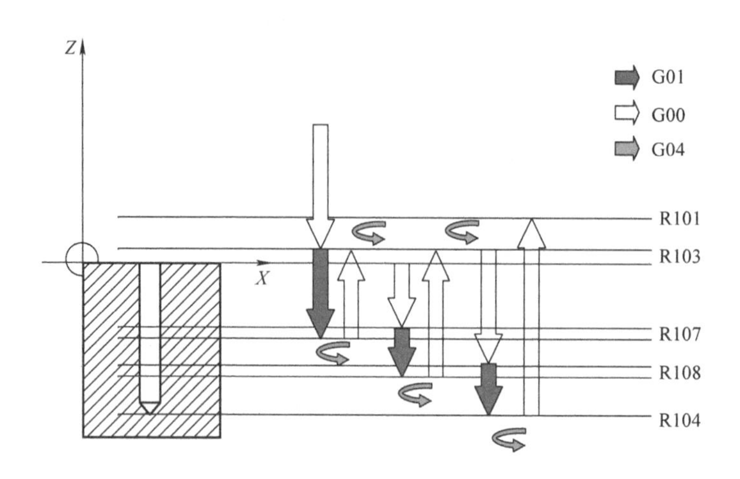

图 10-15 循环时序过程及参数

LCYC83 具体循环的参数见表 10-5。

表 10-5 LCYC83 具体循环的参数

参数	含义及其数值范围
R101 ~ R105	其参数含义同 LCYC82
R108	确定了第一次钻深的进给速度
R107	在第一次钻削之后的钻削进给速度
R109	排屑方式下在起始点处的停留时间
R110	确定第一次钻削行程的深度
R111	确定递减量的大小，保证以后的钻削量小于当前的钻削量。第二次钻削量若大于所编程的递减量，则第二次钻削量应等于第一次钻削量减去递减量；否则，第二次钻削量就等于递减量。当最后的剩余量大于两倍的递减量时，在此之前的最后钻削量应等于递减量，所剩下的最后剩余量平分为最终两次钻削行程
R127	值 0：钻头在达到每次钻削深度后上提 1mm 空转，用于断屑 值 1：每次钻深后钻头返回到安全距离之前的参考平面，以便排屑

根据表 10-5 的参数含义，深孔钻削循环的时序过程如下：

1）用 G00 回到被提前了一个安全距离量的参考平面处。

2）G01 执行第一次钻深，钻深进给速度为循环前编程进给速度，执行钻深停留时间，两种情况如下：

① 在断屑时，用 G01 按调用程序中所编程的进给速度从当前钻深上提 1mm，以便断屑。

② 在排屑时，用 G00 返回到安全距离前的参考平面，以便排屑，执行起始点停留时间，然后用 G00 返回上次钻深，但留出一个前置量（由循环内部计算所得）。

3）用 G01 按所给的进给速度执行下一次钻深切削，该过程一直执行下去，直至达到最终钻削深度；用 G00 返回到退回平面。

【例 10-2】 用 LCYC83 编程图 10-16 所示的深孔，钻孔的 *XY* 平面坐标为 X70Y70。

本例为深孔钻削，程序在位置 X70 处执行循环 LCYC83。

参考程序如下：

```
N100  G00  G17  G90  T4  S500  M03;                   确定工艺参数
N110  Z155;
N120  X70  Y70;                                       回第一次钻削位置
N130  R101 = 155  R102 = 1  R103 = 150
      R104 = 5  R105 = 0  R109 = 0  R110 = 100;       设定参数
      R111 = 20  R107 = 500  R127 = 1  R108 = 400;
N140  LCYC83;                                         调用循环
N150  M02;
```

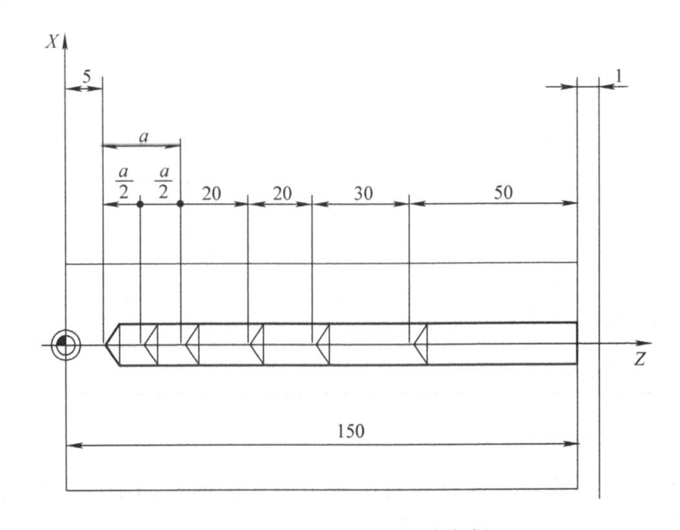

图 10-16　LCYC83 钻孔实例

3. 镗孔循环 LCYC85

刀具以给定的主轴速度和进给速度钻削，直至达到最终的钻削深度。如果到达最终钻削深度，可以编写一个停留时间程序。进刀及退刀运行分别按照相应参数下编程的进给速度进行。LCYC85 循环参数见表 10-6。

表 10-6　LCYC85 循环参数

参数	含义及其数值范围
R101 ~ R105	其参数含义同 LCYC82
R107	确定钻削时的进给速度大小
R108	确定退刀时的进给速度大小

其时序过程为循环开始之前的位置是调用程序中最后所回的钻削位置。

1）用 G00 回到被提前了一个安全距离量的参考平面处。

2）用 G01 以 R107 参数编程的进给速度加工到最终钻削深度。

3）执行最终钻削深度的停留时间。

4）用 G01 以 R107 参数编程的退刀进给速度返回到被提前了一个安全距离量的参考平

面处。

4. 钻孔排列循环 LCYC60 和 LCYC61

利用循环 LCYC60 和 LCYC61 可以按照一定的几何关系钻孔以及加工螺纹，在此仍要用到前面已经介绍了的钻孔循环及螺纹切削循环。

（1）线性孔排列钻削循环 LCYC60　用此循环加工线性排列的孔或螺纹孔，孔及螺纹孔的类型由一个参数确定。在调用程序中必须按照设定了参数的钻孔循环和加工内螺纹循环的要求编程主轴转速和方向，以及钻孔轴的进给速度。LCYC60 循环参数见表 10-7。LCYC60 循环参数的含义如图 10-17 所示。

表 10-7　LCYC60 循环参数

参数	含义、数值范围
R115	钻孔或攻螺纹循环号数值：82（LCYC82）、83（LCYC83）、84（LCYC84）、85（LCYC85）
R116	在孔排列直线上确定一个点作为参考点，用来确定两个孔之间的距离。从该点出发，定义到第一个钻孔的距离。R116 为横坐标参考点，R117 为纵坐标参考点
R117	
R118	R118 确定第一个钻孔到参考点的距离
R119	确定孔的个数
R120	确定直线与横坐标之间的角度
R121	确定两个孔之间的距离

此循环的具体时序过程如下：

出发点：位置任意，但需保证从该位置出发可以无碰撞地回到第一个钻孔位。循环执行时首先回到第一个钻孔位，并按照 R115 参数所确定的循环加工孔，然后快速回到其他的钻削位，按照所设定的参数进行接下来的加工过程。

【例 10-3】 用矩阵孔循环可以加工 *XY* 平面上 5 行 5 列的孔，孔间距为 10mm，如图 10-18所示。参考点坐标为 X30Y20，使用循环 LCYC85（镗孔）钻削。在调用程序中确定主轴转速和方向，进给速度由参数给定。

参考程序如下：

```
N10  G00  G17  G90  S500  M03  T2  D1;                        确定工艺参数
N20  X10  Y10  Z105;                                          回到出发点
N30  R1 =0  R101 =105  R102 =2  R103 =102;                    确定钻孔循环参数，初
                                                              始化线性孔排列计数器
                                                              (R1)
N40  R104 =30  R105 =2  R107 =100  R108 =300;                 定义钻孔循环参数
N50  R115 =85  R116 =30  R117 =20  R120 =0  R119 =5;          定义线性孔排列循环
                                                              参数
N60  R118 =10  R121 =10;                                      定义线性孔排列循环
                                                              参数
N70  MARKE1: LCYC60;                                          调用线性孔排列循环
N80  R1 =R1 +1  R117 =R117 +10;                               提高线性孔计数器，确
```

定新的参考点

N90　IF　R1 <5　GOTOB　MARKE1;　　当满足条件时返回到 MARKE1

N100　G00　G90　X10　Y10　Z105;　　回到出发点位置

N110　M02;　　程序结束

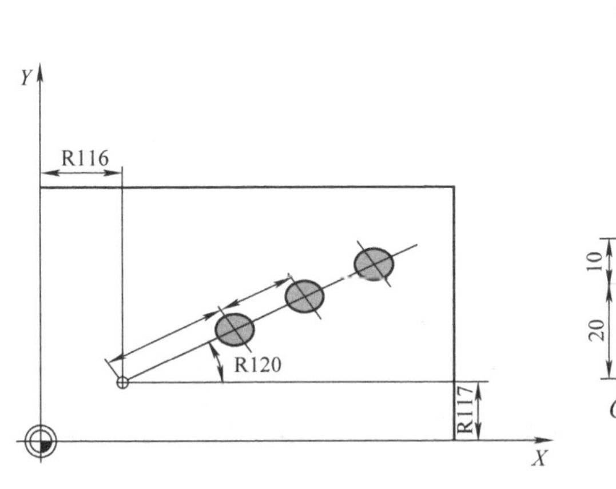

图 10-17　LCYC60 循环参数的含义

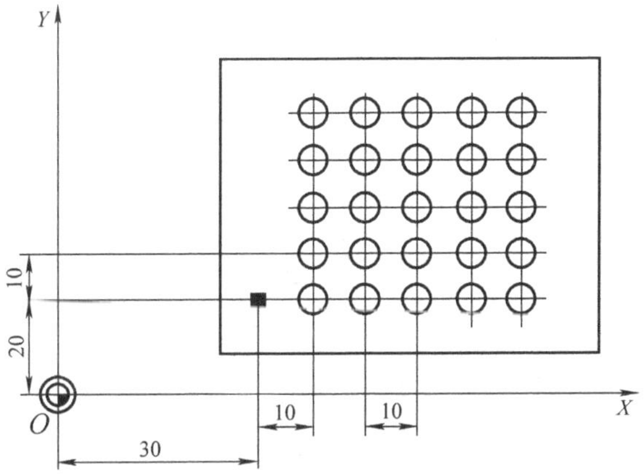

图 10-18　LCYC60 编程实例

（2）圆弧孔排列循环 LCYC61　用此循环可以加工圆弧状排列的孔和螺纹。钻孔和加工内螺纹的方式由一个参数确定。在调用该循环之前同样要对所选择的钻孔循环和加工内螺纹循环设定参数。在调用循环之前，必须要选择相应的带刀具补偿的刀具。LCYC61 循环参数见表 10-8。LCYC61 循环参数的含义如图 10-19 所示。

表 10-8　LCYC61 循环参数

参数	含义、数值范围
R115	钻孔或攻螺纹循环号数值：82（LCYC82）、83（LCYC83）、84（LCYC84）、85（LCYC85）
R116	加工平面中圆弧孔位置通过圆心坐标（参数 R116/R117）和半径（R118）定义。在此，半径值只能为正。R116 为圆弧圆心横坐标（绝对值）、R117 为圆弧圆心纵坐标（绝对值）、R118 为圆弧半径
R117	
R118	
R119	确定孔的个数
R120	参数 R120 给出横坐标正方向与第一个孔之间的夹角，R121 规定孔与孔之间的夹角。如果 R121 等于零，则在循环内部将这些孔均匀地分布在圆弧上，从而根据钻孔数计算出孔出孔之间的夹角。R120 为起始角，数值范围：$-180° < R120 < 180°$；R121 为角增量
R121	

具体时序过程同 LCYC60。

【例 10-4】　使用 LCYC82 加工 4 个深度为 30mm 的孔，圆通过 *XY* 平面上圆心坐标 X70Y60 和半径 42mm 确定。起始角度为 33°，*Z* 轴上安全距离为 2mm，主轴转速和方向以及进给速度在调用循环中确定，如图 10-20 所示。

参考程序如下：

N10　G00　G17　G90　F500　S400　M03　T1D1　Z10;　　确定工艺参数

N20	Z10；	回到出发点
N30	X50 Y45；	
N40	R101 =5 R102 =2 R103 =0 R104 = -30 R105 =1；	定义钻削循环参数
N50	R115 =82 R116 =70 R117 =60 R118 =42 R119 =4；	定义圆弧孔排列循环
N60	R120 =33 R121 =0；	定义圆弧孔排列循环
N70	LCYC61；	调用循环
N80	M02；	程序结束

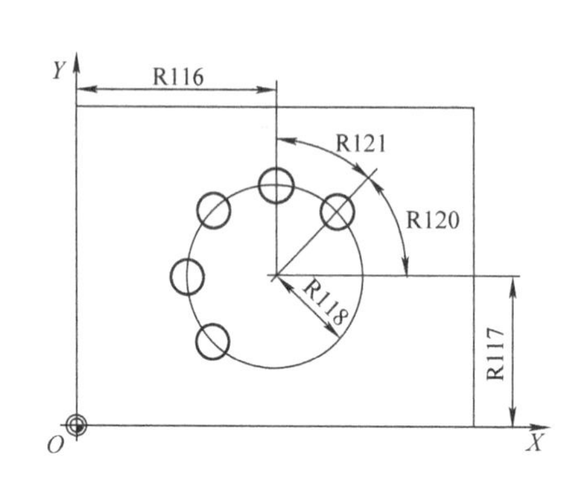

图 10-19 LCYC61 循环参数的含义

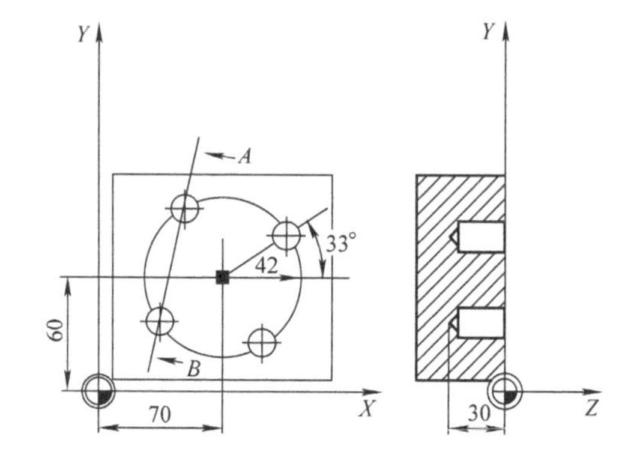

图 10-20 LCYC61 编程实例

5. 矩形槽、键槽和圆形凹槽的铣削循环 LCYC75

使用此循环程序可以在选定平面上加工出一个圆形凹槽、凹槽或键槽。有关的参数设定如下：R101 ~ R103 的含义同 LCYC83 循环参数，其他参数见表 10-9。LCYC75 参数的含义如图 10-21 所示。

表 10-9 LCYC75 循环参数

参数	含义及其数值范围
R104	在此参数下编程参考面和凹槽槽底之间的距离（深度）
R116/R117	两参数确定凹槽中心点的横坐标和纵坐标
R118/R119	两参数确定平面上凹槽的形状。如果铣刀半径 R120 大于编程的角度半径，则所加工的凹槽圆角半径等于铣刀半径。如果铣削一个圆形槽（R118 = R 119 =2 R120），则拐角半径（R120）的值就是圆形槽的直径
R120	拐角半径，若拐角半径大于编程的角度半径，则所加工的凹槽圆角半径等于拐角半径；若刀具半径超过凹槽长度或宽度的一半，则循环中断，并发出报警“铣刀半径太大”
R121	确定最大的进刀深度，循环运行时以同样的尺寸进刀
R122	进刀时的进给速度，垂直于加工平面
R123	用此参数确定平面上粗加工和精加工的进给速度
R124	在参数 R124 下编程粗加工时留出的轮廓精加工余量。在精加工时（R127 =2），根据参数 R124 和 R125 选择“仅加工轮廓”或“同时加工轮廓和深度” 仅加工轮廓：R124 >0，R125 =0 轮廓和深度：R124 >0，R125 >0；R124 =0，R125 =0；R124 =0，R125 >0

（续）

参数	含义及其数值范围
R125	给定的精加工余量在深度进给粗加工时起作用，具体条件同 R124
R126	用此参数规定加工方向。值 2：顺时针 G02；值 3：逆时针 G03
R127	确定加工方式： 值 1：粗加工，按照给定的参数加工凹槽至精加工余量 值 2：精加工，运行精加工前提条件：凹槽粗加工过程已经结束，接下去对精加工余量进行加工。在此要求留出的精加工余量小于刀具直径

利用此循环可以加工一些相对复杂的零件，并简化编程。在参数设置中如果 R118 和 R119 尺寸相同，R120 大于或等于凹槽长度或宽度的一半，可铣削成圆形凹槽；如果 R118 和 R119 尺寸不相同，R120 小于凹槽长度或宽度的一半，可铣削成矩形凹槽；如果 R118 和 R119 尺寸不相同，R120 等于凹槽长度或宽度的一半，可铣削成两头半圆形状的键槽。只要改变参数就可以使这些循环应用于各种具体加工过程。

【例 10-5】 要加工图 10-22 所示的工件，加工在 *XY* 平面上的一个圆上的 4 个槽，相互间成 90°角，起始角为 45°。键槽的尺寸如下：长度为 30mm，宽度为 15mm，深度为 23mm。安全距离为 1mm，铣削方向 G02，最大深度进给 6mm。键槽采用粗加工方法（精加工余量为零）加工，铣刀带端面齿，可以采用加工中心加工。

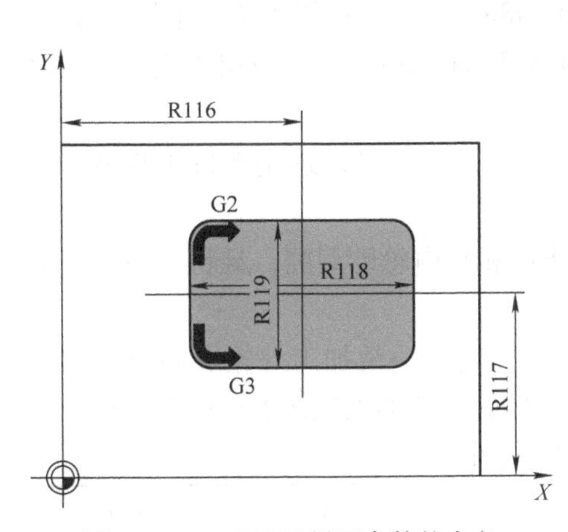

图 10-21　LCYC75 循环参数的含义

图 10-22　例 10-5 示意图

参考程序如下：

```
N10  G00  G90  T1  D1  M03  S1000;
N20  Z50;
N30  X5  Y20;
N40  R101 = 5  R102 = 1  R103 = 0  R104 = -23  R116 = 25  R117 = 0  R118 = 30
R119 = 15  R120 = 7.5;
N50  R121 = 6  R122 = 200  R123 = 300  R124 = 0  R125 = 0  R126 = 2  R127 = 1;
N60  G158  X40  Y45;
N70  G259  RPL = 45;
N80  LCYC75;
```

```
N90   G259   RPL = 90;
N100   LCYC75;
N110   G259   RPL = 90;
N120   LCYC75;
N130   G259   RPL = 90;
N140   LCYC75;
N150   G259   RPL = 45;
N160   G158   X - 40   Y - 45;
N170   Z5;
N180   X20   Y50;
N190   M05;
N200   M30;
```

【任务实施】

1. 加工工艺分析

（1）零件图分析　图 10-1 所示零件的 4 个侧面及底面、顶面均已符合要求，无需再加工。同时，该零件包含了外形轮廓、型腔（长方形槽和圆槽）和孔的加工。加工轮廓由直线和圆弧构成，大部分尺寸公差为 0.10mm，台阶面尺寸公差为 0.16mm，四个孔的中心距有公差要求，为 0.16mm，侧边有对称度要求，均为 0.08mm。表面粗糙度 Ra 值为 3.2μm，故需分粗、精铣完成加工。台阶高度 8mm 和内孔高度为 5mm、10mm，需分层铣削。毛坯材料为 45 钢，可加工性较好。

（2）装夹方案　该零件为单件生产，且零件外形为长方体，可以选用平口钳装夹。工件表面高出钳口 12mm 左右。

（3）选择刀具　用 ϕ16mm 硬质合金立铣刀加工外轮廓和内轮廓型腔，且粗、精加工分开，用 ϕ10mm 麻花钻加工 4 × ϕ10mm 的通孔。

（4）确定该零件的加工顺序　加工顺序为：粗加工外轮廓→精加工外轮廓→粗加工长方形槽和圆槽→精加工长方形槽和圆槽→加工通孔。盖板的数控加工工艺卡见表 10-10。

表 10-10　盖板的数控加工工艺卡

数控加工工艺卡			产品名称		零件名称		零件图号	
					盖板		01	
工序号	程序编号	夹具名称	夹具编号		使用设备		车间	
001		平口钳			加工中心		数控实训中心	
工步号	工步内容	切削用量			刀具		量具名称	备注
		主轴转速 n/(r/min)	进给速度 F/(mm/min)	背吃刀量 a_p/mm	编号	名称		
1	粗铣外轮廓	600	200	4.9	T01	ϕ16mm 立铣刀	游标卡尺	手动
2	粗铣长方形槽和圆槽	600	200	4.9	T01	ϕ16mm 立铣刀		
3	精铣外轮廓	1000	80	0.2	T01	ϕ16mm 立铣刀	游标卡尺	手动
4	精铣长方形槽和圆槽	1000	80	0.2	T01	ϕ16mm 立铣刀		
5	钻孔	800	80		T02	ϕ10mm 麻花钻		
编制		审核		批准			共　页	第　页

（5）工件坐标系和进给路线的确定

1）根据工件坐标系建立原则，X、Y 向零点建立在工件几何中心上，Z 向零点建立在工件上表面上，如图 10-23 所示。

2）粗加工和精加工进给路线如图 10-24 和图 10-25 所示。

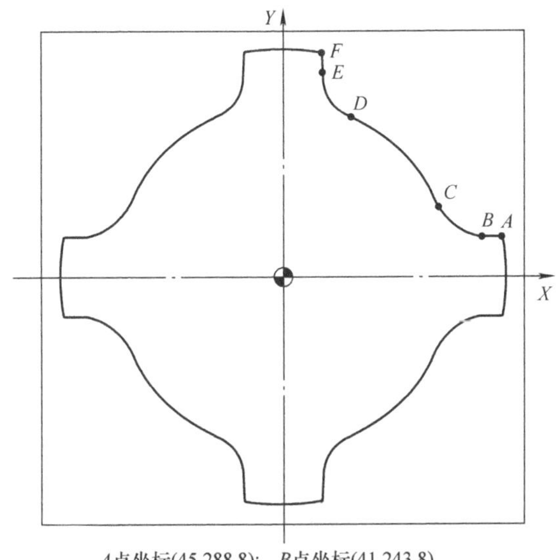

图 10-23　工件坐标系的确定和计算

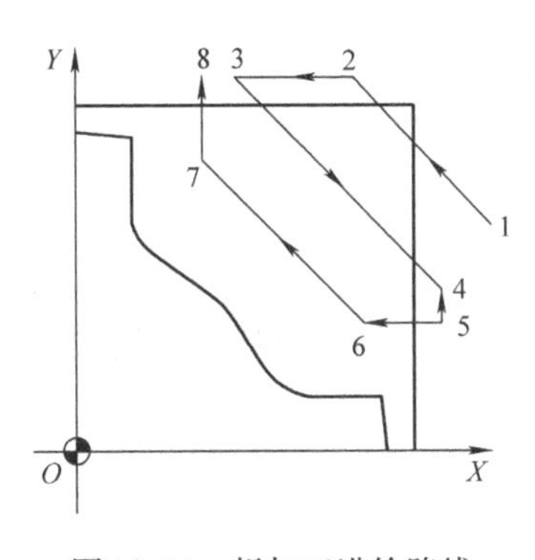

图 10-24　粗加工进给路线

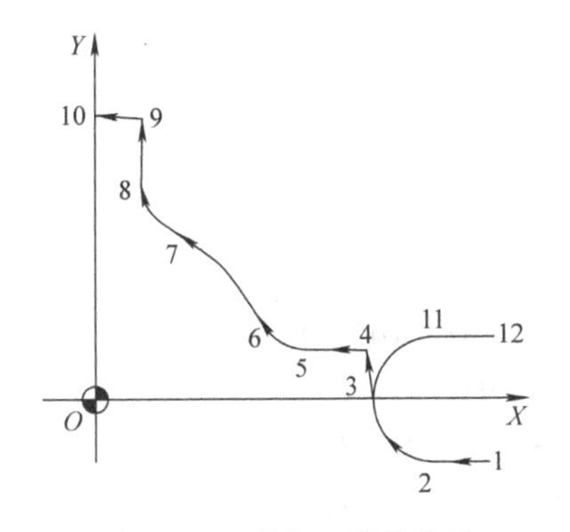

图 10-25　精加工进给路线

2. 编制数控加工程序

1）使用 T01ϕ16mm 硬质合金立铣刀粗铣，刀补输入半径为 D1 = 8.2。

2）使用 T01ϕ16mm 硬质合金立铣刀精铣，刀补输入半径为 8。

3）使用 T02ϕ10mm 高速钢工具麻花钻加工 ϕ10mm 的通孔。

4）参考程序如下：

% _ N _ XM1001 _ MPF;

G17　G21　G40　G90　G94　G54　T1　D1;　　　D1 = 8.2

程序	说明
G00 Z100 M03 S600;	选择 T1，设定工艺参数，粗加工四边角
X50 Y35;	
G01 Z-7.95 F200;	
X50 Y50;	
X30 Y50;	
X50 Y30;	
G00 Z20;	
X35 Y-50;	
G01 Z-7.95;	
X50 Y-50;	
X50 Y-30;	
X30 Y-50;	
G00 Z20;	
X-50 Y-30;	
G01 Z-7.95;	
X-50 Y-50;	
X-30 Y-50;	
X-50 Y-30;	
G00 Z20;	
X-35 Y50;	
G01 Z-7.95;	
X-50 Y50;	
X-50 Y30;	
X-30 Y50;	
G00 Z20;	
G41 G01 X0 Y46 F200;	加入刀补，粗加工外轮廓
G01 Z-7.95;	
G02 X45.299 Y-8 CR=46;	
G01 X41.243 Y-8;	
G03 X32.078 Y-14 CR=10;	
G02 X14 Y-32.078 CR=35;	
G03 X8 Y-41.243 CR=10;	
G01 X8 Y-45.299;	
G02 X-8 Y-45.299 CR=46;	
G01 X-8 Y-41.243;	
G03 X-14 Y-32.078 CR=10;	
G02 X-32.078 Y-14 CR=35;	
G03 X-41.243 Y-8 CR=10;	

```
G01  X-45.299  Y-8;
G02  X-45.299  Y8  CR=46;
G01  X-41.243  Y8;
G03  X-32.078  Y14  CR=10;
G02  X-14  Y32.078  CR=35;
G03  X-8  Y41.243  CR=10;
G01  X-8  Y45.299;
G02  X8  Y45.299  CR=46;
G01  X8  Y41.243;
G03  X14  Y32.078  CR=10;
G02  X32.078  Y14  CR=35;
G03  X41.243  Y8  CR=10;
G01  X45.299  Y8;
G02  X45.299  Y-8  CR=46;
G00  Z20;
G40  X0  Y0;
R101=5  R102=2  R103=0  R104=-5  R116=0  R117=0  R118=50  R119=
45  R120=10;
R121=2  R122=150  R123=200  R124=0.1  R125=0.1  R126=2  R127=1;
                                          粗加工大圆槽
LCYC75;
R104=-10  R118=20  R119=20  R120=10  R124=0  R125=0  R126=2  R127=1;
                                          粗加工圆槽孔
LCYC75;
G00  Z100;
D2  F802  S1000  M03; D2=8,               调整工艺参数，精加工四边角
X50  Y35;
N040  G01  Z-8  F80;
X50  Y50;
N050  X30  Y50;
X50  Y30;
G00  Z20;
X35  Y-50;
G01  Z-8;
X50  Y-50;
X50  Y-30;
X30  Y-50;
G00  Z20  ;
X-50  Y-30;
```

```
G01  Z-8;
X-50  Y-50;
X-30  Y-50;
X-50  Y-30;
G00  Z20;
X-35  Y50;
G01  Z-8;
X-50  Y50;
X-50  Y30;
X-30  Y50;
G00  Z20;
G41  G01  X0  Y46  F80D2;           加入刀补，精加工外轮廓
G01  Z-8;
G02  X45.299  Y-8  CR=46;
G01  X41.243  Y-8;
G03  X32.078  Y-14  CR=10;
G02  X14  Y-32.078  CR=35;
G03  X8  Y-41.243  CR=10;
G01  X8  Y-45.299;
G02  X-8  Y-45.299  CR=46;
G01  X-8  Y-41.243;
G03  X-14  Y-32.078  CR=10;
G02  X-32.078  Y-14  CR=35;
G03  X-41.243  Y-8  CR=10;
G01  X-45.299  Y-8;
G02  X-45.299  Y8  CR=46;
G01  X-41.243  Y8;
G03  X-32.078  Y14  CR=10;
G02  X-14Y  32.078  CR=35;
G03  X-8  Y41.243  CR=10;
G01  X-8  Y45.299;
G02  X8  Y45.299  CR=46;
G01  X8  Y41.243;
G03  X14  Y32.078  CR=10;
G02  X32.078  Y14  CR=35;
G03  X41.243  Y8  CR=10;
G01  X45.299  Y8;
G02  X45.299  Y-8  CR=46;
G00  Z20;
```

G40　X0Y0；

R104 = −5　R116 = 0　R117 = 0　R118 = 50　R119 = 45　R120 = 10　R121 = 2　R122 = 100；

R123 = 100　R124 = 0.1　R125 = 0.1　R126 = 2　R127 = 2；　设定循环参数，精加工长槽

LCYC75；

R104 = −10　R118 = 30　R119 = 30　R120 = 15　R124 = 0.1　R125 = 0.1　R126 = 2　R127 = 2；　精加工圆槽

LCYC75；

G00　Z100；

T2　F150　S800　M03　G55；　换钻头T2，调整工艺参数

G00　X0　Y0　Z10；

R101 = 5　R102 = 2　R103 = 0　R104 = −25　R105 = 0　R115 = 82　R116 = 0　R117 = 0；

R118 = 49.49　R119 = 4　R120 = 45　R121 = 0；

LCYC61；　钻通孔

G00　Z100；

M30；

【知识拓展】

一、华中HNC－21/22M系统铣削编程相关指令

1. 固定循环指令

（1）固定循环的动作　孔加工固定循环指令有G73、G74、G76、G80～G89，通常由6个动作组成，如图10-26所示。

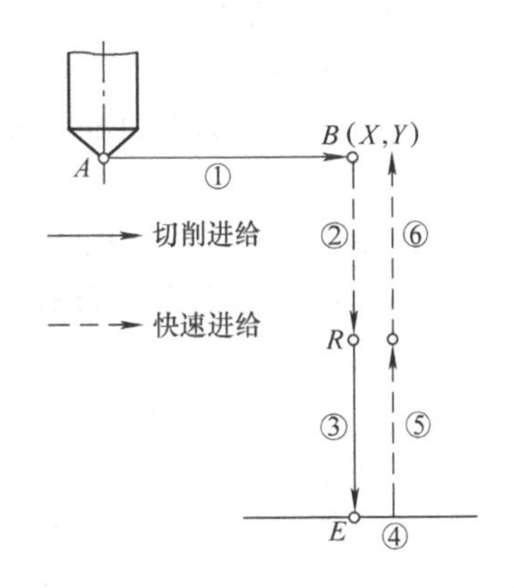

图10-26　孔加工固定循环的6个动作

动作①：X、Y轴定位，使刀具快速定位到被加工孔的正上方。

动作②：刀具定位到R平面（参考平面），该平面是刀具下刀时从快进转为工进的高度平面，一般为2～5mm（定位方式取决于上次是G00还是G01）。

动作③：加工孔，刀具以切削进给的方式执行加工孔的动作。

动作④：在孔底的动作，包括暂停、主轴准停、刀具移位等动作。

动作⑤：刀具返回到R平面。

动作⑥：刀具快速返回到初始平面，孔加工完成后一般应选择返回初始平面。

（2）固定循环指令的编程格式

$$\left.\begin{matrix}G90\\G91\end{matrix}\right\}\left\{\begin{matrix}G98\\G99\end{matrix}\right\}G\_\_\ X\_\_\ Y\_\_\ Z\_\_\ R\_\_\ Q\_\_\ P\_\_\ I\_\_\ J\_\_\ K\_\_\ F\_\_\ L\_\_;$$

（3）说明

1）G90 是绝对值编程方式，G91 是增量值编程方式。如果在前面的程序内容中已经指定了 G90 或 G91，则此处无需再次指定。

2）G98 是返回初始平面，G99 是返回参考平面（*R* 平面）。

3）G __：固定循环代码 G73、G74、G76 和 G81 ~ G89 之一。

4）X、Y 是孔的位置坐标。

5）R 是 *R* 平面的 *Z* 坐标。以绝对值编程时，R 值是 *R* 平面的绝对坐标；以增量值编程时，R 值是 *R* 平面相对于初始平面的增量距离。

6）Z 是孔底坐标。以绝对值编程时，Z 值是孔底平面的绝对坐标；以增量值编程时，Z 值是孔底平面相对于 *R* 平面的增量距离。

7）Q：每次进给深度（G73/G83）。

8）P：刀具在孔底的暂停时间。

9）I、J：刀具在轴反向的位移增量（G76/G87）。

10）F：切削进给速度。

11）L：固定循环的次数。

（4）注意事项

1）*R* 平面是为安全下刀而规定的一个平面。初始平面到零件表面的距离可以任意设定在一个安全的高度上。当使用同一把刀具加工若干孔时，只有孔之间存在障碍需要跳跃或全部孔加工完成时才使用 G98 功能使刀具返回到初始平面，否则使用 G99 返回 *R* 平面。

2）G73、G74、G76 和 G81 ~ G89 是同组的模态指令。其中定义的 Z、R、P、F、Q、I、J、K 地址，在各个指令中是模态值，改变指令后需重新定义。G80、G01 ~ G03 等代码可以取消固定循环。

2. 常用固定循环指令

（1）G73：高速深孔加工循环

1）编程格式：G98（G99）G73　X __　Y __　Z __　R __　Q __　P __　K __　F __　L __；

2）功能：该固定循环用于 *Z* 轴的间歇进给，使加工深孔时容易断屑、排屑，加入切削液且退刀量不大，可以进行深孔的高速加工，如图 10-27 所示。

3）说明：

X、Y：绝对值编程时，是孔中心在 *XY* 平面内的绝对坐标；增量值编程时，是孔中心在 *XY* 平面内相对于起点的增量值。

R：绝对值编程时，是 *R* 点的绝对坐标值；增量值编程时，是 *R* 点相对于初始平面的增量值。

Q：每次向下的钻孔深度（增量值，取负值）。

Z：绝对值编程时，是孔底 *Z* 点的坐标值；增量值编程时，是孔底 *Z* 点相对于参照 *R* 点的增量值。

K：每次向上的退刀量（增量值，取正值）。

P：刀具在孔底的暂停时间。

F：钻孔进给速度。

L：循环次数（一般用于多孔加工，故 *X* 或 *Y* 应为增量值）。

（2）G74：反攻螺纹循环

1）编程格式：G98（G99）G74　X__　Y__　Z__　R__　P__　F__　L__；

2）功能：攻反螺纹时，用左旋丝锥、主轴反转攻螺纹。攻螺纹时，速度倍率不起作用；使用进给保持时，在全部动作结束前也不停止，如图10-28所示。

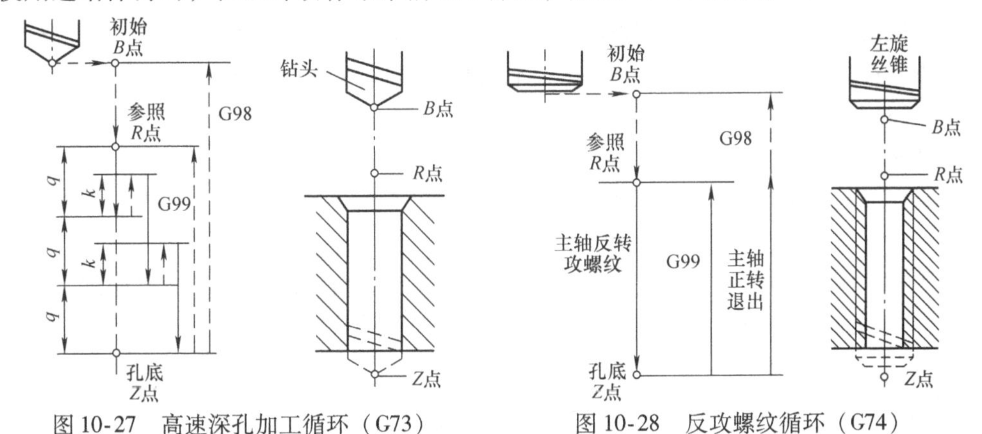

图10-27　高速深孔加工循环（G73）　　图10-28　反攻螺纹循环（G74）

3）说明：X、Y、Z、R、P、L含义同G73。

F：螺纹导程。

（3）G76：精镗循环

1）编程格式：G98（G99）G76 X__　Y__　Z__　R__　P__　I__　J__　F__　L__；

2）功能：精镗时，主轴在孔底定向停止后，向刀尖反方向移动，然后快速退刀，刀尖反向位移量用地址I、J指定，其值只能为正值。I、J值是模态的，位移方向由装刀时确定，如图10-29所示。

3）说明：X、Y、Z、R、P、L含义同G73。

I：*X*轴方向偏移量，只能为正值。

J：*Y*轴方向偏移量，只能为正值。

F：镗孔进给速度。

（4）G81：钻孔循环（中心钻）

1）格式：G98（G99）　G81　X__　Y__　Z__　R__　F__　L__；

2）功能：图10-30所示为G81指令的动作循环，包括*X*、*Y*坐标定位、快进、工进和快速返回等动作。

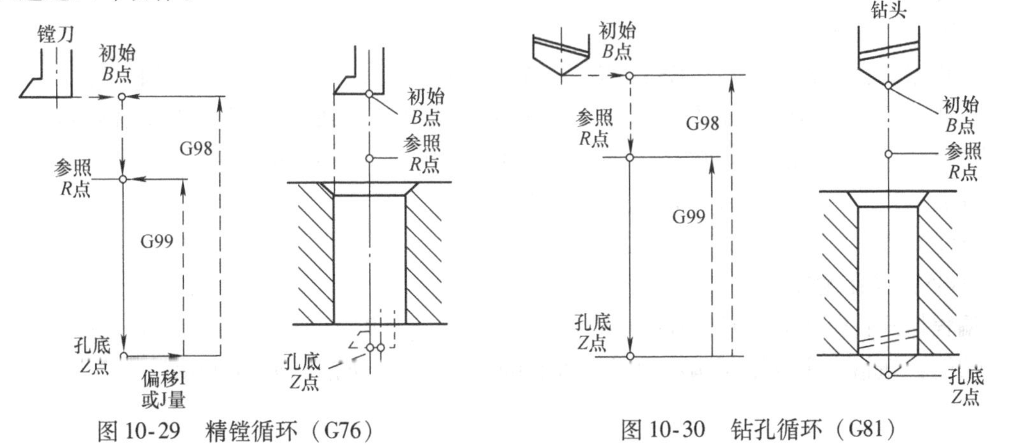

图10-29　精镗循环（G76）　　图10-30　钻孔循环（G81）

3）说明：X、Y、Z、R、L 含义同 G73。

F：钻孔进给速度。

（5）G82：带停顿的钻孔循环

1）编程格式：G98（G99） G82 X__ Y__ Z__ R__ P__ F__ L__;

2）功能：此指令主要用于加工沉孔、不通孔，以提高孔深精度。该指令除了要在孔底暂停外，其他动作与 G81 相同，如图 10-31 所示。

（6）G83：深孔加工循环

1）编程格式：G98（G99） G83 X__ Y__ Z__ R__ Q__ P__ K__ F__ L__;

2）功能：该固定循环用于 Z 轴的间歇进给，每向下钻一次孔后，快速退到参照 R 点，退刀量较大，更便于排屑，方便加切削液，如图 10-32 所示。

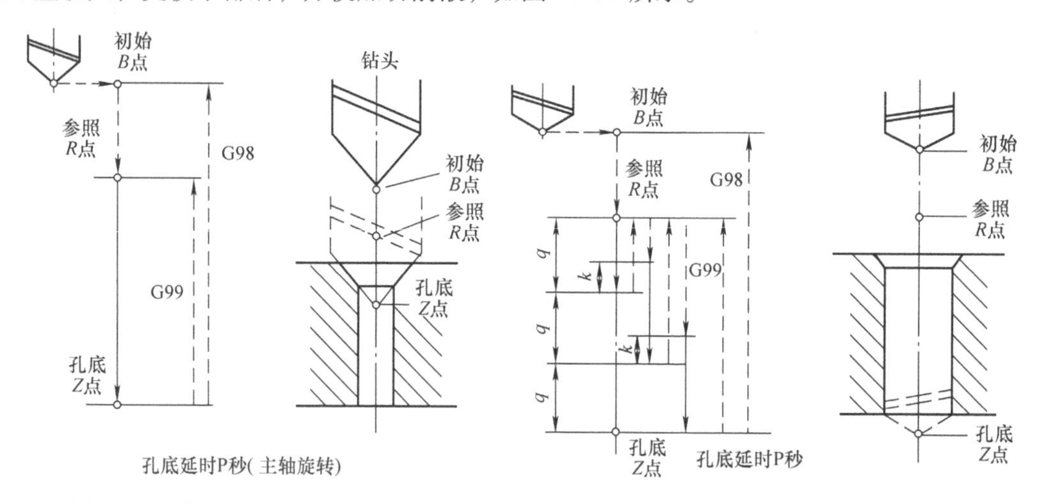

图 10-31 带停顿的钻孔循环（G82）　　图 10-32 深孔加工循环（G83）

3）说明：X、Y、Z、R、L 含义同 G73。

Q：每次向下的钻孔深度（增量值，取负值）。

K：距已加工孔深上方的距离（增量值，取正值）。

F：钻孔进给速度。

（7）G84：攻螺纹循环

1）编程格式：G98（G99） G84 X__ Y__ Z__ R__ P__ F__ L__;

2）功能：攻正螺纹时，用右旋丝锥，主轴正转攻螺纹。攻螺纹时，速度倍率不起作用；使用进给保持时，在全部动作结束前也不停止，如图 10-33 所示。

3）说明：X、Y、Z、R、P、L 含义同 G73。

F：螺纹导程。

（8）G85：镗孔循环

1）编程格式：G98（G99） G85 X__ Y__ Z__ R__ P__ F__ L__;

2）功能：该指令主要用于精度要求不太高的镗孔加工，如图 10-34 所示。

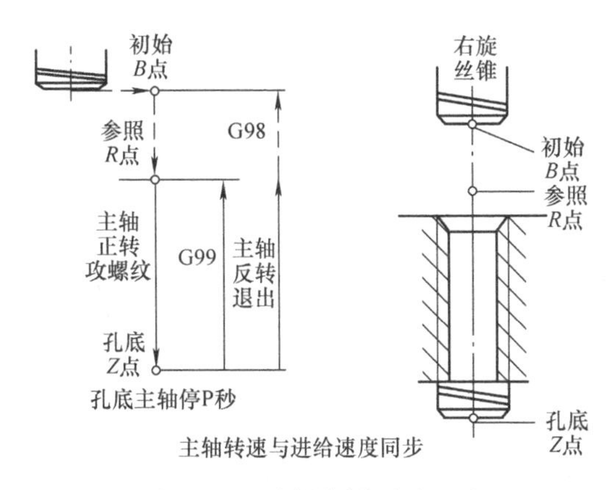

图 10-33　攻螺纹循环（G74）

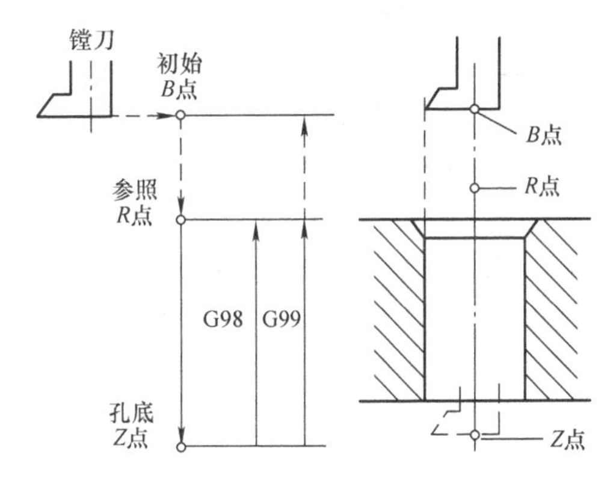

图 10-34　镗孔循环（G85）

3）说明：X、Y、Z、R、L 含义同 G73。

F：钻孔进给速度。

（9）G86：镗孔循环

1）编程格式：G98（G99）　G86　X＿　Y＿　Z＿　R＿　F＿　L＿;

2）功能：此指令与 G81 相同，但在孔底时主轴停止，然后快速退回，主要用于精度要求不太高的镗孔加工，如图 10-35 所示。

3）说明：X、Y、Z、R、L 含义同 G73。

F：钻孔进给速度。

（10）G87：反镗循环

1）编程格式：G98　G87　X＿　Y＿　Z＿　R＿　P＿　I＿　J＿　F＿　L＿;

2）功能：该指令一般用于镗削下小上大的孔，其孔底 Z 点一般在参照 R 点的上方，与其他指令不同，如图 10-36 所示。

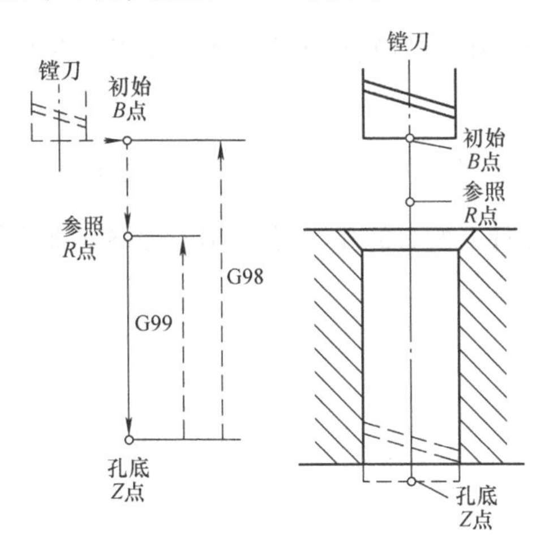

图 10-35　镗孔循环（G86）

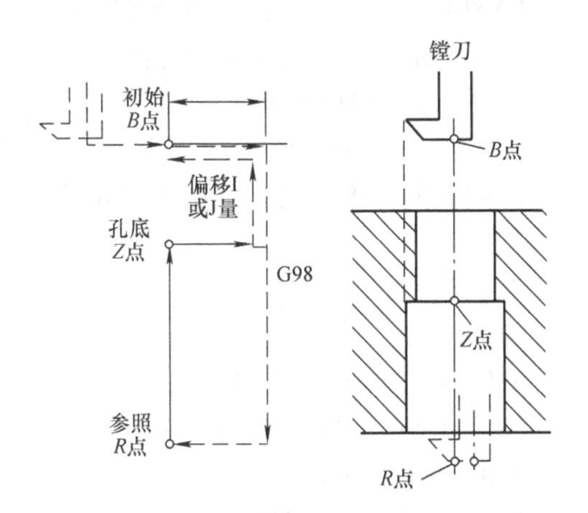

图 10-36　反镗循环（G87）

3）说明：X、Y、Z、R、L 含义同 G73。

I：*X* 轴方向偏移量。

J：*Y* 轴方向偏移量。

P：孔底停顿时间。

F：镗孔进给速度。

（11）G88：镗孔循环（手镗）

1）编程格式：G98（G99） G88 X__ Y__ Z__ R__ P__ F__ L__;

2）功能：该指令在镗孔前记忆了初始 *B* 点或参照 *R* 点的位置，当镗刀自动加工到孔底后机床停止运行，将工作方式转换为“手动”，通过手动操作使刀具抬刀到 *B* 点或 *R* 点高度上方，并避开工件。然后工作方式恢复为“自动”，再循环启动程序，刀位点回到 *B* 点或 *R* 点。用此指令一般铣床就可完成精镗孔，不需主轴准停功能，如图 10-37 所示。

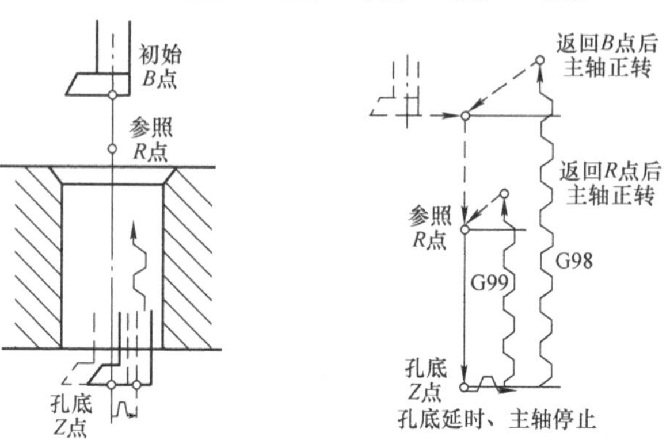

图 10-37 镗孔循环（G88）

3）说明：X、Y、Z、R、L 含义同 G73。

P：孔底停顿时间。

F：镗孔进给速度。

（12）G89：镗孔循环 G89 指令与 G86 指令相同，但在孔底有暂停。

注意：如果 Z 的移动量为零，G89 指令不执行。

（13）G80：取消固定循环 该指令能取消固定循环，同时 *R* 点和 *Z* 点也被取消。G73、G74、G76、G81 ~ G89 均可由 G80 取消。

二、FANUC 0i 系统固定循环指令

FANUC 0i 系统固定循环指令与华中系统基本相似，区别在于重复加工次数，华中数控用 L 指令，而 FANUC 系统用 K 指令。

编程格式：$\left.\begin{matrix}G90\\G91\end{matrix}\right\}\left\{\begin{matrix}G98\\G99\end{matrix}\right\}$G__X__Y__R__Q__P__I__J__K__F__K__;

【例 10-6】 要求用 G81 加工图 10-38 所示零件上所有的孔，用 FANUC 系统编制数控加工程序。

参考程序如下：

```
O1008;
N10  G92  X0  Y0  Z300;
N20  G90  G99  S1200  M03;
N30  T01  M06;
N40  G00  Z30  M08;
N50  G81  X10  Y10  Z-15  R6  F25;
N60  X50;
```

```
N70  Y30;
N80  X10;
N90  G80;
N100  G00  Z40;
N110  M05  M09;
N120  M02;
```

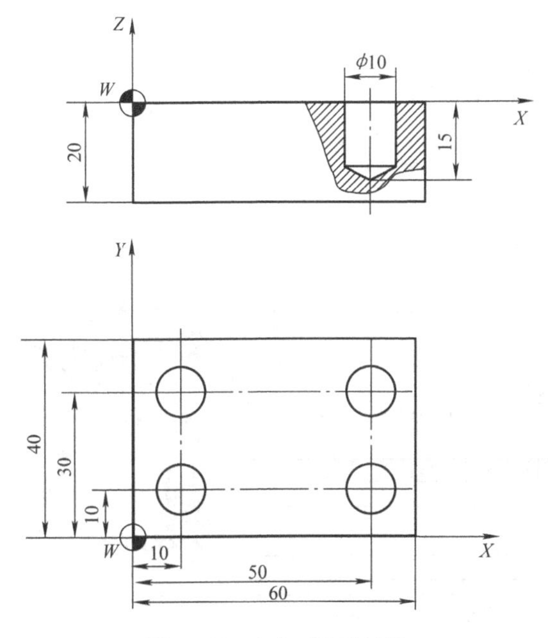

图10-38　4个对称孔零件

任务2　盖板的数控铣削仿真加工

【知识目标】

1. 熟悉上海宇龙数控加工仿真系统。

2. 掌握盖板的数控铣削仿真加工方法。

【技能目标】

1. 能够正确使用数控加工仿真系统校验编写的盖板零件的数控加工程序，并仿真加工盖板零件。

2. 培养学生独立工作的能力和安全文明生产的习惯。

【任务描述】

已知图10-1所示的盖板零件，给定的毛坯尺寸为100mm×100mm×20mm，材料为45钢，已经通过任务1完成了盖板的数控工艺分析和零件编程，要求用SINUMERIK 802C（仿真系统中显示为SIEMENS 802C）系统通过仿真软件完成程序的调试和优化，完成盖板的数控铣削仿真加工。

【任务分析】

利用数控仿真系统仿真加工盖板是使用加工中心加工盖板的基础。熟悉数控系统各界面后，才能熟练操作，学生应加强操作练习。

【任务实施】

1. 进入仿真系统

与项目8操作方式相同。

2. 选择机床

单击左上角按钮，进入“选择机床”界面，如图10-39所示。依次选择“SIEMENS”→“SIEMENS 802S（C）”→“立式加工中心”，单击“确定”按钮。

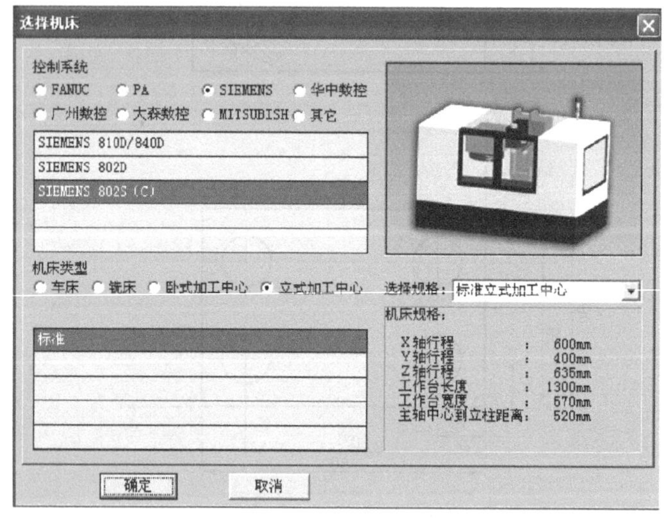

图10-39 “选择机床”界面

3. 机床回参考点

与项目8操作方式相同。

4. 定义毛坯

与项目8操作方式相同。

5. 夹具使用

与项目8操作方式相同。

6. 放置零件

与项目8操作方式相同。

7. *X*、*Y* 方向对刀

与项目8操作方式相同。

8. 装刀

与项目8操作方式相同。本任务中1号刀选择直径为16mm的平底刀，2号刀选择直径为10mm的平底刀，3号刀选择直径为10mm的钻头。刀具选择结果如图10-40所示。

9. *Z* 方向对刀

与项目8操作方式相同。本任务需要对直径为16mm的立铣刀和直径为10mm硬质合金钻头进行 *Z* 方向对刀。

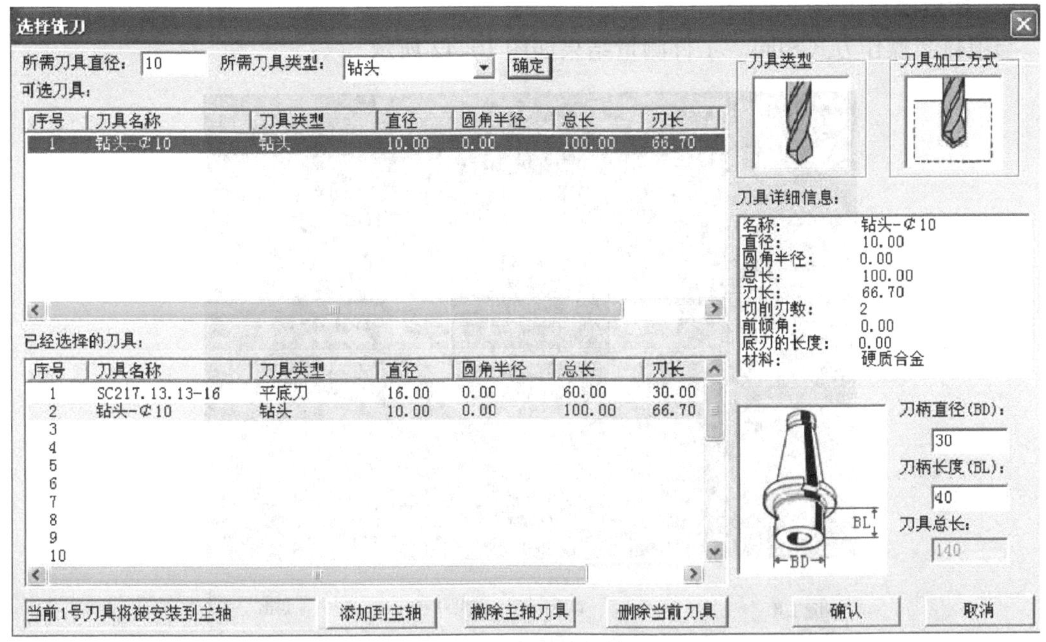

图 10-40　刀具选择结果

10. 设定工件坐标系

与项目 8 操作方式相同。

11. 刀具补偿设定

与项目 8 操作方式相同。

12. 导入数控程序

与项目 8 操作方式相同。

13. 程序校验和自动加工（粗加工和精加工）

与项目 8 操作方式相同。盖板零件的仿真加工结果如图 10-41 所示。

图 10-41　盖板零件的仿真加工结果

14. 检查测量工件

与项目 8 操作方式相同。工件测量结果如图 10-42 所示。

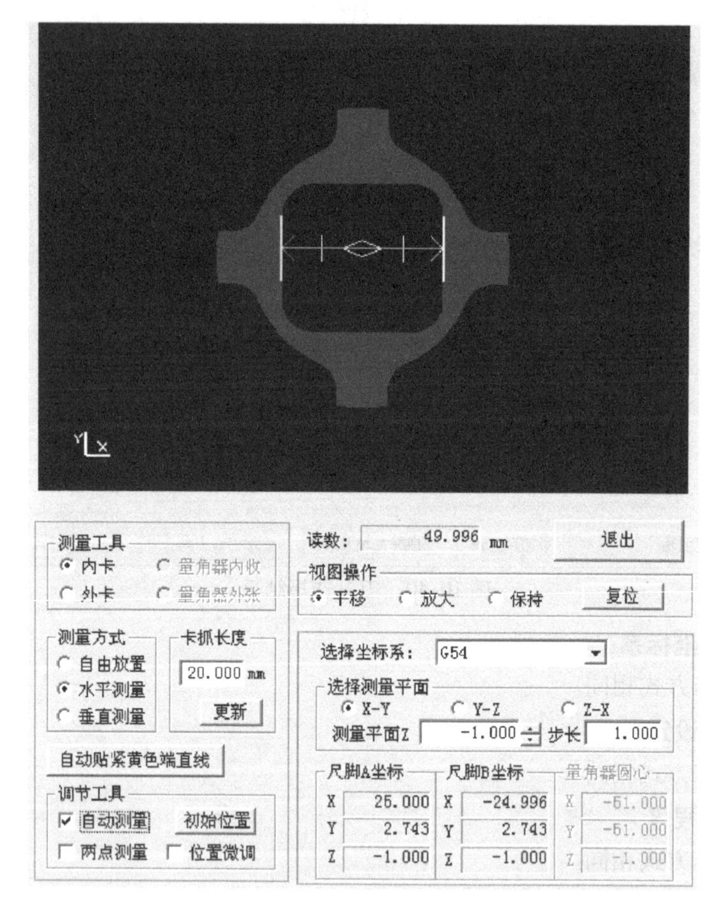

图 10-42 工件测量结果

任务 3 盖板的数控铣削加工操作

【技能目标】

1. 通过盖板的数控加工操作，具备利用数控系统铣削加工直线、圆弧、孔槽等结构的能力。

2. 培养学生独立工作的能力和安全文明生产的习惯。

【任务描述】

如图 10-1 所示的盖板零件，毛坯尺寸为 100mm × 100mm × 20mm，材料为 45 钢，通过任务 1 和任务 2 的学习，要求操作 SINUMERIK 802C 数控机床，加工出合格的零件，并进行零件检验和零件误差分析。

【任务分析】

盖板的数控铣削加工操作是本任务实施的重要环节，能够利用数控机床加工出合格的零件是本任务的最终目的和要求，学生应加强操作练习，充分掌握数控机床操作的基本功。

【任务实施】

1. 工、量具准备清单

盖板零件加工工、量具清单见表 10-11。

表 10-11　盖板零件加工工、量具清单（参考）

序号	名称	规格	数量	备注
1	游标卡尺	0～150mm	1 把	
2	钢直尺	0～125mm	1 把	
3	外径千分尺	75～100mm	1 把	
4	内径百分尺	5～30mm	1 把	
5	百分表	0～5mm	1 把	

2. 加工操作

与项目 8 操作方式相同。

【任务评价】

盖板零件的数控铣削加工操作评价表见表 10-12。

表 10-12　盖板零件的数控铣削加工操作评价表

项目	项目 10	图样名称	盖板	任务	10－3	指导教师	
班级		学号		姓名		成绩	
序号	评价项目	考核要点		配分	评分标准	扣分	得分
1	外径尺寸	ϕ92 ±0.05mm		5	超差 0.02mm 扣 2 分		
		ϕ70 ±0.05mm		5	超差 0.02mm 扣 2 分		
2	内径尺寸	50 ±0.08mm		5	超差 0.02mm 扣 2 分		
		45 ±0.08mm		5	超差 0.02mm 扣 2 分		
		ϕ30mm		5	超差不得分		
3	长度尺寸	70 ±0.08mm，2 处		10	超差 0.02mm 扣 2 分		
		16mm		10	超差不得分		
4	高度尺寸	10 ±0.08mm		5	超差不得分		
		5 ±0.08mm		5	超差 0.02mm 扣 2 分		
		8 ±0.08mm		5	超差 0.02mm 扣 2 分		
5	圆弧尺寸	*R*10mm，共 12 处		10	超差不得分		
6	孔尺寸	4 ×ϕ10mm		10	超差不得分		
7	其他	对称度公差 0.08mm		5	每处降一级扣 1 分		
		*Ra*3.2μm、*Ra*1.6μm		5	每处降一级扣 1 分		
8	加工工艺与程序编制	加工工艺的合理性		3	不正确不得分		
		刀具选择的合理性		3	不正确不得分		
		工件装夹定位的合理性		2	不正确不得分		
		切削用量选择的合理性		2	不正确不得分		

（续）

序号	评价项目	考核要点	配分	评分标准	扣分	得分
9	安全文明生产	1. 安全、正确地操作设备 2. 工作场地整洁，工具、量具、夹具等摆放整齐规范 3. 做好事故防范措施，填写交接班记录，并将发生事故的原因、过程及处理结果记入运行档案 4. 做好环境保护		每违反一项从总分中扣 2 分，扣分不超过 10 分		
合计			100			

【误差分析】

孔槽类零件的加工误差分析见表 10-13。

表 10-13　孔槽类零件的加工误差分析

问题现象	产生原因	预防和消除方法
尺寸不对	1. 测量不正确 2. 工件的热胀冷缩	1. 要仔细测量。用游标卡尺测量时，要调整好卡尺的松紧，控制好摆动位置并进行试切 2. 最好使工件冷却后再精车，精车时加切削液
内孔或槽有锥度	1. 刀具磨损 2. 刀杆刚性差，产生“让刀”现象 3. 主轴轴线歪斜 4. 床身不水平，使床身导轨与主轴轴线不平行 5. 床身导轨磨损。由于磨损不均匀，使走刀轨迹与工件轴线不平行	1. 采用耐磨的硬质合金，以延长刀具的寿命 2. 尽量采用大尺寸的刀杆，减小切削用量 3. 检测机床精度，校正主轴轴线与床身导轨的平行度 4. 校正机床床身 5. 大修机床
内孔或槽不圆	1. 孔壁薄，装夹时产生变形 2. 轴承间隙太大，主轴颈呈椭圆形 3. 工件加工余量和材料组织不均匀	1. 选择合理的装夹方法 2. 大修机床，并检查主轴的圆柱度 3. 对工件毛坯进行回火处理
内孔或槽不光	1. 切削刃磨损 2. 刀具刃磨不良，表面粗糙度值大 3. 切削用量选择不当 4. 刀杆细长，产生振动	1. 重新刃磨刀具或换刀 2. 保证切削刃锋利 3. 适当降低切削速度，减小进给量 4. 加粗刀杆，降低切削速度

【项目拓展训练】

一、实操训练零件

实操训练零件如图 10-43 所示，模型如图 10-44 所示。要求：按图编制加工工艺，填写加工工艺卡，编写程序，填写程序清单，加工出零件。

二、程序编制

1. 加工工艺分析

（1）零件图分析　实操训练零件如图 10-43 所示，毛坯材料为 45 钢，在项目 9 的图

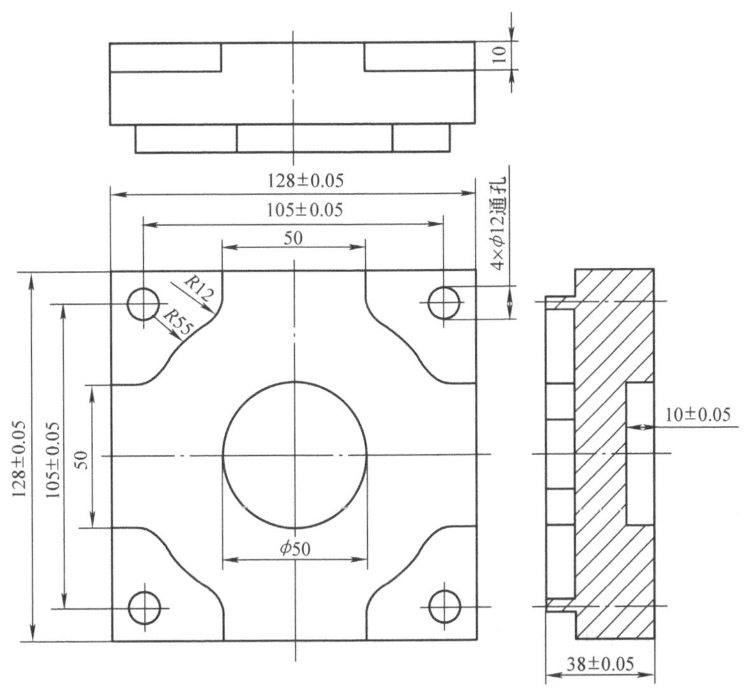

图10-43　实操训练零件图

9-15所示零件的反面继续加工。

(2) 装夹方案　采用平口钳装夹。

(3) 刀具选择　选择φ16mm的立铣刀，φ12mm的钻头。

(4) 加工顺序和进给路线的确定　加工顺序为：工件装夹找正→自动粗加工外轮廓→精加工外轮廓→粗、精加工内轮廓→钻4×φ12mm通孔。

(5) 刀具及切削用量的选择　凸模的数控加工工艺卡见表10-14。

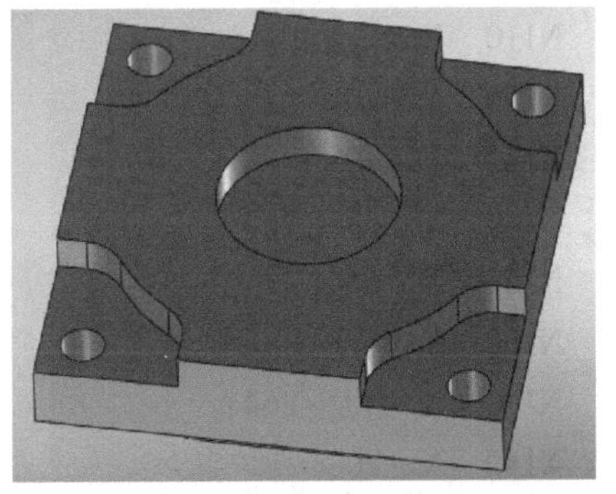

图10-44　实操训练零件模型图

表10-14　凸模的数控加工工艺卡片

数控加工工艺卡			产品名称		零件名称		零件图号	
					凸模		01	
工序号	程序编号	夹具名称	夹具编号		使用设备		车间	
001		平口钳			加工中心		数控实训中心	
工步号	工步内容	切削用量			刀具		量具名称	备注
		主轴转速 n/(r/min)	进给速度 F/(mm/min)	背吃刀量 a_p/mm	编号	名称		
1	工件装夹找正							
2	粗铣轮廓	600	100	4.9	T01	φ16mm立铣刀	游标卡尺	手动
3	精铣轮廓	1000	80	0.1	T01	φ16mm立铣刀	游标卡尺	手动
4	钻孔	800	50		T02	φ12mm钻头		
编制		审核		批准			共　页	第　页

2. 编制加工程序

1）程序名为“XL1001. MPF”。

2）使用 ϕ16mm 的立铣刀和 ϕ12mm 的钻头。

3）刀具半径补偿 D01 = 8.1mm（即通过刀补，留单边 0.1mm 的加工余量），D02 = 8mm。

4）参考程序如下：

```
%_N_XL1001_MPF;
N010  G17  G21  G40  G90  G94  G54;
N020  G00  Z100  M03  S600;
N030  X80  Y80;
N040  G01  Z0  F100;
N050  XL1002  P2;
N060  G00  Z10;
N070  X64  Y40;
N080  G01  Z-10  F80  S1000;
N090  Y64;
N100  X40;
N110  X64  Y40;
N120  Y80;
N130  X-40;
N140  X-40  Y64;
N150  X-64;
N160  Y40;
N170  X-40  Y64;
N180  X-80;
N190  Y-40;
N200  X-64  Y-40;
N210  Y-64;
N220  X-40;
N230  X-64  Y-40;
N240  Y-80;
N250  X40;
N260  X40  Y-64;
N270  X64;
N280  Y-40;
N290  X40  Y-64;
N300  X80;
N310  X80  Y80;
```

```
N320 G42 G01 X64 Y25 D2;
N330 X55.857;
N340 G02 X45.853 Y30.373 CR=12;
N350 G03 X30.373 Y45.853 CR=55;
N360 G02 X25 Y55.857 CR=12;
N370 G01 Y80;
N380 X-25;
N390 Y55.857;
N400 G02 X-30.373 Y45.853 CR=12;
N410 G03 X-45.853 Y30.373 CR=55;
N420 G02 X-55.857 Y25 CR=12;
N430 G01 X-80;
N440 Y-25;
N450 X-55.857;
N460 G02 X-45.853 Y-30.373 CR=12;
N470 G03 X-30.373 Y-45.853 CR=55;
N480 G02 X-25 Y-55.857 CR=12;
N490 G01 Y-80;
N500 X25;
N510 Y-55.857;
N520 G02 X33.373 Y-45.853 CR=12;
N530 G03 X45.853 Y-33.373 CR=55;
N540 G02 X55.857 Y-25 CR=12;
N550 G01 X64;
N560 G40 X80
N570 G00 Z20;
N580 X0 Y0;
N590 R101=5 R102=2 R103=0 R104=-10 R116=0 R117=0 R118=50
R119=50 R120=25 R121=2;
N600 R122=100 R123=100 R124=0 R125=0 R126=2 R127=1;
                                        设定循环参数
N610 LCYC75;                            铣圆槽
N620 G00 Z50;                           退刀
N630 T2 F50 S800 M03;                   换钻头 T02，调整工艺参数
N640 G00 Z10;
N650 X0 Y0;
N660 R101=5 R102=2 R103=0 R104=-45 R105=0 R115=82 R116=0
R117=0 R118=74.235 R119=4 R120=45;
N670 R121=0;
```

```
N680  LCYC61；钻通孔
N690  G00  Z20；
N700  M05；
N710  M30；
%_N_XL1002_SPF；
N010  G91  G01  Z-4.9；
N020  G90  G01  X64  Y40；
N030  Y64；
N040  X40；
N050  X64  Y40；
N060  Y80；
N070  X-40；
N080  X-40  Y64；
N090  X-64；
N100  Y40；
N110  X-40  Y64；
N120  X-80；
N130  Y-40；
N140  X-64  Y-40；
N150  Y-64；
N160  X-40；
N170  X-64  Y-40；
N180  Y-80；
N190  X40；
N200  X40  Y-64；
N210  X64；
N220  Y-40；
N230  X40  Y-64；
N240  X80；
N250  X80  Y80；
N260  G42  G01  X64  Y25  D1；
N270  X55.857；
N280  G02  X45.853  Y30.373  CR=12；
N290  G03  X30.373  Y45.853  CR=55；
N300  G02  X25  Y55.857  CR=12；
N310  G01  Y80；
N320  X-25；
N330  Y55.857；
N340  G02  X-30.373  Y45.853  CR=12；
```

```
N350　G03　X-45.853　Y30.373　CR=55;
N360　G02　X-55.857　Y25　CR=12;
N370　G01　X-80;
N380　Y-25;
N390　X-55.857;
N400　G02　X-45.853　Y-30.373　CR=12;
N410　G03　X-30.373　Y-45.853　CR=55;
N420　G02　X-25　Y-55.857　CR=12;
N430　G01　Y-80;
N440　X25;
N460　Y-55.857;
N470　G02　X33.373　Y-45.853　CR=12;
N480　G03　X45.853　Y-33.373　CR=55;
N490　G02　X55.857　Y-25　CR=12;
N500　G01　X64;
N510　G40　X80;
N520　RET;
```

三、上机仿真校验程序并操作机床加工

实操仿真加工结果以及测量检验结果如图 10-45 和图 10-46 所示。

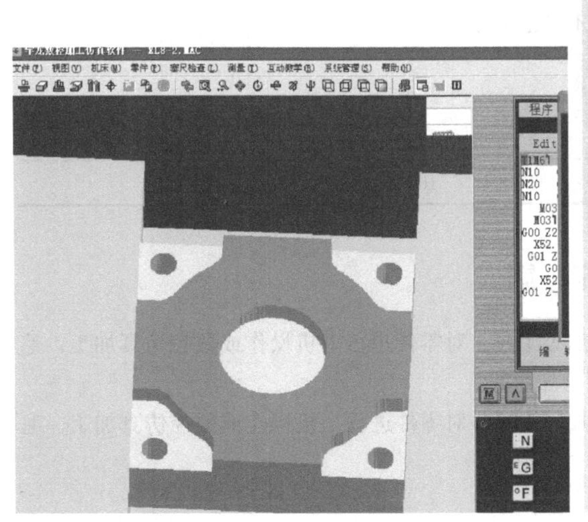

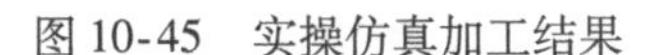

图 10-45　实操仿真加工结果

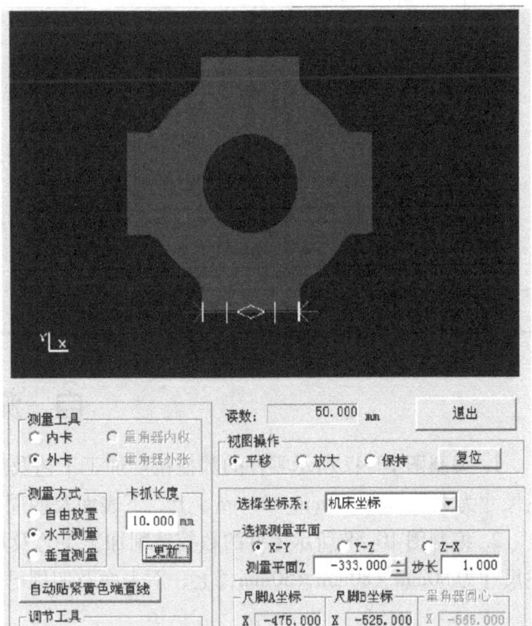

图 10-46　测量检验结果

四、实操评价

实操零件的数控铣削加工操作评价见表10-15。

表10-15　实操零件的数控铣削加工操作评价表

项目	项目10	图样名称	任务		指导教师	
班级		学号	姓名		成绩	
序号	评价项目	考核要点	配分	评分标准	扣分	得分
1	外轮廓尺寸	50mm，4处	10	超差0.02mm扣2分		
		128±0.05mm	10	超差0.02mm扣2分		
		R12mm，4处	10	超差不得分		
		R55mm，4处	10	超差不得分		
2	圆槽尺寸	ϕ50mm	5	超差0.02mm扣2分		
3	高度尺寸	38±0.05mm	10	超差不得分		
		10±0.05mm	10	超差0.02mm扣2分		
		10mm	5	超差0.02mm扣2分		
4	孔尺寸	ϕ12mm，4处	10	超差不得分		
		105±0.05mm	10	超差不得分		
5	加工工艺与程序编制	加工工艺的合理性	3	不正确不得分		
		刀具选择的合理性	3	不正确不得分		
		工件装夹定位的合理性	2	不正确不得分		
		切削用量选择的合理性	2	不正确不得分		
6	安全文明生产	1. 安全正确操作设备 2. 工作场地整洁，工具、量具、夹具等摆放整齐规范 3. 做好事故防范措施，填写交接班记录，并将发生事故的原因、过程及处理结果记入运行档案 4. 做好环境保护	每违反一项从总分中扣2分扣分不超过10分			
合计			100			

自测题

1. 编制图10-47所示零件的数控铣削加工工艺及加工工序，对零件进行上机操作或数控仿真加工，毛坯尺寸为100mm×100mm×20mm，上、下表面及四周已加工好。

2. 编制图10-48所示零件的数控铣削加工工艺及加工工序，对零件进行上机操作或数控仿真加工，毛坯尺寸为80mm×80mm×30mm，上、下表面及四周已加工好。

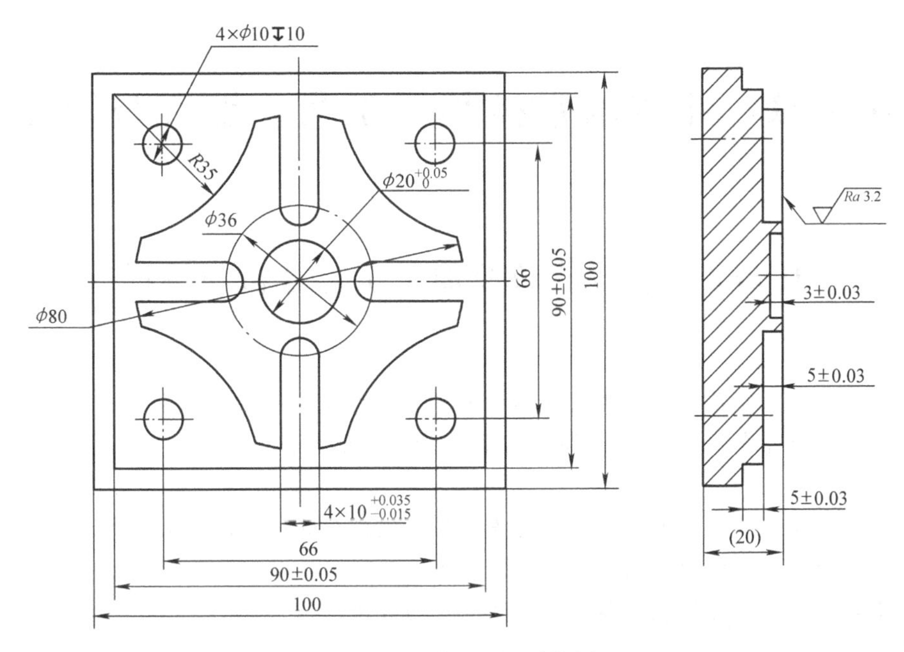

图 10-47　自测题 1 零件图

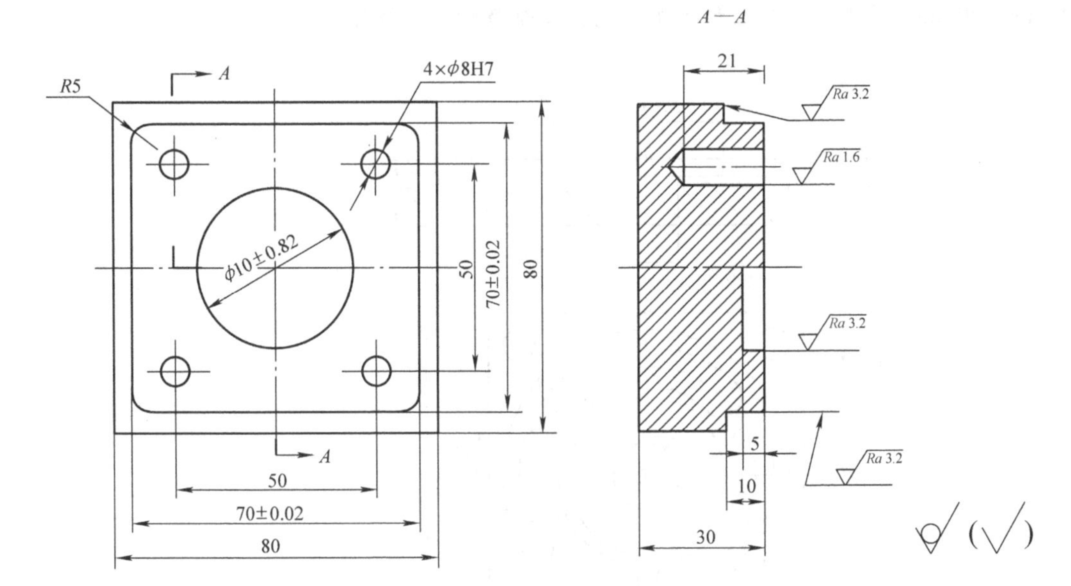

图 10-48　自测题 2 零件图

项目 11　端盖的数控加工工艺、编程与操作

任务 1　端盖的数控加工工艺分析与编程

【知识目标】

1. 熟悉数控铣削端盖的加工工艺及各种工艺资料的填写方法。
2. 掌握坐标轴指令（G158、G258、G259）的编程格式和用法。

【技能目标】

1. 通过编制端盖的数控加工程序，具备使用简化指令进行数控加工程序编制的能力。
2. 具有分析端盖零件的数控加工工艺的能力。
3. 培养学生独立工作的能力和安全文明生产的习惯。

【任务描述】

如图 11-1 和图 11-2 所示的端盖零件，已知材料为 45 钢，毛坯尺寸为 100mm × 100mm × 20mm，要求分析其数控加工工艺，编制数控加工程序。

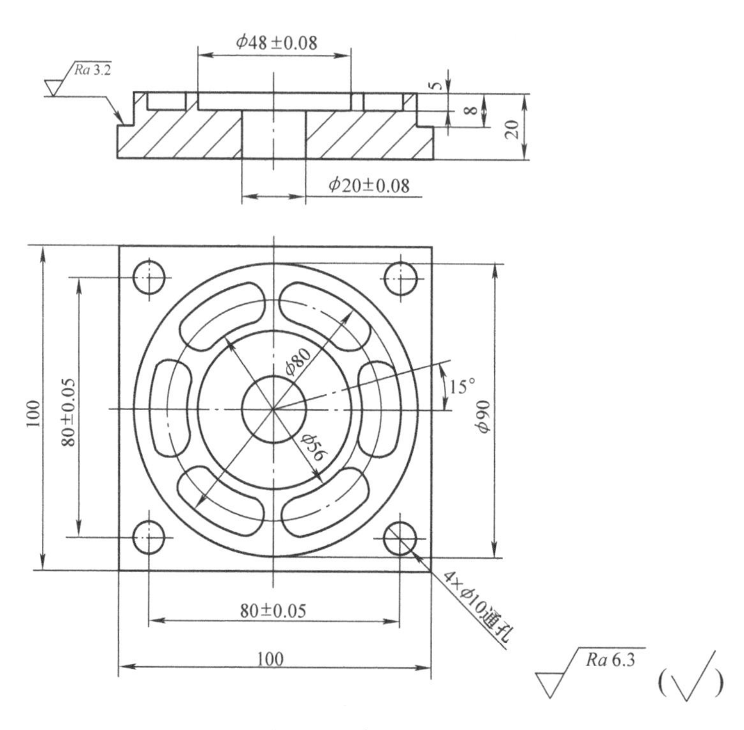

图 11-1　端盖的零件图

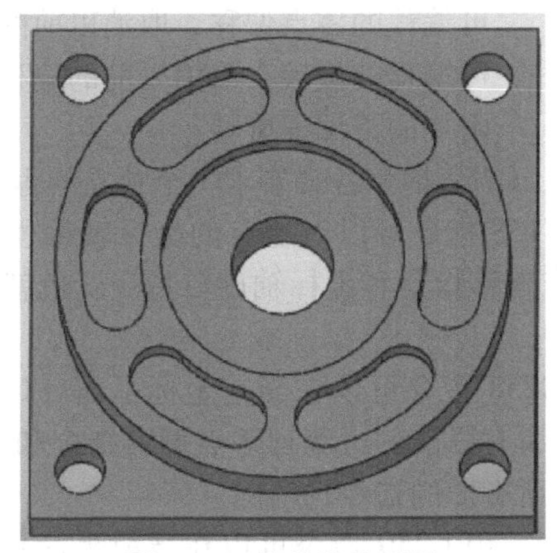

图 11-2　端盖的模型图

【相关知识】

可编程的零点偏移和坐标轴旋转指令 G158/G258/G259 介绍如下：

1. 功能

如果在工件上的不同位置有重复出现的形状或结构，或者选用了一个新的参考点，这时就需要使用可编程零点偏置指令（图 11-3）。由此就产生一个当前工件坐标系，新输入的尺寸均为该坐标系中的尺寸。可以在所有坐标轴上进行零点偏移，在当前平面 G17、G18 或 G19 中进行坐标轴旋转（图 11-4）。

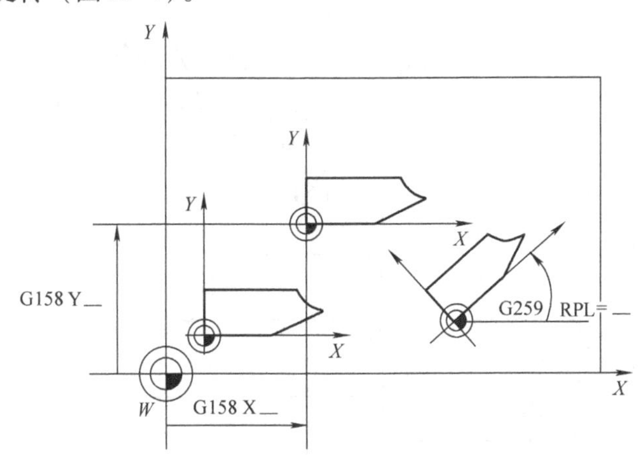

图 11-3　可编程零点偏移和坐标轴旋转

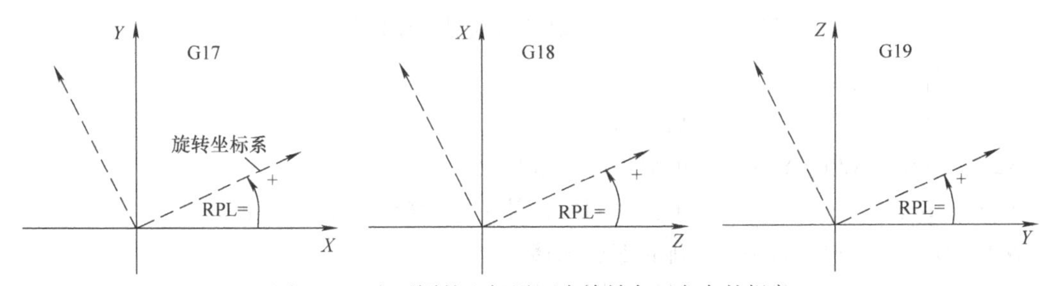

图 11-4　在不同的坐标平面中旋转角正方向的规定

2. 编程格式和用法

（1）编程格式

G158　X __ Y __ Z __;　　可编程的零点偏移，取消以前的偏移和旋转

G258　RPL = __;　　可编程的旋转，取消以前的偏移和旋转

G259　RPL = __;　　附加的可编程旋转

（2）用法　G158、G258、G259 指令各自要求一个独立的程序段。

1）G158 零点偏移。用 G158 指令可以对所有的坐标轴编程零点偏移。后面的 G158 指令取代所有以前的可编程零点偏移指令和坐标轴旋转指令，也就是说编程一个新的 G158 指令后，所有旧的指令均清除。

2）G258 坐标旋转。用 G258 指令可以在当前坐标平面（G17 ~ G19）中编程一个坐标轴旋转，新的 G258 指令取代所有以前的可编程零点偏移指令和坐标轴旋转指令，也就是说编程一个新的 G258 指令后，所有旧的指令均清除。

3）附加的坐标旋转 G259。用 G259 指令可以在当前坐标平面（G17 ~ G19）中编程一个坐标旋转。如果已经有一个 G158、G258 或 G259 指令生效，则在 G259 指令下编程的旋转附加到当前编程的偏置或坐标旋转上。

4）取消偏移和坐标旋转。程序段 G158 指令后无坐标轴名，或者在 G258 指令下没有写 RPL = __语句，表示取消当前的可编程零点偏移和坐标轴旋转设定。

3. 举例

【例 11-1】 通过可编程的零点偏移和坐标轴旋转指令编写程序，如图 11-5 所示。

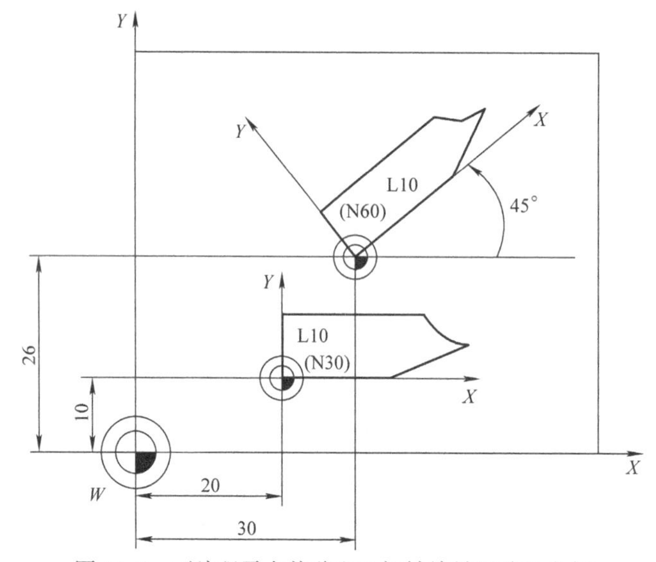

图 11-5　可编程零点偏移和坐标轴旋转的编程举例

参考程序如下：

N10　G17…;　　*XY* 平面

N20　G158　X20　Y10;　　可编程零点偏移

N30　L10;　　子程序调用，其中包含待偏移的几何量

N40　G158　X30　Y26;　　新的零点偏移

N50　G259　RPL = 45;　　附加坐标旋转 45°

N60　L10;　　子程序调用

N70　G158;　　取消偏移和旋转

【任务实施】

1. 加工工艺分析

（1）零件图分析　图11-1所示端盖的4个侧面及底面、顶面均已符合要求，无需再加工。加工轮廓由直线、圆弧构成，尺寸精度要求不高，有公差要求的尺寸主要有：80±0.05mm，ϕ48±0.08mm，ϕ20±0.08mm。图中6个键槽均匀地分布在零件上，需要用坐标轴旋转指令G258完成编程。表面粗糙度值为Ra3.2μm和Ra6.3μm，故需分粗、精铣完成加工。台阶高度为5mm和8mm，需分层铣削。毛坯材料为45钢，可加工性较好。

（2）装夹方案　采用平口钳装夹。

（3）选择刀具　采用ϕ16mm硬质合金立铣刀加工外轮廓，用ϕ10mm键槽铣刀加工6个键槽，且粗、精加工分开，用ϕ10mm麻花钻加工4×ϕ10mm的通孔。

（4）该零件的加工顺序　粗加工外轮廓→精加工外轮廓→粗加工键槽→精加工键槽→加工4×ϕ10mm的通孔。端盖的数控加工工艺卡见表11-1。

表11-1　端盖的数控加工工艺卡

数控加工工艺卡			产品名称		零件名称		零件图号	
					盖板		01	
工序号	程序编号	夹具名称	夹具编号		使用设备		车间	
001		平口钳			加工中心		数控实训中心	
工步号	工步内容	切削用量			刀具		量具名称	备注
		主轴转速 n/(r/min)	进给速度 F/(mm/min)	背吃刀量 a_p/mm	编号	名称		
1	粗铣外轮廓	600	200	4.9	T01	ϕ16mm立铣刀	游标卡尺	手动
2	精铣外轮廓	1000	80	0.2	T01	ϕ16mm立铣刀	游标卡尺	手动
3	粗铣内轮廓	600	200	4.9	T02	ϕ10mm键槽铣刀	游标卡尺	
4	精铣内轮廓	1000	80	0.3	T02	ϕ10mm键槽铣刀	游标卡尺	
5	钻孔	800	80		T03	ϕ10mm钻头		
编制		审核		批准			共　页	第　页

（5）工件坐标系的确定和坐标计算　根据工件坐标系的建立原则，X、Y向零点建立在工件几何中心上，Z向零点建立在工件上表面上，如图11-6所示。

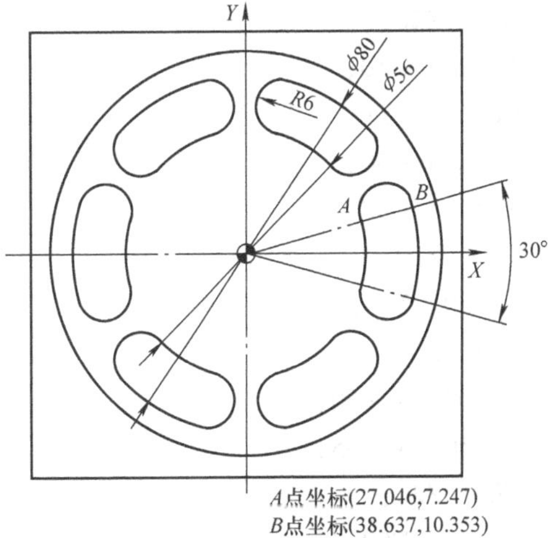

图11-6　端盖零件的坐标系建立和坐标计算

2. 编制数控程序

端盖零件加工程序参考如下：

%_N_XM1101_MPF;　　主程序

G17　G21　G40　G90　G94　G54　T1D1；D1为8.2mm

G00　Z100　M03　S600；

X50　Y50；

G01　Z-7.9　F200；

X30　Y50；

```
X50  Y35;
G00  Z20;
X50  Y-50;
G01  Z-7.9;
X50  Y-30;
X35  Y-50;
G00  Z20;
X-50  Y-50;
G01  Z-7.9;
X-30  Y-50;
X-50  Y-35;
G00  Z20;
X-50  Y50;
G01  Z-7.9;
X-50  Y30;
X-35  Y50;
G41  G01  X0  Y45;
G02  X0  Y-45  CR=45;
G02  X0  Y45  CR=45
G01  Y60;
G01  Y70  G40;
M03  S1000  F80  D2; D2 为 8mm
X50  Y50;
G01  Z-8  F80;
X30  Y50;
X50  Y35;
G00  Z20;
X50  Y-50;
G01  Z-8;
X50  Y-30;
X35  Y-50;
G00  Z20;
X-50  Y-50;
G01  Z-8;
X-30  Y-50;
X-50  Y-35;
G00  Z20;
X-50  Y50;
G01  Z-8;
```

```
X -50   Y30;
X -35   Y50;
G41   G01   X0   Y45;
G02   X0   Y -45   CR =45;
G02   X0   Y45   CR =45;
G01   Y60;
G01   Y70   G40;
G00   Z20;
      X0   Y0;
R101 =5   R102 =2   R103 =0   R104 = -5   R116 =0   R117 =0   R118 =48   R119 =
48   R120 =24;
R121 =2   R122 =80   R123 =80   R124 =0   R125 =0   R126 =2   R127 =1;
                                        设定循环参数，加工长槽
LCYC75;
R104 = -22   R118 =30   R119 =30   R120 =15   R124 =0   R125 =R126 =2   R127 =1;
                                        设定参数，加工圆槽
LCYC75;
G00   Z100;
T2   D1   M03   S1000   G55;
XM1102   P1;
G258   RPL =60;
XM1102   P1;
G258   RPL =120;
XM1102   P1;
G258   RPL =180;
XM1102   P1;
G258   RPL =240;
XM1102   P1;
G258   RPL =300;
XM1102   P1;
G258;
G00   Z100;
T3   F150   S800   M03   G56;         换钻头 T03，调整工艺参数
G00   X0   Y0   Z10;
R101 =5   R102 =2   R103 =0   R104 = -25   R105 =0   R115 =82   R116 =0   R117 =0;
R118 =56.56   R119 =4   R120 =45   R121 =0;
LCYC61;                                 钻通孔
G00   Z100;
M05   M30;
```

```
%__N__XM1102__SPF;            子程序
G01   X40   Y10   F80;
G01   G41   D1   X27.046   Y7.247; D1 为 5mm
G01   Z-5   F80;
G02   X27.046   Y-7.247   CR=28;
G03   X38.637   Y-10.353   CR=6;
G03   X38.637   Y10.353   CR=40;
G03   X27.046   Y7.247   CR=6;
G02   X28   Y0   CR=28;
G00   Z20;
RET;
```

【知识拓展】

一、华中 HNC-21/22M 系统简化指令

1. 缩放指令 G51、G50

（1）作用　使用缩放指令可实现用同一个程序加工出形状相同但尺寸不同的工件。

（2）编程格式

```
G51   X__   Y__   Z__   P__;
…;
G50;
```

含义：X、Y、Z 应是缩放中心的坐标值；P 后为缩放倍数；G50 指令为取消缩放；G51 指令既可指定平面缩放，也可指定空间缩放。

注意：缩放指令不能用于补偿量的缩放，刀具补偿将根据缩放后的坐标值进行计算。

【例 11-2】 采用缩放功能编制图 11-7 所示零件的加工程序。

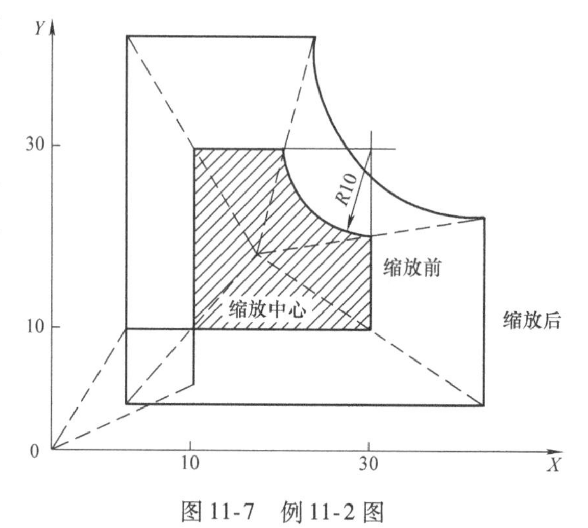

图 11-7　例 11-2 图

参考程序如下：

```
%1102;
N10   G90   G54   G00   X0   Y0;
N20   S800   M03;
N30   G43   Z5   H01   M08;
N40   G01   Z-5   F100;
N50   M98   P1103;            调用子程序，加工无缩放的原始图形
N60   G01   Z8;
N70   G51   X15   Y15   P2;   缩放中心（15，15），放大 2 倍
N80   M98   P1103;
```

```
N90   G50;                          取消缩放
N100  G00  G49  Z100  M09;
N110  M30;
%1103;                              子程序
N10   G41  G00  X10  Y4  D01;
N20   G01  Y30  F80;
N30   X20;
N40   G03  X30  Y20  R10;
N50   G01  Y10;
N60   X5;
N70   G40  G00  X0  Y0;
N80   M99;
```

2. 旋转变换指令 G68、G69

（1）作用　使用旋转变换指令可以在指定加工平面内作旋转变换。

（2）编程格式

```
G17  G68  X__  Y__  P__;
G18  G68  X__  Z__  P__;
G19  G68  Y__  Z__  P__;
     …;
     G69;
```

含义：X、Y、Z 是旋转中心的坐标值；P 为旋转角度，单位为°，取值范围为 0°~360°；G68 是建立旋转，G69 则是取消旋转。

注意：在有刀具补偿的情况下，应先进行坐标旋转，然后才进行刀具半径补偿、刀具长度补偿。在有缩放功能的情况下，应先缩放，再旋转。

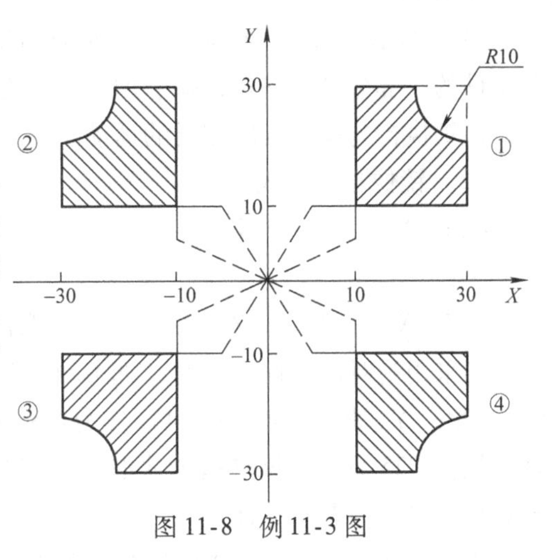

图 11-8　例 11-3 图

【例 11-3】　如图 11-8 所示零件，采用旋转变换处理，分别旋转 90°、180°、270°。

参考程序如下：

```
%1104;
N10  G90  G54  G00  X0  Y0  S800  M03;
N20  G43  Z5  H01  M08;
N30  M98  P1105;                    加工第一象限图形
N40  G68  X0  Y0  P90;
N50  M98  P1105;                    加工第二象限图形
N60  G69;
N70  G68  X0  Y0  Pl80;
```

```
N80  M98  P1105;                    加工第三象限图形
N90  G69;
N100  G68  X0  Y0  P270;
N110  M98  P1105;                   加工第四象限图形
N120  G69;
N130  G00  G49  Z100  M9;
N140  M30;
%1105;
N10  G01  Z-5  F100;
N20  G41  X10  Y4  D01;
N30  Y30;
N40  X20;
N50  G03  X30  Y20  R10;
N60  G01  Y10;
N70  X5;
N80  G40  X0  Y0;
N90  G00  Z5;
N100  M99;
```

3. 镜像指令 G24、G25

（1）作用　当工件相对于某一轴具有对称的形状时，可以利用镜像功能和子程序，只对工件的一部分进行编程，就能加工出工件的整体，这就是镜像功能。当某一轴的镜像有效时，该轴执行与编程方向相反的运动。

（2）镜像指令格式

```
G24  X__  Y__  Z__;          镜像设置有效
…;
G25  X__  Y__  Z__;          取消镜像设置
```

当采用绝对值编程方式时，如 G24　X-9 表示图形将以 X=-9 的直线作为对称轴；G24　X6　Y4 表示以点（6，4）作为对称中心的对称图形。某轴对称一经指定，持续有效，直到执行 G25 且后跟该轴指令才取消。若先执行过 G24　X__，后来又执行了 G24　Y__，则对称效果是两者的综合。

当用增量值编程时，镜像坐标指令中的坐标数值没有意义，所有的对称都是从当前执行点处开始的。

【例 11-4】　采用镜像功能编制图 11-8 所示零件的加工程序（与旋转变换处理能得到同样的效果）。

参考程序如下：

```
%1106;
N10  G90  G54  G00  X0  Y0  S800  M03;
```

```
N20  G43  Z5  H01  M08;
N30  M98  P1107;            加工第一象限图形
N40  G24  X0;
N50  M98  P1107;            加工第二象限图形
N60  G24  Y0;
N70  M98  P1107;            加工第三象限图形
N80  G25  X0;
N90  M98  P1107;            加工第四象限图形
N100  G00  G49  Z100  M09;
N110  M30;
%1107;
N10  G01  Z-5  F200;
N20  G41  X10  Y4  D01;
N30  Y30;
N40  X20;
N50  G03  X30  Y20  R10;
N60  G01  Y10;
N70  X5;
N80  G40  X0  Y0;
N90  G00  Z5;
N100  M99;
```

二、FANUC 0i-M 系统简化指令

1. 缩放指令 G51、G50

（1）各轴按相同比例编程

编程格式：

```
G51  X__  Y__  Z__  P__;
…;
G50;
```

（2）各轴以不同比例编程

编程格式：

```
G51  X__  Y__  Z__  I__  J__  K__;
…;
G50;
```

其中：X、Y、Z 为缩放中心坐标；P 为缩放倍数；I、J、K 分别对应 X、Y、Z 轴的比例系数。

2. 镜像功能

镜像功能代码见表 11-2。

表 11-2 镜像功能代码

<table>
<tr><th></th><th>FANUC 0i – MA</th><th>FANUC 0i – MB</th><th>FANUC 0i – MC</th></tr>
<tr><td>建立 Y 轴镜像</td><td>M21</td><td>M31</td><td>M40</td></tr>
<tr><td>建立 X 轴镜像</td><td>M22</td><td>M32</td><td>M41</td></tr>
<tr><td>取消 Y 轴镜像</td><td rowspan="2">M23</td><td>M34</td><td rowspan="2">M43</td></tr>
<tr><td>取消 X 轴镜像</td><td>M35</td></tr>
</table>

3. 旋转变换指令 G68、G69

编程格式:

G17 G68 X__ Y__ R__;

G18 G68 X__ Z__ R__;

G19 G68 Y__ Z__ R__;

…;

G69;

各符号含义与华中数控系统相同。

【例 11-5】 使用子程序、缩放功能编制图 11-9 所示零件的加工程序。

参考程序如下:

程序	说明
O1108;	主程序名
N10 G54 G90 G00 X0 Y0 Z100.0;	建立坐标系，定位在原点上方
N20 S1000 M03;	主轴正转
N30 G00 X–30.0 Y–30.0 Z5.0;	定位于（–30，–30，5）点
N40 G01 Z–11.0 F200;	下刀至 Z–11.0
N50 M98 P1109;	调用子程序，加工 120mm×120mm×10mm 零件的周边
N60 G01 Z–6.0 F200;	下刀至 Z–6.0
N70 G51 X60.0 Y60.0 P750;	以（60，60）为缩放中心，X、Y 轴缩放比例为 0.75
N80 M98 P1109;	调用子程序，加工 90mm×90mm×6mm 的凸台
N90 G50;	取消缩放
N100 G00 Z100.0;	提刀至安全高度
N110 M30;	主程序结束
O1109;	子程序名
N10 G41 G01 X0 Y–10.0 D01 F100;	到 1 点，建立刀具半径补偿
N20 Y120.0;	到 2 点
N30 X120.0;	到 3 点
N40 Y0;	到 4 点
N50 X–10.0;	到 5 点
N60 G40 G00 X–30.0 Y–30.0;	返回起始点并取消刀具半径补偿
N70 M99;	子程序结束并返回

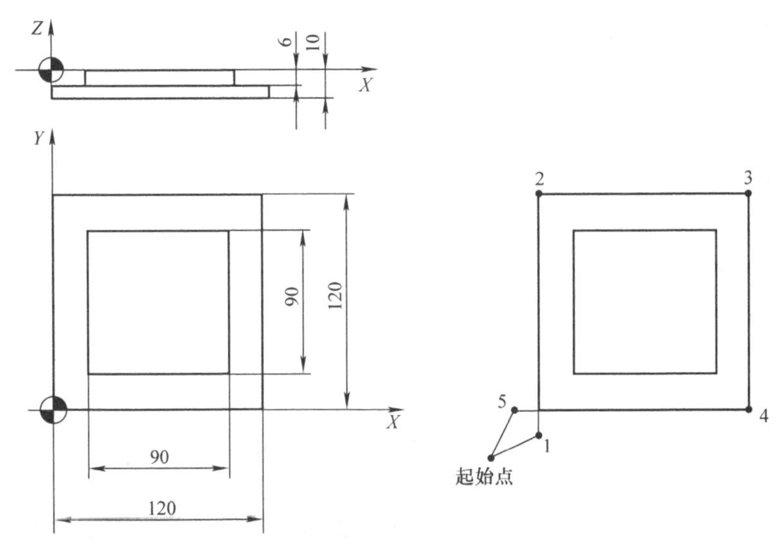

图11-9　例11-5图

任务2　端盖的数控铣削仿真加工

【知识目标】

1. 熟悉上海宇龙数控加工仿真系统。

2. 掌握端盖的数控铣削仿真加工方法。

【技能目标】

1. 能够正确使用数控加工仿真系统校验编写的端盖零件数控加工程序，并仿真加工端盖零件。

2. 培养学生独立工作的能力和安全文明生产的习惯。

【任务描述】

已知图11-1所示的端盖零件，给定的毛坯尺寸为100mm×100mm×20mm，材料为45钢，已经通过任务1完成了端盖的数控工艺分析、零件编程，要求用SINUMERIK 802C系统通过仿真软件完成程序的调试和优化，完成端盖的数控铣削仿真加工。

【任务分析】

利用数控仿真系统仿真加工端盖是使用加工中心加工端盖的基础。熟悉数控系统各界面后，才能熟练操作，学生应加强操作练习。

【任务实施】

1. 进入仿真系统

与项目10操作方式相同。

2. 选择机床

与项目10操作方式相同。

3. 机床回参考点

与项目10操作方式相同。

4. 定义毛坯

与项目 10 操作方式相同。

5. 夹具使用

与项目 10 操作方式相同。

6. 放置零件

与项目 10 操作方式相同。

7. *X*、*Y* 方向对刀

与项目 10 操作方式相同。

8. 装刀

与项目 10 操作方式相同。在本任务中 1 号刀选择直径为 16mm 的平底刀，2 号刀选择直径为 10mm 的平底刀，3 号刀选择直径为 10mm 的硬质合金钻头。“选择铣刀”界面如图 11-10所示。

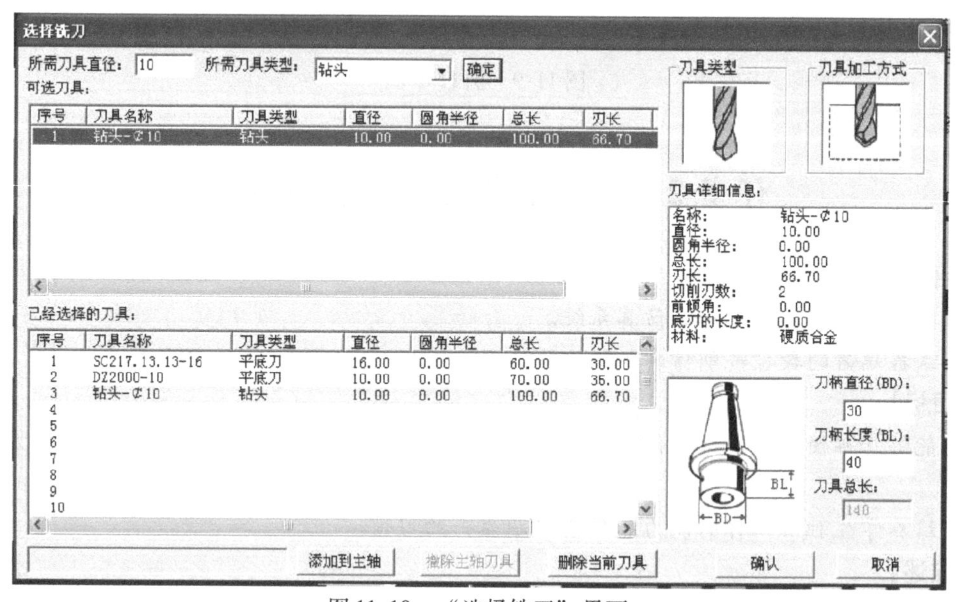

图 11-10 “选择铣刀”界面

9. *Z* 方向对刀

与项目 10 操作方式相同。本任务需要对 ϕ16mm 平底刀、ϕ10mm 平底刀和 ϕ10mm 钻头进行 Z 方向对刀。

10. 设定工件坐标系

与项目 10 操作方式相同。

11. 刀具补偿设定

与项目 10 操作方式相同。

12. 导入数控程序

与项目 10 操作方式相同。

13. 程序校验和自动加工

与项目 10 操作方式相同。端盖零件仿真加工结果如图 11-11 所示。

14. 检查测量工件

与项目 10 操作方式相同。检查测量结果如图 11-12 所示。

图 11-11　端盖零件仿真加工结果

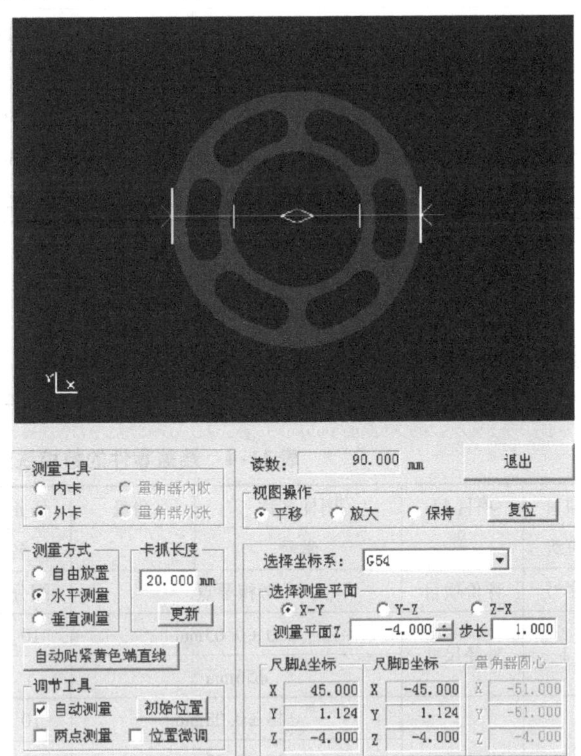

图 11-12　检查测量工件

任务 3　端盖的数控铣削加工操作

【技能目标】

1. 通过端盖的数控加工操作，具备利用数控系统铣削加工带坐标轴偏移和旋转等简化指令的结构的能力。

2. 培养学生独立工作的能力和安全文明生产的习惯。

【任务描述】

如图 11-1 所示的端盖零件，毛坯尺寸为 100mm × 100mm × 20mm，材料为 45 钢，通过任务 1 和任务 2 的学习，要求操作 SINUMERIK 802C 数控机床，加工出合格的零件，并进行零件检验和零件误差分析。

【任务分析】

端盖的数控铣削加工操作是本任务实施的重要环节，能够利用数控机床加工出合格的零件是本任务的最终目的和要求，学生应加强操作练习，充分掌握数控机床操作的基本功。

【任务实施】

1. 工、量具准备清单

端盖零件加工工、量具清单见表 11-3。

表 11-3 端盖零件加工工、量具清单（参考）

序号	名称	规格	数量	备注
1	游标卡尺	0 ~ 150mm	1 把	
2	钢直尺	0 ~ 125mm	1 把	
3	外径千分尺	75 ~ 100mm	1 把	
4	内径百分尺	5 ~ 30mm	1 把	
5	百分表	0 ~ 5mm	1 把	

2. 加工操作

与项目 8 操作方式相同。

【项目评价】

端盖零件的数控铣削加工操作评价表见表 11-4。

表 11-4 端盖零件的数控铣削加工操作评价表

<table>
<tr><td>项目</td><td>项目 11</td><td>图样名称</td><td>端盖</td><td>任务</td><td>11 - 3</td><td>指导教师</td><td></td></tr>
<tr><td>班级</td><td></td><td>学号</td><td></td><td>姓名</td><td></td><td>成绩</td><td></td></tr>
<tr><td>序号</td><td>评价项目</td><td colspan="2">考核要点</td><td>配分</td><td>评分标准</td><td>扣分</td><td>得分</td></tr>
<tr><td rowspan="2">1</td><td rowspan="2">外径尺寸</td><td colspan="2">φ90 ±0. 05mm</td><td>10</td><td>超差 0. 02mm 扣 2 分</td><td></td><td></td></tr>
<tr><td colspan="2">φ56mm</td><td>5</td><td>超差不得分</td><td></td><td></td></tr>
<tr><td rowspan="3">2</td><td rowspan="3">内径尺寸</td><td colspan="2">φ48 ±0. 08mm</td><td>10</td><td>超差 0. 02mm 扣 2 分</td><td></td><td></td></tr>
<tr><td colspan="2">φ20 ±0. 08mm</td><td>10</td><td>超差 0. 02mm 扣 2 分</td><td></td><td></td></tr>
<tr><td colspan="2">φ80mm</td><td>5</td><td>超差不得分</td><td></td><td></td></tr>
<tr><td>3</td><td>长度尺寸</td><td colspan="2">80 ±0. 05mm 两处</td><td>10</td><td>超差 0. 02mm 扣 2 分</td><td></td><td></td></tr>
<tr><td rowspan="2">4</td><td rowspan="2">高度尺寸</td><td colspan="2">5mm</td><td>10</td><td>超差不得分</td><td></td><td></td></tr>
<tr><td colspan="2">8mm</td><td>10</td><td>超差不得分</td><td></td><td></td></tr>
<tr><td>5</td><td>孔尺寸</td><td colspan="2">4 × φ10mm</td><td>10</td><td>超差不得分</td><td></td><td></td></tr>
<tr><td rowspan="2">6</td><td rowspan="2">其他</td><td colspan="2">一般技术尺寸要求</td><td>5</td><td>每处降一级扣 1 分</td><td></td><td></td></tr>
<tr><td colspan="2">Ra3. 2μm</td><td>5</td><td>每处降一级扣 1 分</td><td></td><td></td></tr>
<tr><td rowspan="4">7</td><td rowspan="4">加工工艺与程序编制</td><td colspan="2">加工工艺的合理性</td><td>3</td><td>不正确不得分</td><td></td><td></td></tr>
<tr><td colspan="2">刀具选择的合理性</td><td>3</td><td>不正确不得分</td><td></td><td></td></tr>
<tr><td colspan="2">工件装夹定位的合理性</td><td>2</td><td>不正确不得分</td><td></td><td></td></tr>
<tr><td colspan="2">切削用量选择的合理性</td><td>2</td><td>不正确不得分</td><td></td><td></td></tr>
<tr><td>8</td><td>安全文明生产</td><td colspan="2">1. 安全、正确地操作设备
2. 工作场地整洁，工具、量具、夹具等摆放整齐规范
3. 做好事故防范措施，填写交接班记录，并将发生事故的原因、过程及处理结果记入运行档案
4. 做好环境保护</td><td colspan="2">每违反一项从总分中扣 2 分，扣分不超过 10 分</td><td></td><td></td></tr>
<tr><td colspan="4">合计</td><td colspan="2">100</td><td></td><td></td></tr>
</table>

【误差分析】

误差分析与项目 10 相同。

【项目拓展训练】

一、实操训练零件

实操训练零件如图 11-13 所示，材料为硬铝，坯料尺寸为 95mm×95mm×15mm。要求：按图编制加工工艺，填写加工工艺卡，编写程序，填写程序清单，加工出零件。

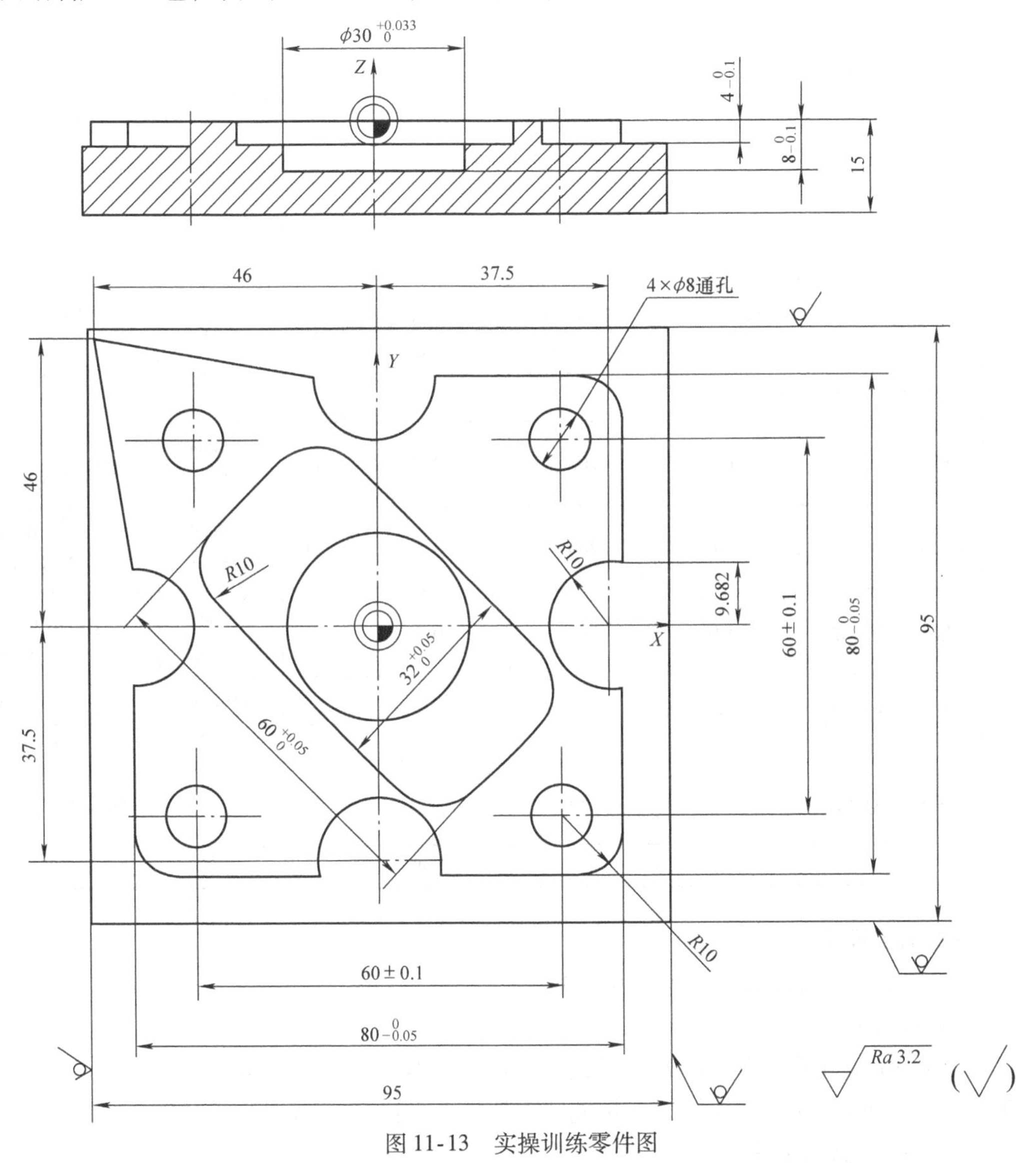

图 11-13　实操训练零件图

二、程序编制

1. 加工工艺分析

（1）零件图分析　如图 11-13 所示，材料为硬铝，坯尺寸为 95mm×95mm×15mm，上、下表面及四周已经加工完毕。

（2）装夹方案　采用平口钳装夹。

（3）刀具选择　采用 ϕ16mm 硬质合金立铣刀和 ϕ8mm 高速工具钢钻头，且粗、精加工分开。

（4）加工顺序　→工件装夹找正→粗加工外轮廓→粗加工长槽和圆槽→精加工外轮廓→精加工长槽和圆槽→最后钻 4 × ϕ8mm 通孔。

（5）刀具及切削用量的选择　加工工艺卡见表 11-5。

表 11-5　加工工艺卡

<table>
<tr><td colspan="3" rowspan="2">数控加工工艺卡</td><td>产品名称</td><td>零件名称</td><td>零件图号</td></tr>
<tr><td></td><td></td><td>01</td></tr>
<tr><td>工序号</td><td>程序编号</td><td>夹具名称</td><td>夹具编号</td><td>使用设备</td><td>车间</td></tr>
<tr><td>001</td><td></td><td>平口钳</td><td></td><td>加工中心</td><td>数控实训中心</td></tr>
</table>

<table>
<tr><td rowspan="2">工步号</td><td rowspan="2">工步内容</td><td colspan="3">切削用量</td><td colspan="2">刀具</td><td rowspan="2">量具名称</td><td rowspan="2">备注</td></tr>
<tr><td>主轴转速 n/(r/min)</td><td>进给速度 F/(mm/min)</td><td>背吃刀量 a_p/mm</td><td>编号</td><td>名称</td></tr>
<tr><td>1</td><td>工件装夹找正</td><td></td><td></td><td></td><td></td><td></td><td></td><td></td></tr>
<tr><td>2</td><td>粗加工外轮廓</td><td>600</td><td>200</td><td>3.9</td><td>T1</td><td>ϕ16mm 粗铣刀</td><td>游标卡尺</td><td>D1 = 8.1mm</td></tr>
<tr><td>3</td><td>粗加工长槽和圆槽</td><td>600</td><td>200</td><td>3.9</td><td>T1</td><td>ϕ16mm 粗铣刀</td><td>游标卡尺</td><td>D1 = 8.1mm</td></tr>
<tr><td>4</td><td>精加工外轮廓</td><td>1000</td><td>100</td><td>0.1</td><td>T2</td><td>ϕ16mm 精铣刀</td><td>游标卡尺</td><td>D2 = 8mm</td></tr>
<tr><td>5</td><td>精加工长槽和圆槽</td><td>1000</td><td>100</td><td>0.1</td><td>T2</td><td>ϕ16mm 精铣刀</td><td>游标卡尺</td><td>D2 = 8mm</td></tr>
<tr><td>6</td><td>钻 4 × ϕ8mm 通孔</td><td>800</td><td>150</td><td></td><td>T3</td><td>ϕ8mm 钻头</td><td>游标卡尺</td><td>手动</td></tr>
<tr><td>编制</td><td></td><td>审核</td><td></td><td>批准</td><td></td><td></td><td>共　页</td><td>第　页</td></tr>
</table>

2. 编制加工程序

（1）程序名　此程序名为“XL1102.MPF”。

（2）刀具选择

T1——ϕ16mm 硬质合金立铣刀（粗铣，刀补输入半径 D1 = 8.1mm）。

T2——ϕ16mm 硬质合金立铣刀（精铣，刀补输入半径 D2 = 8mm）。

T3——ϕ8mm 高速钢钻头。

（3）参考程序

```
%_N_XL1102_MPF;
N10  G54  F200  S600  M03  T1  D1;        选择 T1，设定工艺数据
N20  G00  X-60  Y60  Z-3.9;               快速引刀接近工件左上角并至深度
```

```
N30  G01  G41  X-46  Y46;                    切入，建立刀具半径补偿，开始外
                                             轮廓粗加工
N40  X-10  Y39.975;
N50  G03  X10  CR=10;
N60  G01  X29.975;
N70  G02  X39.975  Y29.975  CR=10;
N80  G01  Y9.682;
N90  G03  Y-9.682  CR=-10;
N100  G01  Y-29.975;
N110  G02  X29.975  Y-39.975  CR=10;
N120  G01  X9.682;
N130  G03  X-9.682  CR=-10;
N140  G01  X-29.975;
N150  G02  X-39.975  Y-29.975  CR=10
N160  G01  Y-10;
N170  G03  Y10  CR=10;
N180  G01  X-46  Y46;
N190  G00  G40  X-60  Y-60;                  切出，取消刀具补偿
N200  G00  Z5;
N210  G258  RPL=135;                         坐标系旋转135°，准备粗铣长槽
N220  R101=5  R102=2  R103=0  R104=-3.9  R116=0  R117=0  R118=
      60.025  R119=32.025;
     R120=10  R121=2  R122=100  R123=200  R124=0  R125=0  R126=2
     R127=1;                                 设定循环参数
N230  LCYC75;                                粗铣长槽
N240  G258;                                  取消坐标旋转
N250  R103=0  R104=-7.8  R118=30.016  R119=30.016  R120=15.008;
                                             设定铣圆槽循环参数，其余同 N220
                                             设定
N260  LCYC75;
N265  G00  Z100;                             退刀
N270  T2  D2  F100  S1000  M03;              换精铣刀 T2，调整工艺参数
N280  G00  X-60  Y60  Z-4;                   快速引刀接近工件左上角并至深度
N290  G01  G41  X-46  Y46;                   切入，建立刀具半径补偿，开始外轮
                                             廓精加工
N300  X-10  Y39.975;
N310  G03  X10  CR=10;
N320  G01  X29.975;
```

```
N330  G02  X39.975  Y29.975  CR=10;
N340  G01  Y9.682;
N350  G03  Y-9.682  CR=-10;
N360  G01  Y-29.975;
N370  G02  X29.975  Y-39.975  CR=10;
N380  G01  X9.682;
N390  G03  X-9.682  CR=-10;
N400  G01  X-29.975;
N410  G02  X-39.975  Y-29.975  CR=10;
N420  G01  Y-10;
N430  G03  Y10  CR=10;
N440  G01  X-46  Y46;
N450  G00  G40  X-60  Y60;                    切出，取消刀具补偿数据
N460  G00  Z5;
N470  G258  RPL=135;
N480  R103=0  R104=-4  R118=60.025  R119=32.025  R120=10  R121=0
      R127=2;                                 调整循环参数数据，准备精铣长槽
N490  LCYC75;
N495  G258;                                   取消坐标旋转
N500  R103=-4  R104=-4  R118=30.016  R119=30.016  R120=15.008
      R121=0  R127=2;                         调整循环参数数据，准备精铣长圆槽
N510  LCYC75;
N515  G00  Z100;                              退刀
N520  T3  F150  S800  M03;                    换钻头T3，调整工艺数据
N530  G00  X0  Y0  Z10
N540  R101=5  R102=2  R103=0  R104=-20  R105=0  R115=82;
      R116=0  R117=0  R118=42.42  R119=4  R120=45  R121=0;
N550  LCYC61;                                 钻通孔
N560  G00  Z100;
N570  M30;                                    结束
```

三、上机仿真校验程序并操作机床加工

上机仿真校验程序并操作机床加工，结果如图 11-14 所示，零件测量检验结果如图 11-15所示。

四、实操评价

实操零件的数控加工操作评价表见表 11-6。

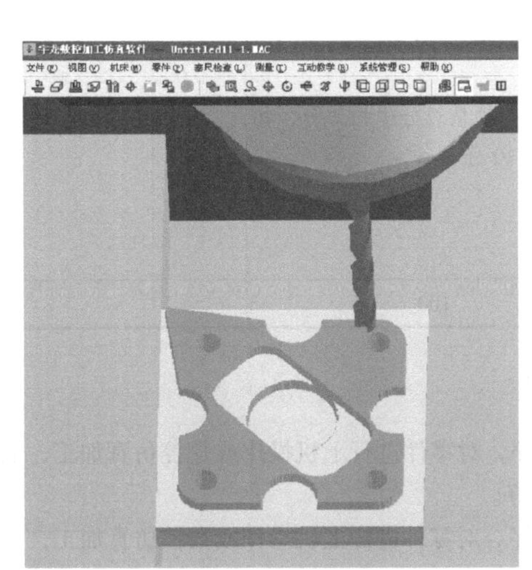

图 11-14　上机仿真加工结果

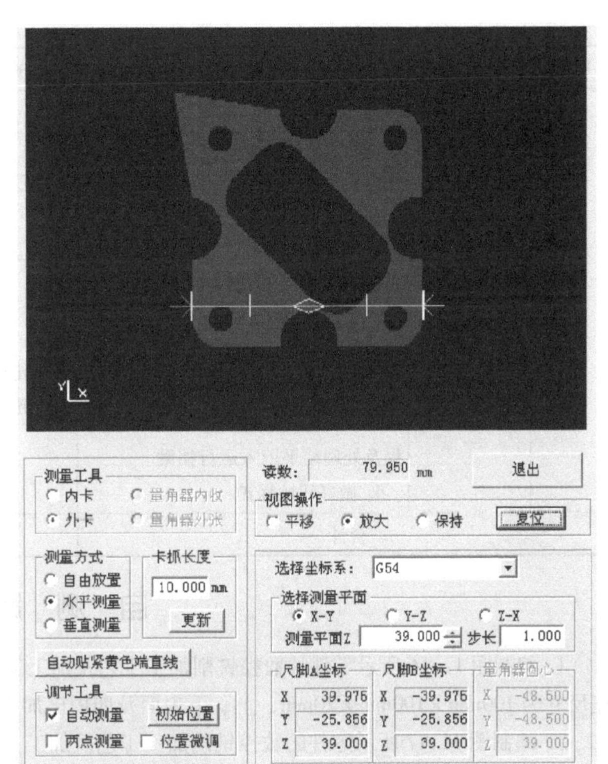

图 11-15　零件测量检验结果

表 11-6　实操零件的数控加工操作评价表

项目		图样名称		任务		指导教师	
班级		学号		姓名		成绩	
序号	评价项目	考核要点		配分	评分标准	扣分	得分
1	长度尺寸	$80_{-0.05}^{0}$mm 两处		10	超差 0.02mm 扣 2 分		
		46mm 两处		5	超差 0.02mm 扣 2 分		
		37.5mm 两处		5	超差不得分		
2	高度尺寸	$4_{-0.1}^{0}$mm		7	超差 0.02mm 扣 2 分		
		$8_{-0.1}^{0}$mm		7	超差 0.02mm 扣 2 分		
3	圆弧尺寸	R10mm，4 处		8	超差不得分		
4	长槽	$60_{0}^{+0.05}$mm		7	超差 0.02mm 扣 2 分		
		$32_{0}^{+0.05}$mm		7	超差 0.02mm 扣 2 分		
		R10mm，4 处		8	超差不得分		
5	圆槽	$\phi 30_{0}^{+0.033}$mm		5	超差 0.02mm 扣 2 分		
6	孔	4 × ϕ8mm		10	超差不得分		
		60 ±0.1mm，两处		5	超差 0.05mm 扣 2 分		
7	其他	倒角 R10mm，3 处		6	超差不得分		

（续）

序号	评价项目	考核要点	配分	评分标准	扣分	得分
8	加工工艺与程序编制	加工工艺的合理性	3	不正确不得分		
		刀具选择的合理性	3	不正确不得分		
		工件装夹定位的合理性	2	不正确不得分		
		切削用量选择的合理性	2	不正确不得分		
9	安全文明生产	1. 安全、正确地操作设备 2. 工作场地整洁，工具、量具、夹具等摆放整齐规范 3. 做好事故防范措施，填写交接班记录，并将发生事故的原因、过程及处理结果记入运行档案 4. 做好环境保护	每违反一项从总分中扣 2 分，扣分不超过 10 分			
合计			100			

自　测　题

1. 编制图 11-16 所示零件的数控铣削加工工艺及加工工序，对零件进行上机操作或数控仿真加工，毛坯尺寸为 100mm×100mm×20mm，上、下表面及四周已加工好。

2. 编制图 11-17 所示零件的数控铣削加工工艺及加工工序，对零件进行上机操作或数控仿真加工，毛坯尺寸为 100mm×80mm×20mm，上、下表面及四周已加工好。

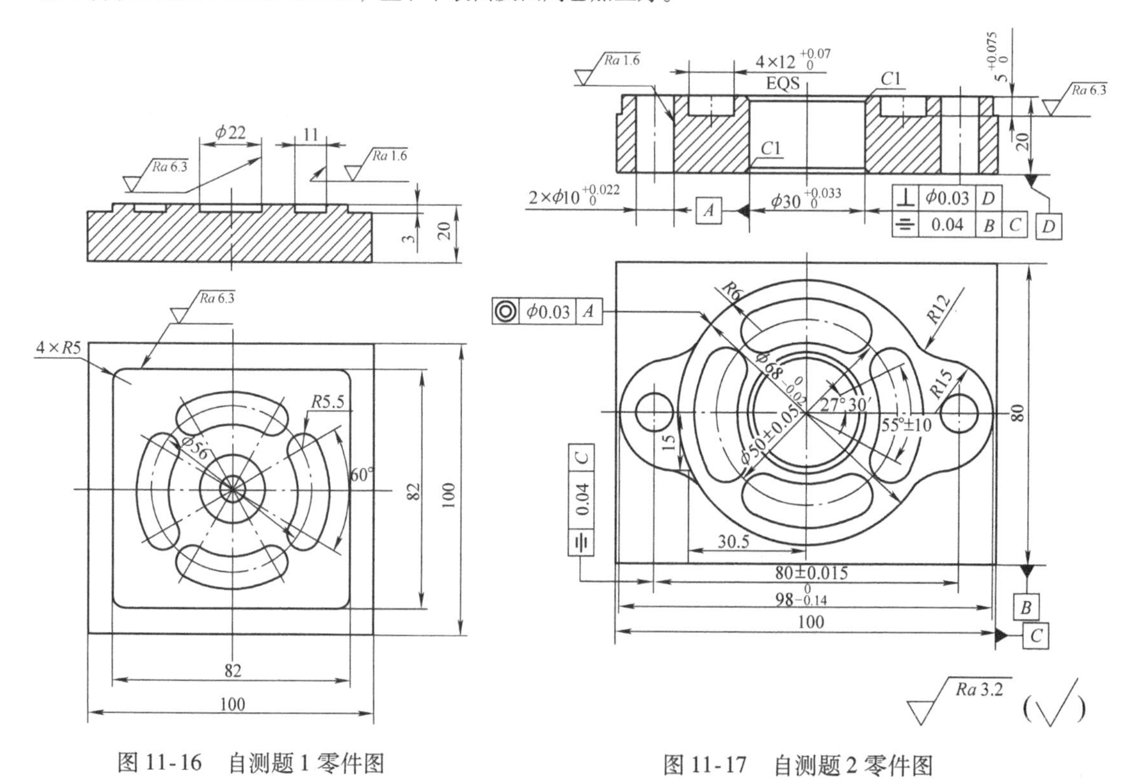

图 11-16　自测题 1 零件图

图 11-17　自测题 2 零件图

3. 编制图11-18所示零件的数控铣削加工工艺及加工工序，对零件进行上机操作或数控仿真加工，毛坯尺寸为100mm×100mm×15mm，上、下表面及四周已加工好。

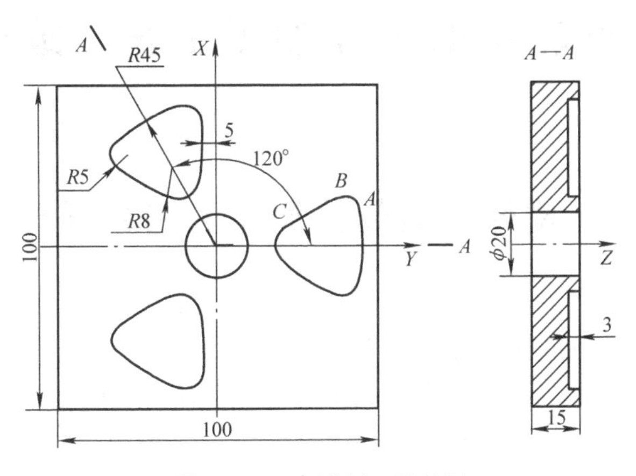

图11-18 自测题3零件图

项目12　槽轮板的数控加工工艺、编程与操作

任务1　槽轮板的数控加工工艺分析与编程

【知识目标】

1. 熟悉参数编程的应用范围及其循环指令的基本知识。

2. 掌握含有槽、轮廓孔系、椭圆等非圆曲线综合零件的编程方法。

【技能目标】

1. 通过编制槽轮板的数控加工程序，具备编制含有非圆曲线零件的数控加工程序的能力。

2. 具有分析槽轮板零件的数控加工工艺的能力。

3. 培养学生独立工作的能力和安全文明生产的习惯。

【任务描述】

如图12-1和图12-2所示的槽轮板零件，毛坯尺寸为100mm×100mm×20mm，上、下底面和四周共6个面已经加工完毕，材料为45钢，要求分析其数控加工工艺，编制数控加工程序。技术要求：未注公差尺寸按GB/T 1804—m。

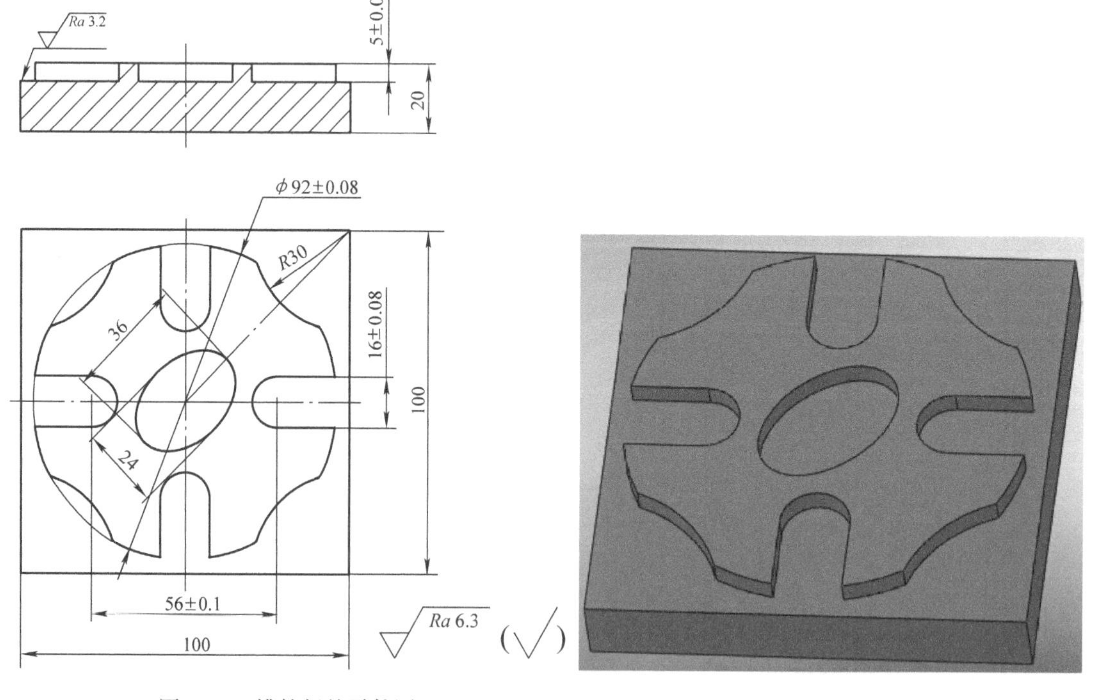

图12-1　槽轮板的零件图

图12-2　槽轮板的模型

【任务分析】

槽轮板轮廓元素中含有椭圆（非圆曲线），无法直接利用直线插补和圆弧插补指令来进行编程与加工，因此要考虑采用参数编程。首先要了解参数编程及其循环指令的基本编程知识，再根据椭圆尺寸编制椭圆加工程序。此外，在参数编程中还要对粗、精加工及坐标轴旋转指令的应用进行综合考虑。

【相关知识】

一、参数编程

在加工非圆曲面时，系统没有定义指令，这就需要借助计算参数R，并应用程序跳转等手段来完成曲面的加工。

（1）功能　如要使一个NC程序不仅仅适用于特定数值下的一次加工，或者编程时必须要计算出数值，这两种情况均可以使用计算参数（R参数）。可以在程序运行时由控制器计算或设定所需要的数值；也可以通过操作面板设定参数数值。如果参数已经赋值，则它们可以在程序中对由变量确定的地址进行赋值。

（2）赋值　在系统中共有250个计算参数可供使用，其中R0～R99可以自由使用，R100～R249为加工循环传递参数，如果编程人员在程序中没有使用加工循环，则这部分计算参数也同样可以自由使用。计算参数的赋值范围为±（0.0000001～99999999）。例如：R1=10，表示给R1参数赋值为10，如在程序中出现G91　G01　X=R1，就表示沿X轴直线移动10mm。

用指数法可以赋值更大的数值范围，从±（10^{-300}～10^{+300}），指数写在EX符号之后。例如：R0=-0.1EX-5，即R0=-0.000001；R1=1.874EX8，即R1=187400000。

（3）参数计算　进行参数计算时，遵循通常的数学运算法则，即先乘除后加减、括号优先的原则。角度计量单位为度（°）。

（4）参数编程举例

```
N10  R1=R1+1;
N20  R1=R2+R3   R4=R5-R6;
N30  R7=R8*R9   R10=R11/R12;
N40  R13=SIN (30);
N50  R14=R1*R2+R3;
N60  R14=R3+R1*R2;
N70  R15=SQRT (R1*R1+R2*R2);
```

二、程序跳转

加工程序在运行时是以写入的顺序执行的，但有时需要改变程序的执行顺序，这时可应用程序跳转指令，以实现程序的分支运行。实现程序跳转需要有跳转目标和跳转指令两个要素。

（1）标记符——程序跳转目标　跳转目标只能是有标记符的程序段，此程序段必须位于该程序内，标记符可以自由选取，但必须由2个以上的字母或数字组成，其中开始两个符号必须是字母或下划线。跳转目标程序段中标记符后面必须为冒号，标记符位于程序段段首，如果程序段有段号，则标记符紧跟着段号。例如：

N10 MARKET1：G1 X20；MARKET1 为标记符，作为跳转目标程序段的标识

MA2：G0 X10 Y20； MA2 为标记符，跳转目标程序段没有段号

（2）跳转指令 程序跳转指令包括绝对跳转和有条件跳转，应用较多的是有条件跳转。有条件跳转指令要求一个独立的程序段。

绝对跳转程序格式：

GOTOF label；向下跳转，即向程序结束方向跳至所选标记处，label 为所选的标记符

GOTOB label；向上跳转，即向程序开始方向跳至所选标记处，label 为所选的标记处

有条件跳转程序段格式：

IF（条件）GOTOF（标记符）；向下跳转（向程序结束的方向跳转）

IF（条件）GOTOB（标记符）；向上跳转（向程序开始的方向跳转）

程序跳转举例如图 12-3 所示。

圆弧上点的移动，已知：

起始角：	30°	R1
圆弧半径：	20mm	R2
位置间隔：	10°	R3
点数：	11	R4
圆心位置、*Z* 轴方向：	50mm	R5
圆心位置、*X* 轴方向：	20mm	R6

参考程序如下：

N10 R1 = 30 R2 = 20 R3 = 10 R4 = 11 R5 = 50 R6 = 20； 赋初始值

N20 MA1：G00 Z = R2 * COS（R1） + R5 X = R2 * SIN（R1） + R6； 坐标轴地址的计算及赋值

N30 R1 = R1 + R3 R4 = R4 - 1；

N40 IF R4 > 0 GOTOB MA1；

N50 M02；

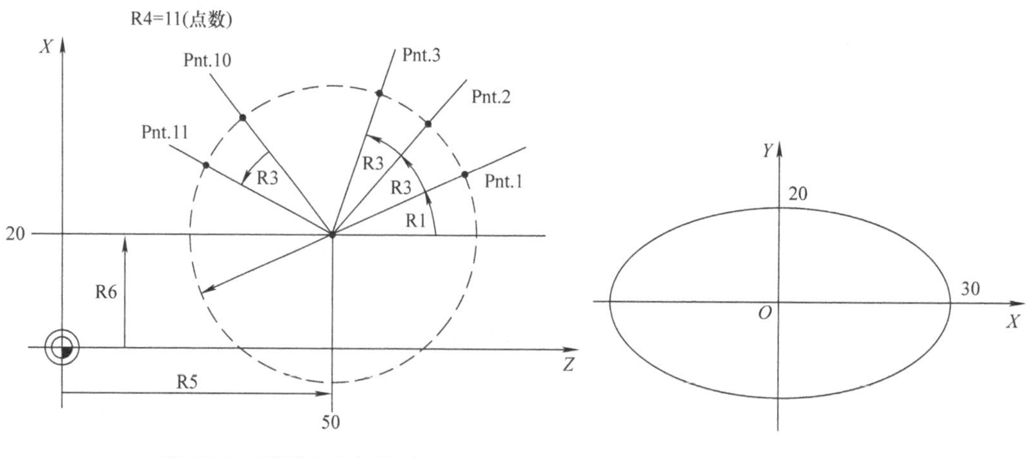

图 12-3 圆弧上点的移动

图 12-4 椭圆槽编程

【例12-1】　加工图12-4所示的椭圆槽，加工深度为5mm，椭圆曲线的参数方程为 $\frac{X^2}{30^2}+\frac{Y^2}{20^2}=1$，试编制其加工程序。

将椭圆曲线方程化成参数方程为：$X=30\cos\theta$，$Y=20\sin\theta$。

在这里设置参数：

R1——椭圆槽长轴半径；

R2——椭圆槽短轴半径；

R3——加工椭圆的起始角度；

R4——每次椭圆轮廓加工的增量角度；

R5——每次加工完一个椭圆轮廓后，其长半轴和短半轴同时减少的一个不大于刀具直径的正数值，以便进行下一次的椭圆轮廓加工。

参考程序如下：

程序	说明
%_N_LI1201_MPF;	
N10　G90　G54　G00　T01　D1　M03　S1200;	设定坐标系、刀具、转速及进给量
N20　Z10;	提到安全高度
N30　X27　Y0;	让出进给半径（用 ϕ6mm 刀具加工）
N40　G01　Z-5　F200;	下刀
N50　R1=27　R2=17　R3=0　R4=0.5　R5=5;	设置参数初始值，R1、R2分别减去一个半径值
N60　MA：R3=R3+R4;	椭圆角度增量
N70　G01　X=R1*COS（R3）　Y=R2*SIN（R3）;	椭圆终点
N80　IF　R3<=360　GOTOB　MA;	椭圆加工结束条件判断
N90　R1=R1-R5　R2=R2-R5　R3=0;	修改程序结束条件
N100　G01　X=R1;	X 向进给
N110　IF　R2>=0　GOTOB　MA;	椭圆槽加工结束条件
N120　G00　Z10；抬刀	
N130　M30;	程序结束

【任务实施】

1. 加工工艺分析

（1）零件图分析　图12-1所示零件的4个侧面及底面、顶面均已符合要求，无需再加工。加工轮廓由直线、圆弧和椭圆槽构成，尺寸精度要求不高，有公差要求的尺寸有：5±0.08mm，16±0.08mm，ϕ92±0.08mm，56±0.1mm。椭圆槽长轴为36mm，短轴为24mm，需要用参数编程去完成，并且椭圆槽倾斜，需要用坐标轴旋转指令。表面粗糙度值为 Ra3.2μm 和 Ra6.3μm，故需分粗、精铣完成加工。台阶高度为5±0.08mm，不需要分层铣削加工。毛坯材料为45钢，可加工性较好。

（2）装夹方案　采用平口钳装夹。

（3）选择刀具　用 ϕ16mm 硬质合金立铣刀加工外轮廓和槽，用 ϕ6mm 硬质合金立铣刀加工椭圆槽。

（4）确定该零件的加工顺序　该零件的加工顺序为：粗加工外轮廓→精加工外轮廓→加工键槽→加工椭圆槽。槽轮板的数控加工工艺卡见表12-1。

表12-1　槽轮板的数控加工工艺卡

数控加工工艺卡			产品名称		零件名称		零件图号	
					槽轮板		01	
工序号	程序编号	夹具名称	夹具编号		使用设备		车间	
001		平口钳			加工中心		数控实训中心	
工步号	工步内容	切削用量			刀具		量具名称	备注
		主轴转速 n/(r/min)	进给速度 F/(mm/min)	背吃刀量 a_p/mm	编号	名称		
1	粗铣外轮廓	600	200	4.9	T01	ϕ16mm 立铣刀	游标卡尺	手动
2	精铣外轮廓	1200	80	0.1	T01	ϕ16mm 立铣刀	游标卡尺	手动
3	精铣槽	1200	80	5	T01	ϕ16mm 立铣刀	游标卡尺	手动
4	精铣椭圆槽	1200	80	5	T02	ϕ6mm 立铣刀	游标卡尺	手动
编制		审核		批准			共　页	第　页

（5）工件坐标系的确定　根据工件坐标系建立原则，X、Y 向零点建立在工件几何中心上，Z 向零点建立在工件上表面上。

2. 编制数控加工程序

1）T01 为 ϕ16mm 硬质合金立铣刀，粗铣外轮廓，刀补输入半径为 D1 = 8.2mm。

2）T01 为 ϕ16mm 硬质合金立铣刀，精铣外轮廓，刀补输入半径为 D2 = 8mm。

3）T02 为 ϕ6mm 硬质合金立铣刀，加工椭圆槽。

4）参考程序如下：

```
%_N_XM1201_MPF;
N010  G17  G21  G40  G90  G94  G54  D1  T1;
N020  G00  Z100  M03  S600;
N030  X50  Y50;
N040  G01  Z-4.9  F200;
N050  X30  Y50;
N060  X50  Y35;
N070  G00  Z20;
N080  X50  Y-50;
N090  G01  Z-4.9;
N100  X50  Y-30;
N110  X35  Y-50;
N120  G00  Z20;
N130  X-50  Y-50;
N140  G01  Z-4.9;
```

```
N150  X-30  Y-50;
N160  X-50  Y-35;
N170  G00  Z20;
N180  X-50  Y50;
N190  G01  Z-4.9;
N200  X-50  Y30;
N210  X-35  Y50;
N220  G41  G01  X0  Y46  F100;
N230  G02  X21.487  Y40.673  CR=46;
N240  G03  X40.673  Y21.487  CR=30;
N250  G02  X40.673  Y-21.487  CR=46;
N260  G03  X21.487  Y-40.673  CR=30;
N270  G02  X-21.487  Y-40.673  CR=46;
N280  G03  X-40.673  Y-21.487  CR=30;
N290  G02  X-40.673  Y21.487  CR=46;
N300  G03  X-21.487  Y40.673  CR=30;
N310  G02  X0  Y46  CR=46;
N320  G00  Z100  M03  S1200  D2;
N330  X50  Y50;
N340  G01  Z-5  F80;
N350  X30  Y50;
N360  X50  Y35;
N370  G00  Z20;
N380  X50  Y-50;
N390  G01  Z-5;
N400  X50  Y-30;
N410  X35  Y-50;
N420  G00  Z20;
N430  X-50  Y-50;
N440  G01  Z-5;
N450  X-30  Y-50;
N460  X-50  Y-35;
N470  G00  Z20;
N480  X-50  Y50;
N490  G01  Z-5;
N500  X-50  Y30;
N510  X-35  Y50;
N520  G41  G01  X0  Y46  F80;
N530  G02  X21.487  Y40.673  CR=46;
```

```
N540  G03  X40.673  Y21.487  CR=30;
N550  G02  X40.673  Y-21.487  CR=46;
N560  G03  X21.487  Y-40.673  CR=30;
N570  G02  X-21.487  Y-40.673  CR=46;
N580  G03  X-40.673  Y-21.487  CR=30;
N590  G02  X-40.673  Y21.487  CR=46;
N600  G03  X-21.487  Y40.673  CR=30;
N610  G02  X0  Y46  CR=46;
N620  G40  G01  X0  Y50;
N630  X0  Y28;
N640  G00  Z20;
N650  X50  Y0;
N660  G01  Z-5;
N670  X28  Y0;
N680  G00  Z20;
N690  X0  Y-50;
N700  G01  Z-5;
N710  X0  Y-28;
N720  G00  Z20;
N730  X-50  Y0;
N740  G01  Z-5;
N750  X-28;
N760  G00  Z100;
N770  T2  F80  S1200  M03  G55;
N780  G00  Z10;
N790  G258  RPL=45;
N800  X15  Y0;
N810  G01  Z-5  F300;
N820  R1=15  R2=9  R3=0  R4=0.5  R5=5;
N830  MA: R3=R3+R4;
N840  G01  X=R1*COS (R3)  Y=R2*SIN (R3);
N850  IF  R3<=360  GOTOB  MA;
N860  R1=R1-R5  R2=R2-R5  R3=0;
N870  G01  X=R1;
N880  IF  R2>=0  GOTOB  MA;
N890  G00  Z100;
      G258;
N900  M05  M30;
```

【知识拓展】

一、华中 HNC－21M 系统的宏程序编程相关知识

华中 HNC－21M 系统的宏程序编程相关指令见项目 6。

二、FANUC 0i 系统宏程序编程的相关知识

FANUC 0i 系统宏程序的相关指令见项目 6。

任务 2　槽轮板的数控铣削仿真加工

【知识目标】

1. 熟悉上海宇龙数控加工仿真系统。
2. 掌握槽轮板的数控铣削仿真加工方法。

【技能目标】

1. 能够正确使用数控加工仿真系统校验槽轮板零件的数控加工程序，并仿真加工槽轮板零件。
2. 培养学生独立工作的能力和安全文明生产的习惯。

【任务描述】

已知图 12-1 所示的槽轮板零件，给定的毛坯尺寸为 100mm × 100mm × 20mm，材料为 45 钢，已经通过任务 1 完成了槽轮板的数控工艺分析和编程，要求采用 SINUMERIK 802C 系统通过仿真软件完成程序的调试和优化，完成槽轮板的数控铣削仿真加工。

【任务分析】

利用数控仿真系统仿真加工槽轮板是利用加工中心加工槽轮板的基础。熟悉数控系统各界面后，才能熟练操作，学生应加强操作练习。

【任务实施】

1. 进入仿真系统

与项目 10 操作方式相同。

2. 选择机床

与项目 10 操作方式相同。

3. 机床回参考点

与项目 10 操作方式相同。

4. 定义毛坯

与项目 10 操作方式相同。

5. 夹具使用

与项目 10 操作方式相同。

6. 放置零件

与项目 10 操作方式相同。

7. *X*、*Y* 方向对刀

与项目 10 操作方式相同。

8. 装刀

与项目 10 操作方式相同。本任务中 1 号刀选择直径为 16mm 的平底刀，2 号刀选择直径为 6mm 的键槽铣刀。刀具选择界面如图 12-5 所示。

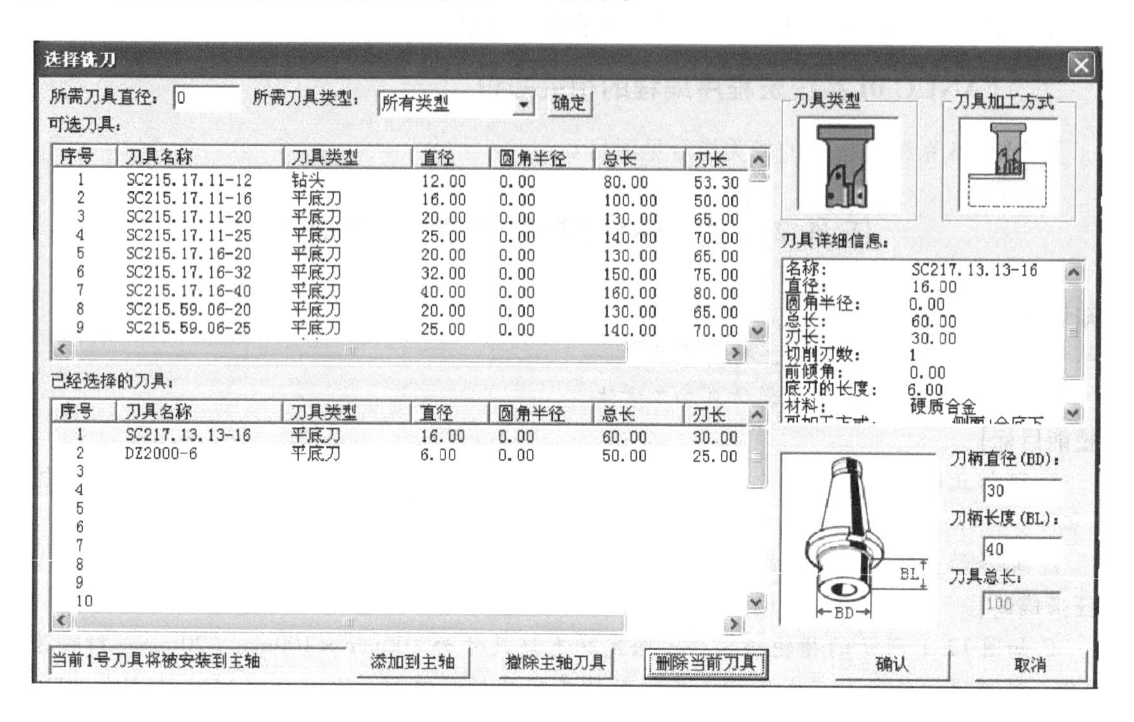

图 12-5　刀具选择界面

9. *Z* 方向对刀

与项目 10 操作方式相同。本任务需要对直径 16mm 和直径 6mm 的两把立铣刀进行 *Z* 方向对刀。

10. 设定工件坐标系

与项目 10 操作方式相同。

11. 刀具补偿设定

与项目 10 操作方式相同。

12. 导入数控程序

与项目 10 操作方式相同。

13. 程序校验和自动加工

与项目 10 操作方式相同。加工后的槽轮板如图 12-6 所示。

14. 检查测量工件

与项目 10 操作方式相同。检查测量结果如图 12-7 所示。

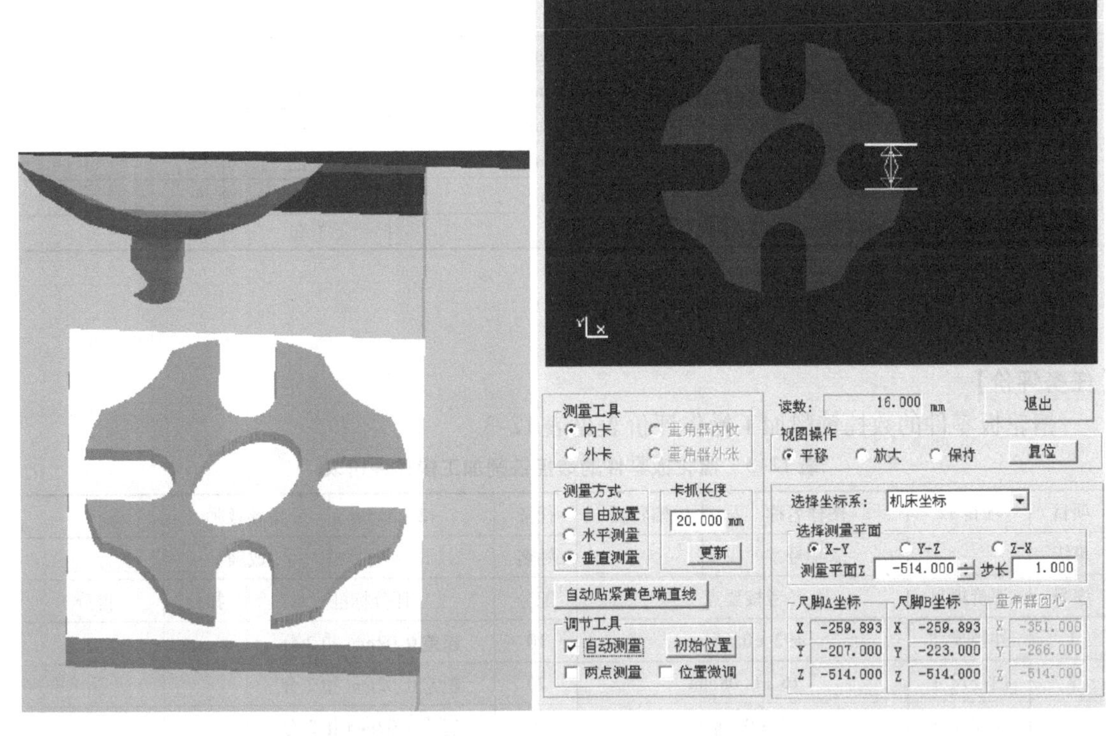

图 12-6　槽轮板零件仿真加工结果

图 12-7　检查测量工件

任务 3　槽轮板的数控铣削加工操作

【技能目标】

1. 通过槽轮板的数控加工操作，具备数控铣削加工槽、内外轮廓、孔系、椭圆等非圆曲线结构的能力。

2. 培养学生独立工作的能力和安全文明生产的习惯。

【任务描述】

如图 12-1 所示的槽轮板零件，毛坯尺寸为 100mm × 100mm × 20mm，材料为 45 钢，通过任务 1 和任务 2 的学习，要求操作 SINUMERIK 802C 数控机床，加工出合格的零件，并进行零件质量检验和误差分析。

【任务分析】

槽轮板的数控铣削加工操作是本任务实施的重要环节，能够通过数控机床加工出合格的零件是本任务的最终目的和要求，学生应加强操作练习，充分掌握数控操作的基本功。

【任务实施】

1. 工、量具准备清单

槽轮板零件加工工、量具清单见表 12-2。

表 12-2　槽轮板零件加工工、量具清单（参考）

序号	名称	规格	数量	备注
1	游标卡尺	0 ~ 150mm	1把	
2	钢直尺	0 ~ 125mm	1把	
3	外径千分尺	75 ~ 100mm	1把	
4	内径百分尺	5 ~ 30mm	1把	
5	百分表	0 ~ 5mm	1把	
6	椭圆样板		1套	

2. 加工操作

与项目8操作方式相同。

【任务评价】

槽轮板零件的数控铣削加工操作评价表见表12-3。

表 12-3　槽轮板零件的数控铣削加工操作评价表

项目	项目12	图样名称	槽轮板	任务	12-3	指导教师	
班级		学号		姓名		成绩	
序号	评价项目	考核要点		配分	评分标准	扣分	得分
1	外径尺寸	ϕ92 ±0.08mm		10	超差0.02mm扣2分		
2	内径尺寸	16 ±0.08mm		20	超差0.02mm扣2分		
3	长度尺寸	56 ±0.1mm		10	超差0.02mm扣2分		
4	高度尺寸	5 ±0.08mm		10	超差不得分		
5	椭圆尺寸	长半轴18mm		10	超差不得分		
		短半轴12mm		10	超差不得分		
6	圆弧尺寸	*R*30mm		10	超差不得分		
7	其他	一般技术尺寸要求		5	每处降一级扣1分		
		*Ra*3.2μm		5	每处降一级扣1分		
8	加工工艺与程序编制	加工工艺的合理性		3	不正确不得分		
		刀具选择的合理性		3	不正确不得分		
		工件装夹定位的合理性		2	不正确不得分		
		切削用量选择的合理性		2	不正确不得分		
9	安全文明生产	1. 安全、正确地操作设备 2. 工作场地整洁，工具、量具、夹具等摆放整齐规范 3. 做好事故防范措施，填写交接班记录，并发生将事故的原因、过程及处理结果记入运行档案 4. 做好环境保护		每违反一项从总分中扣2分，扣分不超过10分			
合计				100			

【误差分析】

在槽轮板零件的误差分析中，平面、槽的误差分析与前面项目相同。这里重点介绍椭圆槽的误差分析，见表 12-4。

表 12-4　椭圆槽的误差分析

问题现象	产生原因	预防和消除方法
切削过程出现干涉现象	1. 刀具参数不正确 2. 刀具安装不正确	1. 正确设置刀具参数 2. 正确安装刀具
椭圆槽凹凸方向不对	程序不正确	正确编制程序
椭圆槽偏移角度不对	程序不正确	正确编制程序，修改偏移的角度
椭圆槽尺寸不符合要求	1. 程序不正确 2. 刀具磨损	1. 正确编制程序，修改参数 2. 及时更换刀具

【项目拓展训练】

一、实操训练零件

实操训练零件如图 12-8 和图 12-9 所示。要求：按图编制加工工艺，填写加工工艺卡，编写程序，签写程序清单，加工出零件。

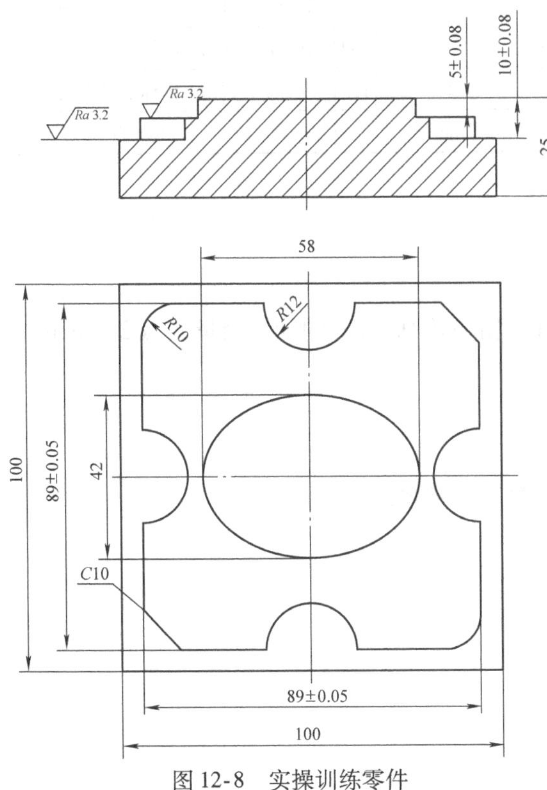

图 12-8　实操训练零件

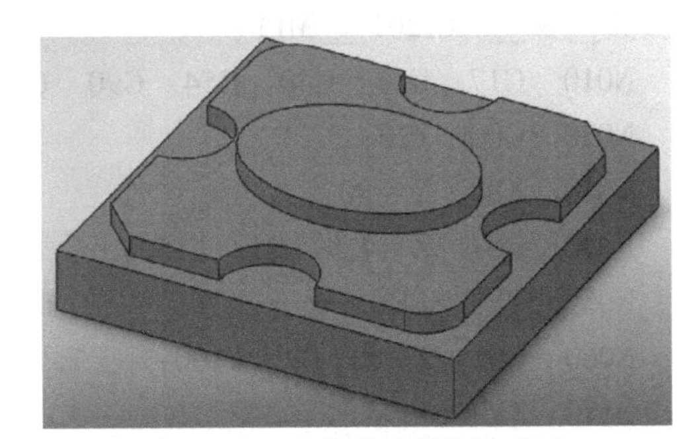

图 12-9　实操训练零件模型图

二、程序编制

1. 加工工艺分析

（1）零件图分析　如图 12-8 所示，材料为 45 钢，毛坯尺寸为 100mm × 100mm × 27mm。

（2）装夹方案　采用平口钳装夹。

（3）刀具选择　选择 ϕ20mm 的面铣刀、ϕ16mm 的立铣刀，且粗、精加工分开。

（4）加工顺序的确定　加工顺序为：工件装夹找正→手动铣削上、下表面→自动粗加工外轮廓→精加工外轮廓→粗铣椭圆凸台→精加工椭圆凸台。

（5）刀具及切削用量的选择　椭圆板的数控加工工艺卡见表 12-5。

表 12-5　椭圆板的数控加工工艺卡

数控加工工艺卡			产品名称		零件名称		零件图号	
					椭圆板		01	
工序号	程序编号	夹具名称	夹具编号		使用设备		车间	
001		平口钳			加工中心		数控实训中心	
工步号	工步内容	切削用量			刀具		量具名称	备注
		主轴转速 n/(r/min)	进给速度 F/(mm/min)	背吃刀量 a_p/mm	编号	名称		
1	铣削上、下表面	600	150	1	T01	ϕ20mm 面铣刀		
2	粗铣轮廓	800	150	4.9	T02	ϕ16mm 立铣刀	游标卡尺	手动
3	精铣轮廓	1000	100	0.1	T02	ϕ16mm 立铣刀	游标卡尺	手动
4	粗铣椭圆凸台	800	150	4.9	T02	ϕ16mm 立铣刀	游标卡尺	手动
5	精铣椭圆凸台	1000	100	0.1	T02	ϕ16mm 立铣刀	游标卡尺	手动
编制		审核		批准			共　页	第　页

2. 编制加工程序

1）程序名为“XL1201. MPF”。

2）使用 ϕ16mm 立铣刀。

3）刀具半径补偿 D1 = 8.1mm（即通过刀补，留单边 0.1mm 的加工余量），D2 = 8mm。

4）参考程序如下：

① 主程序。

```
%__N__XL1201__MPF;
N010  G17  G21  G40  G54  G90  G94  M03  S600;
N020  G00  Z20;
N030  X80  Y-80;
N040  G01  Z-4.9  D1  F150;
N050  TYT. SPF;
N060  G01  Z-5  D2  F100;
N070  TYT. SPF;
N080  G01  Z-9.9  D1  F150;
N090  WLK. SPF;
N100  G01Z-10  D2  F100;
N110  WLK. SPF;
N120  G00  Z10;
```

```
N130  M05;
N140  M30;
```

② 椭圆台加工子程序。

```
%_N_TYT_SPF;
N010  X50  Y-45;
N020  X-50;
N030  Y45;
N040  X50;
N050  Y-45;
N060  Y-33;
N070  X-40;
N080  Y33;
N090  X40;
N100  Y-33;
N110  G42  X29  Y0;
N120  R1=0;
N130  AA: R2=29*COS(R1);
N140  R3=21*SIN(R1);
N150  G01  X=R2  Y=R3;
N160  R1=R1+0.5;
N170  IF  R1<=360  GOTOB  AA;
N180  G01  X50;
N190  G40;
N200  G00  Z20;
N210  X80  Y-80;
N220  RET;
```

③ 外轮廓加工子程序。

```
%_N_WLK_SPF;
N010  G41  G01  X80  Y-45;
N020  G01  X45  Y-45;
N030  X-45;
N040  Y45;
N050  X45;
N060  Y-45;
N070  X80  Y-80;
N080  X34.5  Y-44.5;
N090  X12;
N100  G03  X-12  Y-44.5  CR=12;
N110  G01  X-34.5;
```

N120 X-44.5 Y-34.5;
N130 Y-12;
N140 G03 Y12 CR=12;
N150 G01 Y34.5;
N160 G02 X-34.5 Y44.5 CR=10;
N170 G01 X-12;
N180 G03 X12 CR=12;
N190 G01 X34.5 Y44.5;
N200 G01 X44.5 Y34.5;
N210 Y12;
N220 G03 Y-12 CR=12;
N230 G01 Y-34.5;
N240 G02 X34.5 Y-44.5 CR=10;
N250 G01 X12 Y-44.5;
N260 G40 X80 Y-80;
N270 RET;

三、上机仿真校验程序并操作机床加工

仿真加工结果如图 12-10 所示，测量检验结果如图 12-11 所示，仿真毛坯尺寸为 100mm×100mm×25mm。

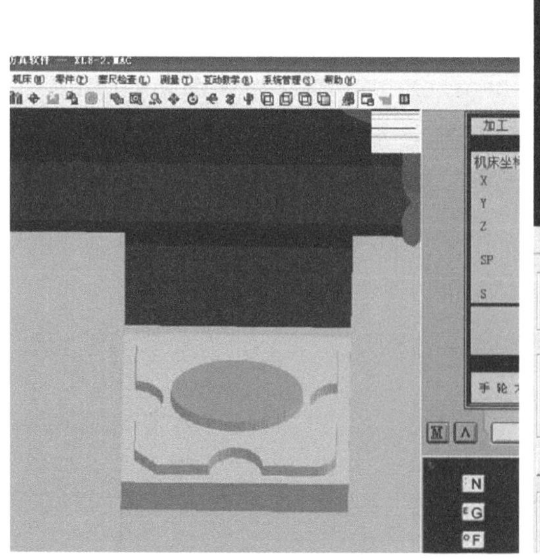

图 12-10　实操加工结果

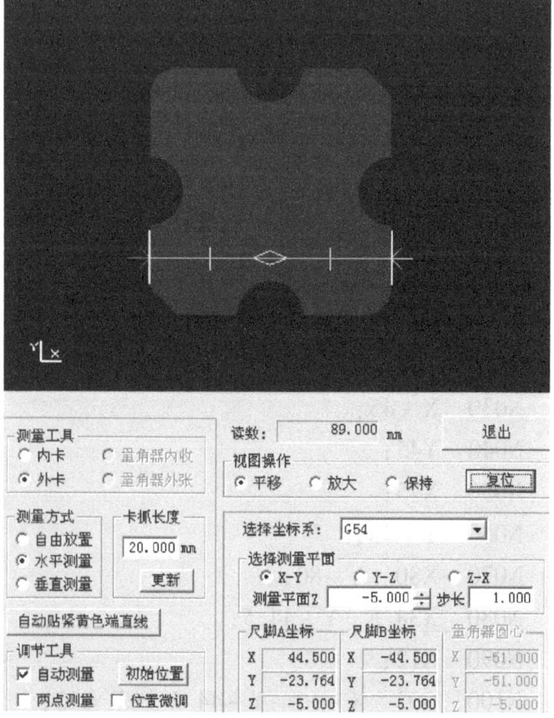

图 12-11　实操零件仿真测量检验结果

四、实操评价

实操零件的数控铣削加工操作评价表见表 12-6。

表 12-6　实操零件的数控铣削加工操作评价表

项目	项目 12	图样名称	任务		指导教师	
班级		学号	姓名		成绩	
序号	评价项目	考核要点	配分	评分标准	扣分	得分
1	长度尺寸	89 ±0.05mm	10	超差 0.02mm 扣 2 分		
2	高度尺寸	10 ±0.08mm	10	超差 0.02mm 扣 2 分		
		5 ±0.08mm	10	超差 0.02mm 扣 2 分		
		25mm	10	超差不得分		
3	椭圆尺寸	长轴 58mm	10	超差不得分		
		短轴 42mm	10	超差不得分		
4	圆弧尺寸	*R*12mm 4 处	15	超差不得分		
5	其他	倒角 *R*10mm 两处	5	超差不得分		
		倒角 *C*10mm 两处	5	超差不得分		
		*Ra*3.2μm	5	每处降一级扣 1 分		
6	加工工艺与程序编制	加工工艺的合理性	3	不正确不得分		
		刀具选择的合理性	3	不正确不得分		
		工件装夹定位的合理性	2	不正确不得分		
		切削用量选择的合理性	2	不正确不得分		
7	安全文明生产	1. 安全、正确地操作设备 2. 工作场地整洁，工具、量具、夹具等摆放整齐规范 3. 做好事故防范措施，填写交接班记录，并将发生事故的原因、过程及处理结果记入运行档案 4. 做好环境保护	每违反一项从总分中扣 2 分，扣分不超过 10 分			
合计			100			

自　测　题

1. 加工图 12-12 所示的椭圆凸台，毛坯尺寸为 100mm×70mm×15mm，上、下表面及四周已经加工好，材料为 45 钢，试用参数编程加工。

2. 加工图 12-13 所示的零件，毛坯尺寸为 90mm×90mm×20mm，上、下表面及四周已经加工好，材料为 45 钢，试用参数编程加工。

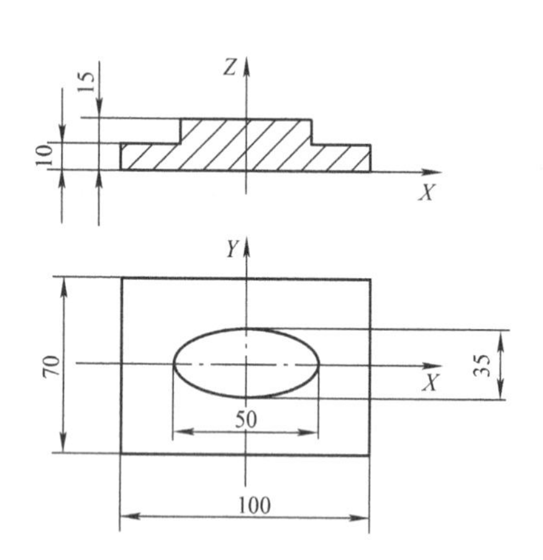

图 12-12 自测题 1 零件图

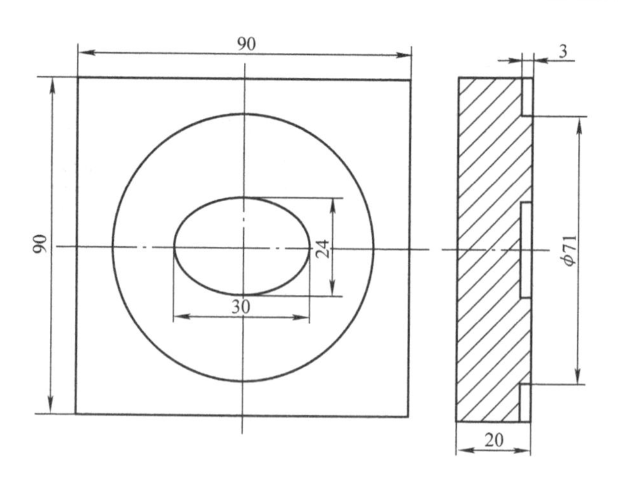

图 12-13 自测题 2 零件图

参 考 文 献

[1] 王国永．数控技术及应用［M］．北京：国防工业出版社，2012.

[2] 陈江进，戴忠顺．数控加工编程与操作［M］．2 版．北京：国防工业出版社，2012.

[3] 李传军，卢相中．数控机床编程与操作［M］．北京：科学出版社，2009.

[4] 程启森，范仁杰．数控加工工艺编程与实施［M］．北京：北京邮电大学出版社，2013.

[5] 李东军．数控加工技术项目教程［M］．北京：北京大学出版社，2010.

[6] 郭萍．数控加工编程与操作［M］．北京：冶金工业出版社，2009.

[7] 余英良，耿在丹．数控铣生产案例型实训教程［M］．北京：机械工业出版社，2009.

[8] 肖龙，赵军华．数控铣削（加工中心）加工技术［M］．2 版．北京：机械工业出版社，2016.

[9] 杨丰，黄登红．数控加工工艺与编程［M］．北京：国防工业出版社，2011.

[10] 顾拥军，顾海．数控加工与编程［M］．北京：国防工业出版社，2010.

[11] 张宁菊．数控铣削编程与加工［M］．2 版．北京：机械工业出版社，2016.

[12] 任重．数控机床编程与操作［M］．武汉：华中科技大学出版社，2013.

[13] 刘瑞已，胡笛川．数控编程与操作［M］．北京：北京大学出版社，2009.

[14] 高琪妹．零件的数控铣削编程与加工［M］．北京：化学工业出版社，2012.

[15] 陈建环．数控车削编程加工实训［M］．北京：机械工业出版社，2011.

[16] 鲁淑叶，辜艳丹．零件数控车削加工［M］．北京：国防工业出版社，2011.

[17] 邓健平，张若锋．数控编程与操作［M］．北京：机械工业出版社，2010.

[18] 吕斌杰，蒋志强，等．SIEMENS 系统数控铣床和加工中心培训教程［M］．北京：化学工业出版社，2013.

[19] 淮妮，张华．数控编程项目化教程［M］．北京：清华大学出版社，2014.